养殖场
生物安全体系建设

于本良　李凤元　李树博◎主编

U0248112

辽宁大学出版社 | 沈阳

图书在版编目（CIP）数据

养殖场生物安全体系建设/于本良，李凤元，李树博主编. --沈阳：辽宁大学出版社，2024.8
ISBN 978-7-5698-1453-8

Ⅰ.①养… Ⅱ.①于…②李…③李… Ⅲ.①畜禽－养殖场－安全管理 Ⅳ.①X713

中国国家版本馆 CIP 数据核字（2023）第 204552 号

养殖场生物安全体系建设

YANGZHICHANG SHENGWU ANQUAN TIXI JIANSHE

出 版 者：辽宁大学出版社有限责任公司
　　　　　　（地址：沈阳市皇姑区崇山中路 66 号　　邮政编码：110036）
印 刷 者：鞍山新民进电脑印刷有限公司
发 行 者：辽宁大学出版社有限责任公司
幅面尺寸：185mm×260mm
印　　张：19.25
字　　数：460 千字
出版时间：2024 年 8 月第 1 版
印刷时间：2024 年 8 月第 1 次印刷
责任编辑：于盈盈
封面设计：韩　实
责任校对：吴芮杭

书　　号：ISBN 978-7-5698-1453-8
定　　价：78.00 元

联系电话：024-86864613
邮购热线：024-86830665
网　　址：http://press.lnu.edu.cn

本 书 编 委 会

主 编：

于本良　辽宁省动物疫病预防控制中心
李凤元　辽宁省动物疫病预防控制中心
李树博　辽宁省动物疫病预防控制中心

副主编：（排名不分先后）

于学武　内蒙古民族大学
段亚良　辽宁省动物疫病预防控制中心
崔基贤　辽宁省动物疫病预防控制中心
张雅为　辽宁省动物疫病预防控制中心
杨洺扬　辽宁省动物疫病预防控制中心
关　淼　　辽宁省动物疫病预防控制中心
李清竹　辽宁省动物疫病预防控制中心
何利昆　辽宁省动物疫病预防控制中心
张力国　辽宁省动物疫病预防控制中心
宋淑英　辽宁省动物疫病预防控制中心

编　者：（排名不分先后）

杨　振　南京农业大学
李　梦　南京农业大学

付守鹏　吉林大学

徐全刚　中国动物卫生与流行病学中心

赵　宝　陕西省动物疫病预防控制中心

陈颖钰　华中农业大学

李靖宁　宁夏回族自治区农业农村厅

裴　洁　湖北省动物疫病预防控制中心

邴启政　青岛市动物疫病防控中心

魏静元　辽宁省检验检测认证中心

刘宇明　锦州医科大学

张　健　辽宁省动物疫病预防控制中心

张　鑫　辽宁省动物疫病预防控制中心

李　旭　辽宁省动物疫病预防控制中心

李　璐　辽宁省动物疫病预防控制中心

郭首龙　辽宁省动物疫病预防控制中心

刘耀川　辽宁省动物疫病预防控制中心

吴洪涛　辽宁省动物疫病预防控制中心

张文雯　东港市农业农村局

钱汉超　辽宁省牧经种牛繁育中心有限公司

高　磊　辽宁省牧经种牛繁育中心有限公司

韩　雪　辽宁省牧经种牛繁育中心有限公司

目 录

第一章 概 论

第一节 生物安全概念的提出

生物安全概念的提出，最初源于病原微生物实验室的威胁及管理。有记载的全世界第一个实验室生物安全方面的报告是 1886 年科赫发表的关于霍乱的实验室感染报告。随着 20 世纪 70 年代重组 DNA 技术的诞生，人们对生物实验安全性开始产生担忧。

自 1953 年沃森和克里克揭示 DNA 的双螺旋结构起，现代生物技术迅猛发展。1958 年，克里克首次提出揭示遗传信息传递的中心法则；1961—1965 年，尼伦伯格等科学家破译全部 64 个遗传密码；1968—1970 年，沃纳·阿尔伯等发现限制性内切酶并加以纯化，鉴于这一重大研究成果，沃纳·阿尔伯等人于 1978 年获得诺贝尔生理学或医学奖；1972 年，保罗·伯格等首次成功重组 DNA 分子；1973 年，科恩等首次尝试使用 DNA 重组技术改变生物性状，自此现代 DNA 重组技术正式诞生。随着现代生物科学技术的高速发展，科学家担心重组 DNA 技术这类新型生物技术所带来的安全问题，包括实验过程中一些致病微生物泄漏所造成的威胁、重组 DNA 生物带来的潜在危害等。相关问题引发了科学界的广泛争论。1975 年，以伯格为首的全球著名生物学家在美国加州举行了阿西洛马会议，会后制定了世界上首份专门针对生物安全的规范性文件《NIH 实验室操作规则》，以指导美国公有实验室的工作。该文件首次提出了"生物安全"（biosafety）的概念，将生物安全定义为"为了使病原微生物在实验室得到有效控制而采取的一系列措施"。此后，生物安全含义的发展和扩展都是基于这一概念。

而在养殖行业提出这一概念的背景，是基于世界动物卫生组织提出的关于无规定动物疫病区的概念后，针对个体养殖单元（集团、场）如何建设的问题，20 世纪末 21 世纪初，正大集团率先提出了"生物安全隔离区"的概念，并在初期的建设中取得了巨大的成就，但并没有得到全面推广。原因是大多数人对其认识程度不够高且各种投入极高但经济上见效甚微，归根结底是因为当时的疫病流行状况在综合防治措施之下能基本得到保证。直到非洲猪瘟在中国出现，因为没有有效疫苗和药物控制该病，所以大多数有识之士将目光转移到生物安全上，纷纷建设相关设施，增加相关设备并建立健全各种制度、程序，强化消毒，以防外来疫病传入。政府主管部门在关键控制节点上做文章，防止疫病的扩散、传播。自此，生物安全理念在养猪业得到了极大的推广，逐步为养猪业所接纳并成为防控疫病的主要抓手。

纵观人类养殖业发展史，在茹毛饮血的时代，人类主要依靠围猎野生动物满足饱腹需要；到了新石器时代，人类的居住范围越来越大，可以狩猎的动物越来越少，捕获猎物的难度也越来越高。后来，人类将可能宰杀后吃不完的动物关了起来，发现被关起来的动物变得温和了许多，有些动物还生下了幼崽。于是，人类开始尝试饲养动物。被称为"六畜"的马、牛、羊、鸡、犬、猪在那时已经被驯化，圈养的家畜也成为人们食物的来源之一。7000多年前的河姆渡人已经开始大面积种植水稻，并且依靠种植水稻、驯养动物来获取食物，其中就有猪。半坡人的粗耕农业非常发达，6000多年前的半坡人已经开始大面积种植小米、白菜等农作物。半坡人已驯化了狗、猪、鸡等家畜，猪成为半坡人肉食的主要来源之一。在以后漫长的人类发展岁月中，从原始社会到奴隶社会再到封建社会，饲养动物为人类提供肉、蛋、奶已成为人们生活的一部分。直到近代，人们的聚居区逐渐向城市集中，散养模式的动物养殖不能满足城市人口的需要。因此，动物的大规模集中饲养应运而生，并且逐渐形成产业。

随着动物的集中饲养规模越来越大，相应的疫病也接踵而至，为保证动物的健康、成活，人类不可避免地要与动物传染病作斗争，其间经过了各种各样的探索，有的传染病防控成功了，有的技术还不成熟，有的还没有成形的技术。同时，在动物病原进化过程中，有些动物病原逐渐适应了人体，能够引起人的发病。特别是近年来，越来越多的新病发生基本具备人畜共患的特点，而"老牌"的人畜共患病如布病、结核等在人群中的患病率也有上升的趋势。总体来说，人类在与传染病斗争的过程中付出了极其惨重的代价，但大多数传染病却并没有得到完全有效的控制，经常还会出现散发性、地区性流行，甚至暴发流行。

无数次沉痛的教训告诉我们，在疫病日新月异的现在乃至将来，靠传统方法如疫苗、兽药等来控制动物疫病，已经远远不能满足养殖业健康发展的需求，只有加强生物安全体系建设，为动物生长营造无疫病病原的空间，才是养殖业健康发展的正确发展方式。

第二节　我国养殖业生物安全现状

我国是农业大国，畜牧业在农业及国民经济中占有很大比重。近年来，我国畜牧养殖产业蓬勃发展，出现了诸多饲料加工、动物养殖、动物屠宰加工一条龙式发展的闭环产业链龙头企业集团，并跨地区发展，引领我国动物养殖产业向着高端发展。由于地区的差异及历史上传统动物饲养方式的影响，中小养殖企业及散养动物模式在整个养殖业中仍占有很大比例。因此，我国养殖业的疫病防控水平参差不齐，集团企业的疫病控制水平相对较高，而中小企业的疫病控制水平相对较低，散养基本"靠天吃饭"。其生物安全现状从以下分析即可一目了然。

一、动物疫病态势

动物疫病流行状况是养殖业生物安全防控的重要参考指标。随着改革开放的不断深入，以猪、禽为主的养殖业迅速发展，集约化、规模化和产业化程度不断提高，但由于兽医法规不完善、不配套以及监督执法不力等原因，旧的疫病还未能有效控制，新的疫病又不断侵入。据推测，我国家畜家禽、经济动物和实验动物等的疫病约有300余种，其分布范围较广，病况也十分复杂。其中，一类动物疫病的频频发生导致损失惨重，禽病的死亡率占20%，猪病的死亡率也在8%～10%之间。动物疫病的流行特点主要表现在以下几个方面。

1. 流行特征的变化

由于动物宿主与病原体长期受到免疫接种、药物、环境和饲养方式等因素的影响，一些疫病的流行特点和临床症状发生变化。一是流行缓慢、症状非典型，散在发生及隐性感染病例增多；二是流行快速、潜伏期短、病死率高的超强型疫病时有发生。

2. 养殖模式对疫病流行的影响

近年来，我国养殖业的养殖模式大体分为三种：一是具有一定规模的集约化、产业化养殖公司。这种养殖模式在养猪业和养鸡业中比较普遍，其设备设施、防疫和屠宰加工都比较正规，基本符合《中华人民共和国动物防疫法》及其他相关法律法规的要求。二是"公司（基地）＋农户"模式。这种养殖模式在养鸡业、奶牛业及北方地区的养猪业比较常见。由于其设备简陋、疫病流行情况复杂、动物及物流交叉流动频繁、防疫措施与自身实际情况不匹配等原因，集散地、运输工具、笼器具和周围环境等易成为疫源，一旦疫病传染扩散就会造成疫病大范围暴发。三是个体养禽户和养猪户。养殖场户一般饲养上百头猪或上千只鸡，其粪尿污物自由排放，对环境污染十分严重，加之无任何防疫措施，导致这些养殖场户成为最为危险的传染病来源地。

3. 病原变异株、血清型与病型增多

禽流感的血清型本就繁多，同时每个血清型又不断产生变异株；马立克氏病、传染性法氏囊炎等不断出现强毒株、超强毒株；鸡的传染性支气管炎肺型、腺胃型、肾型、生殖型等病型的不断出现；等等。这为传染病的防制增加了难度。

4. 新的疫病增多

近年来，世界各地特别是欠发达地区，由于受生态因素、社会因素和民众素质的影响，不断出现一些新的疫病。据初步统计，近20年来，先后出现新的禽病13种、猪病7种、牛羊病8种、马病2种、经济动物病5种，其中大部分疫病已经通过各种途径传播到我国。这主要是由部分地区预防检疫法规尚不完善、执法不得力及生态环境恶化所造成的。

5. 综合感染增多，病情复杂

从同一病例分离出2种以上病原的情况时有出现，病毒与病毒混感、病毒与细菌混感、细菌与细菌混感，以及病毒、细菌与寄生虫混感等情况已不罕见。

6. 人兽共患病例增多

近年来，布病、炭疽、结核、高致病性禽流感等在畜禽与人之间的持续高发态势，已对公共卫生的保障提出了更高的挑战。

二、兽药生产管理与流通使用混乱

目前，市场上兽用化药、生药和添加剂的生产和流通使用十分混乱，粗制滥造、假冒伪劣和"三无"（无商标、无规格、无规定）兽药脱离监管，在生产商与养殖场户之间肆意流通，导致了质量低劣的兽药、违禁兽药、假冒兽药等大量进入养殖环节。治疗效果不佳、食用动物兽药残留量超标等，严重影响公共卫生及人类健康。

三、生态环境与安全现状

生态环境日趋恶化。一是当前中小规模养殖随处可见，其禽畜粪便和污染物未经处理随意排放，严重影响生态环境；二是养殖行业抗生素的大量应用，导致很多抗生素的中间代谢产物随禽畜粪尿排出进入土壤及水中，污染极其严重；三是后非洲猪瘟时代，人们认识到消毒对于防疫的作用后，大肆消毒造成过量消毒，大量的消毒液排放入环境中，有的不可降解，严重污染了环境。

滥用药物、药残超标日益严重。与养殖业直接有关的药物是兽用化药、抗生素、兽用生物制品和饲料添加剂。滥用药物不仅直接影响治疗效果，而且会直接引发人畜中毒及耐药菌株的产生。同时，由于滥用药物，兽用化药和抗生素会随着禽畜粪尿排入环境中经聚集、转移、转化而致害，一些不稳定的弱毒疫苗也可能在动物传递中出现毒力反强、变异而致害。因此，滥用、乱用药，药残超限危害极大。

第三节　生物安全体系建立的意义

首先，建立生物安全体系是养殖业健康发展的需要。

随着人类养殖的集中化、规模化发展，以及越来越多的动物远距离运输、频繁流通，动物疫病已呈现出不可控制的局面。规模化养殖的初期，疫病的种类较少，人们通过疫苗的研制，基本能够防控当时一个地区仅有的几种疫病，但随着动物流通的频繁，不同地区的疫病开始出现融合性传播，加之新的疫病种类的逐年增多，从目前看，大多数动物短短一个生产周期内要经过多次疫苗注射，有的动物甚至3～5天内就要进行一次注射。如此频繁的免疫注射，不但对动物胴体质量产生影响，也会因各种生物制剂在机体内互相干扰而降低免疫效果，最为重要的是多种生物制剂经非消化途径进入机体，在动物机体这一天然酶库、原料库内，发生病原变异、病原重组、弱毒复壮等的潜在威胁非常大。且有实例证明在疫苗的高免疫压力下，自然界的活跃病毒在不断发生着变异和进化，而疫苗的应用又往往在病原变异几年以后。近些年来，抗生素的大量应用已使许多病毒细菌出现了抗药毒、菌株，甚至出现了对任何抗生素都产生抗性的超强毒株。以上种种已形成了"道高一尺，魔高一丈"的反转局面，严重影响了养殖业的健康发展。

其次，建立生物安全体系是公共卫生及人类身体健康的需要。

人类饲养动物的目的是食入肉蛋奶以完成饱腹、强身健体。然而时至今日，能够让人放心食入的动物产品却是少之又少。一是疫病病原问题。凡是感染疫病的动物，其病原体均存在于肉蛋奶当中，被人摄入后极容易引起人的发病。二是大量生物制品的应用也会导致肉蛋奶当中存在未被吸收分解的生物制品，被人食入后也会造成潜在的威胁。三是大量抗生素的应用。未被吸收降解的抗生素被人食入后，会在人体内形成富积，造成慢性中毒，可能对人体内的细菌发生作用，令其产生抗药性，产生新的优势致病菌株。突发耐药菌株流行，会造成无药可用的局面。四是激素残留问题。为了抗菌消炎促生长，治疗药物当中可能应用一些皮质类固醇、甾体类的激素，激素类药物如果不能完全由动物体排除，被人食入后，会对人体造成严重的伤害。

最后，建立生物安全体系是生态文明建设的需要。

因疾病而发生动物死亡，动物尸体如果不能得到及时妥善处置，就会在自然环境中发生腐败而污染环境；同时，前文已提及大剂量应用抗生素，由动物体排出的抗生素原型及中间代谢产物会严重污染土壤和水体，造成永久性不可逆的污染。

第四节　生物安全体系的设计原则

生物安全体系，是世界兽医专家学者和养殖企业，经过数十年科学研究和对实践经验的不断总结，提出来的最优化、最全面的动物生产中实施疫病防控的系统工程。动物养殖场的生物安全体系，是预防临床疾病的总体规划和措施，重点强调环境因素在保障动物健康中所起的决定性作用，同时充分考虑了动物福利和动物养殖对周围环境的影响。要使动物生长处于最佳的生产体系中，发挥其最佳的生产性能，并最大限度地减少对环境的不利影响，实现企业利益与社会责任的和谐统一。不同的畜牧生产类型对生物安全的需要不同，其生物安全体系中各组成要素的作用也不一样，但各种生物安全体系的基本构成要素是一致的。任何生物安全体系在设计时都基本包括隔离、传播控制、卫生条件三个基本构成要素。

一、隔离

（一）新引入动物的隔离

新引入动物必须设场外隔离和场内隔离两个隔离阶段，隔离期间应有连续的临床观察及疫病监测，发现疫病要禁止入场入群。场外应有隔离场，场内应有隔离舍。

（二）场内动物间的隔离

将场内动物分片区、栋、舍饲养可视为一种隔离手段，同时发病动物转入隔离舍饲养，也是一种隔离。因此，设计场区布局时，要充分考虑栋舍间距，饲养区与生活区、粪污堆放区、无害化处理区的间距，单设隔离舍或隔离病房宜远离饲养区，隔离舍或隔离病房应有专用通道。

（三）人员的隔离

凡与饲养、防疫无关的人员禁止入场，参观人员入场必须遵守本场防疫规定，洗消后穿对应的防护装备，截留必要的随身携带品，在场内固定区域参观，禁止参观人员与动物接触。

（四）投入品及设施设备的隔离

投入品入场前，要尽量确保投入品及其外包装不携带病原，在场外固定区域对投入品外包装及设施设备表面进行消毒处理。

（五）车辆的隔离

场内运送投入品、运动物、运污物的车辆要严格分开，场内车辆不可驶出场外，场外车辆不可驶入场内。场内车辆与场外车辆不能接触，场内外车辆有物品、动物传递时，要通过空中廊道在固定地点对接。

（六）侵袭性物种的隔离

养殖场建筑高位实体围墙以防野生动物及场外动物的入侵，动物栋舍通风部位加防鸟网和防虫纱窗以防鸟类和昆虫进入栋舍，墙基设防鼠带、门口设挡鼠板以防老鼠进入栋舍。场区内减少污水沉积，降低绿植密度，减少蚊虫孳生，可适当安放灭蚊器以减少蚊虫侵扰。栋舍内墙基、墙角和墙面保持光滑完整防止昆虫爬入寄宿。禁止任何人携带宠物进入养殖场，场内不得饲养其他类别动物。一旦有其他动物入侵，立即采取有效措施防止其与场内饲养的动物接触，驱离入侵动物，并监测场内动物是否感染相应疫病。

二、疫病传播控制

（一）消毒设施

1. 人员消毒

一般至少设三级消毒站点，分别负责场外消毒、入场消毒及场内消毒。饲养防疫人员入场，应在场外消毒站点彻底清洗消毒，更换缓冲服装，手机等必带品经擦拭消毒或紫外线消毒后装入洁净袋内。人员经专用车辆载至入场消毒口，再次彻底清洗消毒，更换场内工作服方可入场工作。场内设置人员清洗消毒点，供场内人员随时清洗消毒。

2. 车辆消毒

应设外部车辆消毒站、内部车辆场外消毒站、内部车辆场内消毒站。外部车辆进入中转站之前应进入外部车辆消毒站开展彻底消毒；于中转站和场区间运行的内部车辆，进入场区（或场区中转站）前应在内部车辆场外消毒站开展彻底消毒；于场区内运行的内部车辆，应根据消毒制度关于不同使用类型车辆的规定，在内部车辆场内消毒站进行彻底消毒。

3. 投入品及新购设施设备消毒

对于饲料、兽药、疫苗、添加剂等投入品及新购入的设施设备等，应于场区外设专用消毒站开展消毒工作。消毒后，由场区外运行的内部车辆运送至场区。

4. 场区内消毒

场区各门口及动物舍入口处宜设消毒通道或消毒池，对进出的人员、车辆消毒。场区内的工作服应有专门消毒间。场区内的净道、污道应有专用的消毒设施。各动物栋舍内的消毒设施要专舍专用。

（二）无害化处理

无害化处理主要包括动物病害尸体的无害化处理和粪污的无害化处理。

1. 动物病害尸体的无害化处理

病尸的无害化处理可以采用深埋、焚烧、化制、高温、化学处理等方法。如果场区占地面积足够大，规模养殖场内可以设计建造无害化处理设施设备，但必须建在养殖区下风向的位置，且有专用运尸通道。如果场内不能建设无害化处理设施设备，则须建设临时贮尸间，贮尸间应具备冷冻条件，便于消毒，同样须具备专用运尸通道。

2. 粪污的无害化处理

宜设置堆积发酵场发酵干粪，湿粪一般经地下通道流至发酵沉淀池。无论是堆积发酵场还是发酵沉淀池均应处于养殖区域的下风向。干粪运输应有专用车辆和专用污道及专用污道消毒车。

（三）疫病监测

规定疫病病原不得带入养殖场，应对进入养殖场的所有人员和物品进行监测。通过监测，确保进入养殖场的人员和物品最大限度地减少病原携带。对于场内所养殖的动物也应开展疫病监测，一旦检出病原阳性应适时开展疫病净化工作。为避免病原在运输中出现泄漏的风险，监测站点应依监测内容的不同而分别设定。对应外部车辆、进入场区的人员和投入品的第一道检测所设的检测点，应在场外一级消毒站点附近。对应场外运行的内部车辆、中转后的入场人员和投入品的第二道检测所设的检测点，应在入场消毒点（二级洗消站）附近。此检测点也检测场内所有应检测的内容。养殖区域内不宜设任何检测点。

（四）中转站

由于外部车辆不能进入养殖场或接近场区，因此在外部车辆与场外运行的内部车辆交接所载动物或设施设备时，须在设定的中转站进行交接。中转站严格区分外部车停车区与外部运行的内部车辆停车区，两区应分设消毒站点，其中外部车辆停车区的洗消站为一级洗消站，而外部运行的内部车辆停车区的洗消站为二级洗消站。动物与物品交接时在空中廊道进行。空中廊道应利于清洗消毒，可升降，利于与车厢对接。

（五）防疫分区

按照病原微生物携带及感染危险程度，在运行车辆行动空间上可设养殖区、低风险区、缓冲区和外部高风险区四个分区。其中，养殖区是以明显的场区围墙、出入大门为界。而入门处到中转站之间、入门处到二级洗消站（投入品及入场人员第二次清洗消毒点）间的道路可视为低风险区，二级洗消站到一级洗消站（投入品及入场人员第一次清洗消毒点）之间的区域为缓冲区，缓冲区内不允许外部车辆驶入，只许外部运行的内部车辆在此区间运行及消毒。如果缓冲区借用县级以上公路，则场区外的三级洗消站对车辆的消毒就显得十分重要。其他区域则称外部区（高风险区），场内车辆尤其是外部运行的内部车辆不可到外部区。特殊情况下，比如新购入车辆等须经严格消毒才能从外部区进入缓冲区或养殖区。

一级洗消站，主要对从高风险区运输动物的车辆，准备入场的人员、设备、投入品开展第一次清洗消毒。经过一级洗消的人员、设备、投入品经外部运行的内部车辆通过缓冲区进入二级洗消站，在二级洗消站内再次清洗消毒。而中转站外部车辆经消毒后，通过空中连廊将动物转给经过二级洗消的内部车辆。经过二级洗消后的车辆通过低风险区后到达场区门口。如果低风险区与县级以上公路有交叉，则须在场门口设三级洗消站。也可以将二级洗消站设在场区门口附近，而从二级洗消站到场区大门为养殖场独用道路。

三、卫生条件

养殖场内的清洁卫生是确保养殖成功的关键性因素之一。场内不堆放杂物，病害物和污物得到及时有效处理，污染的环境及时处置是对养殖场内卫生的最基本要求。

1. 净污分开

专门用于运输动物病害尸体、粪便、污物等污染物的场内道路称为污道，而用于运送饲料、饲草、投入品、设施设备及赶猪的场内通道称为净道。场内净道和污道应有明显标识，场内人员日常操作严格执行净污分开。净道与污道的专用车辆及消毒设施要设明显标识，相互之间不可逾越。

2. 雨污分流

生产过程中产生的液体污物由专用沟渠排到指定处理点，另设雨水排泄通道，污水通道与雨水通道要分开。干粪发酵场要防止雨水将未经完全发酵处理的粪便冲走，所以干粪发酵场地势要稍高或建造防水围墙。

第五节　生物安全体系的内容

一、养殖场选址

动物养殖场的场址选择应符合国家的相关法律法规、当地土地利用规划和村镇建设规划，地势高燥，避风向阳，开阔平坦，空气流通，土质为砂壤土，同时应符合环保条件，并达到动物防疫条件。

按照农业农村部发布的《动物防疫条件审查办法（2022）》，动物养殖场的选址应与动物隔离场、动物屠宰加工场、动物和动物产品无害化处理场、居民生活区、生活饮用水水源地、学校、医院等公共场所之间保持必要的距离。

按照原国家环境保护总局发布的《畜禽养殖场的选址要求》，禁止在下列区域内建设畜禽养殖场：

（1）生活饮用水源保护区、风景名胜区、自然保护区的核心区及缓冲区。

（2）城市和城镇居民区，包括文教科研区、医疗区、商业区、工业区、游览区等人口集中区域。

（3）县级人民政府依法划定的禁养区域。

（4）国家或地方法律法规规定需特殊保护的其他区域。

二、布局

具备完整生物安全体系的养殖场，应具备养殖场核心养殖区、养殖场辅助功能区、养殖场外围功能区三个主要部分。

（一）养殖区

核心养殖区域内，各养殖栋舍间要相互独立，并保持一定距离，养殖区内净道和污道要分开，并实现雨污分流。养殖场内应设隔离栋舍，隔离栋舍与养殖栋舍间要有物理隔离。

（二）辅助功能区

1. 工作生活区

宜与养殖区有明显物理隔离，主要供场内管理者和职工工作、生活、食宿等使用。

2. 兽医室

剖检病死动物、暂存药物等。应位于养殖区下风口。

3. 病尸暂存间

应具备冷冻设施，临时存放病死动物尸体。应位于养殖区下风口。

4. 无害化处理场（所、点）

对本场内的病死动物进行无害化处理。应位于养殖区下风口。

5. 粪污集中存放、处理点

对本场内的粪污临时存放或处理。应位于养殖区下风口。

（三）外围功能区

养殖场场区外围在中转站、消毒站与养殖场之间的部分，可视为缓冲区。消毒站为一级消毒站，凡进入养殖场的所有物品、人员及外部车辆均须在一级洗消站做清洗消毒。中转站中转动物的廊桥两侧均须设清洗消毒站，廊桥的清洗消毒须专用设备。缓冲区内不允许外部车辆运行入场，只有外围运行的内部车辆经消毒的物品及动物、人员才能出入场。

三、疫病防控技术实施（以规模猪场为例）

（一）免疫接种技术

猪场的免疫接种是给猪接种生物制品，使猪群产生特异性或非特异性免疫力，由易感动物转化为不易感动物的一种手段。它是有组织、有计划地进行免疫和接种，是预防和控制猪传染病的重要措施之一。

疫苗需要专人保管，活疫苗须在冷冻条件下贮存和运输，灭活苗需在4℃条件下贮存和运输。

疫苗在使用前要逐瓶检查疫苗瓶有无破损，封口是否严密，标签是否完整，有效日期、使用方法、使用剂量是否记录清楚，要有生产厂家、批准文号、检验号等，以便备查，防止假冒伪劣产品。

免疫接种工作必须由兽医专业人员完成，并对注射器、针头、镊子等进行清洗消毒和煮沸消毒。备有足够的碘酊棉球、稀释液、免疫记录本和抗过敏药物。

免疫前应了解猪群的健康状况，对于精神不好、食欲不振、呼吸困难、腹泻或便秘的猪暂不接种。

凡要求肌肉接种的疫苗，其操作要点是：用10毫升或20毫升金属注射器，注射部位可选颈部、臂部或大腿内侧。注射时，尽管时间不一致，但要求轮换选点，不在一点重复注射。用注射器吸入疫苗、排出气泡、调节剂量。对术部进行消毒。接种时将注射器垂直刺入肌肉深部，缓慢注射，拔出针头时用棉球抵在针头周围，防止药液逆喷。术部轻压消毒。对哺乳仔猪和保育猪进行注射时，需要饲养员协助保定，保定时动作要轻。免疫接种时要减少应激。种猪和紧急接种时必须做到一猪一个针头，其他猪接种时尽可能做到一猪一个针头，不能做到时，也要做到一个圈舍一个针头。注射部位要先消毒后接种，用过的棉球和疫苗空瓶要回收做集中处理。

在细节上重点注意以下几点：

（1）注射器和针头等器具应清洗后煮沸30分钟后冷却备用，一头猪一个针头，防止交叉感染。吸取疫苗药液时，绝不能用已给猪注射过疫苗药液的针头吸取，可用一个灭菌针头，插在瓶塞上不拔下来，裹以挤干的酒精棉球专供吸药用，吸出的药液不可再打回原药瓶，可注入专用的空瓶内做无害化处理。

（2）使用疫苗最好在早晨。使用时要避免阳光直射和高温高热，且有冷链保护。注射后要注意观察猪群状况，有异常情况要及时处理。

（3）注射器刻度要清晰，不滑杆、不漏液，注射的剂量要准确，进针要稳、拔针宜速，不打飞针，要确保疫苗药液足量地打入猪的肌肉或皮下。

（4）注射结束后，将所有用过的疫苗瓶及接触过疫苗的瓶、注射器等做消毒处理。

（5）疫苗在稀释后最好8℃条件下2小时内用完。

（6）防止药物对疫苗的干扰和疫苗间的相互干扰。两种病毒性活疫苗之间的注射最好间隔7天以上。免疫注射的前后3天最好不用抗病毒类药和消毒药。病毒性活疫苗和灭活疫苗可同时分点使用。细菌性活疫苗可同时使用，使用细菌性活疫苗时不能使用抗生素。

（7）吸取疫苗后排出注射器中的空气，用镊子夹取挤干的酒精棉球从针头处裹住针体，以使排出空气时流出的疫苗药液进入酒精棉球。

（8）对注射部位实施消毒，先用5%的碘酊消毒，再用75%的酒精脱碘，待干燥后开始注射。

（9）注射时要垂直进针，这样既保证了注射深度，也可防止针头弯折。

（10）个别猪体质不同可能出现过敏反应，因此在注射时要备好肾上腺素和地塞米松，一旦出现过敏反应要及时用药缓解。

（二）隔离技术

规模猪场的隔离技术是隔离设施的正确应用与相关的卫生防控措施的全面实施的统一体。

隔离设施如前所述，包括隔离场（舍）、围墙、拦鸟网、纱窗、防鼠带、挡鼠板、捕蚊器、中转站的空中连廊等。

卫生防控措施包括消毒、无害化处理等（具体技术细节在其他章节有细述），值得注意的是在隔离场（舍）隔离期间，还要做好以下工作。

1. 隔离期间的临床观察

在从场外引进动物的场外隔离期间（一般42天），务必做好每天的临床观察，重点观察其精神状态是否正常，行为是否有异常，皮毛是否发生变化，粪便是否正常，角膜、结膜、口唇黏膜是否有变化，必要时检查体温。每天的检查结果都要有记录。发现异常及时处理。

2. 隔离期间的疫病监测

凡本场严控发生的疫病，在引进前及隔离期间都要开展疫病监测，一是对引入群体开展免疫抗体监测，二是对引入的动物逐头开展病原学检测，隔离伊始开展一次，隔离结束前再开展一次，不合格的动物或群体严禁入场。

3. 隔离期间的加强免疫

对于本场通过免疫控制的病种，在隔离期间应做一次加强免疫，免疫后通过监测抗体合格，具有足够的疫病抵抗力，方可入场。

4. 隔离期间的治疗

对于场内动物因病进入隔离舍后，如果没有重大传染嫌疑，可在隔离舍内对该隔离动物开展治疗。引入动物发现有寄生虫等普通疫病，应在隔离期间开展治疗，直到治愈为止。由专门兽医负责。

5. 隔离期间的再隔离

如果通过临床观察而尚未经实验诊断定性时，发现有个别动物出现临床异常，应果断将出现异常的动物再次隔离到远离原群体的栋舍内。

6. 隔离期间的淘汰

如果在隔离期间出现重大传染病或种用动物有严重遗传病，则应全群淘汰，不可入场饲养。如果个别动物出现疫病，很难治愈且有传染倾向，则须淘汰，其他同群动物须做严格筛查、检查。

（三）消毒技术

消毒是指应用物理的、化学的或生物学的方法，杀死物体表面或内部病原微生物的一种方法或措施。消毒的目的是消灭被传染源散布于外界环境中的病原体，以切断传播途径，防止疫病蔓延。

1. 消毒的种类

根据消毒的目的不同，消毒分为三类，即预防性消毒、随时消毒和终末消毒。

（1）预防性消毒。预防性消毒是指一个地区或畜牧场，平时经常性地进行以预防一般疫病发生为目的的消毒工作，包括平时饲养管理中对畜舍、场地、用具和饮水进行的定期消毒。

（2）随时消毒。随时消毒又叫紧急消毒，或临时消毒，是指在发生畜禽疫病时，为了及时消灭刚从病畜体内排出的病原体而采取的消毒措施。消毒的对象包括病畜禽分泌物、排泄物污染和可能污染的一切场所、用具和物品，通常在解除封锁前进行定期的多次消毒，病畜隔离场所应每天和随时进行消毒。

（3）终末消毒。终末消毒是指在病畜禽解除隔离、痊愈或死亡后，或者在疫区解除封锁之前，为了消灭疫区内可能残留的病原体所进行的全面彻底的大消毒。

2. 常用消毒剂的分类及特点

（1）过氧化物类消毒剂。常用的有过氧乙酸，过氧化氢、高锰酸钾、臭氧等。

优点：杀灭细菌和病毒作用强而快，为高效消毒剂，杀菌范围广，多作为灭菌剂使用，可将细菌和病毒分解为无毒的成分。在物品上无残余毒性。对细菌、病毒、芽孢、霉菌均有效。消毒效果不受温度的影响。

缺点：有的过氧化物消毒剂如过氧乙酸，会有较强的刺激性，浓度高时会有一定的腐蚀性。使用时应加以注意。

（2）季铵盐类消毒剂。常用的有新洁尔灭、洗必泰、消毒净、百毒杀、易克林等。

优点：为高效消毒剂，结构稳定，对有机物（如羽毛、黏液、粪便等）的穿透能力强，长时间有效，在一般环境中可保持有效消毒力5～7天，在污染环境中可保持有效消毒力2～3天。光、热、盐水、硬水、有机物的存在不影响消毒效果。无刺激、无残留、无毒副作用、无腐蚀性，对人畜安全可靠。

缺点：该类消毒剂对无囊膜的病毒杀灭效果不如对有囊膜的强，即对有些病毒的杀灭效果不理想。

（3）碱类消毒剂。常用的有氢氧化钠（火碱）、氧化钙（生石灰）等。

优点：为高效消毒剂，杀菌作用强而快，杀菌范围广，对细菌、病毒、芽孢、霉菌均有效，价格低廉。

缺点：受消毒剂的浓度影响较大，浓度越高消毒效果越好，但高浓度时有极强的腐蚀性，适合外环境的消毒。

（4）碘消毒剂。常用的有碘伏、碘酸、络合碘等。

优点：杀菌力强，杀灭迅速，具有速杀性。主要起杀菌作用的是游离碘和次碘酸。

缺点：兑水量低，有效杀灭病原微生物和病毒的浓度较高。受温度、光线影响大，易挥发；在碱性环境中效力降低，消毒力受有机物影响；高浓度时有腐蚀性、有残留，吸收过多可造成甲状腺亢进。

（5）含氯消毒剂。常用的有漂白粉、漂白粉精，次氯酸钠、二氧化氯、氯铵、二氯异氰尿酸钠、三氯异氰尿酸等。

优点：对病毒、细菌均有良好杀灭作用；易溶解于水，有利于发挥灭菌作用；对芽孢有效。

缺点：次氯酸的浓度易受湿度、酸碱度的影响而降低，有机物存在可降低有效氯的浓度，从而降低消毒效力，具有刺激性和腐蚀性。可产生挥发性卤代烃，如氯仿、三氯甲烷等致癌物质。

（6）醛类消毒剂。常用的有甲醛、聚甲醛、戊二醛等。

优点：熏蒸消毒，其挥发性气体可渗入缝隙，并分布均匀，减少消毒死角；具有极强的杀灭细菌作用。

缺点：刺激性强，有滞留性，不易散发，有毒性，长期吸入可致癌；消毒力受温度、湿度、有机物影响大；熏蒸时间长，要经过 12～24 小时才能达到消毒作用；易氧化，长期保存易沉淀降效。

3. 消毒方法

常用消毒方法包括物理消毒法、化学消毒法和生物热消毒法。

（1）物理消毒法。

A. 清扫、冲洗圈舍，通风换气

清扫、冲洗圈舍，虽然不能杀灭病原体，但可有效减少环境中的病原微生物。通风换气也是如此。

B. 阳光、紫外线和干燥

太阳光谱中紫外线波长为 210～320 纳米，对一般病毒和非芽孢病原菌有较强的杀菌作用。阳光照射的灼热和水分蒸发所致的干燥，亦具有杀菌作用。因此，利用阳光曝晒对牧场、草地、畜栏、用具和物品等进行消毒是一种简单、经济、易行的方法。

在实际工作中，养殖场生产小区、出入口、更衣消毒间、实验室或超净工作台等处，常用紫外线对空气和物体表面进行消毒。紫外线灯波长为 250～260 纳米时，杀菌力最强。在使用紫外线灯时应注意：灯管不超过地面 2 米，灯管周围 1.5～2 米处为有效消毒范围。消毒对象与其距离不超过 1 米为宜。一般 0.5～1 平方米需 1 瓦，无菌室每平方米 4 瓦以上。每次照射物品的时间应在 1 小时以上。环境相对湿度应保持在 40%～60% 之间，并应尽量减少空气中的灰尘和水雾。

C. 高温

高温消毒可分为火焰焚烧、煮沸消毒、流通蒸汽消毒、高压蒸汽消毒和干热消毒。除火焰消毒外，其他方式在平时的畜禽饲养中应用得较少。

（2）化学消毒法。

A. 喷洒法

喷洒法是将配制好的消毒剂喷洒于被消毒的物体表面的一种消毒方法。其常用于畜舍地面、墙壁等的消毒，也可用于大家畜体表的消毒。

B. 喷雾法

喷雾法是将稀释好的消毒剂装入气雾发生器内，通过压缩空气雾化后形成雾化粒子，以雾化粒子达到消毒目的的一种消毒方法。其常用于畜舍内空气、畜禽体表的消毒，也可用于带畜消毒。

C. 浸泡法

浸泡法是将稀释好的消毒剂放入消毒池或消毒盆（缸）内，将被消毒的物体浸泡于消毒剂中一定时间，以达到消毒目的的一种消毒方法。其常用于饲养管理工具、治疗与手术器械等物品的消毒。

D. 熏蒸法

熏蒸法是于密闭的畜禽舍内使消毒剂产生大量的气体，通过气体的熏蒸以达到消毒目的的一种消毒方法。其常用于畜禽空舍及舍内物品的消毒，不用于带畜消毒。

（3）生物热消毒法。

本法是利用微生物发酵产热以达到消毒目的的一种消毒方法。其常用于畜禽粪便、垫料等的消毒。

4. 消毒范围

（1）人员消毒。进入养殖场的人员，必须在场门口更换靴鞋，并在消毒池内进行消毒。在生产区入口处设置消毒室，进入的人员在消毒室内洗澡、更衣，穿戴清洁消毒好的工作服、帽和靴，经消毒池后进入生产区。消毒室内衣物鞋帽要定期洗刷消毒，每立方米空间用43毫升福尔马林熏蒸消毒20分钟。

（2）舍内消毒。畜禽舍的消毒步骤：清扫—冲洗—消毒。机械清扫是搞好环境卫生最基本的一种方法。采用清扫方法可以使畜禽舍内的细菌减少21.5%，若再用清水冲洗，则畜禽舍内细菌数可减少54%～60%。清扫、冲洗后再用药物喷雾消毒，畜禽舍内的细菌数即可减少90%。

消毒方法：先喷洒地面，然后喷洒墙壁，先由离门远处开始，喷完墙壁后再喷棚顶，最后再开门窗通风，用清水刷洗饲槽，将消毒药味除去。在进行畜禽舍消毒时，也应将附近场院以及病畜、禽污染的地方和物品同时进行消毒。

A. 畜禽舍预防消毒

一般情况下，每年进行两次（春秋）预防消毒。在进行畜禽舍预防消毒的同时，凡是畜禽停留过的地方都要进行消毒。在采取"全进全出"管理制度的畜禽养殖场，应在每次全出后进行消毒。产房的消毒，在产仔结束后再进行一次。

舍内的熏蒸消毒：按照畜禽舍面积计算所需的药品量。一般每立方米空间，用福尔马林25毫升、水12.5毫升、高锰酸钾25克（或以生石灰代替）。计算出用量后，将水与福尔马林混合。畜禽舍的室温不应低于正常的室温（15℃～18℃）。将舍门窗紧闭。其后，将高锰酸钾倒入，用木棒搅拌，经几秒钟即见浅蓝色刺激性的气体蒸发出来，此时应迅速离开舍内，将门关闭。经过12～24小时后方可将门窗打开通风。舍内气味刺鼻可用氨水中和。按每 100 立方米取 500 克氯化铵、1 千克生石灰及 750 毫升的水（加热到 75 摄氏度）。将此混合液装于小桶内放入畜禽舍，或者用氨水来代替，即按每 100 立方米畜禽舍用 25％氨水 1250 毫升，中和 20～30 分钟后，打开舍门窗通风 20～30 分钟，此后即可饲养畜、禽。

在集约化饲养场，为了预防传染病，平时可用消毒剂进行带畜消毒。例如，用 0.3％过氧乙酸对猪舍进行气雾消毒，对猪舍地面、墙壁、猪毛表面上常在菌和肠道菌有较强的杀灭作用。又如，0.3％过氧乙酸按 30 毫升每立方米剂量喷雾消毒，对猪群均无不良影响。带畜消毒法在疫病流行时，可作为综合防治措施之一，及时进行消毒对扑灭疫病起到一定作用。0.5％以下浓度的过氧乙酸对人畜无害，为了减少刺激，工作人员在消毒时可佩戴口罩。

B. 畜禽舍的临时消毒和终末消毒

发生各种传染病时行临时消毒和终末消毒时，用来消毒的消毒剂因疫病的种类不同而异。一般肠道菌、病毒性疾病，可选用上述介绍的几种消毒剂，如 5％漂白粉，1％～2％氢氧化钠热溶液。但是，如果发生细菌芽孢引起的传染病（如炭疽、气肿疽等），则需要使用 10％～20％漂白粉乳、1％～2％氢氧化钠热溶液或其他强力消毒剂。在消毒畜禽舍的同时，在病畜、禽舍、隔离舍的出入口处应放置装有消毒液的麻袋片或草垫。

（3）畜体消毒。畜体消毒常用喷雾消毒法，即将消毒药液通过压缩空气雾化后，喷到畜、禽体表上，达到消毒的目的，以杀灭和减少体表和畜舍内空气中的病原微生物。本法既可减少畜体及环境中的病原微生物，净化环境，又可降低舍内空气中的尘埃含量，夏季还有降温作用。

畜体喷雾消毒常用的器械有手提式或肩背式喷雾器，可供集体或个人小型养殖场使用，国有大中型养殖场可使用空气压缩机或固定喷雾消毒设备。常用的药物有 0.2％～0.3％过氧乙酸，每立方米空间用药 15～30 毫升，也可用 0.2％的次氯酸钠溶液。

消毒时从畜舍的一端开始，边喷雾边匀速走动，使舍内各处喷雾量均匀。本消毒方法全年均可使用，一般情况下，每周消毒 1～2 次，春秋疫情常发季节，每周消毒 3 次，在有疫情发生时，每天消毒 1～2 次。

（4）地面消毒。被病畜禽的排泄物和分泌物污染的地面土壤，可用 5％～10％漂白粉溶液、百毒杀或 10％氢氧化钠溶液消毒。停放过芽孢所致传染病如炭疽、气肿疽等病畜尸体的场所或者是此种病畜倒毙之处，应严格加以消毒，首先用 10％～20％漂白粉乳剂或 5％～10％优氯净喷洒地面，然后将表层土壤深挖 30 厘米左右，撒上干漂白粉并与土混合，将此表土运出掩埋。在运输时应用不漏土的车以免沿途漏撒，如无条件将表土运出，则应增加干漂白粉的用量（1 平方米面积加漂白粉 5 千克），将漂白粉与土混合，加水湿润后原地压平。

（5）饮水的消毒。可采用煮沸或紫外线照射等物理消毒法。大量的饮水消毒一般用漂白粉等化学消毒法。一般每周进行一次。对浑浊的水，一般在消毒前先进行净化，即经过滤或用明矾、硫酸铝沉淀后，再用漂白粉等消毒。

（6）饲料消毒。对于玉米、小麦、豆粕、麸皮等植物性饲料原料，可在阳光下曝晒，利用太阳光中的紫外线杀死病原微生物。对于鱼粉、虾粉等动物性饲料原料，可利用高温烘干或蒸制等方法进行消毒。

（7）污水消毒。比较常用的是化学药品消毒法。方法是先将污水处理池的出水管用木闸门关闭，将污水引入污水池后，加入化学药品（如漂白粉或生石灰）进行消毒。消毒药的用量视污水量而定（一般1升污水用2～5克漂白粉）。消毒后，将闸门打开，使污水流入渗井或下水道。或按污水量加10%～20%的生石灰或1%～2%氢氧化钠搅拌后消毒。

5. 影响消毒效果的因素

在消毒过程中，不论是物理方法还是化学方法或者是生物方法，其消毒效果都受许多因素的影响。如果我们了解和掌握了这些因素的作用，充分发挥对其有利的因素的作用，就可以提高消毒效果；反之，如果处理不当，会导致消毒的失败，甚至影响到动物的健康。在实际生产中，通常会按照消毒的过程，即消毒前、消毒过程中和消毒后的影响因素来考虑。

例如，在消毒前，应按照消毒物品、传染病的性质选择消毒方法；根据各类消毒剂的特点选择合适的消毒剂；根据污染程度确定消毒剂的浓度和消毒时间；对污染场所和养殖器具进行预先的彻底清洗，才能保证消毒效果。

在消毒过程中，应考虑消毒时的温度、湿度和pH；为消毒的穿透作用创造条件，比如甲醛的消毒效果是随着温度的升高而增强的，而相对湿度在80%～90%时为宜。如果湿度过低，甲醛气体会失去杀菌作用。

消毒后，应注意对消毒后的环境、物品等进行保持和存放，以免二次污染。比如，畜禽饮水消毒，即使经过消毒的水是卫生的，但是如不对饮水器、槽、管道等进行定期的消毒，消毒后的水同样会被二次污染。同时，也应考虑不同的消毒剂对不同消毒对象的作用效果也有较大不同。另外，不同的消毒剂使用间隔时间也不应一概而论，有些消毒剂对于藻类、原虫等是无效的，有些消毒剂对病毒的杀灭也不十分理想。这些都是常规消毒必须考虑的重要因素。

6. 滥用消毒剂的危害

在动物养殖生产过程中，消毒剂在杀灭病原微生物、预防传染病、控制感染等方面，确实起到了十分重要的作用。但是，消毒剂毕竟不是日常化学品，因此在使用时必须严格遵守一定的操作规程和要求，决不能任意乱用，否则会产生许多危害。

（1）造成动物和人的健康危害。很多消毒剂都具有刺激性，例如甲醛、戊二醛、过氧乙酸、含氯消毒剂等。其中，有的刺激眼睛，引起流泪、水肿；有的刺激呼吸道，引起打喷嚏、咳嗽、气管和喉头水肿；有的引起皮疹和使动物烦躁不安等。例如，畜禽场常用的紫外灯消毒，很容易损伤人的眼睛，引起眼炎和白内障，照射久了还有引起皮肤癌的危险。

（2）损伤物品和器具。很多消毒剂腐蚀性很强，对物品和器具有损伤作用，如石灰水、氢氧化钠、过氧乙酸等对木质和金属围栏、饲槽等有较强的腐蚀性。而被腐蚀的器具很容易受到污染和存留细菌病毒，从而降低消毒效果，引发传染病。

（3）破坏生态环境。近年来，由于对动物粪便、污水、尸体等的处理不当，严重地污染了环境，因此环保部门对畜禽生产场的要求越来越严格。在自然界中，有许多种有益的微生物可将这些有害的污染物分解成无害的水、二氧化碳、氮等简单的无机物，使有害微生物因失去宿主而死亡，从而使环境得到净化。在频繁和不规范的消毒情况下，有益微生物也被杀灭，抗药性强的微生物会更加猖獗，大量地繁殖并扩散，对人类和动物生产产生更严重的危害。

（4）导致病原微生物产生抗药性。抗药性的产生是滥用药物的结果，消毒剂也是药物，长期大量地使用，会使消毒效果明显降低，甚至完全失效。

（5）引起生物变异。任何生命机体内的遗传物质中是将亲代的生物特征传给子代，保持种系的延续。消毒剂的不合理应用同抗生素一样，会促使遗传物质发生突变，这种突变是很细微的，但经过数代甚至更多传代以后，就可由量变到质变，出现新的变种。

（四）无害化处理技术

1. 粪污无害化处理

（1）粪便消毒。

患传染病和寄生虫病的畜禽的粪便的消毒方法有多种，如焚烧法、化药消毒法、掩埋法和生物热消毒法等。实践中最常用的是生物热消毒法，此法能使非芽孢病原微生物污染的粪便变为无害，且不丧失肥料的应用价值。

粪便的生物热消毒法通常有两种，一种为发酵池法，另一种为堆粪法。

A. 发酵池法

此法适用于饲养大量家畜的农牧场，多用于稀薄粪便（如牛、猪粪）的发酵。在距农牧场 200～250 米以外无居民、河流、水井的地方，挖筑 2 个或 2 个以上的发酵池（池的数量与大小取决于每天运出的粪便数量）。池可筑成圆形或方形，其边缘与池底用砖砌后再抹上水泥，使不透水。待倒入池内的粪便快满时，在粪便表面铺一层干草，上面盖一层泥土封严，经 1～3 个月即可掏出作肥料用。几个发酵池可依次轮换使用。

B. 堆粪法

此法适用于干固粪便（如马、羊、鸡粪等）的处理。在距农牧场 100～200 米以外的地方设一堆粪场。堆粪方法：在地面挖一浅沟，深约 20 厘米，宽约 1.5～2 米，长度不限，随粪便多少而定。先将非传染性的粪便或蒿秆等堆至 25 厘米厚，其上堆放欲消毒的粪便、垫草等，高达 1～1.5 米，然后在粪堆外面再铺上 10 厘米厚的非传染性的粪便或谷草，并覆盖 10 厘米厚的沙子或泥土。如此堆放 3 个星期到 3 个月，即可用于肥田。当粪便较稀时，应加些杂草，太干时倒入稀粪或加水，以促使其迅速发酵，可以掺入马粪或干草，其比例为 4 份牛粪加 1 份马粪或干草。

2. 粪污利用

（1）用作肥料。

A. 土地还原法

把畜禽粪尿作为肥料直接施入农田的方法被称为土地还原法。畜禽粪尿不仅可以供给作物营养，还含有许多微量元素，能增加土壤的有机质含量，改良土壤结构，提高肥力。将粪便作为肥料时，一是要在粪便施入土地后进行耕翻，使鲜粪尿在土壤中分解，不会造成污染，不会散发恶臭，也不招引苍蝇；二是畜禽排出的新鲜粪尿须及时施用，否则应妥善堆放。

B. 腐熟堆肥法

腐熟堆肥法是利用好气微生物，控制其活动的水分、酸碱度、碳氮比、空气、温度等各种环境条件，使之能分解粪便及垫草中各种有机物质，并使之达到矿物质化和腐殖化的堆肥处理方法。我国利用此法处理粪便非常普遍，并有丰富的经验；所使用的通气方法比较简便易行，例如将玉米秸捆或带小孔的竹竿在堆肥过程中插入粪堆，以保持好氧发酵的环境，约经 4～5 天即可使堆肥内温度升高至 60℃～70℃，2 周即可达到均匀分解、充分腐熟的目的。

粪便经腐熟处理后，其无害化程度通常用两项指标来评定。

一是肥料质量。外观呈暗褐色，松软无臭，如测定其中总氧、磷、钾的含量，肥效好的，速效氧有所增加，总氧和磷、钾不应过多减少。

二是卫生指标。首先是观察苍蝇滋生情况，如成蝇密度、蝇蛆死亡率和蝇蛹羽化率；其次是大肠杆菌值及蛔虫卵死亡率；此外，尚需定期检查堆肥的温度。一般堆肥温度在 50℃～55℃可维持 5～7 天，蛔虫卵死亡率为 95％～100％，大肠杆菌值为 1 万～10 万个/千克，能有效地控制苍蝇滋生。

（2）粪便的生物能利用。

饲料是具有能量的有机物，这些潜在于饲料中的能量被微生物分解而释放，叫生物能。畜禽采食饲料后，大约可利用其中能量的 49％～62％，其余的随粪尿排出。利用畜禽粪便与其他有机废弃物混合，在一定条件下进行厌氧发酵而产生沼气，可作为燃料供照明，可以回收一部分生物能。这是畜牧场解决环境污染的一种良性循环机制，也是生态农业发展的一部分。

A. 沼气生产

使粪便产生沼气的条件，一是保持无氧环境，可以建造四壁不透气的沼气池，上面加盖密封。二是需要充足的有机物，以保证沼气菌等各种微生物正常生长和大量繁殖，一般为每立方米发酵池容积每天加入 1.6～4.8 千克固形物为适宜。三是有机物中碳氮比适当，在发酵原料中，碳氮比一般为 25：1 时，产气系数较高，这一点在进料时须注意，适当搭配，综合进料。四是沼气菌活动在 35 摄氏度时最活跃，此时产气快且多，发酵期约为 1 个月，如池温在 15 摄氏度时，则产生沼气少而慢，发酵期约为 1 年。沼气菌生存温度范围为 8℃～70℃。五是沼气池酸碱度保持在 pH6.4～7.2 时产气质量最高，酸碱度可用 pH 试纸测试。一般情况下发酵液可能过酸，可用石灰水或草木灰中和。

发酵连续时间一般为 10～20 天，然后清出废料。在发酵时粪便应进行稀释，稀释不足会增加有害气体（如氨等）或积聚有机酸而抑制发酵，但过稀则耗水量增加，并增大发酵池容积。通常发酵干物质与水的比例以 1：10 为宜。在发酵过程中，对发酵液进行搅拌，能大大促进发酵过程，增加能量回收率和缩短发酵时间，如果能在发酵池上安装搅拌器，则产气效果更好，搅拌可连续或间歇进行。

B. 沼气发酵残渣的综合利用

粪便经沼气发酵，其残渣中约 95％的寄生虫卵被杀死，钩端螺旋体、福氏痢疾杆菌、大肠杆菌全部或大部分被杀灭，同时残渣中还保留了大部分养分。粪便中的碳素大部分变为沼气，而氮素损失较少，发酵前蛋白质占干物质的 16.08％，蛋氨酸为 0.104％，发酵后蛋白质占干物质的 36.89％，蛋氨酸为 0.715％，氨基酸营养更为平衡。因此，沼气发酵残渣可作为饲料。做反刍家畜饲料效果良好，如对猪长期饲喂还能增强其对粗饲料的消化能力；可直接作为鱼的饲料，同时还可促进水中浮游生物的繁殖，从而增加了鱼饵，可使淡水养鱼增产 25％～50％；发酵残渣还可以作为蚯蚓的饲料。另外，发酵残渣是高效肥料，无臭味，不招苍蝇，施于农田肥效良好，沼渣中尚含植物生长素类物质，可作为果树和花卉的肥料，也可作为食用菌培养原料。

2. 病害尸体的无害化处理

（1）湿法化制，利用湿化机，将整个尸体投入化制（熬制工业用油）。

（2）焚毁，将整个尸体或流产胎儿、胎衣、内脏等投入焚化炉中焚烧炭化。

（3）高温处理，可用高压蒸煮法或一般蒸煮法，将尸体或流产胎儿、胎衣、内脏等分割成重量不超过 2 千克、厚度不超过 8 厘米的小块，放入高压锅内，在 112 千帕压力下作用 1.5～2 小时。

（4）焚烧深埋

对于大批量处理病死动物，焚烧深埋是最有效的处理方法。即在远离水源的空地掘深坑，将病死动物运至坑边，在动物尸体上浇柴油后引燃，等烧至炭化后，推至坑底，上掩盖浮土至少 1.5 米。

（5）由当地无害化处理场统一收集、统一处理。

四、生产管理技术实施

以规模猪场为例：

（一）自繁自养技术

自繁自养技术是指本场饲养母猪，繁育出的后代本场饲养，而不从其他场购入商品代仔猪。坚持自繁自养，可以有效地减少应激和疫病的发生，能有计划地安排防疫、驱虫等工作。

（二）全进全出技术

全进全出技术是指同一批次猪或同一生产阶段的猪同时进、出同一猪舍单元。该技术可以有效减少猪病交叉感染的概率。

（三）引种技术

引种技术是指规模猪场需要更新或补充种猪群体时，需从其他猪场引种。引种时需要关注品种或品系、引种地有无疫病发生，引进后须按照国家规定隔离，隔离场应符合国家规定，引进的品种须有疫病检测及生产性能测定，不能引进有疫病的种猪，不能引进有遗传病史的种猪，引进种猪的生产性能要达到种用要求。

1. 制订引种计划

（1）确定引种数量。如果是新猪场引种，一般引种头数要比最大母猪容量多 15%，因为种猪在生产过程中由于各种原因会造成淘汰，如不多引种 15%，会造成产房等设施不能满负荷生产，降低使用率。一般猪场采用本交时公、母猪的比例为 1∶25～1∶20，但往往引进公猪时要多于此比例，以免个别公猪不能用时，耽误母猪配种，增加母猪的无效饲养日。

（2）确定品种。选择品种要根据自己的生产技术水平确定，万能品种是大白猪，产仔多的是长白猪，终端父本多数会选择生长速度快，瘦肉率高、肉色好、口味佳的品种，养猪生产中常用的品种是杜洛克。如果自身没有育种技术条件，买配套系祖代或父母代猪更省心，而且产生的效益更大。

（3）体重选择。引进种猪并不是体重越大越好，母猪一般在 45～60 千克较为理想。

而且，如果全年均衡产仔，还要把体重距离拉开，以便分批配种。

（4）确定引种场家。选择有实力、信誉好、质量佳、售后服务完善的大型种猪企业。

（5）确定引种人员。一般要有1~2位具有养猪经验的专业人员参加。

2. 做好种猪进栏前的准备工作

购进种猪前，应预备好栏舍、用具和饲料。栏舍墙壁、地面以及食槽、饮水器应彻底消毒，消毒可选用以下消毒剂：2%~3%火碱溶液、10%~20%漂白粉溶液、10%~20%石灰乳、3%~5%煤酚皂溶液、2%~4%福尔马林溶液等。铁锹、扫帚等用具可用清水冲洗干净，放在日光下曝晒消毒。

3. 种猪的选购

（1）公猪的选择。从系谱记录上要选择无隐睾、阴囊疝、脐疝等遗传缺陷的种猪后代，出生体重在同一窝中较大的、生长速度较快的优秀个体。外形上选择四肢粗壮、结实，睾丸对称饱满，体形健壮、腮肉少、臀部丰满、包皮较小的个体。一般眼睛明亮有神、活泼好动、口有白沫的公猪性欲都较旺盛。

如果有种猪性能测定成绩的，要选择EBV值大的，说明该猪综合性能较好。如果体重较大，一定要选择有性欲表现的，最好是购买采过精液、检查过精液品质的公猪，这样可以做到万无一失。

（2）母猪的选择。选择母猪的要求与公猪不同，因为母猪注重的是繁殖性能，所以要选择身体匀称，背腰平直，眼睛明亮而有神，腹宽大而不下垂的个体。同时，骨骼要结实，四肢有力，乳头排列整齐，有效乳头数在6对以上。

（3）种猪的健康状况。对种猪场种猪的健康状况要进行仔细的了解，最好委托有关技术部门进行检测，避免引进的种猪携带疾病。

4. 种猪运输时应注意的事项

（1）最好不使用运输商品猪的外来车辆装运种猪，在运载种猪前24小时开始，应使用高效的消毒剂对车辆和用具进行两次以上的严格消毒，最好能空置一天后装猪。装车时应视猪的品种、性别、体重分别装入相应隔内或笼内，一般体重大小相近的装入同一笼内，最好上车时对猪群喷洒有较浓气味的消毒药水（如复合酚等），以免公猪之间相互打架。长途运输的种猪，应对每头种猪按1mL/10kg注射长效抗生素，以防止猪群运输途中感染细菌性疾病，对于临床表现特别兴奋的种猪，可注射适量氯丙嗪等镇静针剂。

（2）车厢最好能铺上垫料，譬如稻草、稻壳、木屑等，以降低种猪肢蹄损伤的可能性。供种场要提前2~3h对准备运输的种猪停止投喂饲料，赶猪上车时不能赶得太急，注意保护种猪的肢蹄。装猪结束后应固定好车门。

（3）运输装载猪只的数量不要过多，装得太密会引起挤压而导致种猪死亡。运载种猪的车厢面积应为猪只纵向表面积的1.5倍，最好将车厢隔成若干个隔栏。种猪大时，安排4~6头猪为一个隔栏。

（4）常观察猪群，如出现呼吸急促、体温升高等异常情况，应及时采取有效的措施。

5. 新进场种猪的管理

（1）新进的种猪必须先放到隔离区，最好是单独的猪舍或猪场内比较僻静的猪圈，与工作人员和已有的猪群隔离。

（2）要有专门的工作人员负责这群猪，对这群猪进行的每项工作如喂料、注射等一定要在接触其他的动物以前进行。

（3）种猪进场后立即注射（长效）抗生素，48h后重复一次。

（4）在所用饲料中添加复合抗生素（治疗水平），持续两周，所添加抗生素的配方应由兽医依本场情况具体制定。

（5）进场3～4天对种猪进行必要的防疫注射，注射的种类必须由专门兽医指定，3～4周后重复注射。

（6）第二次免疫注射以后，可以把猪场中要淘汰的健康猪放到新引入的猪群中，同时对新放猪群每天重复两次观察健康状况，对出现病症的个别猪要进行抗生素注射，并在饮水或饲料中对猪群进行治疗水平的用药处理。该用药方法要正确，持续5天，再坚持观察。对从该场中转来的猪不要治疗，其功能是向种群提供病原。

（7）两周后再引入第二批猪场的猪到新种群。

（8）两周后若未发现新种猪的异常则可以将它们转入猪场的大群。

（四）温湿度控制技术

猪是恒温动物，对环境温度的高低非常敏感，调节体温的能力差。当猪舍内高温、高湿、空气流通差时，猪群会感到炎热，从而采食量下降，生长缓慢，繁殖性能下降。而一旦母猪摄入的能量和营养不足，会导致仔猪的发育、营养不良和免疫力下降。

当猪舍内低温、高湿、有空气流通时，猪群会感到非常寒冷，采食量增加，饲料转化率降低，免疫力下降，易患各种疾病。尤其是仔猪的身体机能发育不完善，很容易发生疾病或被冻死。

1. 温度

各阶段猪群所需的温度是不同的，这就需要生产管理者时刻了解温度、控制温度，以最大限度减小因为温度的不适当导致的应激和对生产的影响。各阶段猪群的最适宜温度范围为：种公猪17℃～21℃，妊娠母猪18℃～21℃，哺乳母猪20℃～22℃；哺乳仔猪29℃～33℃，保育仔猪22℃～25℃，育肥猪19℃～22℃。

很多猪只感冒其实有时候跟人是一样的，着了凉、受了寒就会引发一系列的症状，比如咳嗽、发烧、饮食差等。其实，这就是我们的保暖工作没做好。除了一些必要的保暖设备以及措施外，还要利用中午高温时段，打开门窗通风，排除舍内潮气和有害气体，这叫作通风。此外，还可白天增加饲喂次数，夜间坚持喂一顿食，猪食要干一些，适当增加能量饲料的比例。

（1）高温应对措施：

①提高日粮水平（特别是能量、蛋白质、维生素）。经常提供新鲜、充足、清洁的饮水，及时清理水槽中不干净的水。

②加强通风、降低饲养密度。及时清除粪尿，保持猪舍清洁。采用遮阳措施，减少阳光照射。在猪舍内尽量采取湿帘降温或经常洒水，促进猪体蒸发散热，湿帘降温系统应用最为广泛，一般可使舍内空气温度比舍外低3℃～7℃。

③在早、晚凉爽时饲喂湿拌料，并且在饲料或饮水中投放抗应激药物，如维生素C、维生素E、B族维生素，可有效提高猪的抗应激能力。

（2）低温应对措施：

①保证饲料营养水平，尤其是能量要高，必要时添加油脂。条件允许时，可给猪饮

干净的温水。

②合理加大饲养密度，使用垫草或木板，降低舍内湿度，及时清除粪尿。

③尽量采取多量、多次饲喂的方式，增加饲喂次数和饲喂量。做好猪舍保温工作。防止贼风侵袭，并且注意适当通风，控制猪舍内有害气体的浓度。

温度计是测量畜舍内温度的重要工具，可是也不能过多地依赖温度计，一切要以猪为本。这就需要饲养员有高度的责任心和事业心，不能仅看温度计显示的数值在某个范围内就万事大吉了，必须认真观察母猪和乳猪的睡姿、采食、健康等情况，以此来调节温度。例如，断奶仔猪，温度高了，仔猪不采食，大量喝水，分散睡或不睡觉乱跑；温度低了，仔猪挤成一团，饲养员应该根据这些情况及时调剂温度，以保证仔猪处于最适宜的温度状态。

2. 湿度

湿度是用来表示空气中水汽含量多少的物理量，常用相对湿度来表示。舍内空气的相对湿度对猪的影响和环境温度有密切关系。无论是幼猪还是成年猪，当其所处的环境温度是在较佳范围之内时，舍内空气的相对湿度对猪的生产性能基本无影响。试验表明，若温度适宜，相对湿度从 45% 变到 95%，猪的增重无异常。这时，常出于其他的考虑来限制相对湿度。例如，考虑到相对湿度过低时猪舍内容易漂浮灰尘，过低的相对湿度还对猪的黏膜和抗病力不利；相对湿度过高会使病原体易于繁殖，也会降低猪舍建筑结构和舍内设备的寿命。因此，即便环境温度处于较佳范围内，舍内空气的相对湿度也不应过低或过高。

当舍内环境温度较低时，相对湿度大，会使猪增加寒冷感。这是由于猪的毛、皮吸附了潮湿空气中的水分后，导热性增大，使猪体散热量增大。同时，随着通风换气，蕴含于水汽中的大量潜热流失到舍外，降低了舍温。因此，舍温较低时，相对湿度大，会影响猪的生产性能，这一点对幼猪更为敏感。例如，试验表明，在冬季相对湿度高的猪舍内的仔猪，平均增重比对照组低 48% 左右，且易引起下痢、肠炎等疾病。

当舍内环境温度较高时，舍内相对湿度大，同样也会影响猪的生产性能。猪原本适应湿度变化的能力较强，即使相对湿度超过 85% 对猪的生产性能影响也不大，但高温下的高湿，会妨碍猪的蒸发散热，从而加剧了高温对其的危害。如果温度超过适宜温度，相对湿度从 40% 升高到 70%，便会减缓猪的增重。这一点成年猪更为明显，因为成年猪的适宜生长温度比仔猪要低。

猪舍内的适宜湿度范围为 65%～75%。湿度过高会影响猪的新陈代谢，是引起仔猪黄白痢的主要原因之一，还可诱发肌肉、关节等方面的疾病，并导致皮肤干燥或干裂等问题。

以下为可采取的湿度控制措施：

（1）加大通风。只有通风才可以把舍内水汽排出，通风是最好的办法。但是，如何通风，则应根据不同猪舍的条件采取相应措施，以下是几种加大通风的措施：

①抬高产床，使仔猪远离潮湿的地面，潮湿的影响会小得多。

②增大窗户面积，使舍内与舍外通风量增加。

③加开地窗，相较于打开上面的窗户通风，打开地窗的效果更明显，因为通过地窗的风直接吹到地面，更容易使水分蒸发。

④使用风扇。风扇可使空气流动加强，这一办法在空舍时使用效果非常好。在保育舍无法干燥时，使用大风扇昼夜吹风，很快可以使保育舍变干燥。

（2）有节制用水。对于潮湿敏感的猪舍（如产房、保育前阶段），应控制用水，特别是尽可能减少地面积水。

（3）地面铺撒生石灰。舍内地面铺撒生石灰，可利用生石灰的吸湿特性，使舍内局部空气变干燥；另外，生石灰还有消毒功能。同时，生石灰吸湿时会散发热量，会使舍内温度一定程度升高。

（4）烤干铺板。在舍内大环境不易控制的情况下，单纯给仔猪提供局部小气候也有不错的效果。方法是：经常将给仔猪铺设的木垫板用火炉烤干，或者给出生前几天的小猪铺干燥的布或地毯等物。这样可以使小猪避免在潮湿的铺板上躺卧，对预防小猪腹泻也有一定效果。

（5）低温水管。低温水管也有吸潮的功能，如果低于20℃的水管通过潮湿的猪舍，舍内的水蒸气会变为水珠，从水管上流下；如果舍内多设几趟水管，同时设置排水设施，也会使舍内湿度降低。

（6）其他。降湿的方法还有很多，舍内生火炉可以降湿，舍内用空调可以降湿，舍内加大通风量也可以降湿，控制冲洗地面次数和防止水管漏水也可以降低湿度，还有猪舍内放置测定湿度的仪器，湿度由猪舍内温湿度传感器实时自动采集、存贮和处理。舍内湿度传感器安装在距地1.8 m高处。系统数据采集时间间隔为5 min。根据传感器的数据，适当地在猪舍内洒水或者通风换气等，猪场可以根据实际情况灵活采用。

（五）通风技术

1. 猪场通风类型简介

猪场通风类型有：自然通风模式、全机械负压通风模式、自然通风和机械通风相结合模式、机械正压通风模式等。

自然通风模式现在已经很少见了，采用此种模式的猪场需要建设在气候条件很好的地区，一年四季气温变化不大，冬暖夏凉，如云南、贵州等地。此模式要求猪舍跨度在8 m以内，两栋间隔8 m以上。

全机械负压通风可以适用于各种气候环境下，可以保证猪舍所需温度，被越来越多的养殖场接受。但是，此模式设备投资较大，而且往往应用于年平均气温变化较大的地区，或者对温度要求较高的带仔猪舍，如分娩舍、保育舍。

自然通风和机械通风相结合的模式比较经济实用，在春秋季节自然通风，夏冬季节机械通风，我国的南方地区应用较多。

机械正压通风模式目前在规模猪场中很少见，投资较高，极少应用。

机械负压通风模式通常采用两种通风形式：纵向通风系统（夏季炎热季节降温通风）、横向通风系统（冬季较冷季节舍内换气）。在猪舍通风中，这两种形式往往同时存在，即我们常说的联合通风模式。

纵向通风系统是由大风机（54寸、50寸、36寸等）和水帘（湿帘）共同作用，室外的热空气通过循环冷水的湿帘，降低一定温度后（平均降低约5℃～6℃），在舍内形成一定的风速，达到一种风冷效应（猪只体感温度会降低2℃～3℃）。

横向通风系统是由变速风机（24寸、20寸、18寸等）配合进风设备（如可控式侧墙进风小窗、可控式屋顶进风小窗、屋顶负压自动开启式小窗等），根据室内温度，对猪舍内空气进行循环式更新，从而保证猪舍生存环境空气的清新。横向通风系统中的地沟排风对于改善猪舍空气质量作用明显。所谓地沟排风，就是部分污浊/有害气体由地面以下的连接粪沟的风道排出舍外。

另外，猪舍配置地沟排风系统对于冬季保温也有明显作用。地沟风机排风量小（最大量略大于猪舍的最小换气量，较适用于仔猪舍），在达到相同的室内空气质量的前提下，对猪舍的热损失最小。此系统在分娩舍、保育舍已成功应用。近几年，一些猪场也尝试将其应用在大猪舍，也具有一定效果。

设计地沟通风时，是依据猪舍最低换气量、通风风道面积、风道风速（负压）及风道长度等一系列因素计算后配置适合的变速风机。风机排风量过大，很容易造成风道内的空气短路，即远离风机一端的空气流动缓慢或无法流动。该设计设备投资少（只有1台小的变速风机），效果显著。

2. 选择合理的通风模式

机械通风系统的核心在于温控设备的选配，现在的温控设备从简单的定时器、××挡温控器到较智能的温控电脑，其控制能力和稳定性均已成熟。例如，荷兰一家专业做温控设备的公司研制的一款温控电脑可以同时管理最多21间猪舍的通风设备，自带猪只生长所需的温度曲线，具有温度、湿度、氨气、二氧化碳等探测器，以及连接控制水/电暖气接口，能够有线/无线联机等。温控电脑就像我们的大脑一样，它可以接收猪舍内外温度信息，然后向进风和排风设备发出动作指令，使其严格按照自定的温度曲线运行，猪舍通风形式可以自由切换，室内温度变化落差不大，从而降低仔猪因温度变化过激所产生的应激反应。

一个合理的通风系统是需要根据猪场所在地区的气候条件、不同功能猪舍需求、猪只饲养密度、猪舍尺寸，通过理论计算及结合实际生产等诸多因素而设计出来的。

3. 通风和保温

猪舍冬季的保温是每个猪场首要考虑的问题，主要体现在饲养仔猪的猪舍，如分娩舍和保育舍。通风会带走舍内热量，会造成舍内温度降低，我们需要给猪舍额外补充热量。若通风配置不够，虽然舍内温度可以保证，但是空气质量会很差。我们解决此问题的关键是找到一个最佳的平衡点，合理配置通风、加温设备，在保证舍内温度的同时又能满足猪只所需空气质量的要求，把耗能降到最低。

额外温度补充的量是根据猪舍客观因素（室内外温差、门窗数量/面积、墙体保温系数、室内漏缝比例），饲养猪只数量、种类，猪只最小呼吸量/换气量等一系列因素计算所得，完全不同于人住房舍加热面积所需热量的算法。

规模猪场的分娩舍、保育舍的土建形式以联体式为主，此类猪舍因其保温性能高、土建投资成本低、占地面积少、便于生产管理而普遍应用。这种结构的猪舍缺点是采光性差、必须全天候机械通风、猪舍须吊顶。冬季通风时，冷空气从吊顶上方屋檐下进入，再由安装在吊顶上的进风设备均匀地进入室内，这就要求吊顶材料必须选用保温材料，屋顶可以不用保温。

此类猪舍的通风设计如下：

某地区气候为，夏季最高温度为39摄氏度，持续约20天；冬季最低温度为－18摄氏度，持续约 35 天。设计对象为分娩舍，房舍单元尺寸为 7.5 m×24 m，饲养哺乳母猪 24 头。

通风配置如下：

纵向降温系统：2 台 36 寸风机，1 台 24 寸变速风机，1 台 18 寸地沟风机，配合 7.2 平方米的水帘，设计风速 0.78 m/s。

横向换气系统：配置 1 台 24 寸变速屋顶风机或利用墙上 1 台 24 寸变速风机，配合屋顶或侧墙进风设备。

温控设备：采用具有联合通风模式的温控电脑。

加温设备分为两部分，局部加温和整体加温。局部保温通常采用保温箱和保温灯组合，或者采用电/水暖地板，给仔猪人造一个适宜其生长的小环境。整体加温采用水暖翅片管（单位散热量高）。

四季分明且冬季较冷的地方，需要采用联合通风模式，猪舍土建密闭性好。采用侧墙进风设备配合风机为猪舍换气。对于极寒地区，使用侧墙进风设备会因冷凝水结冰而设备损坏，因此必须配置进风口加温设备，或安装吊顶（保温材料）进风设备。另外，水帘安装需要增设耳房保温，耳房内猪舍主体侧墙冬季覆盖保温卷帘或其他具有保温效果的通风设备；夏季炎热持续时间短地区可以不设纵向通风系统，采用扩大横向系统的通风能力的方式进行夏季通风。

猪舍降温主要是以舍内的风速来体现，同样尺寸的猪舍，南北方地区猪舍的风速设计是不同的，南方地区风速要大于北方地区。

近几年新建的规模猪场受到欧美养殖模式影响，猪舍跨度和长度较大（宽度达到 30 多米，长度超过 100 米），单栋饲养数量较多（2000 头以上）。这样的猪舍通风设计时应当考虑空气流动的均匀性。降温需要采用双纵向模式，即猪舍两端放置风机，中间安装水帘。若水帘直接安装在猪舍侧墙上，因猪舍跨度大，经过水帘的冷空气难以到达猪舍中间位置，因此必须把水帘安装在侧墙外面的耳房上，主体侧墙开小于水帘面积的进风口，从而加大进入舍内的空气射流，减少猪舍中间的通风死角。

（六）饲料配合技术

1. 日粮及配合饲料的概念

日粮是指一头猪一昼夜采食各种饲料的总量。当日粮各种营养物质的种类、数量及其相互比例都符合要求时，这种日粮叫全价日粮或平衡日粮。

在养猪生产中，对各种猪不可能逐头逐日配料，都是按照不同的猪群，例如育肥猪群（前期、后期）、仔猪群等，进行集体配制，每次配制的数量较多。由数种单一饲料，按一定比例配制成的混合饲料叫饲粮。配合饲料是以工业生产方式生产的饲料，它是发展现代化畜牧业的物质基础。在畜牧业发达的国家，饲料工业已迅速发展成为一个新兴的工业部门，并广泛应用于养猪业。我国的饲料工业自 20 世纪 70 年代起步后，发展迅速，促进了养猪生产的科学化、现代化及工厂化。

2. 配合饲料的优点

（1）提高饲料转化效率，降低饲养成本。传统养猪是饲料单一，有什么喂什么，养分不全面，饲料利用率低，而配合饲料是用多种饲料科学搭配、各种物质相互补充，达到了养分全面、数量合理的要求。试验证明，采用配合饲料比传统养猪可提高饲料转化率约20%，降低成本约20%。

（2）扩大饲料来源，有效利用饲料资源。由于配合饲料是采用工业化生产，因而可以把大量原来不能利用的农副产品、食品工业下脚料及其他一些微量成分，通过加工，生产出符合要求的配合饲料。

（3）使用方便，适宜规模性养猪。配合饲料是由工厂生产的商品性饲料。养猪场购回的配合饲料为全价饲料，无须蒸煮，可以直接喂猪。浓缩饲料及精料混合料只需和其他饲料搭配即可饲用，省去了饲料加工、调制的时间以及劳力和设备。

（4）能按计划达到预期的经济效果配合饲料是按饲养标准配制的，能保证满足猪对各种营养物质的需要，因而也可以达到饲养标准中的预期生长速度，从而保证了生产计划的完成。

3. 配合饲料的原则

（1）科学的原则。要做到科学养猪，应当按饲养标准配合饲料。尽可能使各项营养指标符合或接近标准（相差在5%以下）。饲料组成应多样化，由5～10种品质良好，无毒、无害，适口性好，符合各类猪的消化生理特点的饲料组成。饲料要求有一定容积，多了吃不下，少了吃不饱，一般按100千克体重日需风干物质计算：种公猪1.5～2.0千克，妊娠母猪2.0～2.5千克，哺乳母猪2.5～4.5千克；生长育肥猪体重在50千克或60千克以下的为4.4～6.5千克，50千克或60千克以上的为3.8～4.4千克。更详细的在饲养标准中有具体规定。

（2）要考虑经济原则。饲料费一般占养猪支出的60%以上，所以配合日粮时，必须考虑经济效益，尽可能利用当地饲料资源，节约粮食，降低成本，提高猪的生产性能及经济效益。

（七）转群

1. 转群原则

合理的转群是保障猪场正常生产运转的关键，需注意以下几点原则：

（1）减少转群频率从而减少疫病接触频率或转群应激频率，猪场可实行全进全出式的饲养模式。

（2）在转群过程中，猪场要始终坚持净污分区和单向流动的原则。

（3）需要强化非洲猪瘟疫情风险管控，减少应激反应，在饲料中或饮水中添加降低应激反应的药物。

2. 转群操作

（1）准备好赶猪通道（最好是封闭通道），由猪场专人提前做好清理和消毒工作。

（2）饲养员统计好需要转移的猪只，规划好赶猪路线，每头猪出猪舍前全身消毒。

（3）禁止粗暴赶猪（避免应激反应过大），母猪每次赶2～3头，赶到指定区域交给接猪人员（双方人员不接触）。

（4）待全部转猪完毕后，由猪场专门工作人员对赶猪通道进行清理和消毒。

3. 接猪操作

（1）提前将洗消合格的猪舍加温到20℃，并在水槽或饮水器中加入降低应激反应的药物，连用7天。

（2）接猪过程禁止粗暴赶猪，每次2～3头，赶到指定栏舍。

（3）接猪完成后及时清点猪数，并对档案卡消毒后一一对应。

（4）对接收猪只进行一次带猪消毒，每天对猪舍道路和粪便消毒，连续3天。

（八）母猪分娩技术

母猪在分娩阶段相对比较虚弱，综合免疫力会大大降低，若不加强管理就会造成疫病大规模发生，须注意以下几点：

（1）接产人员须做好手部消毒，仔猪脐带结扎时要对脐带断口和根部（腹部端）严格消毒，断脐带时建议用剪刀剪断，而不是用手掐断。

（2）在非洲猪瘟流行的情况下，若猪场不稳定，不建议执行断牙、断尾等操作；若猪场稳定则建议执行。

（3）在分娩过程中给母猪输液风险很大，建议在母猪的饲料中添加补气、补血和安胎的中药，提前20天饲喂。

（4）禁止饲养员给母猪掏产，针对三元母猪产程长的问题，可在分娩5～6头仔猪后，在母猪的后海穴注射一支缩宫素。

四、环境污染防治技术

养殖业对环境造成的污染，包括动物病害尸体腐败污染、动物排泄物污染，动物体内病原体排到环境中造成的污染，饲养过程中过量使用消毒剂对环境造成的污染，大量使用抗生素令其原型或其中间衍生物排到环境中造成的污染等。为保护人类及所有生物赖以生存的环境，应将养殖业对环境污染的防治提高到一个战略位置，全面治理，严加防范，为我们这代人及子子孙孙营造一个良好无污染的生存环境。

关于动物病害尸体腐败污染、动物排泄物污染，动物体内病原体排到环境中造成的污染防治，用本书中消毒和无害化处理部分阐述的技术可以有效防治。而过量消毒及无节制使用抗生素造成的污染也已逐渐被有识之士认识到。

消毒过程其实是一把双刃剑。一方面，可以杀死病原微生物，为人类、动物提供一个无微生物感染的环境；另一方面，消毒药大都为化工产品，在环境中可长期存在而不降解、不转化，能造成土壤变质、水质恶化，对生物致畸变、致癌、致突变，使大量的有益微生物被灭杀。而大多数人只看到消毒药的积极作用，而忽视了其消极作用，一味消毒，不考虑环境污染问题。本书在此提及，旨在提醒广大养殖者，不可过量消毒，一旦过量消毒，要做好善后处理。

关于消毒药的选择，前文已有阐述（从其消毒效果方面所作的阐述）。从环境保护的角度考虑，应选择在环境中易降解、易转化或后期收集物容易处理的消毒药。而两者综合考虑之下选出的消毒药才是最佳选择。

关于消毒后消毒药的处理：当为了应对某种病原微生物而不得不选择某种污染重的消毒药时，应考虑回收集中处理。对于消毒后能够集中回收的消毒药，应用化学方法将其处理为无毒无害物质。而对于用后能够自行降解或分解或转化为无毒无害物质的消毒药，可放心大胆用于环境、土壤消毒。

抗生素的污染是近些年来人们关注的热点。抗生素的原型或其代谢中间衍生物可由大量应用抗生素的动物机体排出，这类物质在环境中稳定，很难降解，进入环境污染土壤和水源，通过食物链系统最后会蓄积到食物链最高端。目前，在人类身体中不断出现的所谓超级细菌，就是高度抗药的细菌，是细菌在不断接触各类抗生素过程中产生对其药效的抗性。由此可见，抗生素对环境的害处之大。而要想控制这种局面，就要减少使用抗生素。

五、人员防护技术

为防止动物疫病尤其是人畜共患病由动物向人的传播，饲养场工作人员，特别是饲养人员和兽医防疫人员等与动物有密切接触的人员，在开展动物饲喂、诊疗、转群等工作时，应做好个人防护。

（一）分级防护及装备

（1）无传染病和人畜共患病发生时，采用一级防护即可。通常一级防护所用的装备包括工作服、胶质手套、帽子、工作鞋、有效口罩。

（2）发生一般传染病，应采用二级防护。二级防护所用的装备包括工作服、胶质手套、帽子、工作鞋、有效口罩、护目眼镜，必要时穿上连体防护服。

（3）发生重大传染病及人畜共患病时，应采用三级防护。三级防护所用的装备包括连体防护服、胶质手套、帽子、工作鞋、隔离服、工作服、医用口罩、护目镜。

（二）个人防护用品选择

防护用品须符合医用级标准，在有效期内使用，最好选择一次性的（工作服连续使用要保持洁净）。

（1）帽子：面料应能阻止轻微液体的渗透。

（2）防护服：须符合《医用一次性防护服技术要求》。

（3）防护口罩：可分为一次性医用外科口罩和医用防护口罩（N95或更高级别）。

（4）护目镜或防护面罩：具有较好防雾性能或防溅性能，能弱性佩戴，视野开阔，透亮度好。

（5）手套：为橡胶手套或医用一次性乳胶手套，弹性好，不易破损。

（6）长筒靴或一次性鞋套：防水防渗透。

（三）防护用品的穿脱

1. 穿戴

（1）非连体防护服穿戴。

A. 戴口罩：一只手托着口罩，扣于面部适当部位，另一只手将罩筋戴于合适部位，压紧鼻夹，紧贴于鼻梁处，通过呼、吸感受口罩的起伏以检查其密闭性。

B. 戴上护目镜或防护面具。

C. 戴帽子：戴帽子时，注意双手不接触面部。

D. 穿隔离衣或防护服。

E. 穿长筒靴或鞋套。

F. 戴手套：将手套套在防护服袖口外面。

（2）连体防护服穿戴。

A. 戴一次性帽子。

B. 戴口罩：一只手托着口罩，扣于面部适当部位，另一只手将罩筋戴于合适部位，压紧鼻夹，紧贴于鼻梁处，通过呼、吸感受口罩的起伏以检查其密闭性。

C. 戴上护目镜或防护面具。

D. 穿连体防护服。

E. 穿长筒靴或鞋套。

F. 戴手套：将手套套在防护服袖口外面。

2. 脱卸

（1）非连体防护服脱卸。

A. 离开污染区域，尽可能不扩大污染面。

B. 脱手套：将里面朝外，放入黄色的感染性医用废弃物收集袋中。

C. 洗手或手消毒。

D. 脱掉隔离服或防护服，将里面朝外，放入黄色的感染性医用废弃物收集袋中。

E. 洗手或手消毒。

F. 将手指掏进帽子，摘掉帽子，里面朝外，放入黄色的感染性医用废弃物收集袋中。摘下护目镜或防护面罩。

G. 洗手或手消毒。

H. 摘掉口罩，双手不能接触面部。

I. 洗手或手消毒。

（2）连体防护服脱卸。

A. 离开污染区域，尽可能不扩大污染面。

B. 脱手套：将里面朝外，放入黄色的感染性医用废弃物收集袋中。

C. 洗手或手消毒。

D. 脱掉连体防护服及鞋套，将里面朝外，放入黄色的感染性医用废弃物收集袋中。

E. 洗手或手消毒。

F. 摘下护目镜或防护面罩。摘掉口罩，双手不能接触面部。

G. 洗手或手消毒。

H. 将手指掏进帽子，摘掉帽子，里面朝外，放入黄色的感染性医用废弃物收集袋中。

I. 洗手或手消毒。

六、物流控制技术

养殖场的物流控制，应遵循生物安全的原则，不同生物安全级别的人、车辆、投入品及动物，走各自的专用通道。

总体来说，可通过隔离、中转、消毒等技术措施将养殖场及养殖场附属设施（消毒站、中转站）及外围划分为高风险区、缓冲区、低风险区、养殖区。按照进入场内的通道，将一级洗消站、中转站以外的区域划为高风险区，一级洗消站到二级洗消站之间划为缓冲区，二级洗消站、中转站至养殖场门口的三级洗消站之间划为低风险区，养殖场围墙、大门以内划为养殖区。

缓冲区及低风险区内必须配备专用车辆，车辆在固定路线运行，不可越界。运行前后都要做清洗消毒。

养殖场内按照污染程度可以划分为高风险区（污染区）、低风险区、洁净区，人、物可以从洁净区直接进入低风险区或高风险区，但不可以直接从高风险区进入低风险区或洁净区，若要进入，必须先清洗、消毒、换装。动物转舍要有专用通道，转舍前后对通道均须做彻底清洗消毒。

七、废弃物处理技术

形象地讲，规模养殖场是一个活畜禽生产加工部门，除生产出应有的活畜禽产品外，同时会产生大量的废弃物，如畜禽粪便，病死、病害动物尸体，生活垃圾，投入品包装，一次性防护用品，垫料敷料等。这些养殖场废弃物有些具有感染风险，须经无害化处理后才能作为垃圾处理或作他用。本书前文对于畜禽粪便、病死、病害动物尸体的处理已有阐述，这里只概述一下其他废弃物的处理。

（一）投入品包装

1. 兽药、疫苗包装

纸质包装未进入污染区域，可作生活垃圾处理。而沾有药物的玻璃或塑料包装作医疗废弃物处理，装疫苗尤其是活疫苗的包装须先经高温高压处理后再作为医疗废弃物处理，一次性注射器也用同样方法处理。

2. 饲料包装

未进入污染区域的可回收再用或作他用，进入污染区的须用消毒药浸泡后再作他用。

（二）一次性防护用品及用废的多次防护用品的处理

用消毒药浸泡或经高温高压处理后，作为医疗废弃物处理。

（三）生活垃圾

按正常垃圾分类后投入垃圾箱。

（四）动物舍垫料、敷料

细碎的垫料、敷料可同粪便一同清理，同步处理。较大的垫料、敷料须搅拌消毒药于收集场所集中贮存，腐败后深埋或还田。

八、人员管理

人员管理包括场区内人员管理和外部入场人员管理。

（一）场区内人员管理

场区内的人员严禁随意出入场区和进入其他区域。人员一旦进入场区，必须遵守场区内的规章制度及生物安全规定要求，在规定的区域内活动。

1. 饲养人员

饲养人员必须在自己责任区内活动，不可跨区域活动。

2. 场内管理人员、兽医防疫人员、设备维修人员等

场内管理人员、兽医防疫人员、设备维修人员等宜从低风险区向高风险区活动，如发生有从高风险区向低风险区的活动，则必须于消毒、换装后才行。

3. 外部参观人员进入场内

外部参观人员必须在规定区域内活动，严禁接触动物。参观结束，须对其活动场所严格消毒。

（二）外部入场人员管理

外部人员进入饲养场，须在一级洗消站进行清洗消毒，洗消后于采样点进行疫病检测。确定没有规定疫病病原后，入场人员换上饲养场专用服装，由场内专用车辆拉至二级洗消站，再次开展清洗、消毒、换装、病原检测等工作，确定没有规定病原后，可乘专用车辆入场。入场人员必须于一级洗消站处卸下身上戒指、耳环等所有饰品饰物，手机消毒后检测无阳性可带入，必要时另备一部手机换卡后带入。

九、其他动物控制

规模养殖场内要求净养，只饲养单一动物，绝不可以人为引进其他动物，并尽可能地通过各种基础设施和技术措施杜绝其他动物进入养殖场内和动物舍内。这里所说的基础设施包括实体围墙、场门、拦鸟网、驱鸟装置、纱窗、挡鼠板、硬化防鼠墙基、黏鼠板、灭蚊器等，相关的技术措施包括建立制度、加强巡查、净化环境、及时处理动物病尸及畜禽粪便，减少其他动物（包括昆虫）可生存空间，强化消毒等。

（一）实体围墙及场门

养殖场周围建造实体围墙，可防止野生动物及流浪的猫、犬、爬行类及其他动物进入场内。场门宜与墙体紧密结合形成密闭环，无车辆人员进出时处于关闭状态，有人员车辆进出时应处于监控状态，有其他动物进入立即驱离。

（二）拦鸟网和驱鸟装置

有条件的养殖场可在养殖区域上方设拦鸟网，条件差的养殖场也需要在通风口及舍门口设拦鸟网，以防止野鸟进入养殖区或舍内。

（三）挡鼠板、硬化防鼠墙基、黏鼠板

在每栋动物舍的门口处均应设挡鼠板，以防止老鼠从门口处直接进入栋舍内。养殖栋舍墙基外地面应铺设至少100厘米宽、20厘米厚的鹅卵石，防止老鼠打洞进入动物舍。如果场区鼠害严重，可用鼠夹、黏鼠板等灭鼠。

（四）纱窗、灭蚊器

动物舍的门、窗均应安装纱质网结构，以防止蚊子、苍蝇等昆虫进入舍内。养殖场内地面保持干净，不可有污水积聚及粪便堆积，尽可能降低绿植，减少蚊子、苍蝇滋生。

第六节　我国生物安全的法制建设情况

一、有关生物安全的法制建设情况

随着我国法制建设的逐步深入，法律体系趋于完善健全，相应地，与广大人民生命健康安全有关的生物安全法律法规体系应运而生并逐步完善。随着社会发展进步，生物安全问题已经被纳入国家安全范畴。在《中华人民共和国国家安全法》中，对有关生物安全作了精准阐述。2020年10月17日，第十三届全国人大常委会第二十二次会议通过了《中华人民共和国生物安全法》，自2021年4月15日起正式实施。本法共十章八十八条，明确了生物安全的重要地位和原则，规定生物安全是国家安全的重要组成部分，完善了 11 项生物安全风险防控基本制度，全链条创建了生物安全风险防控的"四梁八柱"。各个行业领域，围绕生物安全，也分别建立健全了较为系统的法规与规章、规范。初步统计，我国在病原微生物管理方面，目前已建立了《中国微生物菌种保藏管理条例》等 8 部法规或规章、办法；在实验室生物安全管理方面，目前已建立了《病原微生物实验室生物安全管理条例》等 5 部法规或规章、办法；在传染病防控方面，目前已建立了《中华人民共和国传染病防治法》等 9 部法律或法规、规章、办法；在基因工程和转基因安全方面，目前已建立了《基因工程安全管理办法》等 8 部法规、规章、办法；在食品安全方面，目前已建立了《中华人民共和国食品安全法》等 7 部法律法规、规章、办法；在生物制品管理方面，目前已建立了《血液制品管理条例》等 13 部法律法规、规章、办法；在伦理管理方面，目前已建立了《涉及人的生物医学研究伦理审查办法》等 8 部法规、规章、办法；在动植物检疫方面，目前建立了《中华人民共和国动物防疫法》等 8 部法律法规、规章、办法；在出入境检验检疫管理方面，目前已建立了《中华人民共和国国境卫生检疫法》等 15 部法律法规、规章、办法；在突发安全事件方面，目前已建立了《突发公共卫生事件应急条例》等 8 部法规、规章、办法。同时，随着新生事物的不断出现、事物的不断发展衍化及人们对事物的认识的不断深入，原有的法律法规等会不断地修订，新的法律法规也会不断地建立、健全。

二、有关生物安全法的普及程度

尽管我国有关生物安全的法律法规在不断地健全、完善，但在法律的普及方面，实在令人堪忧！即便是在行业内或领域内，也不能确保管理人或管理相对人对相关法律法规的完全认知，甚至这部分管理人或管理相对人还处于法盲的程度，这也导致了有些行业在生物安全管理方面相对混乱，行业内一些蛮干、乱干现象时有发生，"人治大于法治"的情况也经常出现。因此，在法律普及方面，任重道远！

第二章　规模猪场生物安全体系建立

第一节　选　址

　　猪场选址应保证场区符合各项生产工艺要求，便于执行各项卫生防疫制度和措施，要能防止周围环境对猪场污染，同时也要避免猪场对周围环境造成影响。因此，要从猪场场址的选择、场地的规划、场内建筑的布局、场区卫生防疫设施等方面进行认真、详细的考虑，做到技术上可行、经济上合理。

　　猪场场址选择要充分考虑猪场周围养殖环境和地理位置。猪场周围养殖环境包括周围猪只存栏和高风险场所；猪场地理位置包括天然地理条件和交通布局等。

一、猪场周围养殖环境

（一）查看猪场密度

　　实地查看并统计 0～3 km、3～10 km 范围内猪场数量和猪只存栏量，标记 3 km 范围内猪场和养殖户的位置，其位置与选址猪场越近，生物安全威胁越大。计算选址猪场周围 3 km 范围内猪只密度以及 10～50 km 范围内野猪密度，密度越大生物安全威胁越大。

（二）与高风险场所保持安全距离

　　应与屠宰场、病死动物无害化处理场、粪污处理点、农贸交易市场、其他动物养殖场/户、垃圾处理场、车辆洗消场所及动物诊疗场所等保持一定的生物安全距离。

二、猪场地理位置

（一）自然条件

　　充分考虑地形与地势，理想的猪场用地应具有地形开阔、整齐、面积充足，地势高燥、南向坡地、高而平坦、通风良好且背向北风等原则。不同地形猪场的生物安全等级由高到低排列依次为：高山、丘陵、平原。

（二）主干道距离

　　猪场与最近公共道路的距离应大于 500 m。猪场离公共道路越近，周边公共道路交叉越多，生物安全风险越大。

（三）其他公共区域距离

　　猪场与城镇居民区、文化教育科研区等人口集中区域的距离应大于 500 m。猪场须每年对周围养殖环境进行调查评估，了解周围生物安全风险，根据生物安全风险点的变化制定针对性防控措施。

第二节　场区布局

一、猪场功能区

猪场主要功能区包括办公区、生活区、生产区、隔离区、环保区及兽医卫生管理区等。

（1）办公区设置办公室、会议室等。

（2）生活区为人员生活、休息及娱乐的场所。

（3）生产区是猪群饲养的场所，是猪场的主要建筑区域，也是生物安全防控的重点区域，须采取严格的措施管理外部进入的人员、物料等。人员、物料等离开生产区后，重新进入时一律按照外来人员、物料管理。

（4）隔离区主要是引进后备猪时隔离使用。

（5）环保区主要包括粪污处理、病死猪无害化处理以及垃圾处理等区域。

（6）兽医卫生管理区主要用来治疗和隔离病猪。环保区和兽医卫生管理区均应设在生产区的下风向及地势较低处，并远离生产区，与生产区应保持 100 m 以上的卫生间距。环保区和兽医卫生管理区应设单独的道路与出入口，其所排放的污水与废弃物应严格控制，防止疫病扩散和对环境造成污染。

二、净区与污区

净区与污区是相对的概念，生物安全级别高的区域为相对的净区，生物安全级别低的区域为相对的污区。在猪场的生物安全金字塔中，公猪舍、分娩舍、配怀舍、保育舍、育肥舍和出猪台的生物安全等级依次降低。猪只和人员单向流动，须从生物安全级别高的地方向生物安全级别低的地方流动，严禁逆向流动。

三、边界围墙/围网

猪场使用围墙或围网与外界隔离，尤其生产区须使用围墙与外界隔离。

四、道路

猪场内部设置净道与污道，避免交叉。

五、门岗

猪场采用密闭式大门，设置"限制进入"等明显标识。门岗设置入场洗澡间。洗澡间布局须净区、污区分开，从外向内单向流动。洗澡间须有存储人员场外衣物的柜子。门岗设置物资消毒间。消毒间设置净区、污区，可采用多层镂空架子隔开。物资由污区侧（猪场外）进入，消毒后由净区侧（生活区）转移至场内。门岗设置全车洗消的设施设备，包括消毒池、消毒机、清洗设备及喷淋装置等。

六、场区洗澡间及物资消毒间

场区洗澡间是人员从生活区进入生产区换衣、换鞋及洗澡的场所。要确保洗澡间舒适，具备保暖设施设备和稳定的热水供应等。洗澡间旁设置洗衣房和物资消毒间，分别用于生产区内衣物清洗、消毒和进入生产区物资的消毒。

七、料塔

料塔设置在猪场内部靠近围墙边，满足散装料车在场外打料，或者建立场内饲料中转料塔，配置场内中转饲料车。确保内部饲料车不出场，外部饲料车不进场。

八、出猪台/通道

出猪台/通道是与外界接触的地方，须有标识或实物将净区、污区隔开，不同区域人员禁止交叉。建议种猪场和规模猪场使用本场专用中转车辆转运待售猪只。中转站须与猪场保持适当距离，并符合相关规定，每次出猪完毕须对车辆和出猪台/通道做好冲洗消毒。

九、引种隔离舍

引种隔离舍距离生产区至少 500 m。隔离舍具备人员洗澡和居住的条件，猪只隔离期间，人员居住在隔离舍，猪只检疫合格后解除人员隔离。

第三节 生产区管理

一、生产区人员管理

生产区人员的入场和流动是养殖场内生物安全防控的关键因素。进入生产区前和进入动物饲养舍前，必须彻底洗手、换工作服、换工作靴、消毒鞋底。养殖场生产区内的工作人员定舍定岗，工具专舍专用。

（一）生产区出入流程

（1）进入人员消毒通道外部（污区）更衣室，脱掉衣服、内衣裤和鞋子，将全部随身携带物品存放于个人物品柜。

（2）光脚进入淋浴室淋浴，对指甲缝、耳蜗、头发、全身彻底清洗，淋浴时间必须超过 5min。

（3）淋浴后，进入内部（净区）更衣室，更换生产区工作服、鞋，进入生产区。

（4）离开生产区时，脱去生产区鞋子，换上拖鞋，将生产区鞋子表面及鞋底清洗干净后倒放鞋架上（便于检查鞋底是否清洗干净）。

（5）进入内部更衣室，脱去生产区工作服，放在指定的消毒桶以待清洗（每日清洗）。

（6）光脚进入淋浴室淋浴，淋浴后将毛巾挂在挂钩上以待清洗。

（7）进入外部更衣室，换回生活区的衣服及鞋子，返回生活区。

（二）进入饲养舍流程

净区与污区是相对的概念，生物安全级别高的区域为相对的净区，生物安全级别低的区域为相对的污区。就单个饲养单元而言，饲养舍外部为污区，饲养舍内部为净区，饲养舍两道门之间的缓冲区为灰区。

（1）打开污区的门进入，关门。

（2）坐在污区与灰区之间的隔离凳上，脱掉脏区鞋，留在地垫上，坐在隔离凳上转身，注意脚不要接触污区地面，穿灰区拖鞋进入灰区。

（3）在灰区洗手池用洗手液和流水彻底洗手，注意仔细清洗指甲缝，并用流水冲洗干净。

（4）用擦手纸擦干后将擦手纸扔入垃圾桶。

（5）坐在灰区与净区之间的隔离凳上，脱掉灰区拖鞋，留在灰区地面，坐在隔离凳上转身，注意脚不要接触地面，穿上净区的靴子。

（6）进入净区门口的鞋底消毒池进行鞋底消毒。

（7）打开净区的门，进入动物饲养舍，关门。

（三）人员洗消管理

（1）人员单向流动，全程不能逆方向行走。

（2）生产区全部区域设置明显分区，不同分区之间设置起到物理隔离作用的隔离凳。

（3）每个区域的地面均应设有地漏，以便分区域进行环境洗消。

（4）保证洗消室的舒适性与人性化，确保水温、室温、环境合适，洗浴设施便捷，以保证员工的洗消时间。

（5）安装监控，监督洗消流程。

二、生产区物料管理

物料流动是养殖场内重要的生物安全风险环节，因此物料进入生产区之前要遵守严格的生物安全规范，避免将病原微生物带入养殖场内部。需要进入养殖场生产区的物料分为以下几类：生产区员工餐食、工具、饲料、疫苗、药品、医疗器械、工作服靴。物资洗消室、食物传递窗、饲料中转塔等都是养殖场传送物料的重要生物安全设施。

（一）生产区食品管理

（1）进入生产区的食品必须是由本场内部生活区厨房提供的熟食，生的食材和外带食品严禁进入生产区。

（2）进入生产区的食品只能通过食物传递窗进入，用餐后的餐余和餐具也必须通过食物传递窗消毒后传送至生活区集中处置。

（二）工具管理

（1）生产工具、生产耗材、防护用品以生产区或圈舍为单位储存或使用，严禁在不同圈舍之间交叉使用。

（2）生产工具每天使用完成后，及时清洗消毒，放在本舍指定的地点备用。生产耗材使用后和废弃物统一置于本舍专用的垃圾桶内。

（3）生产区工人日常穿戴的防护服、手套、护目镜、毛巾等防护品，每天使用后及时更换清洗消毒，晾干后放到指定位置备用。

（4）生产区使用的疫苗保温箱、精液保温箱等防护品，每次使用后都要及时进行清洗消毒，晾干后放到指定位置以备使用。

（三）疫苗、药品、医疗器械管理

（1）物资从生产区领取出库后，只能本舍使用，严禁圈舍间交叉使用。

（2）医疗器械，如注射器、输液管、针头等，严禁在不同圈舍间交叉使用。建议养殖场使用一次性医疗器械，使用前要检查一次性医疗器械的包装是否完好无损。使用后的废弃疫苗瓶、药品包装、一次性医疗器械，要放入指定的医疗废物垃圾桶中，集中处理；如非一次性医疗器械，在使用前要按照相关产品的消毒要求进行消毒，在使用后要及时进行彻底清洗和消毒，烘干后放到指定地点备用。

（3）不能做到每栋圈舍均配备的可移动仪器设备，例如超声检测仪器等，在一栋圈舍使用完毕，进入下一栋圈舍使用之前，一定要进行彻底的清洗消毒，最好能在消毒后放置24 h以上，再转入下一栋圈舍使用。

（四）饲料管理

（1）选择正规饲料厂家购买饲料或原料，进料前进行病原检测以保证无特定病原微生物。

（2）有条件的养殖场建议使用饲料中转塔进料、转料。饲料场的打料车必须按照养殖场生物安全要求进行车辆及人员洗消，然后行驶到靠近猪场饲料中转塔的养殖场围墙外的指定位置，驾驶员全程不下车，由养殖场工作人员完成饲料场打料车与养殖场饲料中转塔之间的连接。打料结束后，打料车按照养殖场规定的路线驶离围墙；养殖场工作人员立即对饲料场打料车停靠的位置及途经道路进行彻底洗消。环境洗消完毕后，参与进料及环境消毒的养殖场工作人员进入人员洗消室进行人员洗消。

（3）选择袋装饲料进料的养殖场，通过运输车辆（确保运输车辆无特定病原污染）将袋装饲料运输到物资中转站，运输车辆停靠在物资中转站围墙外的物资消毒室的入口处，养殖场工作人员将购买的袋装饲料卸入物资洗消室。在物资洗消室对袋装饲料的外包装进行彻底洗消，如外包装不密封，则可采用熏蒸45分钟的方法进行洗消，熏蒸后静置14天以上，经病原检测合格后，由养殖场的物资中转车运输到生产区使用。袋装饲料在熏蒸时，应摆放在底部镂空的架子上，以便对外包装进行全方位的有效洗消。

（五）工作服靴

（1）养殖场工作人员每人配备2～3套当季工作服交替使用。安排专人洗消工作服，换下来的脏工作服需要在消毒液中浸泡30分钟以上，有条件的养殖场建议在洗消衣物房内配备紫外线消毒设施和烘干设备，以便对衣物进行烘干和紫外线消毒。养殖场功能区工作人员的工作服最好有颜色区分，杜绝混穿。

（2）在养殖场生产区的不同功能区配备不同颜色或者样式的工作鞋，严禁混穿。每天下班前彻底清洗鞋上的污物，尤其是被踩在鞋底的粪污，彻底洗消后鞋底朝上放在鞋架上晾干备用。

三、生产区废弃物管理

（一）医疗废物管理

医疗废物是指兽医在医疗、预防、保健以及其他相关活动中产生的具有感染性、毒性或其他危害性的废物。常见的养殖场医疗废物有废弃的药瓶、疫苗瓶、一次性无菌注射器、一次性无菌输液器、一次性防护服、一次性鞋套、一次性手套、酒精棉球、止血棉球、棉签、拭子、注射针头、手术刀、手术剪、止血钳、医疗废液等。医疗废弃物须按照《医疗废物管理条例》的规定分类回收，及时处理。

养殖场医疗废物可采用集中处理方式，医疗废物管理专职人员定期联系医疗废物集中处置单位将医疗废物运走处置。养殖场医疗废物用指定的车辆运送，运送医疗废物的车辆应该防渗漏、防遗撒、无锐利边角、易于装卸和清洁、有专用医疗废物标识，按照指定的路线行驶到距养殖场 1 km 以外的指定地点，将医疗废物转移到医疗废物集中处置单位的车上。运送时防止流失、泄漏、扩散和直接接触身体。运送完毕，养殖场运送医疗废物的人员、车辆直接行驶到二级洗消点进行彻底洗消。禁止在运送过程中丢弃医疗废物，禁止在非储存地点倾倒、堆放医疗废物或者将医疗废物混入其他废物和生活废弃物中。

养殖场医疗废物可采用自行处理方式。国务院令第 380 号《医疗废物管理条例》规定，养殖场应当按照县级人民政府卫生行政主管部门、环境保护行政主管部门的要求，自行就地处置其产生的医疗废物。自行处置医疗废物的，应当符合下列基本要求：

（1）使用完后废弃的疫苗瓶和针头应用消毒水浸泡消毒，使用后的一次性医疗器具和容易致人损伤的医疗废物，应当消毒并进行毁形处理。

（2）能够焚烧的，应当及时焚烧，焚烧后的产物可以深埋。

（3）不能焚烧的，消毒后集中填埋。

（4）养殖场产生的医疗废液、病死动物分泌物及排泄物，应当按照国家规定严格消毒，达到国家规定的排放标准后，方可排入污水处理系统。

（5）注意个人防护，如被医疗废物刺破皮肤，要及时用酒精棉球处理伤口，用大量清水冲洗，并根据受伤程度及时就医。当发生医疗废物流失、泄漏、扩散或意外事故时，应在 48 h 内及时上报卫生行政主管部门。导致传染病发生时，按有关规定报告，并进行紧急处理。

（二）可回收废弃物

可回收物指适宜回收和资源利用的物品。例如，废纸张、废玻璃、废塑料（盆、桶等塑料制品）、废弃电器、废弃电子产品等。生产区产生的可回收物数量有限，可集中置于生产区可回收物垃圾桶内，每周通过物资洗消室将垃圾袋外表洗消后，传递到外部生活区，放在指定位置等待拖运集中处理。

（三）有害废弃物

有害废弃物指对人体健康或自然环境可能造成直接或潜在危害的生活废弃物。例如，电池、含汞荧光灯管、过期药品及其包装物、油漆桶、血压计、水银温度计、杀虫喷雾罐、X 光片等。生产区产生的有害物数量有限，可集中置于生产区有害废弃物桶内，每周通过物资洗消室将垃圾袋外表洗消后，传递到外部生活区，放在指定位置等待拖运集中处理。

（四）其他垃圾

其他垃圾指不能归类于以上3类的生活废弃物。例如，食品袋、创可贴、塑料袋、烟蒂、陶瓷碎片、餐巾纸、女性卫生用品等。生产区产生的其他垃圾可集中置于生产区其他垃圾桶内，每天通过物资洗消室将垃圾袋外表洗消后，传递到外部生活区，放在指定位置等待拖运集中处理。

四、转群管理

（一）内部猪群流动

内部猪群流动要求"单向流动"，按照"健康等级高的区域向健康等级低区域流动"的原则，即同一猪场猪群只能从生物安全高等级区域向低等级区域流动。"单向流动"的目的是避免将病原带入上一级或者更易感的猪群，从而要求猪群按照固定的路线转移，不容许随意更改路线或者按原来的路线返回。母猪群的流动方向为：分娩舍→断乳舍→配怀舍→妊娠舍→分娩舍，断乳后再次回到配怀舍。返情母猪调整配种后进入下一批次，空怀母猪直接进入配怀舍，流产、炎症母猪评估后，具有价值的及时转入特定区域治疗与护理，否则直接转入待淘汰隔离区管理。商品猪流向：分娩舍→保育舍→育肥舍→出栏。赶出栏舍的猪不容许返回原来圈舍，上了外部运猪车的猪不容许再返回养殖场，未转出的猪只不容许转入相邻或者其他圈舍混养。由于猪群的单向流动要求，对于赶出原来圈舍，但由于一些不可抗拒的因素不能被转走的猪，应当在远离猪舍、下风的区域由专人进行饲养管理，与病猪的隔离有一定的区别。对于一个出售多阶段商品猪的猪场要求："先小后大"即同一天出售不同日龄的猪时，应当先出售小日龄仔猪，再出售大日龄猪；"交易结束，清洗消毒结束"即每一笔交易结束都应当对转猪设备、场地进行清洗消毒（有条件的核心养猪场，1辆运猪车仅运送1批次），再进行下一笔交易。

（二）全进全出管理

为了避免不同日龄的猪群交叉感染和减少暴露给病原的机会，需要进行"全进全出"的生产管理模式。全进全出可以理解为"批次生产"，是将生产群母猪按指定时间单位和生产节律分批次配种、分娩与断乳，商品猪分批次保育、育成、育肥并出售。需要将相同分娩时间的母猪同一时间进入相同的分娩舍，同一时间断乳并离开分娩舍；相同日龄的仔猪同一时间进入保育/育肥舍（场），同一时间转出。"批次生产"是"全进全出"的基础，主要形式有单周批、多周批。多周批以"三周批"为多，也可以按"天"为单位安排批次生产。

五、饮水管理

（一）饮水消毒

动物饮用水须清洁无毒，无病原菌，符合人的饮用水标准，生产中要使用洁净的自来水或深井水。饮用水与冲洗用水要分开，饮用水必须经过消毒。目前，用于饮水消毒的化学药品主要有氯剂（如漂白粉、次氯酸钠）、溴剂（如氯化溴）、阳离子与两性离子表面活性剂（如新洁尔灭）等，还可以使用过硫酸氢钾复合盐消毒饮用水，也可以通过次氯酸发生器进行消毒。当暴发疾病时，特别是发生肠道疾病（如病毒性腹泻）时，可加大消毒剂量。

（二）水线清洗消毒

（1）分析水质。分析结垢的矿物质含量（钙、镁和锰）。如果水中含有90 ppm以上的钙、镁，或者含有0.05 ppm以上的锰、0.3 ppm以上的钙和0.5 ppm以上的镁，就必须把除垢剂或酸化剂纳入清洗消毒程序，溶解水线及其配件中的矿物质沉积物。

（2）选择一种能有效地溶解水线中的生物膜或黏液的清洗消毒剂，如浓缩过氧化氢（又称双氧水）溶液。在使用高浓度清洗消毒剂之前，确保排气管工作正常，以便能释放管线中积聚的气体。

（3）配制消毒剂。为保证消毒效果，最好使用清洗消毒剂标签上建议的上限浓度。大多数加药器只能将原药液稀释至0.8%～1.6%。如果使用更高的浓度，就需要另外配制清洗消毒溶液，不经过加药器直接灌注水线。

（4）清洗消毒水线。灌注长30 m、直径20 mm的水线，需要30～38 L的清洗消毒溶液。水线末端应设有排水口，以便在完全清洗后开启排水口，彻底排出清洗消毒溶液。

（5）去除水垢。水线被清洗消毒后，可用除垢剂或酸化剂产品去除其中的水垢。柠檬酸是一种具有除垢作用的产品，可浸泡12 h后再冲洗。使用除垢剂时，应遵循设备制造商的建议。

六、防鸟防害管理

老鼠、苍蝇、蚊子、节肢动物（虱子、蚤、螨、蜱）、鸟类等生物携带的病原体可能传播多种疾病，如猪流行性乙型脑炎、非洲猪瘟、禽流感、猪弓形虫病等。经常开展杀虫、灭鼠、防鸟等工作，对养殖场生物安全防控至关重要。

（一）防鸟管理

鸟类进入养殖场不但会采食饲料，造成大量的饲料浪费，也可能传播禽流感等动物疫病，对养殖场生物安全造成严重的威胁。养殖场防鸟可采取以下方式：

（1）在生产区的开放部位，要安装防鸟网，如动物饲养舍门窗、转移通道等。单独的防鸟网多为一种网状织物，材料必须兼具抗拉强度大、抗热、耐水、耐腐蚀、耐老化、无毒无味、废弃物易处理等特点。

（2）及时清理散落的饲料，避免吸引鸟类前来捕食。

（3）通过循环播放哨子声音或者驱鸟音乐，达到驱赶鸟类的效果。定期修剪树木，树木与生产区建筑设施保持1 m以上距离。

（4）目前有部分养殖场安装了智能驱鸟器，其发出的超声波能够刺激鸟类的神经系统，达到驱赶效果，使鸟远离养殖场。

（二）防鼠管理

老鼠是许多自然疫源性疾病的储存宿主，能传播猪伪狂犬病、口蹄疫、猪瘟、猪流行性腹泻、炭疽、布氏杆菌病、结核病、李氏杆菌病、沙门氏菌病、钩端螺旋体病及立克次氏体病等多种动物疫病及人畜共患病，对动物和人类的健康造成严重的威胁。同时，如果养殖场内老鼠泛滥，将造成大量的饲料浪费及污染。破坏场内设施设备，造成水管、电线、麻袋等损坏，影响生产，造成大量经济损失。养殖场防鼠可采取以下方式：

（1）养殖场建设之初就应考虑到防鼠问题，加装防鼠网。场内所有建筑物的墙壁都要两面粉刷、清光，使老鼠不能攀爬；场内应硬化的地面要全部硬化，尽量减少老鼠可以打洞的区域；所有的墙体和地脚都要用水泥砂浆勾缝，并填塞所有的孔洞和缝隙，尽可能全部粉刷、清光，不给老鼠留下任何可以栖身的孔洞；地面的排水沟和排污沟全部用水泥砂浆粉刷成三面光，排水、排污的阴沟使用坚固耐用的水泥涵管铺设，下水口处设置老鼠钻不过去的铁制或混凝土预制的地漏，使老鼠既不能在沟内打洞造窝，又不能通过阴沟从外面爬进来；场内所有的门、窗也都要合缝；饲料库房要安装铁门或在木门上加钉铁皮，使老鼠不能咬洞钻入。

（2）在老鼠经常出没的路段设置老鼠夹、黏鼠板、捕鼠器等捕鼠器材。

（3）建立防鼠隔离带。防鼠带是目前养殖场防鼠的有效措施之一。在圈舍四周地面用小直径滑石或碎石子铺设成宽度为 25～30 cm、厚度为 15～20 cm 的防鼠带，可以保护墙脚裸露的土壤不被鼠类打洞营巢，同时也便于检查鼠情、放置毒饵和捕鼠器等。

（4）加强对饲料的管理。库房内的饲料及饲料原料要分类堆放，袋装料应离墙 0.5～1.0 m 整齐堆码，不给老鼠留藏身之地。每天饲槽内所剩的饲料要及时清理，做好清洁卫生。

（5）做好食堂、宿舍等生活区的清洁卫生。食堂、办公室、宿舍以及各类库房要保持清洁、卫生、整齐，不给老鼠提供食物来源和藏身之所。常年保持养殖场内外清洁卫生，及时清除各种垃圾和杂草，定期净化养殖场环境。一旦发现鼠洞，立即予以堵塞，减少或消除老鼠的栖息地和藏身处。

（6）鼠害严重的养殖场，可以定期或不定期投放一些对人和猪无毒副作用，对环境无污染、廉价、使用方便的灭鼠毒饵进行药物灭鼠。在投药的次日，要组织人员及时清除死鼠和残余毒饵，防止饲养动物误食后发生二次中毒。

（三）防虫管理

蚊、蝇、蜱、虻、蠓、螨、虱、蚤等吸血昆虫都是许多动物传染病及人畜共患病的传播媒介，可携带多种病毒、细菌和寄生虫，传播传染多种疾病，例如猪伪狂犬病、非洲猪瘟、猪繁殖与呼吸综合征、猪流行性腹泻、链球菌病、结核病、布鲁氏菌病、大肠杆菌病、沙门氏菌病、魏氏梭菌病、钩端螺旋体病、附红细胞体病、蛔虫病、囊虫病、球虫病及疥螨等疫病。这些疾病不仅会严重危害动物与人类的健康，而且影响动物生长与增重，降低其非特异性免疫力与抗病力。因此，选用高效、安全、使用方便、经济和环境污染小的杀虫方式，对养殖场生物安全保障具有重要的意义。养殖场防虫害可采取以下方式：

（1）加强对环境的消毒。养殖场要加强对圈舍内外环境的消毒，以彻底地杀灭各种昆虫。养殖场内正常生产时每周消毒至少 1 次，发生疫情时每天消毒 1 次，直至解除封锁。圈舍外环境每月清扫消毒 1 次，发生疫情时每周至少消毒 1 次。人员、通道、进出门随时消毒。

（2）控制好昆虫滋生的场所。圈舍每天要彻底清扫干净，及时除去粪尿、垃圾、饲料残屑及污物等，保持猪舍清洁卫生、地面干燥、通风良好、冬暖夏凉。猪舍外环境要彻底铲除杂草，填平积水坑洼，保持排水与排污系统的畅通。严格管理好粪污，无害化处理，使有害昆虫失去繁衍滋生的场所，以达到消灭吸血昆虫的目的。

（3）使用药物杀灭昆虫。在圈舍、地面、墙壁、门窗、栏圈及排粪污沟等喷洒杀虫药物，同时应尽量确保杀虫药物对人和饲养动物无害。

七、粪污管理

目前我国畜禽养殖业在发展过程中，污染问题亟须解决，规模养殖场污染物的无害化处理成了影响畜牧业健康持续发展的重中之重。畜禽养殖业对生态环境的污染主要包括粪便污染、水质污染、食品药物残留、空气污染和蚊蝇虫、老鼠等危害，尤其是难闻气味的传播，给周围居民生活带来了严重的困扰。畜禽场用水直接排放会影响周边生态环境，打破原有的生态平衡，因此必须利用现代化技术工艺对养殖污染物进行无害化处理。无害化处理指的是利用高温、好氧、厌氧发酵或消毒等技术使畜禽粪便达到卫生学要求的过程，走可持续发展的战略道路。畜禽养殖场应当实行雨污分离，建雨水沟，减少沼气池废物处理量，分流的雨水直接外排。

（一）自然沉淀模式

对于小规模养殖场，最常见的方法是把粪便用水冲到养殖场内的大粪坑中，让它沉淀，一部分粪水就渗入地下，粪渣就沉淀到坑底。到冬季清理时，把大粪坑中的上部粪水抽走，流到大田或自然流失，再把沉淀粪渣挖出来，直接施到大田中。这种方式的优点是对保证养殖场卫生、减少养殖场的病害发生有好处，同时省工省力；缺陷在于在贮存过程中粪水下渗污染地下水，粪坑暴露在外，污染空气，滋生蚊蝇，传播病害，污染环境。

（二）沼气发酵模式

建厌氧池对粪便、尿液及污水进行厌氧发酵处理，产生的沼气可满足场内生活及部分生产的能源需求，降低生产成本。厌氧池大小视发酵温度和养殖场规模而定。这种方式的优势是节约能源，沼气池投资大、成本高。在北方外界温度低，沼气发酵越冬有困难，而且沼气罐易老化，发酵效果降低。

（三）固液分离模式

在大规模的猪场，把清出的粪便冲到大粪池中，然后用固液分离机把粪便从粪池中抽出，分离出固体和液体，固体粪渣直接施入大田，液体用管道输入大田。这种模式的缺点是大粪池中的粪水会下渗污染地下水；分离后的粪水体积大，没有进行处理，输入大田也会污染环境地下水；分离的粪渣直接施入大田，没有再处理，会在大田进行二次发酵。最有效的方法是利用粪便直接生产有机肥，既可以解决大量粪污问题，又可以变废为宝，生产出大量绿色生态肥料，给企业进一步创造经济效益和社会效益。

第四节 生活办公区管理

一、生活区人员管理

（一）办公区人员管理

办公区因接待外来访客生物安全风险较高，必须做好生物安全防范工作。由专职人员每天做好办公区域室内、室外的清洁卫生工作，人员下班后及时做好室内、楼道、过道的环境消毒。

清洁人员对办公区域内外来人员易接触的用具及时清洗、消毒。办公区定期大扫除，及时清理区域内的沟渠、积水洼地以减少病原微生物的滋生，减少蚊、蝇等。

（二）食堂管理

有条件的养殖场，首选食堂外迁，由单位指定的中央厨房为农场提供餐食。除厨师外，猪场员工和访问者不允许进入厨房和食物储藏间。当厨师休完假回养殖场时，临时指定的厨房代班人员需要在生活区隔离两个晚上才可返回生产区。厨师进入厨房后需要穿着专门的衣服、鞋子和帽子；每天做完饭后要清扫地面，并保持地面干燥；清理墙面，减少油污；及时清理厨房垃圾以减少老鼠、蟑螂、蚊、蝇等。食堂每天用餐后及时清洗餐桌和地面的油渍，使用专用消毒水喷洒，及时清理剩余饭菜。

食材也是养殖场生物安全防控的高风险环节，尤其是非洲猪瘟病毒，很多案例表明在养猪场采购的食材中可检出非洲猪瘟病毒，因此把控好食材对于养猪场生物安全极其重要。在选取食材时，应选取生产和流通背景清晰、源头可控、无污染的农产品。采购的食材进入猪场前应在物资中转站进行外包装洗消，并第一时间采样检测特定病原。若采购偶蹄类动物生鲜及制品入场时，建议最好在场外煮熟后再由专车送至厨房加工或先用食品级柠檬酸对其表面进行喷洒，通过密闭的真空包装袋包装送至厨房后立即进行蒸煮，禁止随意使用塑料袋和随意拿取。蔬菜类和瓜果类食材尽量选用无泥土、无烂叶的产品，采购后立即用食品级柠檬酸或其他刺激性较小的消毒剂浸泡30分钟。禽类和鱼类食材也可用真空包装袋包装，同时应保证无血水，用食品级柠檬酸清洗后方可入场。

（三）宿舍管理

员工在员工宿舍里休息时每天都要进行沐浴、更衣，注意自身清洁；员工上班后，由专职保洁人员清扫员工宿舍的楼梯、过道、房间，清洗脏衣物，并做好自身及环境的消毒工作，注意避免交叉污染。定期进行外部生活区环境大扫除，及时清理沟渠、积水洼地，以减少细菌滋生，减少蚊、蝇等。对于外部生活区垃圾，按照各类垃圾的生物安全管理规定，及时分类处理。

二、生活区物料管理

物料流动是重要的养殖场生物安全风险环节，因此物料进入养殖场生活区之前要遵循严格的生物安全规范，避免将病原微生物带入养殖场内部。需要进入养殖场生活区的物料分为以下几类：食品、五金、防护用品、耗材等。

（一）食品管理

养殖场严禁携带猪肉及其制品（如鲜肉、腊肉、腊肠、风干肉、火腿等）进入猪场。建议猪场定期提供自己场的猪肉产品给猪场厨房使用。新鲜蔬菜、瓜果等食材在指定地点采购，严禁直接从菜市场采购；最好由可靠的菜农或蔬菜基地直接供应配送，尽量降低采购频率；蔬菜配送到猪场外的物资中转站，在物资消毒室熏蒸12小时后，或者使用消毒水浸泡后用清水清洗干净，经特定抗原检测合格后，用养殖场自己的物资中转车送到养殖场，再进入厨房。蔬菜、瓜果供应商需要由养殖场生物安全部（组）部长（或组长）协助评估指定。

禽类、鱼类等食材，严禁到菜市场、集市或超市购买，可由养殖场统一批发冷冻肉品保存，也可由肉禽场等直接供应配送到场外的物资中转站，在物资消毒室用消毒水浸泡后用清水清洗干净，经特定病原检测合格后，用养殖场自己的物资中转车送到养殖场，再进入厨房。此供应商也需要生物安全部（组）部长（或组长）协助评估指定。

（二）快递管理

做好快递的核实工作，严禁牛、猪、鹿、羊等偶蹄动物的制品类快递入场。无论是公司快递，还是员工快递，统一寄至养殖场物资中转站，并依据快递的类型集中在中转站的物资洗消室进行彻底洗消。快递在物资中转站的指定位置接收，然后拆掉外包装，放入物资洗消室，进行臭氧消毒40分钟，然后放置24小时以上，再由养殖场中转车辆定期运送至养殖场。

（三）其他物资（五金、防护用品、耗材等）管理

风机、热风炉、料槽、清洗机、消毒机及建筑用的搅拌机等可以水洗的设备，先在物资洗消室用消毒剂喷洒或擦拭表面，然后放置24小时以上，经特定病原检测合格后，搬入场区使用。水帘、空气过滤网等不易擦拭或易受腐蚀的设备，可以使用臭氧熏蒸消毒30分钟，然后放置12小时以上，经特定病原检测合格后，搬入场区使用。需要进入生产区的电脑、相机、背膘仪、电子秤等其他电子产品，用臭氧熏蒸消毒30分钟，并用75％酒精擦拭，经特定病原检测合格后，方可进入猪场生产区。

养殖场内不同区域交叉使用的设备，按照不同的分类采用不同的洗消措施充分洗消，经特定病原检测合格后，进入指定区域使用。需要在生产区使用的笔记本、纸张、档案本、记号笔等，在进入生产区之前，需要按照不同的材质在物资洗消室熏蒸消毒30分钟，放置24小时以上，经特定病原检测合格后，放入养殖场生产区的物资库备用。

三、生活区废弃物管理

在养殖场的办公区、内部生活区应分别设立餐厨垃圾、可回收物、有害废弃物、其他垃圾4类废弃物的收集桶（垃圾桶），并在桶上注明收集类别。使用过程中应注意桶盖随时关闭，避免污染环境，置于通风阴凉处，避免阳光曝晒，桶内放置大小适宜的不漏水处理袋，不同类别的废弃物用不同颜色的桶和袋加以区分。

养殖场外部生活区、办公区分别指定1名保洁员，负责每天按时将摆放在外部生活区、办公区的分类垃圾用外部生活区、办公区专用的车辆，拖运到养殖场门卫处，由门卫分类放到养殖场围墙外指定的位置。养殖场围墙外，由养殖场指定的外部保洁人员，使用养殖场中转垃圾的专用车辆，将垃圾拖运到物资中转站，然后使用养殖场自己的外部车辆，将各类垃圾送到社会垃圾处理厂分类处理，或者由处理垃圾的社会机构车辆按照猪场规定的时间和路线，到养殖场物资中转站将垃圾分类运走并处理。

（一）餐厨垃圾

餐厨垃圾指易腐烂的、含有机质的生活废弃物，如菜叶、剩菜剩饭、过期食品、瓜果皮壳、鱼骨鱼刺、鸡蛋壳、残枝落叶、茶叶渣等。每餐过后，生产区的餐厨垃圾连同餐具一起通过食品传递窗传递回外部生活区处理，办公区的餐厨垃圾集中运到外部生活区集中处理。每天晚饭后，外部生活区处理餐厨垃圾的人员将一天的餐厨垃圾集中煮沸30 min后，用不漏液的垃圾袋装好，放在指定地点等待拖运。严禁用泔水饲喂本场或外场猪只。

（二）可回收物

可回收物指适宜回收和资源利用的物品。例如，废玻璃、废纸张、废塑料（盆、瓶、桶等塑料制品）、废弃电器电子产品等。外部生活区和办公区产生的可回收物，建议每天及时处理。

（三）有害废弃物

有害废弃物指对人体健康或自然环境可能造成直接或潜在危害的生活废弃物。例如，充电电池、废含汞荧光灯管、过期药品及其包装物、油漆桶、血压计、废水银温度计、杀虫喷雾罐、废 X 光片等。外部生活区和办公区产生的有害废弃物，建议每周及时处理。

（四）其他垃圾

其他垃圾指不能归类于以上 3 类的生活废弃物。例如，食品袋、大棒骨、创可贴、污损塑料袋、烟蒂、陶瓷碎片、餐巾纸、女性卫生用品等。外部生活区和办公区产生的其他垃圾，建议每天及时处理。

第五节　隔离缓冲区管理

一、隔离缓冲区人员管理

（一）外部入场人员管理

人是多种病原的活载体，人员流动是疫病传播最常见和难以防范的途径之一，外来人员管理是养殖场生物安全管理的关键所在。养殖场应尽可能谢绝参观访问，严格控制外来人员进入生产区。

1. 外部访客风险评估

外来人员包括必要来访者和非必要来访者。必要来访者是指具有职能要求的能够进入生活区或生产区的外来人员，主要有监管机构政府官员、兽医顾问、服务人员、设备维护基建人员以及后端处理人员等；非必要访问者是指没有职能要求进入生活区或生产区的外来人员，包括供应商、参观者、家属、朋友、保险人员、购买客户、司机等。养殖场应尽量限制非必要访问者的进入，如有必须进入生产区的外来人员，应至少提前 72小时向养殖场提交申请，养殖场生物安全负责人对访客进行风险评估，批准访问或拒绝访问。

2. 访客进场流程

所有访客必须严格按照养殖场规定的生物安全流程进场。随身携带物品除了手机、眼镜可以带入，其余物品都必须放在储物点暂存。拟携带进场的手机、眼镜，应首先放入物资消毒室进行熏蒸消毒。拟进场的访客，须进入人员洗消室进行彻底洗消，包括更衣、洗澡、换鞋、鞋底消毒，经指定病原检测合格后方可进入养殖场内部生活区。访客及其随身物品进场的流程为单向且不可逆。所有要求进入生产区的外来人员必须严格遵守养殖场隔离程序。根据访客的不同情况规定隔离时间，原则上隔离时间不应低于 48小时。隔离期间，隔离人员只能在养殖场指定的隔离区域活动。

3. 主要外来人员管控

政府官员：政府官员须在养殖场接待人员的引领下，经全身喷雾消毒、鞋底消毒后，进入养殖场办公区；政府官员如确因工作需要必须进入养殖场内部生活区或生产区，须严格遵照养殖场访客进场流程执行。

猪贩、中介、业务员：一律不准进入养殖场内部生活区及生产区。

业务合作：灭鼠人员、维修人员、技术服务人员、保险人员等尽量不进场，如必须进场，则须严格按照养殖场进入生产区的人员洗消要求，进行洗澡、更衣、换鞋、鞋底消毒，经特定抗原检测合格后，才能进入生产区；进圈舍前还要再次进行更衣、洗手、换鞋、鞋底消毒，才可以进入指定圈舍工作；严格控制进场人数。

员工家属：非直系家属不准入场，直系家属须经养殖场生物安全负责人批准后入场，入场前必须严格执行养殖场生物安全管理制度，严禁家属进入生产区。

饲料运输司机、基建材料运输司机：原则上不下车，如必须下车应穿一次性鞋套和一次性防护服，仅能在车辆周边走动，严禁进入生活区和生产区。

卸车人员：饲料和物资的卸载应由非生产区人员负责，必须更换养殖场的鞋子和衣服。

生产区新员工：新员工到养殖场报到，先按照进入办公区的程序全身喷雾消毒、鞋底消毒，方可进入办公区；之后在办公区及外部生活区隔离48小时，并进行必要的生物安全知识培训；再严格按养殖猪场访客进场流程，在内部生活区隔离48 h，并进行生产区的工作相关培训，方可继续按照养殖场生物安全程序进入生产区工作。

污物处理人员的管理：场污物管理人员在处理生产污物、粪便、生活垃圾等时，必须在养殖场指定的消毒点更衣、洗澡、换鞋、鞋底消毒，方可进出；严禁外来人员进入污物区；相关部门人员如须进入，必须严格执行访客进场流程，且穿戴防护衣物，在其离开污物区后，对其接触的全部区域进行环境消毒。

（二）内部人员入场管理

人员的管理是养殖场生物安全最难管控的环节。在动物疫病传播风险因素中，人员携带病原传播的概率仅次于车辆。对于场外人员入场要严格执行入场程序，无论是养殖场管理层还是员工都必须遵守。建议养殖场仅保留生产人员及与生产紧密相关的管理人员，其他职能部门（如财务、采购、后勤等部门）人员可以外移至周边交通便利的城镇，同时也可作为对外办公交流的地方。养殖场须对养殖场人员采取最严格的防疫管理制度。

养殖场内部人员返场前，要在场外隔离点隔离两天三夜，并检测结果合格。场内员工入场，由场长发起提交申请，注明所有进场人员姓名以及近期接触过动物的时间、地点，经主管领导审核后，按照生物安全规定的流程进场。非场内员工，如职能部门、维修人员等，因工作需要入场的，要严格确认是否来源于疫点，经主管领导审核同意后，按照生物安全规定的流程进场。禁止上述情况以外的其他与公司无关人员到核心场拜访，尤其是业务拜访人员、种猪销售人员、肥猪销售人员等高危险人员。发现一起必须严肃处理一起。人员在从隔离点入场途中，不得在养殖场外围如淘汰猪中转台、污水处理场所、病死动物处理场所等危险区域逗留。人员入场后，须在生活区隔离48 h以上，并经场长批准后，再次消毒方可进入生产区。

1. 入场登记

入场之前踩踏门口的脚踏消毒垫（场外生物安全管理员负责每天更换新的消毒液），必须如实填写《进出场登记表》。填写姓名、入场时间、入场原因、未接触猪的时间长度、最近一次接触猪场名称、证明人及联系电话等信息。

2. 入场人员洗消

可靠的人员生物安全管控实行的是人员三级洗消管理制度。人员洗消室跨养殖场围墙而建，设有入口、出口两扇门，入口门位于围墙外，出口门位于围墙内，是人员进入围墙的唯一通道。人员洗消室主要包括以下几部分：入口、换鞋区、卫生间、更衣室、淋浴间、换衣室、换鞋区、鞋底消毒池、出口，有条件的养殖场可设置双向传递窗。

人员登记完毕后，首先对人员和携带物品行李进行全方位的采样检测，检测结果呈阴性后，才允许其到达隔离区入口处的缓冲区。将人员随身携带的所有行李物品（衣服、手机、电脑、钱包、眼镜、箱包、鞋等）交由外部生物安全员登记后进行洗消处理，生物安全员根据具体物品采取不同的消毒方式（浸泡、熏蒸、擦拭、紫外线、臭氧等）进行消毒，然后通过安全窗口传入隔离区。

人员则进入洗澡消毒通道，先在入口处用体积比1∶200的过硫氢酸钾溶液洗手和鞋底浸泡消毒，再进行雾化消毒1 min，接着按照"洗消流程"进行操作。猪场内人员的洗消室一般分为4间，第一间为外部区域的衣物存放和更换间，人员进入后将身上的内衣、外衣、裤子等所有衣服更换掉，放入容纳器中，由专人收集进行清洗消毒烘干；第二间为洗消间，更换完衣服后，立即进入冲洗消毒间，先用柠檬酸进行冲洗，然后再用清水冲洗，再用沐浴露进行冲洗；第三间为桑拿间，冲洗结束后可在桑拿间闷蒸10～15 min，再用清水冲洗；第四间为内部区域的衣物存放和更换间，待洗消间操作结束后，立即进入内部区域的衣物存放和更换间，更换洗消准备好的养殖场内部工作服或隔离服。最后换上洗消好的鞋子、头套、口罩、手套等，做好相应登记工作，进入隔离区，进行下一个隔离环节。

（三）入场隔离

场外隔离：场外隔离主要是利用城镇远养殖猪场的特点，选择酒店进行入场前的洗消隔离检测。

（1）员工休假期间严禁去其他养殖场、屠宰场、动物产品交易场所等生物安全高风险场所。

（2）员工返场前，先在家中自行隔离24 h，然后电话告知场外隔离点管理人员后，到达指定的酒店进行隔离，隔离期间每天采样1次检测特定病原。隔离48 h且检测结果呈阴性后再进入下一个环节。隔离期间，员工必须在隔离场所管控范围之内。

（3）到达场外隔离点房间门口，管理人员须检查员工随身携带的物资有无违禁（不得含有养殖动物相关制品，包括火腿肠、水饺等）物品。

（4）物资检查无误后，登记相关信息，签署生物安全承诺书，然后洗澡，更换隔离服（鞋）。

（5）将穿戴及携带的所有衣物、鞋，放进盛有体积比为1∶200的过硫氢酸钾消毒液的桶内浸泡消毒至少1 h（过硫氢酸钾消毒液配制时必须使用量具，现用现配），然后进行彻底清洗。

（6）隔离人员穿隔离服在指定隔离宿舍隔离 48 h 以上（至少 72 h），严禁随意走动。

（7）场外隔离点宿舍必须实施批次化管理，隔离结束后隔离人员立即将床单、被罩、枕罩拆卸下来进行清洗消毒（使用衣物专用消毒液）、晾晒；将隔离宿舍、卫生间打扫干净，标准为无可视垃圾、灰尘等，地面用体积比 1∶200 的过硫氢酸钾消毒液覆盖拖地消毒（过硫氢酸钾消毒液配制时必须使用量具，现用现配）。

（8）场外隔离宿舍清扫消毒结束后，锁闭门窗。

场内隔离：场内隔离是入场人员在外部隔离点结束隔离后，由专车送至场区，携带有效场外隔离证明，再进入场内隔离区隔离。

（9）进入隔离区的手机、充电器等私人小件物品，用 75％酒精全覆盖喷洒擦拭消毒。

（10）在场内人员隔离宿舍再隔离 24 h，隔离期间的生活起居、洗漱用餐、娱乐健身均须在隔离宿舍内进行，不得离开人员隔离宿舍房间，以便将在猪场外食入的有可能携带非洲猪瘟病毒的食物彻底排出体外。

（11）人员隔离宿舍的位置相对独立，房间内生活设施齐备、基本生活用品齐全且能满足 72 h 隔离期间使用，安排人员每天按时送饭菜、收餐余。

（12）人员隔离宿舍的工作人员要确保隔离宿舍内的环境、设施及生活用品均经过彻底洗消。在被隔离人员隔离期间，工作人员不要进入隔离宿舍清洁打扫；等人员隔离完毕，离开隔离宿舍以后，工作人员再进入隔离宿舍进行彻底洗消。

（13）在场内隔离区隔离 24 h 以上再进入生活区。

（四）内部人员出场管理

养殖场人员必须按照养殖场制定的休假制度执行休假申请，如遇到特殊情况，可及时申报场长，由场长向主管领导汇报，主管领导审核同意后执行。养殖场人员外出、物品带出：所有私人物品一旦带出养殖场，未经消毒不得再次带入养殖场。人员进入淋浴间，必须将生活区穿的衣服脱在淋浴间净区一侧的更衣间或者清洗筐中，由专人负责收集。人员一旦进入灰区或污区，需要经过洗澡、消毒才能再次返回净区。在污区穿好场外隔离场的衣服，如隔离点位置较远，则统一由养殖场安排专车送至场外隔离地点。到达场外隔离点后，换上个人的衣物、鞋子；脱下的衣物、鞋靴由隔离点负责人进行清洗、消毒。

二、隔离缓冲区物料管理

养殖场配备专门场外生物安全管理员，负责物资入场的管理工作，入场物资均由场外生物安全管理员严格开包仔细检查，尽可能降低物资入场频次（每月不超过 3 次），场长提前做好规划。

一般物资的消毒方式首选烘干，不能烘干的使用甲醛熏蒸，如果前两者都不能使用（如食品、疫苗等），则使用消毒药消毒；注意避免物资堆叠。烘干房和熏蒸间的使用必须批次间全进全出，全部配置镂空货架、货筐。各场固定熏蒸间开启时间，并做记录备查。

（一）人员物品防疫管理

人员进入养殖场时，场外使用的手机不允许携带进场，只能将手机卡擦拭消毒后带入场内。养殖场给员工配备手机，满足员工场内、场外手机使用需求。员工休假时手提电脑带回家后不许再次带入场内,访问人员(职能部门、维修人员)不允许带电脑进场,使用场内电脑进行办公。人员进场时,原则上禁止携带任何物品,特别是已使用过的物品。对于新购买未拆封的必需物品(如药物、香烟、化妆品等),必须经过消毒后带入,或者养殖场生活区设置生活购物中心,以满足员工基本生活所需。养殖场不接受直接到场的私人快递,必须到公司设立的中转库消毒后进入,不允许私下购买与所饲养动物相关的制品,如火腿、肉松等。

(二)动物保健产品防疫管理

对于一般动物保健产品,养殖生产需要做好动物保健产品计划,提前一个月通知供应商通过物流发送至各养殖场场外隔离地点的中转仓库(避免堆叠),中转库管理人员做好登记和分类,拆除外包装,以药品最小存放单位搁置熏蒸间消毒,甲醛熏蒸 24 h 以上后,隔离 30 d,再按照入场流程进场。对于疫苗,中转库管理人员首先要使用消毒药给外包装泡沫箱喷洒消毒,然后再用消毒药擦干净外包装泡沫箱,静置 15 min,待晾干后,拆除外泡沫箱和疫苗外包装,再用消毒药浸泡或者擦拭瓶装外表面,换上场内专用的泡沫箱和冰袋,用疫苗专用车送至养殖场。疫苗的消毒和擦拭、换包装尽量在较短的时间内完成,如果工作量大,疫苗数量多,可以在中转站设置疫苗中转仓库,或者阴凉库。

三、车辆管理

养殖场的车辆是生物安全防控的关键,车辆优先选择公司自有车辆,特殊状况需要租赁车辆时,养猪场车辆必须符合农业农村部第 79 号公告规定的生猪运输车辆条件,同时保证全车的独立密封性,具体可参照物流公司车辆选择标准。使用车辆前应进行车辆背景审查,如司机采样检查;租赁车辆建议使用专业的养殖运输公司车辆,因为专业的物流队伍对于车辆和司机的管理相对成熟,方便管理和监控。

(一)车辆洗消管理

现代化防疫制度的建立,离不开车辆洗消中心。目前集团化猪场都有独立运营的洗消中心和完善的洗消制度。而规模化养殖场也配备了相对简单的洗消设备,在养殖场 3～5 km 范围内设置洗消点。车辆洗消一般分为三级,生物安全管理严格的养殖场也可建立四级洗消制度。

1. 一级洗消点

一级洗消点距离洗消中心 5～10 km,负责车辆外部初清洗,主要对车辆进行清洁整理,清洗要求为干净无粪便、泥垢等,冲洗干净目视检查合格即可进入洗消中心。

2. 二级洗消中心

二级洗消中心为核心洗消点,洗消中心负责人对车辆清洗的过程和结果进行检查监督。生物安全管理员负责对来洗车辆、驾驶员进行登记,检查等。车辆驾驶人员将车辆停至冲洗区域后,由人工通道进入洗澡间洗澡后,还要穿上隔离服。车辆洗消工作人员进入洗消车间开始作业,首先预浸湿待洗车辆,然后使用泡沫喷枪将泡沫清洗剂打成泡沫,对车辆车轮、车轮框、挡泥板、保险杠等部位进行消毒,原地静置 15～20 min 后,冲洗掉泡沫清洗剂,然后使用消毒剂进行消毒,消毒时间大致为 30 min,保证车辆充分消毒,消毒晾干后进入烘干房 65℃烘干 30 min,并填写消毒记录。车辆进入待检区,由实验室人员采样检测检查车辆洗消结果,检测合格后放行,检测不合格则进行第二次洗消，直至实验室检测合格。冬天注意在消毒剂中添加防冻剂，选用耐低温的消毒剂。

3. 三级洗消点

三级洗消点建立在养殖场1～3 km范围内，要进入养殖场防疫的核心区，饲料车、运猪车、售猪车必须进行再一次消毒。饲料车不进场，场外料塔直接打料，售猪车到达售猪台前，有必要再进行一次消毒。所有接送员工的车辆全部放置在场外隔离点，进出场由隔离点统一安排车辆接送，隔离点接送员工的车辆，只能专用，不可用作他用。

（二）外部车辆管理

1. 外来运输车辆

除饲料场打料车之外，其他外来车辆一律不得靠近养殖场围墙。饲料场的打料车必须按照养殖场的生物安全要求，首先到二级车辆洗消点对车辆外表及人员进行彻底洗消，且须特定抗原检测合格；然后，按照规定的路线经过三（四）级车辆洗消点，行驶到靠近养殖场饲料中转塔的围墙外的指定位置，驾驶员全程不下车，由养殖场工作人员完成饲料场打料车与猪场饲料中转塔之间的连接。

2. 外来购猪车辆

外来购猪车辆必须按照猪场的生物安全要求，首先到二级洗消点对车辆内外及人员进行彻底洗消，且特定抗原检测结果呈阴性；然后，按照猪场规定的路线经过三（四）级车辆洗消点，行驶到出猪中转站的污区，停靠在指定的位置，对接转猪台装猪；装猪完毕，按照猪场规定的路线驶离出猪中转站。外来购猪车辆的司机只能在出猪中转站的污区活动。外来购猪车辆离开出猪中转站后，立即对外来购猪车辆停靠的区域以及行驶的道路进行彻底洗消，备用。

3. 外来办公车辆

外来办公车辆，包括猪场领导的车辆、员工的车辆，只能在猪场办公区停靠，严禁进入猪场内部生活区和生产区。

（三）内部车辆管理

车辆进场前必须严格按照车辆洗消管理要求进行洗消，且特定病原检测结果呈阴性。车辆进场后，场内车辆必须专区专用，严禁跨区域使用，更不能出场使用。严格按照猪场规定的路线行驶，停靠在猪场指定位置。坚持一运一清理、一天一消毒、一周一洗消检测原则。每次使用完，及时清理车辆及道路上的肉眼可见污物；每天使用并清理后，对车辆及道路喷洒消毒剂消毒、晾干；每周对车辆及道路进行一次彻底洗消，并检测特定病原，确保检测结果为阴性。

四、物资中转站管理

物资中转站建在距猪场1～3千米的地方，物资中转站的作用与出猪中转站类似，目的也是将外来车辆、物资拦截在猪场1～3千米范围之外，降低外来车辆、物资将病原微生物带入猪场的风险。从生物安全的角度讲，物资中转站能够大大降低物资运输环节的生物安全风险，且建设成本并不高。因此，建议猪场增加一个重要的生物安全设施——物资中转站。

物资中转站由以下几个部分组成：物资中转站围墙、物资中转站大门、外部车辆停靠点、物资洗消室、物资仓库、物资中转车停靠点、人员洗消室。物资中转站的围墙同猪场围墙的生物安全建设要求相同，要实体围墙、墙体无孔洞，墙脚有防鼠沟及防鼠带，防止鼠类进入。物资中转站的大门与猪场大门的生物安全建设要求相同，必须具有实体门，平时关闭，大门处设有车辆消毒池。物资中转站外来车辆停靠点也要设置车辆消毒池。物资中转站的物资洗消室、人员洗消室的设置与猪场的物资洗消室、人员洗消室的设置相同。物资中转车是猪场自己的车辆。洗消后的物资中转车在物资中转站装上已经消毒好的物资，行驶到猪场，通过场边消毒通道后，靠近物资卸载处。卸载的物资根据猪场的需要，经过相应的生物安全处理后，进入猪场的各区域使用。外部车辆是外来运送物资的车辆或者猪场自己负责外部采购的车辆。外部车辆停靠在物资中转站围墙外的物资消毒室的入口处，将外来物资卸入物资消毒室洗消。

物资中转站应注意：物资中转站有明显的污区、灰区、净区的划分。外来车辆停靠的区域是污区，物资洗消室是灰区，物资仓库以及物资中转站内的其他区域均为净区。物资只能从污区向净区流动，不可逆流；物资洗消室对接外部车辆的门口处，需要有台阶设计。外部车辆停靠在台阶下端，物资直接卸载到台阶上，避免物资与外部路面接触；外来车辆驾驶员只能在车厢内或者污区活动，不可靠近或上物资洗消室门口的台阶，更不能进入物资洗消室；猪场工作人员站在物资洗消室门口的台阶上接过物资，不可下台阶进入污区，更不可进入外来车辆车厢内部，避免与外来车辆及驾驶员接触。卸货完毕，猪场工作人员进入人员洗消室洗澡、更衣、换鞋、鞋底消毒后，进入净区；外来车辆与物资中转车的行驶路线不能交叉；物资中转站的建设要考虑到水、电、硬化地面、污水处理等，便于清扫和消毒。物资中转站的建设规模可依据猪场实际需求而定。

第六节　进出猪只管理

一、进猪隔离

隔离是为了维持原有动物群体的健康状态。让新引进的猪适应并存在于本场的病原体生产流程和环境中。最大限度地减少由新引进的动物和原有饲养动物之间病原的相互竞争或应激或打架等情况导致的疫情或死亡风险。

（一）隔离准备

引种动物在到场前需要进行隔离准备。在国内引种的，需要到场后在动物卫生监督机构指定的隔离场或者在场内隔离舍进行隔离，隔离期最好为 30～45 d；从国外引种的，则需要到指定的动物隔离检疫场进行隔离，隔离期一般为 45 d。

在隔离前应提前完成隔离舍或隔离场的清洗、消毒、干燥和空栏，最好在清洗消毒后空栏 1 周，同时应完成药物、器械、用具、饲料等物资的准备和消毒，安排人员专门负责隔离工作，隔离期间单线流动，不与其他生产人员交叉，所有物资单线进行流动和管理。特别需要注意的是，在隔离准备前应对隔离舍的圈栏、地面等区域进行特定病原检测，对饮水进行大肠杆菌、沙门氏菌检测。如果是在专门的隔离场进行隔离，则需要工作人员提前 1 周进入隔离场，在隔离期间遵循只出不进的原则，隔离场生活用品至少要能维持 4 周，所需物资全部由物资中转站转运，食材按照养殖场食材的采购办法进行管理，最好设置隔离场的中央厨房，所有物资在进场后在紫外灯下照射 2 h 以上，能够密闭熏蒸进行消毒，物资最好提前 1 周准备齐全。

（二）隔离观察

运送外引动物到达时，要安排专人及时对运载车辆和用具进行彻底清洗消毒，用无菌纱布涂擦车辆和用具，作为样品检测特定病原，同时安排专人对动物体表进行清洗消毒之后方可进入隔离舍进行饲养观察。在隔离观察期内，密切观察隔离动物临床表现，结合引种场的免疫情况和本场疫病流行情况，进行病原和抗体检测，并制定适合本场的免疫程序和药物保健措施，进行免疫接种和定期驱虫。经隔离观察，抗体检测结果合格，无不食、发烧、消瘦、咳嗽、腹式呼吸、皮肤发红或皮炎、腹泻、肢蹄溃烂肿胀等异常表现的外引动物，确定为健康。之后，对其唾液、血液、粪便要再次进行重大动物疫病病原（非洲猪瘟病毒、猪口蹄疫病毒、高致病性猪繁殖与呼吸综合征病毒、猪流行性腹泻病毒等）检测，结果呈阴性的，经整体的健康评估和消毒后方可进入生产区与原有动物混群，以供整个群体的正常繁殖、生产使用。

二、出猪管理

出猪台是生产区内的猪出栏的唯一出口。现有猪场大多数建有出猪台，但当时建设出猪台只是为了转运猪只方便，没有完全兼顾生物安全的要求，建议对照生物安全出猪台的要求进行改造或者重建。出猪台包括出猪缓冲带和出猪口。出猪缓冲带的一端连接猪场生产区围墙，另一端连接出猪口；出猪口位于猪场最外层围墙上（生产区围墙根据生物安全洁净程度划分为净区、灰区、脏区）。与净区围墙上的入猪口相连的是净区走道，是与净区相连的区域；与猪场外围墙上的出猪口相连的走道是脏区。生产区的人员可以进入净区赶猪，但不能跨越净区与灰区之间的分界门；在灰区地面安装称重装置，以便称量进入灰区的猪只重量；灰区内的地面，从入猪口到出猪口的方向呈 1°～5°向下坡度，防止洗消时的废水逆流回净区；安排一名轮到休假的生产区工作人员 A 从净区进入灰区，停留在灰区赶猪，赶猪完毕后，不得再返回净区，只能从脏区出猪口离开猪场。安排一名轮到休假的生产区工作人员 B 从净区进入，经过灰区，停留在脏区赶猪，赶猪完毕后，不得返回灰区和净区，只能从脏区出猪口离开猪场；脏区走道的地面，从内向外呈 1°～5°的坡度，防止洗消时的废水逆流回灰区。在出猪缓冲带的净区、灰区、脏区分别安装摄像头，以便客户观察猪只状态及重量，猪场管理人员监督出猪流程。

出猪口位于猪场外围墙上，出猪口直接连接场外中转车辆。出猪口与猪场生产区围墙上的入猪口需要错开位置建设，不能直对，避免穿堂风将带有病毒的气溶胶或者灰尘吹入猪场生产区。需要注意的是：在净区停留的猪只，尚可返回生产区；但猪只一旦进入灰区，就不能再返回到净区进入猪场生产区，通过出猪口直接离开猪场；净区、灰区、脏区的赶猪人员，只能在各自的区域赶猪，严禁有交叉流动或接触行为。生产区人员一旦与灰区有任何形式的接触，必须从出猪口离开猪场，重新经过人员淋浴隔离的过程，才能回到生产区；场外中转车辆的司机严禁通过出猪口进入脏区赶猪，只能停留在出猪口以外的区域；出猪台每次使用后，都要进行彻底的高压冲洗、消毒、干燥，经检验合格后方可下次使用。洗消时要保证污水只能从净区流向灰区，从灰区流向脏区，严禁污水逆流入猪场生产区；装猪台的销售人员尤其是猪场工作人员在处理过疑似疫情或病死猪，或者进猪、出猪后，要立即更换工作服，并进行人员及衣物洗消。

三、出猪中转站管理

早期建设的猪场多数建有出猪台，但很少建有出猪中转站。出猪口直接与猪场围墙连接，来猪场买猪的车辆、屠宰场的装猪车辆都要在出猪台的位置停留，大大增加了外来车辆将病原微生物带进猪场的风险。出猪中转站建在距离猪场1~3千米的地方，猪场用自己的中转车辆将猪运到出猪中转站，通过中转车辆将猪转运到买猪的车辆上，可以大大减少外来车辆接触到猪场的机会。从生物安全的角度出发，出猪中转车能够显著降低猪场出猪环节的生物安全风险，且建设成本并不高。所以，建议猪场增加一个重要的生物安全设施。

出猪中转站由以下三部分组成：中车停靠点、转猪台、外部车辆停靠点。中转车是猪场自己的车辆，在猪场外墙的出猪口处装上预售的猪只，行驶到出猪中转站，停靠在出猪中转站的净区，车厢与转猪台的净区端相连。转猪台是连接中转车与外部车辆的装置，转猪台可以是实体猪台加升降猪台组合而成，也可以仅有移动式升降猪台。移动式升降猪台应有轮子，便于移动；有固定脚，便于转猪时位置固定；可以升降，便于调整台面高度与车厢高度保持一致，便于猪只转移。转猪台的左右两侧均设有出口，一侧为净区端出口，对接猪场自己的中转车；另一侧为脏区端出口，对接外部车辆。转猪台的两侧均设有隔离栅栏，以便将中转车与外部车辆的人员、车辆、物品、行驶道路彻底分隔开。转猪台有一定的面积，可以容纳一定数量的猪只和赶猪的工作人员。外部车辆是前来买猪的客户车辆，行驶到出猪中转站，停靠在出猪中转站的脏区，车厢与转猪台的脏区端相连。

猪群由净区向脏区流动，人员不能交叉，中转车与外部车辆的行驶路线不能交叉。在出猪中转站两端的车辆入口处设立车辆消毒池。外部车辆和人员需要先经过一级洗消点、二级洗消点的洗消，才能进入出猪中转站。出猪中转站的建设要考虑到水、电、地面硬化、污水处理等，便于清扫和消毒，并严格做好脏区和净区的划分。出猪中转站的建设规模可依据猪场实际情况而定。

第七节　疫病管理

动物疫病，是指动物传染病、寄生虫病。猪群疫病主要包括细菌性传染病、病毒性传染病以及寄生虫病。

一、细菌性猪传染病

(一) 规模化猪场常见的细菌性传染病

1. 副猪嗜血杆菌病（HPS）

本病分布于世界各地，主要危害断奶前后仔猪和保育猪，以2~8周龄以下猪只多发。临床上发病率一般为20%~90%，5周龄以下猪只发生关节炎、心包炎及肺炎症状时，死亡率可达90%以上，肥育猪为20%，生产母猪为30%左右，并可引起流产、产死胎或弱仔等。由于此病病原在外界环境中普遍存在，属于条件性致病菌，因而易受各种应激因素的影响而被诱发。比如，仔猪断奶、转群、混群、饲养密度过大、长途运输、饲养环境恶劣、通风不良、空气浑浊、氨气浓度过高、气温突变等，都可诱发本病，使病情加重并复杂化。当猪群中存在蓝耳病、圆环病毒病、猪瘟与猪流感时，猪只的体免疫抑制、免疫力下降，可诱发本病的继发感染，使猪群的发病率与死亡率明显升高。本病也常与猪呼吸道冠状病毒（PRCV）、肺炎病毒、肺炎支原体、放线杆菌、波氏杆菌等混合感染，协同致病，引发猪呼吸道病综合征的发生与流行。饲喂发霉变质的饲料造成猪只免疫力下降，也可导致本病的易感性增强。目前，共分离出 15 种血清型，其中 1、5、10、12、13 和 14 型毒力最强，可引起猪只发病急性死亡；2、4、8 和 15 型为中等毒力，常引起关节炎和浆膜炎症状；3、6、7、9 和 11 型毒力较低，一般不引起临床表现。我国猪群中流行的主要血清型为 4、5 型，其次为 14、13 与 12 型，其他血清型发生很少。不同血清型的菌株，其毒力与致病力差异较大，各血清型之间免疫交叉保护力很低。不同地方分离的相同血清型的菌株毒力与抗原性也可能不完全相同，具有地方特异性。本菌对多种抗生素有很强的耐药性，可能是一种"超级细菌"，对替米考星、易速达、泰乐菌素、林可霉素、氟苯尼考等药物敏感。

2. 猪链球菌病（SS）

本病为人畜共患传染病，链球菌广泛存在于污染的环境、粪便、灰尘及饮水中，经呼吸道、消化道及创伤（如断奶、断尾、去势、打耳号、剪牙及注射等）感染，吸血昆虫（如蚊、蝇等）也可传播本病。不同生产阶段的猪只都有易感性，一年四季均可发生，但多见于 5—11 月。在猪群中常见散发或呈地方性流行。目前，在猪群中发生蓝耳病、猪瘟、圆环病毒病、伪狂犬病等感染时，常见链球菌继发感染，仔猪发病表现为败血症和脑膜炎，发病率 30% 左右，死亡率可达 80%；中猪发病表现为化脓性淋巴结炎和关节炎；生产母猪发生子宫内膜炎和乳房炎，造成繁殖障碍。链球菌有属特异性抗原（称 P 抗原）、型特异性抗原（表面抗原）和群特异性抗原（称 C 抗原）。根据其抗原的差异，链球菌分为 35 个血清型（1～34、1/2）。从猪体分离的菌株多属于 1～8 型，其中荚膜 2 型毒力最强，致病率最高。2 型主要危害 4～12 周龄的猪只，特别是 4～6 周龄的断奶仔猪发病率与死亡率均在 50% 左右，应引起关注。链球菌血清 2 型还可以引起人感染发病，发生败血症而死亡。当前链球菌是一种耐药性很强的细菌，但对头孢噻呋、速解灵、替米考星、泰拉菌素、氟苯尼考、氨苄青霉素、多西环素、洛美沙星、恩诺沙星等药物较敏感，对其他抗生素不敏感。

3. 喘气病（MPS）

本病为猪的一种呼吸道传染病，在我国大多数养猪场都存在，猪群中血清学阳性率为 30%～50%。猪不分年龄、品种都有易感性，但以哺乳仔猪和保育猪易感性最强、发病症状最明显、病死率最高、危害性最大。本病一年四季均可发生，但在寒冷、潮湿、气温多变的秋、冬季及早春季节多发，发病率与死亡率均高。饲养条件恶劣、空气污染、通风不良、低温阴冷、天气突变、长途运输、饲料中缺少维生素等可诱发和加剧本病的发生与流行。本病属于免疫抑制性疾病之一，病原能降低肺泡巨噬细胞对入侵病原体的吞噬和清除能力，抑制淋巴细胞的免疫功能，使淋巴细胞产生抗体的能力下降，导致呼吸道免疫力减弱，抗病力下降；病原体能与蓝耳病病毒在临床上共同发挥协同作用，增强彼此的致病力，共同引起猪只发生严重的呼吸道病综合征，并且为多杀性巴氏杆菌、链球菌、肺炎球菌和猪鼻支原体的继发感染创造有利条件，导致与多种病原体一道形成多病原感染，使病情复杂化、发病率与死亡率增高，造成更大的经济损失。肺炎支原体对替米考星、氟苯尼考、多西环素、卡那霉素、支原净、洛美沙星、恩诺沙星、环丙沙星、泰乐菌素等药物敏感，对其他抗生素不敏感。

4. 传染性胸膜肺炎（PCP）

隐性带菌母猪是病原体的主要贮存宿主，在本病传播中起重要作用。虽然不会通过胎盘垂直传播，但可经呼吸道感染，啮齿动物和鸟类也可传播病原。各种年龄和不同性别的猪只都有易感性，其中以 6～16 周龄的猪发病较多，以 3 个月龄的猪最为易感。一般发病率在 30%～80%，死亡率可达 50%。本病的发生具有一定的季节性，每年多见于 4—5 月和 9—12 月。饲养环境突然发生改变、断奶、转群、长途运输、猪舍潮湿、通风不良、卫生差、气温多变等因素，可促进本病的发生与流行。本菌有两个生物型，1 型菌株毒力强、危害较大；2 型菌株可引起猪只发生慢性坏死性胸膜肺炎。根据细菌荚膜多糖（CSP）和细菌脂多糖（LSP）对血清的反应，本菌分为 15 个血清型，各个血清型之间有的有交叉反应，有的没有交叉反应。血清 1、5、9、10 和 11 型毒力最强，常引起暴发流行，出现严重的肺部病变，死亡率很高。目前，我国猪群中流行的血清型主要为 1、5、7 型，其次是血清 2、3、4 和 10 型。不同国家和地区同时存在多个血清型，同一个猪场也可能同时流行多个血清型。本菌对头孢类药物、四环素类药物、沙星类药物、替米考星及氟苯尼考等药物敏感，对其他抗生素不敏感。

5. 高致病性大肠杆菌病

大肠杆菌是引起仔猪黄、白痢和水肿病的病原，其血清型很多，各地引发疾病的优势血清型也不尽相同。据报道，2004—2007 年从全国各地发病猪只的病理材料中分离出 315 株高致病性大肠杆菌，经血清分型鉴定，分离出 34 个不同血清型的大肠杆菌，其中以 O181、O8、O11、O138、O101 和 O26 为多，共计为 157 株，占定型菌株的 49.8%。证实了一些能令人和家禽致病的大肠杆菌血清型在猪群中流行。引起仔猪拉稀，发病急，死亡快，粪便呈黄白色、乳白色、绿色、灰色、水样，严重者拉血便，用多种抗生素治疗无效。哺乳仔猪发病死亡率在 90% 左右，断奶猪死亡率达 40%～60%。高致病性大肠杆菌自出现以来，其耐药性越来越强，危害性越来越严重，应引起高度重视。据日本有关报道，"超级细菌"主要是致病性大肠杆菌。当前猪群中发生的传染性胃肠炎、流行性腹泻与轮状病毒时常有高致病性大肠杆菌与沙门氏菌的参与，使猪的腹泻性疾病病症复杂化，发病率与死亡率急增，危害性加大，应引起重视。

6. 猪肺疫（SP）

本病一年四季均可发生，但以秋末春初及天气突变的季节多见。南方易发于潮湿闷热与多雨季节，常呈流行性发生，而北方在寒冷季节多为散发性发生。由于健康猪只扁桃体巴氏杆菌的带菌率高达 63%，当带菌猪受到各种不良因素刺激时，如断奶、转群、天气突变、长途运输、空气污染、通风不良等，可引起本病的发生与流行。当前临床上常见在发生猪瘟、蓝耳病、圆环病毒病、伪狂犬病及猪流感时继发性发生猪肺疫。并多见其与喘气病、传染性胸膜肺炎与仔猪副伤寒和大肠杆菌病等混合发生，使病情加重，造成更多的死亡。多杀性巴氏杆菌根据荚膜分型法分为 A、B、D、E 和 F 5 个血清型，我国猪群中流行的主要是 A、B、D3 型，没有发现 E 型。A 型血清型菌株毒力与致病力最强，并且有很强的耐药性，可引发猪只严重的肺炎症状，死亡率为 38.5%，仔猪发病时死亡率可高达 70%。D 型血清型菌株除引发猪只肺炎，造成部分死亡外，还可诱发妊娠母猪大批流产。本菌对头孢类药物、氟苯尼考、环丙沙星、卡那霉素、替米考星、庆大霉素、氨苄青霉素等药物敏感，对其他抗生素不敏感。

（二）细菌性疾病的综合防控

贯彻"养重于防，防重于治，预防为主，养防结合"的方针，认真落实各项生物安全措施，防止病原侵入猪场。

（1）搞好"三管"：管理好饲养人员、管理好猪群、管理好饲养环境。

（2）实行分群隔离饲养，落实"全进全出"的饲养管理制度，防止疫病交叉传播。后备猪舍、配种妊娠舍、产房、保育舍、肥育舍、种公猪舍、隔离舍做到"全进全出"，每批猪只全部出舍后，要及时清扫、冲洗、消毒，空舍 3 天后再进入下一批猪只。

（3）猪舍要保证"三度"、保持"两干"、坚持"一通"。"三度"即保证猪舍内的正常温度、湿度与饲养密度。猪只生长最适宜的温度为 22～26℃（仔猪出生后 15 天为 30℃），相对湿度 60%～70%，饲养密度不能过大；猪舍内常年保持干净、干燥，这样的环境不利于病原微生物的繁殖；每天坚持通风，让空气流动，减少污染空气对猪只的危害，减少呼吸道疾病的发生。

（4）坚持消毒制度。猪舍周围要填平洼地，铲除杂草，清理杂物，杀灭各种吸血昆虫、灭鼠等，并用 2% 火碱水溶液进行消毒。猪舍进出门前设消毒池及消毒间，用于人员、物品进出的消毒。

（5）猪场内应禁止养犬、猫、牛、羊等动物，防止相互传染各种疫病。犬与猫可传播猪流感与伪狂犬病等。

（6）降低各种应激反应，保持猪只的自体稳定，可避免猪只各种疫病的发生。

（7）严禁饲喂发霉变质的饲料。

（8）不要滥用抗生素。

（9）搞好免疫预防，提高猪群的特异性免疫力。

（10）制定合理的免疫程序，不盲目接种疫苗免疫预防。要根据疫病监测情况、疫病流行规律，结合当地的动物疫情和疫苗的性质与作用，制定合理的、符合本场实际的免疫程序，有计划地实施免疫接种。

二、病毒性猪传染病

（一）规模猪场常见的病毒性疾病

猪病毒性疾病通常是由一、二、三类动物疫病组成，由多种病毒感染引发的一类病毒性传染性疾病的总称，是生猪养殖中威胁较为严重的一类。目前我国的生猪养殖规模不断增长，新型病毒性传染疾病的发生率逐年升高。2018 年下半年，以非洲猪瘟为首的病毒性疾病席卷全国，对生猪养殖业造成毁灭性打击。现对常见的猪病毒性疾病做一简要介绍。

1. 猪口蹄疫

口蹄疫为农业农村部发布的《一、二、三类动物疫病病种名录》中的一类动物疫病，是世界范围内危害和造成经济损失最大的病原体之一。世界动物卫生组织（WOAH）把口蹄疫列为 A 类传染病之首，它是由口蹄疫病毒（FMDV）引起的一种急烈性传染疾病，主要感染偶蹄类动物，如猪、羊、牛等。口蹄疫病毒分类上是属于微 RNA 病毒科口蹄疫病毒属。病毒呈球形，直径约为 23 nm，单股 RNA，没有囊膜，有较强的对外界环境抵抗力，在组织和污染物中甚至能存活数月时间，对紫外线、高温、酸碱敏感，但酚、酒精、氯仿等消毒剂对口蹄疫病毒无效。动物感染口蹄疫后主要表现为发热以及跛行，并且在其口腔、蹄、乳房等部位的黏膜或皮肤会出现水泡、溃烂等现象。而患病的幼畜则会出现出血性肠炎和坏死性心肌炎，从而导致急性死亡。

2. 猪瘟

由经典猪瘟病毒（CSFV）引起的高度接触性传染疾病一般称为猪瘟，特点是具有高传染性和高致病性。经典猪瘟病毒属黄病毒科瘟病毒属，为单股正链 RNA，其中间部分具有编码多聚蛋白的开放阅读框。猪瘟被 WOAH 列为必须通报的疫病，也是我国的一类动物传染病。

3. 非洲猪瘟

由非洲猪瘟病毒（ASFV）感染家猪及各种野猪引起的一种具有急性、出血性，以及烈性传染性的疾病被称为非洲猪瘟。非洲猪瘟病毒属于非洲猪瘟科非洲猪瘟病毒属，为双股线状 DNA，大小一般为 $170 \sim 190$ kb。该病被 WOAH 列为法定通报的动物疫病，也是我国的一类动物疫病。非洲猪瘟发病过程短，急性感染死亡率较高，患畜的临床表现为心跳加快、呼吸困难以及超过 40℃ 的高热，还会出现咳嗽，皮肤发绀，眼或鼻有浆液性、黏液性的脓性分泌物，淋巴结、肾及胃肠黏膜伴有明显的出血等症状。因为非洲猪瘟和经典猪瘟在症状上极为相似，除了通过专业实验室检测外，一般临床上很难准确区分二者。

4. 猪繁殖与呼吸障碍综合征

由猪繁殖与呼吸障碍综合征病毒（PRRSV）引起的猪传染性疾病称为猪繁殖与呼吸障碍综合征，民间又称其为"猪蓝耳病"。猪繁殖与呼吸障碍综合征病毒属于尼多病毒目动脉炎病毒科动脉炎病毒属，单股正链 RNA，具有囊膜。猪繁殖与呼吸障碍综合征以妊娠母猪流产、产死胎、产木乃伊胎等繁殖障碍和以仔猪为代表的各年龄段猪的呼吸道疾病为特征。该病曾经在世界各地上演过空前的"流产风暴"，造成巨大的经济损失。猪繁殖与呼吸障碍综合征不仅会造成母猪大量的流产，同时会使猪群发生严重免疫抑制，导致猪其他细菌性或病毒性疫病的产生，从而产生巨大的防控压力，已成为困扰我国规模化养猪的主要疫病之一。

5. 猪伪狂犬病

由伪狂犬病毒（PRV）引起的多种动物均能感染的高度接触性、急性传染性疾病一般称为伪狂犬病。伪狂犬病毒属于疱疹病毒科水痘病毒属，双链线性 DNA，具有圆形或椭圆形的外观，对外界抵抗力较强，病料腐败 11 d 后才会逐渐失去感染能力。

6. 猪乙型脑炎

猪乙脑在农业农村部发布的《一、二、三类动物疫病病种名录》中被列为二类动物疫病，属于严重危害中枢神经系统的自然源性的人猪共患急性传染病。乙脑病毒（JEV）属黄病毒科黄病毒属。病毒颗粒呈球形，直径约为 50 nm，基因组为单股正链 RNA，有传染性。20 面体对称，有衣壳。作为自然疫源性的疫病，乙型脑炎在感染各类动物后都可能使其成为本病的传染源，而其中猪的感染最为普遍，猪感染后主要产生高热、流产、死胎和公猪睾丸炎等症状。乙型脑炎的重症病死率高，且易造成不同程度的神经系统后遗症，故世界卫生组织（WHO）将其列为重点控制的传染病。

7. 猪圆环病毒病

生猪感染猪圆环病毒（PCV）而引发的一类病毒性传染病被称为猪圆环病毒病。猪圆环病毒是目前世界上发现的最小的动物病毒之一，其直径仅为 17 nm。猪圆环病毒目前分为三型，其中 PCV1 为非致病性类型；PCV2 为致病性类型，会引起断奶仔猪的多系统衰竭综合征，感染严重时其造成的病死率甚至可高达 40％；PCV3 是近些年才发现的一种新类型。猪圆环病毒病具有一定的潜伏期，所以在前期不容易被发现，感染后期引发的多系统衰竭综合征不仅会造成断奶仔猪的高致死率，同时会引起仔猪机体抵抗力降低，导致继发或混合感染，进一步提高了诊治的难度。该病严重影响我国生猪养殖业的发展。

8. 猪流行性腹泻

由猪流行性腹泻病毒（PEDV）引起的猪急性高度接触性肠道传染性疾病被称为猪流行性腹泻，其症状主要为水样腹泻、呕吐、脱水等。猪流行性腹泻病毒为冠状病毒科冠状病毒属，为单股正链 RNA，具有囊膜。该病近些年来在世界各国都出现过大规模暴发流行的情况，使生猪养殖业遭受巨大的经济损失。

（二）病毒性疾病的综合防控

在进行生猪养殖的过程中，猪场需要构建科学完善的管理制度，运用综合措施来对疫病的发生和传播进行有效的控制。

1. 合理选择猪场的位置

在对猪场进行建设的时候，需要先合理选择猪场的位置，这就需要对地形、周围环境、交通、水源、方向等进行综合考虑，选择一个良好的位置，为生猪的生长创造一个好的环境。通常情况下，猪场要建在通风良好、朝阳、水质比较好的沙土地上，猪场还不能离主干道太近，不然会有大量的车辆通过，这样会引起噪音污染，从而会对猪群产生不利的影响。此外，猪场还需要避开生活区、工业污染区等地方，要尽量使猪避免与外界接触。

2. 注重猪种的安全

在猪场工作当中，引种是十分重要的一部分，对养殖的发展非常重要。在进行引种的时候，需要注意一定要从没有疫病流行的区域来引入，而且需要对引入的猪种进行细致的健康检查，保证种猪的健康，没有病毒，还需要对猪种进行一段时间的隔离，完成隔离后还要再进行检查，确定没有任何问题后，再将其与猪群进行混养。在养殖的过程中，同一猪舍的所有猪，需要同时入栏出圈，对于空舍需要先进行严格细致的冲洗和消毒，之后才能进入下一批猪，这样能够防止猪群之间发生交叉感染。

3. 科学制定免疫程序

对于猪场来说，若是发生病毒性疫病，会严重影响猪场的经济效益，对猪病毒性疾病的防控，最好的措施就是加强疫苗的接种，使猪群的免疫力得到有效的提高。对此，猪场需要依据自身的具体情况，科学合理地制定免疫程序，比如每种疫苗的接种时间、每种疫苗接种的间隔、每种疫苗需要注意的事项等。

4. 加强饲料管理

对于猪病毒性疾病来说，消化道和呼吸道是主要的传播途径。因此，猪场需要加强对饲养的管理，尤其要在饲料上多下些功夫，要保证饲料的质量，不能将发霉的饲料喂给猪群。对于不同阶段的生猪，需要针对性地进行营养配比，这样才能满足猪群不同阶段的营养需求，还要注意猪群饮水的干净卫生。

5. 构建完善的消毒体系

对于生猪养殖来说，需要构建完善严格的消毒体系，比如专门的消毒设备、合理选择消毒剂、消毒的间隔时间、消毒剂的使用量等。对养殖场进行定期消毒，能够有效阻断猪病毒性疾病的传播，有规律彻底地消毒能够减少外界的病毒，这样能够有效降低猪群发生疫病的可能性，还有助于更好地发挥出疫苗的作用。一般情况下，猪场需要进行 1 次/年大规模全面彻底的消毒，之后对猪舍和相关物品进行 1 次/周的消毒。若是天气不好导致猪场通风不畅，或者本地发生了疫病等，需要依据实际情况加强全面的消毒和增加次数。

三、猪常见寄生虫病的防治及管理

（一）猪寄生虫感染因素

猪寄生虫类型多样，根据寄生位置可以分为内寄生虫和外寄生虫。常见的内寄生虫有吸虫、绦虫、线虫、原虫等。常见的外寄生虫有猪疥螨、猪血虱等。不同寄生虫的感染途径存在差异性，其感染因素具有多样性。内寄生虫主要通过胃肠道完成向机体内部组织器官的感染传播和整个生活史。外寄生虫则主要通过皮肤接触感染传播，以及完成整个生活史。根据猪寄生虫感染途径，影响猪寄生虫感染的因素大体上可归为饲喂因素、环境因素、管理因素。在实际的养猪生产管理中，饲喂因素、环境因素、管理因素往往是交叉存在并出现的。以猪蛔虫为例，其猪感染从虫卵开始，通过食道进入小肠，经过肝脏→肺脏→小肠，然后演变为虫卵，再通过粪便排泄到达地面，在地面完成新一轮的产卵。猪结节虫虫卵通过食道进入小肠发生感染，虫卵在胃肠生长发育，最终再经过排泄到达地面，完成新一轮的产卵繁殖。在这个过程中，如果饲料中、环境中、外源性工具中存在虫卵，以及动物及人体携带虫卵进入养殖场，都可能使生猪面临着寄生虫感染的风险。此时，生猪猪群在自身免疫条件较好的情况下，就会具有较强的对寄生虫感染的抵抗能力，而猪群日常饲喂的饲料品质较差，猪机体长时间营养不良及免疫力较低的情况下，内源性寄生虫就会在猪体内大肆繁殖产卵，加剧对猪机体的侵害作用，破坏猪机体的胃肠道功能。此外，猪场养殖环境脏、乱、差，猪群饲养密度较高，猪舍温湿度较高，通风条件较差，或猪场周围环境不佳，也是猪寄生虫感染的重要因素。

（二）猪寄生虫防控技术及要点

1. 猪寄生虫防控关键技术

（1）整进整出管理技术。一些寄生虫的感染和传播具有群发性，一般猪群中有猪感染，未及时采取有效策略控制的情况下就会造成猪群其他猪快速感染。为防止猪群间寄生虫的传播扩散，建议在生猪生产管理上实施"整进整出"模式。所谓"整进整出"，就是统一购进或引进猪群，并在引入猪场前对猪群实施全面的寄生虫病检测，确保猪群无寄生虫病感染的情况下再允许入场。生猪出栏时，同样遵循整群出栏的管理方式。猪群出栏后，猪场要实施全面彻底的卫生清洁和消毒杀虫等工作，确保猪场饲养环境未被寄生虫污染。

（2）粪污干湿分离技术。猪场的粪污管理不当是导致大部分养猪场寄生虫感染和传播扩散的根源。为有效地防治猪寄生虫病及其危害，养猪场应及时清除猪舍内的粪污，并定期打扫猪舍，为猪舍消毒，保持猪舍干净卫生。建议猪舍内尽可能地设计干湿分离系统，应用干湿分离技术处理养猪场粪污，提高粪污资源利用率的同时，还能起到预防寄生虫感染的作用。

（3）设施设备干预技术。猪舍的环境是影响寄生虫存活数量的关键。一些寄生虫很难被正常浓度下的常用消毒剂杀灭，但其对生存的温度、湿度等环境条件有着一定的要求，温度、湿度、光照等条件不符合要求时，不适宜寄生虫的繁殖及生长发育。基于这一原理，养猪场建议配备完善的温度、湿度、光照、通风等调控设备，做好养猪场空间温湿度、通风及采光条件，尽可能创建一个不适合寄生虫生存的空间环境。日常管理中，发生寄生虫感染时，也可以通过调控空间环境来控制寄生虫群数量，从而减少寄生虫对于猪群的危害，降低寄生虫病的发生率。例如，蛔虫卵适宜在温暖潮湿的环境中存活，其中以30℃～32℃环境下感染率最高。根据这一特点，可以创建干燥洁净的猪舍空间环境，并控制猪舍温度、饲养密度，增加猪场自然光照的时间，并利用紫外线灯对猪舍定期杀菌、灭菌，能有效降低仔猪、母猪的蛔虫感染风险，以及避免由其他病菌、细菌感染对猪机体造成影响导致的蛔虫病高发的问题。

（4）饲喂安全技术。对于内源性寄生虫而言，饲料、饮水及饲喂工具的洁净卫生程度对猪群寄生虫感染的影响较大。针对该问题，养猪场首先应该加强饲料和饮水管理，保证饲料、饮水洁净，杜绝给猪群饲喂霉变饲料和不洁净的水源。存储饲料和饮水的场地及周围要定期做消毒、杀菌、杀虫处理。每次取用饲料或饮水后都要及时保护好饲料及饮水源。猪食槽、饮水器具等也需要定期消毒杀虫，防止寄生虫卵污染。

（5）药物杀虫驱虫技术。规模化养猪场日常管理中应将定期杀虫、驱虫纳入寄生虫病防范计划，从仔猪初生至出栏前有规划地做好猪群寄生虫预防感染工作。仔猪至保育期2～3周就要开始首次驱虫计划，往后每间隔20～30 d实施一次驱虫杀虫工作。公猪群每年驱虫杀虫2～3次，驱虫时间以春季和秋季为宜。母猪在转至分娩舍前2周完成一次驱虫。后备母猪在转入生产前2周完成一次驱虫，并在妊娠转入产房前2周再进行一次驱虫操作。不同猪龄的猪在驱虫药物及药量上，要根据实际情况而定。例如，在30日龄以预防球虫病为主，选择地克株利或其他相应抗球虫药物，按药物使用说明书应用，连用3 d，预防其球虫病。在20日龄和40日龄以预防蛔虫病等线虫病为主，选择伊维菌素、左旋咪唑、阿苯达唑等药物，按药物使用说明书，一次用药。此外，母猪舍在母猪群入舍前7～21 d也需要安排13次全面彻底的外源性寄生虫驱杀操作。

2. 常见寄生虫的控制要点

（1）猪蛔虫。猪蛔虫卵具有较强的黏附性，且存活时间长，其中以仔猪、母猪易感率最高。蛔虫虫卵可通过阳光照射和干燥杀灭，建议冬季增加光照时间，保持猪舍干燥洁净。该方法还适用绦虫、胃肠道吸虫、肠道线虫等寄生虫的防控。

（2）猪球虫病。猪球虫病主要是球虫属的球虫，如猪艾美耳球虫寄生于猪肠道上皮细胞从而导致猪发病的一种球虫病。临床症状猪球虫病多为急性型，发病后病猪食欲减退、身体消瘦，腹泻与便秘交替出现，但一般病猪可自愈，但若腹泻严重时可导致猪死亡。诊断可对病死猪进行剖检，若小肠出现出血性炎症，淋巴肿大，可初步诊断也可采集猪粪便进行饱和盐水漂浮试验，若发现猪球虫卵囊即可确诊。猪球虫可使用磺胺类药物进行治疗。同时，可给发病猪只口服 5％托曲珠利混悬液，按照 20～30 mg/kg. bw 的剂量来使用，能够明显减少病猪粪便中球虫卵囊的数量，并且病猪腹泻症状得到控制。猪球虫病的预防，同样也需要采取检疫、隔离、治疗、消毒的综合性防控措施，规模化猪场定期进行驱虫。同时，采取全进全出的生产模式，在空圈期对猪舍进行全面的消毒也可减少猪球虫病的发生。

（3）猪疥螨病。猪疥螨病是由疥螨科疥螨属的猪疥螨寄生于猪表皮内而导致的一种慢性皮肤性寄生虫病。患疥螨病的病猪出现剧痒，会在料槽、墙皮、栏杆等部位蹭痒，导致皮肤损伤，被毛脱落，甚至出血、流出渗出物，随后血液、渗出物及混杂污物等干涸后出现痂皮症状，最开始在头部出现，随后在颈部、四肢、躯干等部位出现症状。患病后，猪精神状态极差，营养不良，甚至形成僵猪，严重时可导致猪死亡。首先，诊断发现疑似猪疥螨病的病猪，可采集患病部位和健康部位交界处的皮肤，采样时应刮至轻微出血，随后将样品送至实验室检测，若在显微镜下观察到虫体则可确诊。其次，治疗时可使用 0.025％～0.05％蝇毒磷涂抹或喷洒至患处，也可使用烟叶或烟梗的水浸取液涂抹患处，对猪疥螨均具有消杀作用。

综上所述，猪寄生虫病的防控是一项需要贯穿养猪日常管理各个阶段的工作，要求将其与猪场饲养环境、饲料与饮水及其他日常管理工作相结合，保持猪舍洁净卫生，饲喂营养均衡全面，制订防疫计划，定期注射疫苗，采取整出整进的饲养模式，来控制猪寄生虫及其危害。

第八节　数据记录管理

猪场数据记录是猪场管理一项重要的基础性工作，系统地对猪场中的各项指标进行记录、统计、分析和核算是衡量猪场生产绩效、作出管理决策，监督工作执行情况、评估猪群健康状况的最有效手段之一。

一、生产记录

生产记录能够体现出有关生产日常活动的总体情况。在场内，生产记录提供生产参数的信息。完善的生产记录不仅可以提高猪场的管理水平、减少管理费用，还可以实现集团化猪场间的资源共享。

（一）产仔记录

产仔记录包括产仔日期、产仔总数、正常仔数、畸形数、弱仔数和木乃伊头数、初生重等。每头仔猪出生后做好编号输入档案，形成猪的系谱。由产房负责人记录。

（二）猪群动态记录

猪群动态记录记录了各猪舍的猪群变动情况，包括出生、入栏、出栏、淘汰、出售和死亡等情况。由各猪舍饲养员负责记录。

（三）配料记录

配料记录包括饲料品种、配料计划、配料日期、数量、投药情况、出仓记录等。由配料车间负责人记录。

（四）生产报表

生产报表反映了各生产线、各猪群的变动情况，包括存栏、入栏、出栏、淘汰、出售和死亡等情况。母猪舍还包括产仔胎数、头数、仔猪等情况。由各生产线负责人或各猪舍负责人统计。每周、每月、每季、每年都要进行一次全面的统计。

（五）生产记录分析处理的方法

规模猪场可设一个专职信息管理员，负责制定各种生产登记表格，对所有的生产记录进行收集、整理，并进行核对。根据书面材料建立电子档案以方便保存和查阅。并且按时进行统计及提供有关的报表给猪场管理层和具体的负责人员。

二、育种记录

育种工作是影响养猪企业的核心竞争力的关键因素。猪的育种工作是一项庞大的系统工程，其根本目的是使猪群的重要性状得到遗传改良和使生产获得最佳的经济效益。要实现育种的目标，就要了解猪生产力的一些性状。例如，窝产仔数是排卵数量、受胎率和胎儿存活率的综合结果。因此，做好有关的记录是非常重要的。

（一）种公猪的档案

配种情况，采精记录，精液情况，包括活力密度等。由配种舍负责人记录。

（二）母猪的档案

配种记录，包括发情日期、配种日期、与配公猪、返情日期、预产期等。由配种舍负责人记录。

（三）测定数据

留种的公猪和母猪应在不同阶段进行测定，作为育种工作的依据。测定内容包括体重、背膘厚等数据，从而计算出日增重、日采食量和料重比等指标。由育种人员负责测定记录。

三、疫病诊疗记录

通过对过往疾病的记录，了解猪场内每次疫情发生的时间、原因，当时发病的猪群、发病症状，怀疑是什么病、是否经确诊、确诊的结果，当时采取的措施和取得的效果，从中可以获得很好的经验教训，同时可以使对全场猪群的保健更有依据，在疾病易发时间段前做好预防工作。

（一）病原的记录

记录本场存在哪些病原，即以往猪场内发生过什么疫病，该疫病病原是什么，根据其特点现在是否还有可能存在于猪场内，其一般感染何种猪群、感染的时间，该病原的抗药性、有何预防药物。由兽医负责人记录。

（二）用药记录

记录好本场常用哪些药物，每种药物用药剂量，每次使用效果如何，是否做过药敏试验。由兽医负责人记录。

（三）种猪的疾病记录

建立种猪的健康档案，记录其每次发病、治疗、康复情况，并对康复后公猪的使用价值进行评估。由兽医负责人记录。

（四）母猪疾病记录

记录母猪是否发生过传染病，是否有过流产、死胎、早产，是否有过子宫内膜炎，是否出现过产后不发情或屡配不孕及相应的处理情况。由配种舍负责人记录。

四、免疫记录

通过详细的免疫记录可以使猪群免疫计划更完善，详细记录好猪群的免疫情况并定期检查，能够有效地避免母猪漏打疫苗的情况。特别是那些实行跟胎免疫的疫苗，由于某些母猪因特殊情况，一年只产了一胎，那么就只进行了一次的免疫接种，这样其抗体水平不能得到有效的保证，很可能成为传染源，造成疾病的暴发。

按《畜禽标识和养殖档案管理办法》的规定要求，对免疫动物进行标识和记录；免疫记录应包括：免疫日期、免疫群的舍别、栏位、头数、耳标号，疫苗剂量、免疫方式，疫苗的名称、生产厂家、批号、有效期，免疫操作员、备注等。由兽医负责人记录。

第九节　常见病

※一类疫病

口蹄疫

一、定义

口蹄疫（Foot and Mouth Disease，FMD）又称口疮热（aphthous fever），是由口蹄疫病毒（Foot and Mouth Disease Virus，FMDV）引起的主要侵害偶蹄动物的急性、热性、高度接触性传染病。口蹄疫被世界动物卫生组织（WOAH）列为 A 类动物传染病之首，有 O 型、A 型、C 型、SAT1 型（南非 I 型）、SAT2 型（南非 II 型）、SAT3 型（南非 III 型）和 Asia1 型（亚洲 I 型）7 个血清型。各型之间没有相互免疫关系，主要侵害牛、猪、羊和骆驼等家畜及多种野生偶蹄动物。临床特征是在口腔黏膜、舌面、鼻端、蹄部和乳房皮肤发生水疱和溃烂。

二、病因

口蹄疫病毒属于小 RNA 病毒科口疮病毒属肠道病毒（Belsham，1993）。无囊膜有二十面体蛋白质外壳的病毒粒子，直径为 $26\sim30$ nm，含有单一的正义 RNA 片段，长约 8300 bp。完整的病毒衣壳蛋白由 4 种结构蛋白 VP1～VP4 各 60 个拷贝组成，其中 VP1 蛋白是决定感染和免疫的核心蛋白。

FMDV 病毒能持续在幼仓鼠肾细胞（BHK）上增殖（Mowat, Chapman, 1962），也可以在 IB-RS-2 猪肾细胞上繁殖，还可以在猪、牛、羊和犬的原代细胞上增殖。肾细胞或其他牛的甲状腺细胞（BTY）对 FMDV 特别易感（Alexandersen 等，2003c；Snowdon, 1966）。牧场的样品大多数成功地培养在猪或反刍动物细胞上，依赖于种属的不同分离出不同的病毒株。因此，常规的猪样品的诊断是接种到猪或反刍动物细胞培养，而反刍动物的样品可能跟猪的样品过程一样，也可能仅接种到反刍动物上才出现。FMDV 也可以在未断奶的小鼠上增殖（Skinner, 1951）。

三、流行情况

口蹄疫在全世界范围广泛分布，是全球性流行性传染病，经常由一个国家或地区传播到另外一个国家和地区。历史上，欧洲、亚洲、非洲、南北美洲以及大洋洲都曾有发生口蹄疫的记载。澳大利亚 1872 年发生最后一次 FMD 流行，新西兰是世界上唯一一个从未发生过 FMD 的国家。

对 FMD 第一次较为确切的记载出现于 1514 年。17 世纪至 18 世纪欧洲曾多次流行 FMD，1839 年传入英国。此后，欧洲经历了漫长的口蹄疫控制与消灭过程，直到 1991 年才基本上消灭了 FMD，期间共有过 4 次（1901—1912、1919—1921、1937—1939、1950—1952）严重流行。非洲正式报告的 FMD 流行出现于 1892 年，1903 年南非再次暴发 FMD，从此非洲口蹄疫流行从未间断。美国 1929 年以前发生过 9 次 FMD，加拿大 1951—1952 年西部发生 FMD，墨西哥 1946 年和 1954 年发生 FMD，并引起美国的关注，为此启动了北美联防计划，此后北美再没有 FMD 发生。南美 FMD 流行与西欧是同步的，从 1871 年开始，先后在阿根廷、巴西、智利、乌拉圭等国出现 FMD。亚洲与欧洲一直是 FMD 流行和危害的重疫区，但早期正式记载资料较少。

近 20 年来，全世界 FMD 流行态势发生了一些变化。北美洲和大洋洲继续保持无 FMD 状态，欧洲疫情得到了控制，多数西欧国家达到了无疫标准。在此情况下，欧共体于 1991 年停止了疫苗的使用。南美洲也有一些国家取得了无 FMD 国家地位。21 世纪初，长期无疫的日本、韩国、英国、法国、荷兰、中国台湾等国家和地区又暴发了 FMD，有的国家或地区则在短期内扑灭或控制了疫情，有的国家或地区则反复遭受 FMD 侵袭；而亚洲、非洲大多数地区依然是 FMD 的重疫区。因此，尽管 FMD 流行态势有所变化，但总的格局是发达国家保持无 FMD 地位，发展中国家仍然未摆脱 FMD 危害。

（1）欧洲。自 1991 年以来，发生 FMD 的国家和时间为：意大利（1991、1993），希腊（1994、1996）、保加利亚（1991、1993、1996）、俄罗斯（1995），格鲁吉亚、阿塞拜疆、阿尔巴尼亚、马其顿、前南斯拉夫科索沃（1996），亚美尼亚（1996、1997），英国、法国、荷兰、爱尔兰（2001）。2001 年 2 月 19 日，平静了近 20 年的英国暴发口蹄疫，截至 2001 年 12 月 13 日，英国共确认暴发 2030 例。为了控制疫情，共计 593 万动物被扑杀。本次流行给英国造成的直接和间接损失可达 200 亿英镑。为了防止口蹄疫在欧洲蔓延，欧盟成员国法国、荷兰、西班牙、德国等全力以赴处理近期从英国进口的各类牲畜。但是，疫情很快波及法国、荷兰、爱尔兰、比利时等国家，造成 37 万头动物被扑杀，其中法国 6 万头、荷兰 25 万头、爱尔兰 6 万头。经过这次欧洲大陆的口蹄疫疫情及其给欧洲经济带来的损失，欧盟委员会决定重新审视现行的口蹄疫疫苗免种政策。此次疫情被控制后，欧洲口蹄疫疫情在很长的一段时间里比较平稳。

（2）中北美洲。巴拿马、中美和北美国家是世界上早期消灭口蹄疫的地区。美国1929年以前发生过9次FMD，其中3次发生在19世纪，1900—1926年发生6次。加拿大1951—1952年西部发生FMD。墨西哥1946年和1954发生FMD，并引起美国的关注，为此启动了北美联防计划，此后北美再没有FMD发生。

（3）南美洲。历史上南美的FMD流行与西欧是同步的，从1871年开始，先后在阿根廷、巴西、智利、乌拉圭等国出现FMD。20世纪90年代，巴西、智利、圭亚那、乌拉圭、阿根廷等继相宣布消灭了FMD。到2001年春季，口蹄疫疫情又在南美出现。先是阿根廷暴发口蹄疫，后波及乌拉圭，使乌拉圭畜牧业受到严重打击，损失近8亿美元。2004年，巴西、哥伦比亚、秘鲁相继发生了口蹄疫。2005年，口蹄疫又让巴西牛肉出口损失5亿美元。2006年，巴西再次暴发FMD，阿根廷随后也出现了口蹄疫。2007年，玻利维亚3个地区暴发疫情。2010年，厄瓜多尔、委内瑞拉和玻利维亚的某些地区发生口蹄疫，此后南美地区未有发生口蹄疫疫情的报道。

（4）非洲。非洲是世界上口蹄疫发生和流行最严重的地区，从2003年1月至2014年12月，非洲共有15个国家发生口蹄疫，分别是博茨瓦纳、厄立特里亚、马拉维、利比亚、津巴布韦、南非、莫桑比克、赞比亚、尼日利亚、刚果、埃及、几内亚、纳米比亚、利比里亚、冈比亚。2013年3月，博茨瓦纳弗朗西斯敦市一村庄捕获的8只黑斑羚和3只大羚羊发现感染SAT2型口蹄疫，随后不久在该村又发现4只山羊感染SAT2型口蹄疫；2013年5—8月，津巴布韦马斯温戈省、马尼卡兰省和北马塔贝莱兰省的家畜因接触野生水牛而发生10起口蹄疫疫情；2013年8月，纳米比亚东北部卡普里维地区3个村庄的家畜因接触野生水牛而发生口蹄疫疫情；2013年7—12月，南非林坡波省、普马兰加省的10个村庄的牛因接触野生动物而发生SAT2型口蹄疫疫情；2013年12月，博茨瓦纳恩加米兰区在一公共放牧区域发现10头牛感染SAT2型口蹄疫还有SAT1、SAT3、O、A等血清型。2013年8中旬开始，利比亚的兹利坦、努加特海姆斯、阿济济耶和米苏拉塔4个地区的12家农场发生口蹄疫疫情，病毒基因型为OPanAsia2011和AIran52009。南非的一些国家和地区几乎每年都有口蹄疫发生。非洲地区流行的口蹄疫病毒以SAT2型为主。从历史流行情况来看，这些国家口蹄疫疫情从未停止过，虽然采取了相应的疫病控制措施，但是效果并不理想，可能与上述国家特殊的自然环境、卫生条件、财力和综合国力有关。

（5）中东。当前该地区为口蹄疫流行的重灾区，主要流行O型、A型和Asia1型，且流行毒株极其复杂。而且，中东地区常年由宗教争端、民族冲突引发军事问题，动物疫病防控水平和力量薄弱，FMD流行十分严重。威胁周边国家和地区的毒株主要有O型PanAsia-2毒株和A型Ira05毒株。

（6）亚洲。亚洲国家时有口蹄疫发生，流行形势仅次于非洲。亚洲与欧洲接壤，疫情互传，口蹄疫在亚洲地区流行已百余年之久。日本、朝鲜半岛、新加坡、文莱、印度尼西亚、马来西亚等岛国在控制口蹄疫方面成效显著，但南亚印度、东南亚国家和一些中亚国家口蹄疫流行形势依然十分严峻。1996—2000年，东南亚7/10的国家有疫情，疫情蔓延到柬埔寨、老挝、马来西亚、缅甸、菲律宾、泰国和越南等国家。该地区长期流行3个O型口蹄疫毒株，分别是中东—南亚型（ME-SA topotype）、东南亚拓扑型（SEA topotype）和古典中国型（Cathay topotype）。2005 年缅甸发生了 Asia1 型口蹄疫。越南 2007 年出现口蹄疫的省市多达 13 个，2008 年增至 14 个，2009—2011 年为高发期，主要流行 A、O、Asia1 型 3 个型。泰国口蹄疫流行近 60 年，1953 年首次暴发，病毒为 A15。1954 年暴发 Asia1 型口蹄疫，1957 年暴发 O 型，目前也主要流行 A、O、Asia1 型 3 个型。1997—2000 年，亚洲发生大规模的 O 型口蹄疫，打破了中国台湾地区 68 年、日本 92 年、韩国 66 年无口蹄疫疫情的形势。1997 年分离到中国台湾地区的猪源病毒属于 Cathay 拓扑型，1999 年从中国台湾黄牛分离到的毒株属于 PanAsia 拓扑型。2001 年，蒙古国、菲律宾、老挝、缅甸相继暴发了口蹄疫。2005 年和 2006 年蒙古国再次暴发口蹄疫。2009 年 2 月，中国台湾的云林与彰化的两家养猪场发现了感染口蹄疫的病猪，近 700 头带有疑似症状的病猪已全部被扑杀，这是中国台湾时隔 12 年以来再度发生猪口蹄疫疫情。近几年来，亚洲的日本、韩国、中国台湾等原无疫国家和地区多次复发口蹄疫并造成严重影响。日本（2010 年）、韩国（2010 年、2011 年）复发的口蹄疫疫情给这些国家造成了严重影响。特别是 2011 年韩国的口蹄疫疫情创历史之最，受到联合国粮食及农业组织（FAO）的高度关注，中国台湾至今疫情仍在不断发生。这些国家和地区短期内难以保证完全消除病毒感染，也难以恢复其无疫地位，疫情有随时复发的风险。

俄罗斯从 2004 年 4 月至 2006 年 1 月，在与我国陆路接壤的边疆区和滨海边疆区、赤塔州 Kalgansky 地区共发生了 14 起 Asia1 型和 2 起 O 型口蹄疫疫情，对我国边境地区口蹄疫防控产生了巨大的威胁。2010 年后，东北亚地区的朝鲜、韩国、日本、俄罗斯远东地区、蒙古国相继暴发口蹄疫，引起疫情的毒株为 O 型 SEA 拓扑型 Mya-98 毒株，亚洲地区 FMD 流行势态发生了变化。2013 年 7 月，蒙古国西部靠近中、俄、哈边境的巴彦乌列盖省暴发 2 起 A 型口蹄疫疫情，这是蒙古国首次发生 A 型口蹄疫疫情；2013 年 9 月，蒙古国东部与我国内蒙古自治区接壤的东方省再次发生 A 型口蹄疫疫情，病毒为 Sea-97 基因型。

由于东南亚地区是 A 型口蹄疫的疫源地，目前疫情已扩散至蒙古国、俄罗斯、哈萨克斯坦等多个国家，因此包括中国在内的整个亚洲地区受到 O、A 型口蹄疫的严重威胁，将会成为今后亚洲地区防控的重点。另外，从近几年 WOAH 和 WOAH/FAO 参考实验室的数据分析，虽然 Asia1 型和南非型口蹄疫分布相对集中，但也无法阻止其向外扩散。2005 年，Asia1 型口蹄疫曾扩散到中国、俄罗斯和蒙古国；SAT2 型在 2000 年曾跨过赤道和红海，散播到沙特阿拉伯和科威特。特别是随着全球畜产品贸易的不断增多和频繁，这种扩散风险将会逐渐加大。

口蹄疫在过去呈世界性分布。欧洲、亚洲、非洲、美洲以及大洋洲在历史上都曾发生过口蹄疫。经过 FAO、WOAH 等国际组织及各国的努力防控，口蹄疫已从广泛的世界性分布转变为局部区域性分布。近年来，欧洲和北美地区已基本消灭口蹄疫，2013 年南美地区也未发生口蹄疫，66 个国家或地区已被 WOAH 认可为非免疫无口蹄疫国家或地区。未来一段时间内，亚非地区由于经济水平、养殖模式、防控管理能力等种种因素的影响，仍将是全球口蹄疫的主要集中地。但是，随着"东南亚—中国口蹄疫控制行动计划"（SEACFMD）、南美地区"南方共同市场（Mercosur）无口蹄疫行动计划"（PAMA）的实施以及 FAO/WOAH 制定的全球口蹄疫控制策略以及 FAO 制定的《口蹄疫阶段性控制途径》（PCP-FMD）的采用和指导，亚非地区的口蹄疫状况也会逐渐得到改善，全球口蹄疫无疫区将会继续扩大。

我国口蹄疫流行历史悠久，损失严重。20世纪末至21世纪初，我国开始暴发由O型泛亚毒株引起的牛口蹄疫疫情，并波及全国大部分地区，同时我国启动了强制免疫计划和综合防控策略，2～3年后疫情逐渐得到控制。

2005年，山东、江苏等地发生牛口蹄疫疫情，后经国家口蹄疫参考实验室确诊为Asia1型口蹄疫。随后，Asia1型毒株在我国一半以上的省市区出现，疫情形势十分复杂，损失极其严重。但经过免疫和综合防控，2008年后，疫情趋于平稳，2009年5月以后，再未监测到病原学阳性病例。

2009年初，湖北省武汉市和上海市奉贤区奶牛相继发生A型口蹄疫，随后在江苏、广西、贵州、山东、新疆等地区发生A型疫情，发病动物主要为牛（奶牛）。

2010年初，北京市大兴县在常规监测时发现阳性带毒牛，至此我国共计有8个省市区报道了A型口蹄疫疫情。其后，A型口蹄疫疫情趋于平静。

2010年初，广东省广州市白云区一猪场发生口蹄疫，经确诊为O型口蹄疫SEA拓扑型Mya-98毒株引起的疫情。随后，由该毒株引起的疫情在国内9个省发生，我国也及时向WOAH报告了疫情。Mya-98毒株为当前我国最强势的流行毒株。

2011年3月，贵州省天柱县突现由O型泛亚毒株引起的疫情，使我国O型口蹄疫毒株更加复杂多样。国家口蹄疫参考实验室2011年4—5月西南部7省口蹄疫流行病学监测结果显示，该毒株流行范围较小，无直接证据表明流行范围扩散。

2013年，广东、青海、新疆、西藏4个省区连续发生8起A型口蹄疫疫情。

2014年，西藏日喀则、拉萨、贡嘎、江苏宿迁地区发生A型口蹄疫，江苏盐城、江西鹰潭发生O型口蹄疫。

可以看出，我国目前口蹄疫流行形势依然严峻，主要有O型毒株、Mya-98毒株和泛亚毒株，A型毒株Asia拓扑型毒株和Asia1型江苏05毒株，毒株大都源于国外或周边地区。这种不同血清型、不同遗传谱系口蹄疫病毒混杂存在的状况，再加上周边国家口蹄疫疫情复杂、流行毒株跨境传播的威胁，进一步加大了我国口蹄疫防控的复杂性和难度。2010年我国已经正式加入"东南亚口蹄疫控制行动计划"（SEAFMD）（更名为"东南亚—中国口蹄疫控制行动计划"）；2012年国务院发布了"国家中长期动物疫病防治规划"，对A、O和Asia1型口蹄疫防控都提出了具体指标。我们应借此契机，尽快实施全国口蹄疫防控规划，进一步强化综合性防控措施，进一步提升防控能力，以便早日实现"国家中长期动物疫病防治规划"和SEACFMD提出的口蹄疫防控目标。

四、病理生理

大体病变（Gross Lesions）。通常，病变是起初光滑的区域，逐渐形成水疱病变，一般发现在口和足，但是在鼻部、奶头和胸腺、阴茎包皮、阴道口和其他部位也可能发现。猪足部病变先是爪脱落，紧接着脚趾受到影响，随后膝关节、跗关节、肘关节受到压力，特别时候保持僵硬。分泌乳汁总在乳房形成疱疹（Kitching，Alexandersen，2002）。整体病变因分离的病毒株或毒力的种属不同而不同，比如中国台湾1997年O型株，能使猪发生严重的病变，但是没能感染反刍动物（Dunn，Donaldson，1997）。

在猪，口腔病变是主要的，大多数出现在舌头，舌背后部还有舌尖都可能出现。脚部病变多出现在脚趾间、脚后跟还有冠状带。如同绵羊和山羊一样，猪的口腔病变可以治愈，没有渗出物或形成瘢痕。然而，破裂之后不久，小疱底部通常在几天内均覆盖浆液性纤维性渗出物。尽管瘢痕有很多不同，特别是严重的病变出现之后，上皮的再生通常在 2 周之内完成。小疱在脚趾或奶头发生破溃后，易于成为二次感染区，感染细菌，将会使得治疗过程变得复杂和延长。

病变的年龄将会通过如下标准来判定：

(1) 小疱的发展，0～2 d。

(2) 小疱破撒在 1～3 d（起初有碎片在上皮黏附）。

(3) 急速边缘腐蚀（2～3 d），紧接着在 3 d 左右快速消失。

(4) 浆液性纤维性渗出在 4～6 d。

(5) 开始修复形成纤维组织是在 7 d 或更多（Anonymous，1986）。

严重的冠状带的病变主要出现在猪，在急性炎症期角状物分离，如果角状物不能脱落，出现典型的临床症状前 1 周会在冠状带下方形成一个环。这个环进一步随着角的生长而延伸到蹄部。生长速度是 1 周长接近 1～2 mm，远比幼畜角的生长速度要快。

在幼畜（少于 8 周龄的猪）死于急性心肌炎，肉眼观察：心脏软弱松弛，有灰白条纹，俗称"虎斑心"，主要见于左侧静脉，血管内隔膜。在幼畜死于急性疾病时，不能看到任何心脏病变，也不能检测到泡状病变，但是病毒能从心肌或血液中分离到，也可以从组织病理学检测到病变（Donaldson 等，1984）。偶尔骨骼肌也受到影响。

FMD 引起的急性心肌炎在传播疾病中的作用还不清楚，可能是有小的病毒排出，因为死亡通常出现在小疱状病变的早期。尽管这样，FMDV 仍然在心脏复制，病毒血症也出现（Donaldson 等，1984），病毒可能出现在呼吸系统、唾液、鼻液等（Ryan 等，2008）。

微观病变（Microscopic Lesions）。起初的病理变化出现在角质化的层状上皮细胞，属于气性病变，细胞质增大，嗜酸性粒细胞增加，皮肤细胞内水肿。通过显微镜可以观察到这些显微病变（Gailiunas，1968；Yilma，1980）。早期有坏死，随后出现单核细胞和内细胞渗出。这个病变可以从宏观上看到，进一步发展形成小疱，与上皮分离，发现囊泡液从表层下渗到填充到整个腔内。在一些情况下，可能产生很大量的囊泡液，导致囊泡变大。在其他情况下，囊泡液的量是有限的，上皮发生坏死或脱落，物理性损伤后不能形成囊泡。这个可见的差异性是与病毒株以及皮肤厚度、饲养条件有关，特别是对不同区域的皮肤的压力不同。幼畜死于急性疾病，会出现淋巴组织细胞性心肌炎，透明质病变，肌细胞坏死，单核细胞浸润。

尽管有大量的病毒在猪软腭和咽背侧，但是却未能检测病变，可能是感染未能引起这些区域的过渡性上皮细胞发生急性的细胞变化。替代的是病毒的细胞病理学的变化局限在部分细胞，因此很难检测到。也许是这个区的上皮细胞没有角质化，典型的病理变化被抑制。不管怎样，对于细胞病理的缺乏，导致了对病理变化机制研究仍然是一片空白。

五、临床症状

根据本病的特性和临床表现的延续性呈急性或亚急性经过。急性经过持续一至数日，出现典型的临床症状；亚急性经过可持续 2～3 周，出现特征的临床症状，但往往不甚严重。在少数情况下，如外界环境因素不良以及机体抵抗力弱和病毒毒力强时，可呈现恶性 FMD 经过，以高死亡率为特征。

牛患 FMD 后，体温升高，脉搏加快、结膜潮红、反刍减弱和奶量减少。继之口腔黏膜红痛，干燥，发热，出现全身症状并迅速发生口腔病变。同时，可能发现乳房部位温度增高，轻微的水肿和乳头疼痛等。病牛的特征症状是口腔黏膜出现水泡，同样的症状可发生于乳房皮肤，蹄冠、蹄踵和蹄趾间隙。

口腔中的早期病损，一般是在舌背面出现水泡，有时多个水泡相互融合形成大水泡，直径达数厘米。当水泡破裂时，舌面露出红色新鲜烂斑，病牛流出大量泡沫样带血口涎，挂满于口角与下唇。这时体温一般升高到 40℃～40.5℃。病牛呈现精神不振，反刍停止，食欲减退，饮欲增强，脉搏增速，鼻腔渐红，鼻端干燥龟裂闭口，开口时有吸吮音。病牛多因口腔疼痛不能吃草而日渐消瘦。病牛的蹄部病变主要在蹄叉、蹄冠及蹄踵和趾间隙，开始时局部有热感，发红、微肿和疼痛，然后形成小水泡，继而融合为较大的水泡。水泡破溃较慢，多在一天以上。水泡破溃后形成的烂斑损坏较深，修复较慢，其表皮常不完全脱落而干燥形成硬痂，最后由新生组织置换；有时蹄冠部发生多处水泡，互相连接融合，引起蹄冠与蹄缘的分离，病愈后很久，仍在蹄壁上留有明显的缝隙和痕迹。蹄部病变，若护理良好、保持清洁干燥，经 10～14 天可以自愈；若蹄部水泡破溃后，护理不当，被土壤、砂粒和坏死性化脓性细菌污染，则病程很长，严重时，蹄匣脱落。病牛因蹄部疾患常常举步艰难，跛行，甚至站立时弓背，四肢向腹下缩拢，个别病例以腕关节支撑地面。

猪感染 FMD 后，临床征候学特点主要表现在以下几方面：首先出现发热、食欲不振、精神沉郁等症状，患猪极易出现跛行，不愿移动，强迫站立时，也依墙而立。水泡病损主要出现在足端并与饲养条件有关。地板比较坚硬的猪舍，病损严重。哺乳仔猪常因心肌炎而死亡，死亡率很高，可达 100%，有的仔猪表现为突然死亡，母猪可引起流产。病损出现和发展的过程与牛的相似。严重的病损主要由继发感染所致。

羊患病后，往往症状轻微，不易被察觉。特别是当水泡仅限于口腔黏膜时，由于水泡较小，有米粒至豆粒大小，又无其他明显的并发症状如流涎和咂嘴等，而且水泡迅即消失，因此更不易被察觉。蹄部也和牛相似只是水泡小得多。发生水泡时表现跛行，病羊不愿运动。发炎变化常蔓延至蹄小囊，从蹄小囊的输出管道可以挤出多量脓性干酪团块。在个别病例，乳房上、阴户上和阴道中也有小水泡，舌上常见有小水泡。羊被认为是口蹄疫病毒的"贮存器"，因为它们能保存病毒且常常没有症状，因此在频繁的国际贸易中，携带有病毒的羊被认为是口蹄疫暴发的主要威胁。

骆驼 FMD 通常由绵羊或山羊传染，临床症状与牛无多大差异。非洲水牛、牦牛等症状与牛、羊相似。

实验动物：①乳鼠。初生 2～5 日龄乳鼠，对 FMD 病毒非常敏感，在颈背皮下接种处理的病料 0.2 mL，接种病毒后 15 h 左右开始出现 FMD 症状，首先表现出后腿运动障碍，麻痹，头部不能抬起，继而呼吸紧张，心肌麻痹死亡。解剖时，在心肌和后腿肌有可见白斑病变，膀胱积尿。②豚鼠。豚鼠后肢跖部皮内注射 FMDV，一般于接种后 24 h～72 h 开始形成水泡，严重时出现腹泻症状，甚至死亡。

FMDV 感染动物后典型的病理发生过程大体分为四个阶段：①浆液性渗出（或原发性水泡）阶段。FMDV 侵入机体后，首先在侵入部位的上皮细胞内迅速繁殖，引起浆液性渗出而形成原发性水泡，称其为第一期水泡。在第一期水泡的上皮细胞和水泡液内，存有高浓度 FMDV。人工感染时，浆液性水泡一般出现于感染后 14 h～16 h。②病毒血症阶段。在原发性水泡出现数小时后，大量的病毒由原发性水泡进入淋巴和血液循环系统，导致病毒血症。此时，机体产生全身性反应，引起体温升高，出现全身症状。人工感染后 20～26 h，血液和部分内脏中含有大量病毒，56 h 后则显著减少。③继发性水泡阶段。继病毒血症之后 1～3 天，病毒随着血液循环，抵达嗜好部位，形成继发性水泡，称作第二期水泡。FMD 的特征性症状在该阶段出现。④转归阶段。随着第二期水泡的发展、融合、破裂，体温下降，逐渐恢复正常，病毒从血液中逐渐减少以至消失，病畜即进入恢复期。此时，多数病例逐渐好转；部分动物，特别是幼畜，会因恶性 FMD 而死亡；部分动物，特别是牛可转为持续性感染。

恶性 FMD 主要发生于幼畜，尤其是吃奶的幼畜。幼畜通过哺乳吸入含大量病毒的乳汁或其他途径感染后，发生病毒血症。由于病毒在心肌组织内生长繁殖，或病毒产生的毒素危害心肌组织，致使心肌变性或坏死而出现白色或淡灰色的斑点条纹，形成所谓的"虎斑心"，最后心力衰竭而导致急性死亡。

六、诊断

FMD 诊断是通过从样品中分离出病毒、检测病毒抗原或检测病毒核酸。检测病毒特异性抗体也可用作诊断。无论动物是否免疫，根据病毒非结构蛋白（NSPs）抗体水平可以检测 FMDV 感染情况。

病原鉴定：FMDV 抗原或核酸阳性即可作出诊断。

ELISA 可用于检测 FMD 病毒抗原和血清分型。因横流装置（LFD）越来越容易得到，也常用于 FMD 病毒抗原的检测。在许多实验室，补体结合试验（CFT）已被酶联免疫吸附试验（ELISA）所取代，因为 ELISA 试验更特异和敏感，且不受前补体或抗补体因子的影响。如果样品不足或试验结果不确定，则可用逆转录聚合酶链反应（RT-PCR）对样品中的核酸进行扩增，和/或用易感细胞培养后进行病毒分离，或用 2～7 日龄未断奶小鼠对样品中可能存在的核酸或病毒进行增殖。最适用的细胞培养物是牛（犊牛）甲状腺原代细胞，但也可使用猪、羔羊、犊牛肾细胞或比较敏感的细胞系。当细胞培养出现明显细胞病变（CPE）时，即可用细胞培养液进行 ELISA、CFT 或 RT-PCR 进行检测。也可用死亡乳鼠的胴体研磨悬液进行上述试验。

血清学试验：如果在非免疫的动物体内检测出病毒特异性结构蛋白抗体，则表示曾有 FMDV 感染。这种方法主要适用于温和型或采不到水泡皮的病例。无论动物是否免疫，检测 FMDV 的某些 NSP 抗体均可作为动物以前或现在病毒感染的证据。与病毒结构蛋白不同，NSP 高度保守，不具有血清型特异性。因此，检测 NSP 的抗体不受血清型限制。

病毒中和试验（VNTs）和结构蛋白抗体 ELISA 试验均可作为特异性的血清学检测方法。因为 VNT 试验需要组织培养，所以稳定性比 ELISA 试验差，且速度慢，易污染。ELISA 检测抗体的优点是速度快，无需细胞培养。ELISA 可以采用灭活抗原，所以对生物安全设施要求较低。

七、鉴别诊断

口蹄疫的临床诊断有时候是很难的，比如在山羊和绵羊，其临床症状一般是轻微的（Alexandersen 等，2002；Donaldson，Sellers，2000；Hughes 等，2002）。而且特定的病毒株对一些种属是低毒力的（Donaldson，1998）。在猪，其他的病毒囊泡疾病，包括猪水疱病（SVD），水泡性口炎，水泡性传染病等，从临床症状上很难与口蹄疫区分开来。而别的肠道病毒，如 SVV 和 PEV 感染，也揭示了在猪的囊泡性疾病（先天性水泡疾病）。如果这个疾病不是很久以前形成的，囊泡会破溃后很难从如引起创伤，腐蚀和光敏感性增强等腐蚀的病变部位区分开来。因此，要确诊必须要紧急的实验室诊断。

八、治疗与防控

目前没有方法能够治疗感染 FMDV 的猪，一旦病毒进入猪场，它将不可能消失，除非把感染的和没感染的以及假定没感染的动物都处死，尸体进行（深埋、移除或焚烧等）处置，才可能根除 FMDV（Alexandersen 等. 2003；Kitching，Alexandersen. 2002）。因此，捕杀 FMDV 阳性动物，对未感染的饲养场的动物进行免疫接种，是较好的控制措施。

对反刍动物携带的 FMDV 的控制是很难的（Alexandersen 等. 2002；Sutmoller，Gaggero. 1965；Van Bekkum 等，1959）。观察携带者的状态和感染的风险，对于感染后设计控制和消除 FMDV 有很大的影响。这些策略在世界的不同国家和地区已经被证明有着很好的作用。被反刍动物携带所出现的风险有明显的特征，可以采取防御措施减少养殖场动物的活动造成的传播。这些措施主要针对发生过 FMDV 的国家的疫区或散发 FMD 的动物，实施禁令从这些地方引进动物，或进行严格的检疫和检查。

九、饲养管理要点

（1）加强消毒管理。做好消毒工作能切断传播途径、切断传染源，能有效避免疫病的扩散。一方面，工作人员平时要注意保持衣物、用具等的干净卫生，对猪舍、运动场地和用具等定期消毒。另一方面，对疑似受污染和已经受污染的饲料、用具、圈舍等进行严格、全面、彻底的消毒。只有严格做好消毒工作，才能有效控制疫病的传播。

（2）加强科学免疫。对猪、牛、羊等易感动物进行科学的免疫是可以做到未病先防，免疫接种是预防该病的有效手段，可以保护易感动物，提高机体免疫力。在免疫时一定要坚持按照免疫程序进行，达到最佳的免疫效果。当疫病发生时，对可能受到威胁的猪、牛、羊等易感动物进行口蹄疫疫苗紧急接种。

（3）加强饲养管理。饲养管理是养殖场生产中关键的环节，关乎动物的健康。首先，应坚持自繁自养，严禁从疫区及其邻近区域购入患病动物或者带毒动物，如若需要购入种用动物，要严格检测，确认健康后再引入。其次，饲料营养要能满足动物的生长需要，提高体质，进而提高抗病力。最后，圈舍要保持干燥，特别是春冬季节，做好保温工作。

（4）加强生物安全措施。因为猪口蹄疫是因外界传染而发生的，所以要重视养殖场的生物安全，从根本上杜绝口蹄疫病毒传入，避免疫病的发生和传播。第一，在疫病易发季节停止从外界购入种用动物，坚持自繁自养。第二，严禁运输车靠近生产区，停放在消毒过的专门区域。运输车经过消毒后才可以进入，车辆离开后也要对经过的区域进行消毒。第三，做好人员管理，严禁兽医、外来人员等进场区参观。第四，出现疫病后，按规定报告，对患病猪、同群猪和疑似带毒猪等采取深埋、焚烧等无公害化处理方式，预防病毒的传播。

猪水疱病

一、定义

猪水疱病（SVD）是猪的一种病毒性接触性传染病。该病同口蹄疫（FMD）、水疱性口炎（VS）及猪水疱疹（VES）相似，不易区分。本病最早记载于 1966 年，是一种相对较新的疾病。此病是我国严禁传入的检疫对象之一，最早发现是在意大利伦巴第，开始误诊为口蹄疫，但在 1970 年中国香港接种过口蹄疫疫苗的猪，又出现了水疱疹。1972 年英国诊断出此病不是口蹄疫而被叫作"猪水疱病"

二、病因

SVDV 属于肠道病毒科肠道病毒属，像其他肠道病毒一样（Nardelli 等，1968），直径在 30 nm 左右，无囊膜包裹。仅有一些小的抗原差异存在于 SVDV 中，因此 SVDV 被认为是单一血清型，然而通过单一抗体的发生反应形式或者是编码 VP1 的核酸序列的不同又分为 4 种明显的分化系（Borrego 等，2002；Brocchi 等，1997）。

病毒能生长在原代培养的猪肾细胞和很多猪肾细胞分化的细胞系的细胞上，对新生小鼠是致死性的。这可能与其先祖的柯萨奇病毒 B5 有关，因为这些病毒属于柯萨奇病毒属，能感染小鼠（Graves，1995）。测序结果显示，SVDV 与柯萨奇病毒 B5 结构蛋白编码区有 75%～85% 的同源性（Knowles，McCauley，1997）。与人肠道孤病毒在 NSPs 编码区有高度同源性。基因树分析结果显示在 1945—1965 年之间 SVDV 与柯萨奇病毒 B5 来源于同一个祖先（Zhang 等，1999）。

三、流行情况

1971 年在中国香港分离到 SVDV（Mowat 等，1972），在 1972 年，SVD 病毒被英国、澳大利亚、意大利、波兰等相继诊断出。近期在葡萄牙（2007 年）和意大利（2009 年）有报道过该病的发生。意大利是筛选 SVD 抗体的几个国家之一，而且大多数通过血清学检测而检出。病毒存在于上述提到的国家外的其他地区也是有可能的。这些病毒可能出现在亚洲的一些国家，近期的报道是在中国台湾（1999 年）发生的，北美和南美目前还没有检出 SVDV。

不仅欧亚的猪，美洲的单趾猪也对 SVDV 易感（Wilder 等，1974）。有研究表明，高度接触过感染 SVDV 的猪的绵羊的咽部可以检测到高滴度的 SVDV，有的也可以检测到中和抗体（Burrows 等，1974）。而相似的实验在牛身上没有检测到 SVDV 的存在（Burrows 等，1974）。因此，这些实验表明，SVDV 可能在接触过猪的 SVDV 的绵羊身上复制，但是不能证明绵羊或其他的反刍动物能传播 SVD 疫病。

英国对 SVDV 进行流行病学的研究发现，48％的 SVD 的发生是由感染后动物的活动造成的，16％是由感染动物的运输造成的，还有 21％的是由使用了 SVDV 污染的器具等造成的，或者 11％的是由市场传染引发的，第二阶段的感染是因为使用了污染的废弃物（Hedger，Mann，1989）。病毒在宿主外还有特别高的稳定性，意味着病毒通过污染物传播 SVD 对该疾病的传播起着很基本的作用。接触污染物后，1 d 内出现病毒血症，而 2 d 内出现临床症状（Dekker 等，1995a）。对一个暴发过 SVD 的农场内的动物进行流行病学研究，发现同群的动物由于使用共同的饮水系统和运动场所，更容易传播疾病。因此，SVD 被认为是圈养疾病而不是整个农场的疾病（Dekker 等，2002；Hedger，Mann，1989）。

因为临床上发现感染 SVDV 的动物都立即处死，所以研究疾病的传播就很难了。IgG 和 IgM 的 ELlSA 检测能评估病毒感染的时间（Brocchi 等，1995；Dekker 等，2002）。感染后 50 d SVD 病毒的抗体同位型基本稳定，因此如果超过 50 d 去通过血清学检测 SVD 是不可能的（Dekker 等，2002）。

病毒从小泡上脱落的时间至少要持续 7 d（Dekker 等，1995a），但是不能长时间从粪便中获得病毒。有过在感染后 126 d 分离到病毒（Lin 等，1998）的报道，但是很难再重新获得这样的发现（Lin 等，2001）。

这种病毒在尸体或加工的肉中，病毒感染后几个月依然有传染性。比如意大利的腊肠，意大利的腊香肠中存在的 SVDV 具有传染性（Hedger，Mann，1989；Mebus 等，1997）。SVDV 在泥浆中存活的时间也较长（Karpinski，Tereszczuk，1977）。

SVDV 在很宽的 pH 范围内能够稳定存在，因此无论是碱性的还是酸性的消毒剂都能够很好地灭活 FMDV，但是不能灭活 SVDV。像别的肠道病毒一样，SVDV 对去垢剂和有机溶剂有抗性，比如醚类和三氯甲烷等。1％氢氧化钠能够有效地灭活 SVDV，如果让病毒长时间接触消毒剂，也可能灭活病毒，比如 2％的福尔马林 18 min 后可以灭活（Terpstra，1992）。

四、病理生理

SVDV 通过皮肤或消化道黏膜进入猪体内（Chu 等，1979；Lai 等，1979；Mann 和 Hutchings，1980），实验性感染一般在 2 d 内出现临床症状，SVDV 也能从很多组织中分离到（Chu 等，1979；Dekker 等，1995a；Lai 等，1979）。猪接触到 SVDV 污染的环境后 1 d 内出现病毒血症，这跟在猪体直接攻毒后间隔观察到的现象一样（Dekker 等，1995a）。

SVDV 在上皮组织有很强的定向性，但是在心肌和脑的病毒滴度要超过血浆中的病毒滴度。因此，上皮、心肌和脑可能是病毒复制的主要场所（Chu 等，1979；Lai 等，1979）。在实验感染中，淋巴结可以有很高的 SVDV 病毒滴度。然而，病毒在这些组织是否排出或复制仍然不清楚（Dekker 等，1995a）。体外实验表明，接种病毒 3.5 h 内便可以用免疫组化检测到猪肾细胞内的 SVDV。使用 SVDV 感染的组织进行原位杂交实验，更能很好地染色（Mulder 等，1997）。需要更多的实验，证明细胞能支持病毒的复制。鉴定这些细胞将有助于揭示病毒在宿主体内的定向机制。SVD 可能处于亚临床，会出现轻微的或严重的症状，但后者常常见于生长在潮湿的水泥地的猪（Hedger，Mann，1989；

Kanno 等，1996；Kodama 等，1980），这也暗示了环境是影响病毒存活的主要因素。实验显示出了毒力的差异在各个毒株和不同病毒之间产生，因而结果没有公开发表。可见，这些实验显示病变要经过仔细的观察才能检测到，这方面的检测带有很强的主观性。

五、临床症状

临床的 SVD 仅限于猪，感染 SVDV 的猪在冠状带出现小泡，掌部和跖骨皮肤也出现小泡，口鼻部、舌头和唇部出现轻微的小泡。FMD 引起的病变不明显，而 SVD 引起的临床症状一般较轻微。在实验研究中（Dekker 等，1995a），发烧和跛行几乎看不到，因心脏恶化而突发死亡常见于感染 FMDV 的仔猪，而 SVDV 感染后的仔猪不出现这种情况。

而 SVDV 感染后的典型症状是在后跟与冠状带连接处，甚至整个冠状带可能出现病变，病变可能扩散到掌部和跖骨部位。触角和脚底可能极大地被损害，爪脱落等。分泌乳汁，病变可见于乳房和乳头。偶然，胸部和腹部的皮肤也出现病变，超过 10% 的病变在口鼻部等出现。

那些口鼻部的病变大多数出现在背侧，也出现出血，舌头病变是可短暂快速治愈的（Hedger 和 Mann，1989）。

早期的实验感染 SVDV 显示了皮肤的上皮层复制，很快传播到真皮组织（Mulder 等，1997）。还没有组织研究关于 SVDV 的小泡的显微病变，但是被认为是和 FMD 相似的病变形式。开始上皮细胞肿胀，微小泡出现在蝶骨棘的底层，在实验感染的动物出现非化服性脑炎，但是这不能损害中枢神经系统的功能（Chu 等，1979）。

六、诊断

在没有出现别的疾病前，如果农场出现小泡病变，一般都怀疑是 FMD。相似的病变发现在 SVD、水疱性口炎、水疱性疹等。口蹄疫发生在世界上很多国家，最主要的鉴别诊断是 SVD，水疱性口炎流行于美洲的大部分地区，而非洲报道过 4 次，法国发生 2 次。水疱性疹是由疱疹病毒引起的，最后在美国发现是 1959 年。

最初猪的病变是冠状带的皮肤变亮，局部感染通常在交叉指型的后部，很容易在斜靠着的猪身上发现，这个区再发展成为大量液体充满的水疱，1~2 d 后破溃，之后观察到蚀斑，真正的水疱病变仅能引起有限的几种疾病，但是蚀斑却不仅出现在 SVD，还出现在其他的病例，比如水泥引起的创伤等。

病毒从 IB-RS-2 细胞中分离（De Castro，1964）是常见的实验室诊断中最灵敏的方法。SK6，PK15 和原代或二代的猪肾细胞对 SVDV 易感（Callens，De Clercq，1999；Nardelli 等，1968）。用一些敏感性的检测方法如 RT-PCR 来检测 SVDV 的基因型，这也是鉴别其他水疱疾病的主要方法（Fernandez 等，2008；Lin 等，1997；Niedbalski，2009；Reid 等，2004）。病毒分离和 RT-PCR 检测是检测粪便或器官中的 SVDV 的首要方法。在水疱中的病毒含量很高，ELISA 很容易检测到鉴定抗原（Roeder，Le Blanc Smith，1987）。

暴发之后，在那些漏检的未感染的农场，筛选特异性的抗体是必要的。SVDV 感染后出现很高的中性抗体（Nardelli 等，1968），病毒中和实验费力，因而发展了 ELISA 方法（Armstrong，Barnett，1989；Brocchi 等，1995；Chenard 等，1998；Dekker 等，

1995b；Hamblin，Crowther，1982）。ELISA 更容易操作，但是会出现一些假阳性结果，然而使用单抗提高了 ELISA 检测的特异性（Brocchi 等，1995；Chenard 等，1998）。ELISA 是国际兽疫局检测 SVDV 的标准方法，在大规模的血清检测中已经显示出高效性。

七、鉴别诊断

猪水疱病的特点是只有猪发病，典型临床症状是蹄部出现水疱，容易与口蹄疫混淆，因此两者的鉴别诊断意义重大。

口蹄疫常常引起偶蹄目动物发病，发病率高，死亡率也高，多发生在严寒季节，常常引起大流行。对于病死的仔猪进行剖检，可以发现在心外膜、心内膜和隔膜有白色的条纹，也就是俗称的"虎斑心"，这就表示心肌有病变和坏死灶，这是口蹄疫的典型症状。猪水疱病只有猪是易感动物，其他动物不易感病。要确诊是哪种疾病，可以用生物学方法来确定。用病猪的水疱液或者经过处理的水疱皮液，接种 1～2 日龄和 7～9 日龄的小鼠，如果接种的动物都死亡，则是口蹄疫；如果仅 1～2 日龄的小鼠死亡，则是猪传染性水疱病。

八、治疗与防控

SVD 已经被国际兽疫局列入疫病名录，并且相关政策已经在检测出的 SVD 的城市实施了。这主要是因为 SVD 的临床信号不能和 FMD 的区分开。虽然目前的诊断测试可以区分这些滤过性病毒感染，但是贸易伙伴并不愿意接受 SVDV 血清阳性的猪，因此这个疾病仍通过扑灭控制。

尽管 SVDV 对于环境因素和常用的消毒剂（Terpstra，1992）的抵抗力非常强，但猪如果被干净的、消毒后的运输工具运输是不会被感染的。如果那些已经出现 SVDV 的农场实行了严格的卫生措施，这种感染也不会轻易传播到其他区域去。喂食被污染的食物对于 SVD 的传播起到了很大的作用。尽管不允许进行垃圾喂养，但如果猪食用了员工或者参观者遗留的食物，感染还是可以通过被污染的食物传播，即使这种情况发生的概率很低。

扑灭整个农场并且接下来消毒和清理消灭病毒。1995 年在荷兰，一个农场被检测出血清反应阳性的肥育猪，并且表明病毒已经侵入了这些猪中。没有病毒可以从任意区域的家养的血清反应阳性的猪中分离出来。于是，决定屠宰这些血清反应阳性的动物，并且消毒以及彻底清理那些畜养这些猪的地方。这个措施将血清学的患病率降低为零。这似乎预示彻底将 SVDV 从猪场中灭绝是可能的，因为 SVDV 的传播是缓慢且受到限制的。但是，当大量的猪都临床性的患病时，这种方法可能就失效了。

九、饲养管理要点

在养殖生产中，我们要坚持"防重于治"的方针，预防为主，做好日常管理工作。

（一）做好清洁卫生工作

坚持"自繁自养"，要保持猪圈清洁、干燥、定期消毒，粪便最好堆肥发酵，不要在猪场内随意放置，污染环境。

（二）做好防疫工作

定期对猪只进行预防注射，目前常用的疫苗有弱毒苗和灭活苗两大类，应用在养猪生产中都有好的效果。

（三）做好疫情监测工作

发现疫情要及时上报，疫区要实行封锁，严禁病猪转运和销售，对病猪、同群猪、猪肉都应该按照规定进行严格的无害化处理。对污染的场所、用具要用3％的福尔马林、10％的漂白粉或5％的氨水进行消毒。

非洲猪瘟

一、定义

非洲猪瘟（African swine fever，ASF）是由非洲猪瘟病毒（African swine fever virus，ASFV）引起的一种急性、烈性、高度接触性的传染病。其发病率高，死亡率可高达100％，世界动物卫生组织（WOAH）将其列为必须报告动物疫病，我国将其列为一类动物疫病。临床症状和病理变化均类似于急性猪瘟，在诊断时极易误诊，表现为高热、皮肤充血、流产、水肿及脏器出血。

非洲猪瘟病毒（ASFV）是一种大型的、复杂的虹彩病毒，能导致高传染性、出血性疾病，所有品种和年龄的猪均可感染。ASF是一种复杂的疾病，还有可能引起向周边快速传播和重大的社会经济问题。

二、病因

非洲猪瘟在国际病毒分类委员会第四次报告中被归于虹彩病毒科，该委员会在第五次报告中将其列在痘病毒科之下，置于该科的脊椎动物痘病毒亚科及昆虫痘病毒亚科之外。但DNA序列分析表明，ASF病毒具有介于痘病毒和虹彩病毒之间的特征，ASFV的这一特性表明它不属于国际病毒分类委员会所核定的任何一科，是个新科，1995年第9次国际病毒分类委员会第六次报告，将非洲猪瘟病毒列入"非洲猪瘟病毒属"，非洲猪瘟是唯一已知的代表种。

（一）形态结构

非洲猪瘟（ASF）的病原是单一的、有囊膜的、存在于细胞质内的双链DNA病毒。可分为24个不同的基因型，但仅有8个不同的血清型。

（二）病原基因组结构

电子显微镜观察结果表明，ASFV具有复杂但规则的结构，其病毒粒子由50多种多肽组成，呈二十面体对称结构，并且包含几个同心层，总直径约200 m（Breese FD DeBoer Carrascosa等，1984和1985；Estevez等1986和1987）。围绕类核的是两个脂质双分子层（Andres等，1997和1998；Rouiller等，1998）。内膜外部是衣壳，由包含约病毒粒子三分之一蛋白质成分的结构蛋白p72（也称为vp73）组成，构成病毒的二十面体结构。覆盖衣壳的是通过质膜及其病毒粒子出芽获得的疏松外膜，且这不是病毒感染所必需的（Andres Breese，DeBoer，1966；Carrascosa等，1984；Moura Nunes等，1975

年）。

与已发现的痘病毒类似的是，ASFV 病毒粒子具有酶活性，有助于细胞质中病毒复制的早期事件和关键活动，包括 RNA 聚合酶、核苷三磷酸水解酶、拓扑异构酶、mRNA 加帽和蛋白激酶活性（KunarPlatnick，1974；Salas 等，1981，1983）。

三、流行情况

1905 年英国引进家猪到肯尼亚殖民地，非洲猪瘟（ASF）追溯案例首发于 1907 年，1957 年走出非洲，2007 年格鲁吉亚野猪感染并向四面扩散，经过 100 年流行变异，2018 年全球 20 余个国家报告 5800 多起疫情，中国成为最大受害者，疫情继续呈全球流行态势。

（一）世界非洲猪瘟流行情况

该病自 1921 年在非洲东部国家肯尼亚首次发现以来，一直存在于撒哈拉以南的非洲中、南部和西部地区。1957 年，非洲猪瘟首次传出非洲，从安哥拉传到西班牙，并在欧洲部分国家持续、零星发生。1971 年，该病从西班牙传到古巴，造成拉丁美洲和南美洲多个国家暴发疫情。自 2007 年开始，非洲猪瘟相继传入格鲁吉亚、亚美尼亚、阿塞拜疆等高加索地区的国家，并在俄罗斯南部及东欧地区持续扩散流行，乌克兰（2012 年）、白俄罗斯（2013 年）相继报告发生疫情，2014 年又进一步扩散到立陶宛、波兰和拉脱维亚。

（1）非洲。东部非洲的肯尼亚、坦桑尼亚等国家和地区有非洲猪瘟疫情报道；南部非洲的南非、赞比亚、莫桑比克、博茨瓦纳、马拉维、马达加斯加、刚果有疫情报道；中、西部非洲的喀麦隆、塞内加尔、冈比亚、佛得角群岛、几内亚比绍、尼日利亚、科特迪瓦、贝宁、多哥、加纳先后有疫情报告。

（2）欧洲。非洲猪瘟目前已成为整个中东欧养猪业的最大威胁。以前在葡萄牙、亚平宁半岛、法国、意大利、马耳他、荷兰等欧洲国家出现，但很快被控制或根除。而在 2007 年 5 月，当时格鲁吉亚的黑海港口城市波季（Poti）出现了第一例非洲猪瘟。之后，开始从格鲁吉亚蔓延到亚美尼亚、俄罗斯、阿塞拜疆、白俄罗斯、乌克兰、立陶宛、拉脱维亚、爱沙尼亚和波兰。俄罗斯联邦 2008 年发生了大面积的流行和扩散，仅北高加索地区奥塞梯共和国 8 个地区中就有 4 个地区暴发了非洲猪瘟，病死猪 1076 头，3500 头猪被淘汰。2014 年非洲猪瘟传播到了 4 个欧盟的成员国。共有 251 个病例上报世界动物卫生组织（WOAH）。绝大多数的病例和受到感染的野猪有关——共有 10 个养殖场受到了非洲猪瘟的感染。2015 年，非洲猪瘟在拉脱维亚、爱沙尼亚、乌克兰、立陶宛等国家继续发生和流行，严重影响该地区及其周边国家养猪业的健康发展。2016 年传入摩尔多瓦。2017 年传入捷克、罗马尼亚。2018 年以来，波兰、俄罗斯、拉脱维亚、捷克、罗马尼亚、摩尔多瓦、乌克兰、匈牙利、保加利亚、比利时、科特迪瓦、南非、赞比亚和中国共 14 个国家报告发生 3797 起非洲猪瘟疫情。2018 年新发生非洲猪瘟疫情的国家包括匈牙利（4 月）、保加利亚（8 月）、中国（8 月）和比利时（9 月）。

（二）我国非洲猪瘟流行情况

我国非洲猪瘟疫情防控形势十分复杂严峻。2018 年 8 月 3 日，辽宁省沈阳市沈北新区某养殖场被确诊发生我国第一起非洲猪瘟疫情。截至 2019 年 1 月 21 日，我国已发生

104 起疫情，其中有 4 起发生在屠宰厂，2 起是野猪或二代野猪疫情，分布在 25 个省份、76 个地市、86 个县区，其中 8 月、9 月疫情多集中在东北、华东地区；10 月、11 月、12 月疫情多集中在西南、东南地区，多起疫情间无明显流行病学关联。从疫情分布看，全国非洲猪瘟疫情总体呈现点状散发态势，局部地区存在集中发生的情况。

四、病理生理

非洲猪瘟病毒会引起多种病变类型，这取决于病毒毒株的毒力。急性和亚急性以广泛性的出血和淋巴组织的坏死为病变特征。在一些慢性或者亚临床病例中病变很轻或者几乎不存在病变。病变主要发生在脾脏、淋巴结、肾脏、心脏等器官组织上。内脏器官广泛性出血。脾脏肿大、梗死，呈暗黑色，质地脆弱。淋巴结肿大、出血，暗红色血肿，切面呈大理石样。肾脏表面及皮质有点状出血。心包中含有猩红液体，心内膜及浆膜可见斑点状出血。在急性病例中，还会出现其他病变。例如，腹腔内有浆液性出血性渗出物，整个消化道黏膜水肿、出血；肝脏和胆囊充血，膀胱黏膜斑点状出血；脑膜、脉络膜、脑组织发生较为严重的水肿出血。

亚急性型感染猪可见淋巴结和肾脏出血，脾肿大、出血，肺脏充血、水肿，有时可见间质性肺炎。

慢性型感染猪可见肺实变或局灶性干酪样坏死和钙化。病程较长者，大多发生纤维素性心包炎、肺炎以及关节肿大等慢性病变。

五、临床症状

非洲猪瘟病毒自然感染的潜伏期一般为 4～19 d。非洲野猪对该病有很强的抵抗力，一般不表现出临床症状，但家猪和欧洲野猪一旦感染，则表现出明显的临床症状。根据病毒的毒力、感染剂量和感染途径的不同，临床症状存在差异，可表现为最急性、急性、亚急性或隐性感染。最急性型多发生在非洲地区，往往无明显症状就突然倒地死亡。急性型表现为食欲减退，高温（达 40℃～42℃），挤成一团，共济失调，心跳加快，呼吸困难，部分咳嗽，眼、鼻有浆液性或黏液性脓性分泌物，皮肤发绀和出血，偶尔会出现呕吐和腹泻，血液学检测会出现白细胞和淋巴细胞减少等。临床症状出现后 7～10 d 内发生死亡，死亡率高，可达 100％。亚急性或慢性非洲猪瘟多发生在非洲以外的地区，表现为妊娠母猪流产，呼吸改变，关节肿大，跛行，皮肤溃疡，消瘦，病死率低。

六、诊断

实验室检测是准确诊断 ASF 所必需的，因为 ASF 的临床症状和病变与猪的其他一些出血性疾病很相似，比如猪瘟（猪霍乱）、猪丹毒和败血性沙门细菌病。不能根据临床症状和眼观病变来判断是否是 ASF。

剖检发现，高致病性毒株感染致死的动物有很严重的肺水肿和脾肿大（较为严重的疾病），脾变成暗红色，横跨整个腹腔。这是 ASF 的典型病变，称之为脾充血性肿大、出血性梗死和出血性脾炎。这种患病动物还会出现淋巴结出血，特别是胃、肝、肾等器官淋巴结，出血涉及皮质层和髓质层。在肾脏、膀胱黏膜、咽和喉、胸膜、心内膜及心包膜有点状出血，心包积液，腹水，胸腔积液，肝瘀血。

很多实验室检查方法都可以用来诊断 ASF（Arias，Sánchez-Vizcaíno，2002a；Oura，Arias，2008）。实验室诊断常检查的器官包括淋巴结、肾脏、脾脏、肺、血液和血清。病变组织可用于病毒的分离、检测。组织渗出液和血清主要做抗体检测，但也可以用来检测病毒粒子。最方便、最安全、最常用的几种 ASF 检测方法是直接免疫荧光（DIF）（Bool 等，1969）、血细胞吸附试验（HA）（Malmquist，Hay，1960）和聚合酶链式反应（PCR）（Agüero 等，2003，2004；King 等，2003）。

DIF 检测的是脾脏、肺、淋巴结、肾脏等组织器官的病毒抗原，检查可通过组织触片或冷冻切片进行。通过共轭免疫荧光的方法来检测 ASFV。DIF 用来检测急性 ASF 具有快速、经济和高敏感性的特点。但是，当检测亚急性或者慢性 ASF 时，DIF 的敏感性只有 40%。这种敏感性的降低可能是由于在组织中形成抗原—抗体复合物，这种组织中的抗原—抗体复合物能阻断 ASFV 抗原与标记的抗 ASFV 免疫球蛋白结合（Sánchez-Vizcaíno，1986）。

由于血细胞吸附试验（HA）的特异性和敏感性，HA 一般用于较宽范围的检测。HA 方法应该被用来评估疑似暴发，特别是当其他测试为否定结果时，应该用 HA 方法进行确诊。血细胞吸附试验是利用红细胞能吸附在体外培养的感染 ASFV 的巨噬细胞膜表面的特性。在 ASFV 诱导的细胞病变出现前，红细胞能在巨噬细胞周围形成典型的玫瑰花环（Malmquist，Hay，1960）。但是，尽管 HA 试验是检测 ASFV 的最敏感的方法，但应该指出的是，一些 ASFV 分离株能诱导巨噬细胞的病变，而不能出现血细胞吸附现象（Sanchez Botija，1982）。这些毒株可利用 PCR 或者 DIF 方法检测细胞培养物进行确定。

基于 PCR 技术的方法，在检测目前流行的 ASFV 毒株及无血细胞吸附现象和致病性较低的毒株时显示出高度的一致性、特异性和高敏感性（欧盟 ASF 实验室，CISA-INIA 健康动物研究中心，2010）。引物和探针都是根据病毒基因组中的高度保守区域 VP72 设计的（Agüero 等，2003，2004；King，2003）。

当出现 ASFV 抗体时就证明被感染了，因为现在还没有行之有效的疫苗。该病急性病例引起高死亡率，在血清学确诊前大量地感染猪就会死亡。然而，在亚急性疾病，一定比例的猪从感染中恢复过来，并产生高水平的 ASFV—特异性抗体。病毒感染后抗体在体内循环的存在与病毒相同，大约持续 6 个月（Arias，Sánchez-Vizcaíno，2002a；Wilkinson，1984），有的在病毒感染几年后仍能被检测到。病毒进入体内显现并随后持续存在的抗体，使得它们可用于检测亚急性和慢性表现的病例。很多技术已经适用于 ASF 抗体的检测，但以酶联免疫吸附测定（ELISA）（Sánchez-Vizcaíno，1986；Sánchez-Vizcaíno 等，1979）和免疫印迹（lBT）（Pastor 等，1987）试验最为常用。

ELISA 对于大范围的 ASF 血清学检测是最有效的，也适用于针对该病的防控和扑灭工作（Arias 和 Sánchez-Vizcaíno，2002b）。世界动物卫生组织（WOAH）推荐的 iELISA 或商品化的 cELISA 方法都得到了广泛应用。保存条件较差的样品可能对 ELISA 的敏感性有所影响（Arias 等，1993），但是以一种重组蛋白作为包被抗原的 ELISA 方法不受这方面的限制（Gallardo 等，2006）。

IBT 是一种高度特异性、敏感性、简单易学的技术。它曾经被用来验证 ELISA 试验的准确性（Arias 和 Sánchez-Vizcaíno，2002b），而且当血清样品疑似保存较差时也推荐使用这种方法（Arias 等，1993）。

七、鉴别诊断

（一）非洲猪瘟与经典猪瘟的鉴别诊断

（1）相似症状。非洲猪瘟同经典猪瘟之间并无关联，也无任何亲缘关系，因为非洲猪瘟病毒属于非洲猪瘟病毒科成员，而猪瘟属于黄病毒科成员。但两者的临床症状非常相似，都表现出高烧，食欲减退或废绝，耳朵、腹部、会阴和四肢皮肤有出血点和出血斑，病猪出现便秘或腹泻。

（2）鉴别诊断。①非洲猪瘟可引起脾脏颜色变为深红色至黑色，异常肿大且易碎，经典猪瘟脾脏边缘苍白梗死；②非洲猪瘟导致体腔和心脏周围有多余的液体；③均有腹泻症状，但非洲猪瘟引发的腹泻伴有便血，而经典猪瘟引发的腹泻粪便呈灰色；④经典猪瘟伴有结膜炎、共济失调、仔猪中枢神经系统症状，在胃肠道、会厌和喉黏膜上出现坏死或"纽扣"溃疡，体重快速下降。

（二）非洲猪瘟与蓝耳病的鉴别诊断

（1）相似症状。非洲猪瘟与蓝耳病均会引起妊娠母猪流产、哺乳仔猪急性死亡，生长育肥猪出现高烧、食欲废绝、咳嗽、呼吸困难等症状。

（2）鉴别诊断。主要是呼吸困难的严重程度不同。单纯感染蓝耳病的病猪出现间质性肺炎，且脾脏无明显病变。

（三）非洲猪瘟与猪丹毒的鉴别诊断

（1）相似症状。猪丹毒呈地方性流行，不会出现大面积暴发，各阶段猪群对该病都有易感性。临床症状同非洲猪瘟相似的是该病的急性病例。急性猪丹毒也会在发病后的2～3 d内突然死亡，死亡后腹部、四肢皮肤等处也会呈现紫红色等败血症症状。

（2）鉴别诊断。非洲猪瘟的致死率明显高于猪丹毒，猪丹毒病猪身上会有典型的疹块，俗称"打火印"。感染猪丹毒的猪使用青霉素、阿莫西林等药物后，24 h即可见到明显效果，而药物对非洲猪瘟无效。

（四）非洲猪瘟与猪肺疫的鉴别诊断

（1）相似症状。最急性型均发病突然，潜伏期短，往往突然死亡，无任何明显的临床症状，易与猪丹毒、传染性胸膜肺炎混淆，死亡率高达100%。病程稍长的猪群可持续发病1～2 d，发病期间可检测到体温明显上升至41℃～42℃。

（2）鉴别诊断。猪肺疫以咽喉及其周围结缔组织的出血性浆液浸润为最主要特征，切开颈部皮肤可见大量胶冻样呈淡黄色或青灰色的纤维素性浆液。

（五）非洲猪瘟与沙门菌病的鉴别诊断

（1）相似症状。沙门菌病主要感染刚断奶仔猪，又称为仔猪副伤寒。感染沙门菌的仔猪也表现出高烧、食欲不振、腹泻等症状，死亡后在耳朵、尾部和腹部也出现紫红色斑块。

（2）鉴别诊断。沙门菌导致的腹泻粪便呈淡黄色，病情还伴有震颤、抽搐等神经症状；解剖可见肝脏坏死灶，而不见脾脏和淋巴结的肿大、淤血等病变。

八、治疗与防控

成功控制 ASF 很大程度上依赖实验室快速诊断技术和严格的公共卫生控制措施。现在还没有治疗措施或者有效的疫苗来控制该病。

只要有疑似感染 ASF 的猪，应该限制猪及其产品的流动，立即进行诊断。要牢记低致病性的 ASFV 毒株不能通过其引起的症状或病变来证明它们的存在。目前还没有比较有效的措施或者疫苗来对抗 ASFV。人们自 1963 年就开始为寻找有效的疫苗进行了很多尝试，但一直没有成功。但是，经过 20 多年的努力，在葡萄牙和西班牙扑灭了 ASFV，证明疫苗并不是净化 ASF 所必需。

因为 ASFV 引起的经济损失较大，也因为还没有控制该病的有效疫苗，所以保护不存在 ASF 的地区免受 ASFV 的侵入变得非常关键。在 ASF 流行的非洲地区，最重要的是控制天然宿主，也就是软蜱（非洲钝缘蜱）和疣猪，采取措施阻止它们和家猪接触。在欧洲东部，有必要认识到自然病毒存储器在生物循环中的作用，应该控制家猪、野猪以及猪副产品的流动。

在畜群中控制和净化 ASF 的方法因地区或者大陆、流行病的形势和情况、经济资源以及邻近地区的形势特点不同而不同。在 1985—1995 年间，西班牙成立了一个范围广泛的组织来扑灭 ASF，这个组织得到了欧盟的支持（Arias，Sánchez-Vizcaíno，2002b；Bech-Nielsen 等，1995）。这个组织能够取得成功主要是采取了以下措施：

（1）扑灭 ASF 的暴发，发现并屠宰携带 ASFV 的动物，彻底消灭感染的畜群；对感染畜群的养殖户进行充足的经济补助是很有必要的。

（2）改善动物饲养设施，以防止疾病蔓延，例如足浴、卫生罩、残留物和泥浆处理。改善生物安全及公共卫生措施以避免病毒在畜群之间传播，这对扑灭疾病具有重要作用。

（3）兽医队伍负责管理公共场所的卫生；做好动物标识；进行流行病学调查；收集种猪血清样品进行血清学调查，在屠宰场做好血清学控制，以及进行准确诊断。兽医队伍也可以鼓励并帮助养猪生产者建立自己的卫生协会。

（4）严格控制动物的流动，对用于育肥或者育种的猪进行严格检疫。运输车辆也需要进行严格的清洗和消毒。

（5）养殖者直接参与和积极参与根除计划是成功扑灭该病的最重要因素。

九、饲养管理要点

由于目前没有治疗措施和疫苗来控制非洲猪瘟，因此防控该病重点是做好猪群的饲养管理，一般要做到"五要四不要"。

"五要"：一要减少场外人员和车辆进入猪场；二要对人员和车辆入场前彻底消毒；三要对猪群实施全进全出饲养管理；四要对新引进生猪实施隔离；五要按规定申报检疫。

"四不要"：不要使用餐馆、食堂的泔水或餐余垃圾喂猪；不要散放饲养，避免家猪与野猪接触；不要从疫区调运生猪；不要对出现的可疑病例隐瞒不报。

猪　瘟

一、定义

猪瘟（CSF），曾经被称作"猪霍乱"（hog cholera），是一种世界性的高度接触性传染病，被世界动物卫生组织（WOAH）列入 WOAH 疫病名录。19 世纪早期就有关于 CSF 临床暴发的报道（Fuchs，1968；Kernkamp，1961；USDA，1889），1903 年其被认定为病毒病（Wise，1981）。家猪和野猪是 CSFV 唯二的自然宿主，CSFV 流行于欧洲东部、亚洲东南部、美国中部及美国南部。尽管欧洲中部地区已从家猪中将 CSFV 根除，但 CSFV 仍然在某些野猪群中流行。

二、病因

CSFV 是相对稳定的 RNA 病毒（Vanderhallen 等，1999），但其抗原性和遗传学变化很大，不同毒株之间还可能进行重组（He 等，2007）。CSFV 不同毒株间的抗原变异可以用单克隆抗体进行鉴定（Edwards 等，1991），其遗传变异可通过基因组测序分析。对新分离的 CSFV 毒株的鉴定已有标准化程序，包括基因组片段测序、构建进化树的算法及基因组分类。

CSFV 有 3 个基因群（Lowings 等，1996），每一个群有 3～4 个亚群：1.1、1.2、1.3；2.1、2.2 及 2.3；3.1、3.2、3.3 及 3.4（Paton 等，2000）。通过对近 20 年分离毒株的系统发育进行分析发现，基因群与地理区域有关（Greiser-Wilke 等，2000a）。基因 1 群分离株来自南美（Pereda 等，2005）及俄罗斯（Vlasova 等，2003）；分离于欧洲西部、中部或东部（Blome 等，2010）及一些亚洲国家（Blacksell 等，2004；Kamakawa 等，2006；Pan 等，2005）的毒株大多数属于基因 2 群；基因 3 群主要包括来源于亚洲的分离株（Parchariyanon 等，2000）。

三、流行情况

在澳大利亚、新西兰、北美及西欧地区的家猪群中没有 CSF（Paton 和 Greiser-Wilke，2003）。南美的智利及乌拉圭已宣布根除 CSF。阿根廷从 1999 年就没有暴发过 CSF，并在 2004 年 4 月停止使用猪瘟疫苗（Vargas Teran 等，2004）。美国中部及南部的大部分区域继续通过使用疫苗来控制该病的暴发（Morilla，Carvajal，2002）。CSF 在亚洲仍然流行（Paton 等，2000），尽管在非洲的流行情况还不明确，但在马达加斯加及南非已有报道（Sandvik 等，2005）。

由于近几年 CSF 又入侵已被根除的地区，所以这些地区有重新出现 CSF 流行的风险。例如，CSF 在古巴消失了 20 年后于 1993 年重新出现，古巴西部的暴发来源于实验室测定疫苗效力的玛格丽塔株（基因群 1.2），但是古巴东部暴发的 CSF 的病原来源不清楚，与加勒比株也没有相关性。该次暴发因有高易感猪群（未免疫）的存在而恶化，引起了巨大的经济损失（Frias-Lepoureau，2002；Pereda 等，2005）。尽管加勒比对发病猪群进行了销毁，但还是有新的感染，政府不得不采取疫苗免疫措施加以控制。

在自然环境中，CSFV 主要传播途径有：与感染的家猪或野猪直接或间接接触以口鼻方式传播，或者是摄入被污染的饲料传播（Edwards，2000；Fritzemeier 等，2000；Horst 等，1997）。在养猪场比较少的地区 CSF 已被根除，感染猪的运输及引入的代价是该区域 CSF 的暴发和迅速传播（Ribbens 等，2004）。

在实验条件下，CSFV 可以通过空气传播（Dewulf 等，2000；Weesendorp 等，2009）。但是在野外，这种传播方式还没有得到证实。对于完全易感的猪群及猪场密度高的区域，次要的传播途径也能引起相当严重的后果。荷兰 1997—1998 年 CSF 流行数据表明：CSFV 可以在短距离内（在同一猪舍或者是直径不超过 500 m 的区域内）进行空气传播。用高压水枪打扫猪舍时所产生的气溶胶也可以成为 CSFV 的一种传播方式（Elbers 等，2001）。

学者探讨了荷兰暴发 CSF 时 CSFV 可能通过精液传播（Hennecken 等，2000）。实验结果表明，感染野猪的精子中能够携带 CSFV，因此认为 CSFV 可以通过人工授精的方式进行传播（de Smit 等，1999；Floegel 等，2000）。

啮齿类动物和宠物被认为是机械性传播的媒介，但大鼠和犬在实验条件下并不传播 CSFV（Dewulf 等，2001a）。因此，在 CSF 暴发时，将该区域的宠物进行安乐死处理并不合理，猪场暴发 CSF 时禁止它们离开就可以了。

如果生物安全措施较差，CSFV 可以通过人类进行间接传播。例如，参观人员进入生产区时没有更换猪场提供的防护服及靴子（Elbers 等，2001）。但是，如果采取了基本的卫生措施，通过这种方式传播的风险将会很低。运输工具（卡车、拖车、汽车）能长距离携带被病毒污染的粪尿，但是运输模拟实验证明，这些分泌物如果不直接与猪接触，是不可能通过这种方式传播的（Dewulf 等，2002）。

在一个地区用定量的方法研究 CSFV 在动物间和猪群内传播会备受关注。该方法的目的之一是确定影响传播速率的生物和人口因素（Klinkenbg 等，2002）。实验表明，病毒的毒力能影响病毒传播动力（Durand 等，2009）。感染高致病性 CSFV 毒株的猪在整个感染期从分泌物及排泄物中排出的病毒量要比感染中等或低毒力毒株的猪要多得多。但是，接种中等毒力的弱毒株引起的慢性感染是个例外，在整个感染期，由于持续地长时间排毒，大量的病毒随分泌物和排泄物排出。这表明慢性感染的猪在 CSFV 的传播过程中起着关键性的作用。此外，这些病毒排出数据在区分不同毒株及临床感染表现的建模中具有重要的作用（Weesendorp 等，2011）。

预测疫情过程的数学模型可以提供决策指导，以控制疫情。在荷兰（Horst 等，1999）及比利时（Mintiens 等，2003），这些模型已被创建并用于数据测试。

关于 CSFV 的存活及灭活条件已经有相关的详细描述（Edwards，2000）。作为典型的囊膜病毒，CSFV 可以被有机溶剂（或者氯仿）及表面活性剂灭活。氢氧化钠（2%）被认为是最佳污染猪舍的消毒剂。

尽管 CSFV 是有囊膜病毒，但在某些情况下，即在低温、潮湿、富含蛋白的条件下，能存活很长时间。例如冷藏肉，液态条件下 20℃ 能存活 2 周，4℃ 能存活 6 周以上。CSFV 在 pH5～10 的环境中相对稳定。pH 为 5 以下的失活速率则与温度有关。不同毒株对热和 pH 的稳定性不同，但主要依赖于灭活的介质。例如，60℃ 灭活 10 min 可使 CSFV 感染细胞的能力完全丧失，但在 68℃ 去纤维蛋白血液中至少可以存活 30 min。鼻腔接种高毒力及中等毒力的 CSFV，病毒在猪粪和尿中的活性与储存温度呈负相关，平均半衰期分别为 5℃ 2～4 d、30℃ 1～3 h。来源于粪的病毒存活时间有明显差异，但来源于尿的没有差别（Weesendorp 等，2008）。因此，很难给环境中的 CSFV 存活情况建立统一标准。

四、病理生理

口鼻传播是 CSFV 最常见的传播方式，病毒最初在扁桃体内复制。从扁桃体到局部淋巴结，再通过外周血到达骨髓、内脏淋巴结、小肠和脾脏的淋巴组织，通常在 6 d 内完成全身感染。

在猪体内，CSFV 在单核巨噬细胞系统及血管内皮细胞中复制。CSFV 的感染能引起免疫抑制，其中和抗体在感染后 2～3 周才会出现。白细胞减少，特别是淋巴细胞减少是最先表现出来的典型变化（Susa 等，1992）。CSF 相关的白细胞减少症与每一种白细胞亚群都有关，其中对 B 淋巴细胞、辅助性 T 细胞及细胞毒性 T 细胞影响最大。病毒血症出现后不久，淋巴细胞亚群就会出现缺失。

CSFV 感染引起骨髓及循环血液中白细胞的变化的严重性表明，病毒通过间接诱导对未感染细胞形成影响。例如，可通过可溶性因子或者是细胞与细胞间接触，这些并不是由病毒或病毒蛋白的直接作用引起的。研究表明，高浓度糖蛋白 E^ms 在体外能诱导淋巴细胞凋亡（Bruschke 等，1997）。但是，感染细胞上清不能诱导细胞凋亡，其机制可能与 CSFV 感染能诱导迟发性细胞与体液免疫反应有关，但真正的机制还不清楚（Summerfield 等，2001）。

在细胞培养时，大多数 CSFV 毒株不能引起细胞病变，也不能诱导 IFN-α 的产生。实际上，CSFV 的感染能使细胞增强抗凋亡能力（Ruggli 等，2003）。这些通过观察获得的证据表明，CSFV 干扰细胞的抗病毒活性，提示在猪体内看到的病变可能与免疫病理学损伤有关。

CSFV 作用于单核—巨噬细胞系统可导致一些介质分子的释放，这些介质的释放又促进疾病的发生。止血平衡失调和出血是由于 CSFV 感染产生的促炎因子及抗病毒因子诱导的血小板减少所致（Knoetig 等，1999）。CSFV 感染内皮细胞后释放的炎性细胞因子在免疫抑制及吸引单核细胞促病毒传播中发挥重要作用（Bensaude 等，2004）。最近发现，CSFV 可以在树突状细胞内复制，这些活动性较高的细胞可携带病毒到达机体的各个部位尤其是淋巴组织（Jamin 等，2004）。仅 CSFV 感染的树突状细胞与淋巴细胞间的相互作用而没有淋巴滤泡与环境中其他因素的作用还不足以导致淋巴细胞缺失（Carrasco 等，2004；Jamin 等，2008）。

不同毒株的毒力不同，导致 CSFV 与宿主之间的相互作用不同。逃逸宿主的先天性免疫使获得性免疫反应推迟并产生病变效应。比较基因芯片分析结果表明，CSFV 能干扰干扰素的产生，激活旁路杀伤途径杀伤淋巴细胞，使淋巴细胞减少，这些严重后果可能与宿主丧失干扰素产生能力有关。

五、临床症状

急性 CSF 最初的临床症状有食欲减退、嗜睡、结膜炎、呼吸困难、先便秘后腹泻

（Cariolet 等，2008；Floegel-Niesmann 等，2009）。慢性 CSF 时也出现类似症状，但是病猪能生存 2～3 个月，同时一些非特异性的症状例如间歇热、慢性肠炎、消瘦也会出现。

一般情况下，最急性、急性、慢性及产前形成的 CSF 表现形式与病毒的毒力密切相关，但是由于不同日龄、品种、健康状态及免疫状态的猪对同一毒株的敏感性不同，所以 CSFV 的毒力是很难界定的（Depner 等，1997；Floegel-Niesmann 等，2009；Moennig 等，2003）。

从 19 世纪 80 年代早期开始，仅从临床症状诊断 CSF 一直存在问题，导致对暴发疫情的诊断延迟，从而给予病毒充分的传播时间（Durand 等，2009）。CSF 是能引起皮肤充血或发绀及非特异性临床症状的数种疫病之一，特别是感染了低毒力的 CSFV 毒株，从临床症状上很难与非洲猪瘟（ASF）、猪繁殖和呼吸障碍综合征（PRRS）及猪皮炎肾病综合征（PDNS）、沙门氏菌病或者香豆素中毒区分。CSF 最常见的症状是超过 40℃ 的高烧（Floegel-Niesmann 等，2003），仔猪聚堆于墙角，仔猪的临床症状比成年猪明显，成年猪的体温要低一些（40℃）。

CSFV 在妊娠的任何时期都能通过胎盘感染胎儿，是否导致流产和死胎取决于感染的毒株和妊娠的时间。然而，在妊娠 50～70 d 感染时出生仔猪会有持续性的病毒血症。这些仔猪最初没有临床症状，但是这些猪会被淘汰或者发生先天性震颤（Vannier 等，1981）。这种感染被称为"迟发型 CSF"（Van Oirschot 和 Terpstra，1977），与反刍动物的 BVDV 相似。这种猪能持续向外排毒数月，是 CSFV 重要的存储宿主。

根据病毒毒力和宿主反应不同，猪在感染 CSFV 3～6 d 后出现临床症状、或者死亡、或者恢复，或者是继发慢性疾病。CSFV 感染后有一定的潜伏期，感染毒力较低的毒株时病程持续 13～19 d（Durand 等，2009）。由于感染后特别是感染中等或低毒力毒株时不会表现出明显的临床症状，容易被忽略，因此 CSFV 感染后 4～8 周内通常检测不到，这进一步增强了其传播的风险。

六、诊断

近期 CSF 在欧洲的流行病学表明，CSF 的快速诊断和及时消灭 CSFV 感染动物是控制该病的关键，CSF 检测出来之前流行的时间越长其传播的几率就越大，应当认识到近期 75% 的 CSFV 流行病学诊断是靠牧场主或者兽医工作者根据临床观察确定的。评价猪群是否有 CSF 的标准操作程序已建立（Elbers 等，2002；Floegel-Niesmann 等，2009；Mittelholzer 等，2000）。但是，如果是用于猪场，临床标准的参考项目不能过于复杂，平均日增重和饲料消耗是两个有用的定量指标（Cariolet 等，2008），体温也是一个重要指标，因为 CSF 在最初临床症状出现前或出现时伴随高热发生。

由于 CSF 没有特征性的临床症状，所以通常需要实验室诊断。由于 CSFV、BVDV 及 BDV 的抗原相似，因此区别这些病原具有重要意义。已建立多种诊断 CSFV 的方法，包括病毒粒子（抗原或者核酸）或者病毒抗原特异性抗体。尽管瘟病毒通用的诊断方法在检测临床样品中起着重要作用，但是检测阳性样品必须用 CSFV 特异性的方法进行确险。实时定量 RT-PCR（qRT-PCR）是目前应用最广泛的瘟病毒核酸检测方法，已有现成的检测瘟病毒通用方法和检测 CSFV 特异性方法。针对不同瘟病毒的单克隆抗体已成功应用于病毒分离（VI）、荧光抗体检测（FAT）和 ELlSA 检测中。

在疾病暴发时不可能采用所有可行的检测方法进行检测，但是可以根据检测目的和流行情况选择适当的检测方法。因为控制一场疫情暴发的关键是控制病毒在牧区内的传播，可以选择高敏感性、特异性及快速的 qRT-PCR 方法。因为病毒血症持续的时间短，检测抗体也是一种有用的方法。这种方法特别适用于临床症状出现超过 2 周的猪群（Greiser-Wilke 等，2007）。

猪瘟病毒的检测（Detection of Classical Swine Fever Virus）。由于不同毒株的毒力不同，检测方法和检测样品不同，CSFV 可在感染后 24 h 内检测到，病毒可以从组织匀浆、血清、血浆、血沉棕黄层及肝素或者是乙二胺四乙酸（EDTA）抗凝全血中分离到（Greiser-Wilke 等，2007）。

富含病毒的组织有扁桃体、脾、肾、回盲部淋巴组织及咽后淋巴结（Narita 等，2000），这些样品也同样可以应用于病毒的 RNA 分离或者抗原检测。

虽然Ⅵ是多数 CSFV 根除计划的参考方法，但是该方法只适应于实验室检测，不能满足控制病毒进一步传播的快速反应需求。使用Ⅵ的目的是分离病毒并对其特性进行鉴定以便于疫苗研究。CSFV 可以用猪肾细胞系（PK-15 或 SK6）分离，分离的关键是所用的细胞、培养基及试剂都要确保没有瘟病毒及其抗体存在。

qRT-PCR 与其他检测病毒或 RNA 的方法相比有许多优势。这种方法具有较高的敏感性（诊断及分析）和特异性，特别是探针法（Hoffmann 等，2009；Le Potier 等，2006）。探针杂交法比探针水解法敏感性高，但这两种方法都比 SYBR 方法敏感（HoHmann 等，2005；Jamnikar Ciglenecki 等，2008）。当用同一种方法时，qRT-PCR 能在不同实验室中标准化，并具有较高的一致性。目前已有 CSFV 的商品化检测试剂盒（Le Dimna 等，2008）。

qRT-PCR 可用于多种样品检测 CSFV 的感染，主要包括全血、棉拭子及组织样品。除了全血外，血清、血浆或者是白细胞也可使用。适用于 VI 的组织样品包括扁桃体、脾、回肠及淋巴结，但肾用于 VI 的可用性差一些。

高质量、新鲜样品最好，qRT-PCR 方法也可以在病毒灭活组织中或者是用Ⅵ方法细菌污染或是组织自溶情况下没有分离到病毒的样品中也能检测到病毒 RNA。例如，来自野猪的检测样品（Depner 等，2007）。因 qRT-PCR 不受抗体存在的影响，因此可以用于检测来源于任何日龄的动物样品。

完全康复动物的某些组织中可以长期检测到病毒 RNA，至少能从康复 9 周的猪扁桃体中检测病毒 RNA（Blome 等，2006）。

利用 qRT-PCR 方法扩增病毒的不同基因片段可以区分病毒种类（CSFV、BVDV 及 BDV）或者是 CSFV 的不同分离株。根据疫苗和需测试的样品，qRT-PCR 可以用于遗传上 DIVA（区分野毒感染和疫苗免疫动物）的检测（Beer 等，2007）。也就是说，如果疫苗中不包括病毒基因组，例如 E2 亚单位疫苗或者是引物位点缺失或取代疫苗，qRT-PCR 检测阳性结果就可以表明是野毒感染（Koenig 等，2007）。最近建立的 C－株特异性的 qRT-PCR（Leifer 等，2009）可以用于检测免疫弱毒疫苗的动物，但是检测到阳性结果不能排除野毒感染的可能性。特异性检测野毒感染的 PCR 的方法（Liu 等，2009；Zhao 等，2008）能用于或排除野毒感染，这取决于动物疫苗免疫状态。

高敏感性的 qRT-PCR 也可用于混合样品的检测（Depner 等，2007；Le Dimna 等，

2008），使检测量显著增加。但也有其他方面的考虑，包括准备混合样品的时间，重新检测单个阳性样品所需时间。为保证检测方法的敏感性，需掌握操作方法的详细资料并对 RNA 水平进行检测，在混合样品前还需要比较临床病例和免疫猪群特点。

通常情况下，RT—PCR 检测阴性的样品被认为是未感染，且具有很高的可信度。相反，RT-PCR 检测阳性的结果并不意味着动物感染了 CSFV（Dewulf 等，2005；Haegeman 等，2006）。

抗原捕捉 ELlSA 可以用于 CSFV 早期感染诊断，双夹心 ELlSA 是以针对多种病毒抗原的单抗或者是多抗为基础的方法，血清、血沉棕黄层、肝素或 EDTA 抗凝全血或者是组织匀浆可采用这些方法检测。这些方法操作简单，也不需要组织培养设备，可以自动操作，并在 36 h 内出结果（Depner 等，1995）。但是，要认识到抗原捕捉 ELlSA 的局限性。目前可购买到的商品化试剂盒的敏感性要比细胞上的 VI 低（Blome 等，2006）。另外，这些方法用于检测仔猪血清样品的敏感性要比来自成年猪或者是有轻微症状或亚临床症状的猪要高（Anonymous，2002）。为了弥补这些方法敏感性的不足，所有表现可疑的猪群都要检测。这些检测方法特异性较低，并出现假阳性结果。因此，抗原捕捉 ELlSA 仅用于有临床症状或符合 CSF 病变的猪及监控近期疑似感染的猪群。

间接 FAT 能用于冰冻切片病毒抗原的检测，敏感性高，可以批量检测样品，但这种方法很快被 qRT-PCR 取代，可用于将来 CSF 暴发时的检测。

CSFV 抗体检测（Detection of Antibodies to Classical Swine Fever Virus）。病毒中和实验（VN）是检测 CSFV 特异性抗体的参考方法，CSFV 中和抗体水平用滴定终点法测定，但是 VN 要求高质量血清及细胞培养系统。因为 VN 需要 3～5 d 获得结果，因此不适于常规的大规模检测。

因为瘟病毒间有抗体交叉反应，VN 可以用来检测动物感染的病毒类型，VN 检测需要两个或多个重复，CSFV 的中和抗体效价要与 BVDV 或者是 BDV 参考株的中和抗体效价进行比较，终点效价差别 4 倍或 4 倍以上可以认为是最高中和抗体效价的病毒感染（Anonymous，2002）。这种方法通常用于疾病暴发猪场周围的其他猪场控制措施解除前的检测。

检测抗 CSFV 抗体的 ELlSA 方法用于进行流行病学调查，监控无 CSFV 区非常实用，竞争 ELlSA 是建立在用抗 CSFV 血清与针对 CSFV E2 蛋白的特异性单克隆抗体的竞争的基础上，利用竞争 ELlSA 可以减少与其他瘟病毒抗体的交叉反应，常用的包被抗原是用昆虫杆状病毒表达的 E_2（gp55）抗原。CSFV 感染后 10～15 d 可以用 ELlSA 检测到抗体，与中和抗体，出现的时间相似。

E^{rns}-ELlSA 可用于区分鉴别用 E2 亚单位疫苗免疫的猪（Van Rijn 等，1999）。有些商品化的检测试剂盒缺乏敏感性和特异性，并且还与其他瘟病毒的抗体有交叉反应（Floegel-Niesmann，2001）。

抗原特异性的 ELlSA 和亚单位、缺失突变或者是嵌合疫苗在未来研究中联合应用是非常有前景的，因此在 CSF 暴发时，应对现有可用的血清学方法与使用的免疫疫苗类型进行联合考虑，区别感染和疫苗免疫抗体的作用意义重大。

七、鉴别诊断

由于 CSF 与其他一些疾病具有相似的临床症状与病理特征，因此掌握 CSF 与其他常见猪病的鉴别诊断意义重大。

（1）败血型猪丹毒。当猪只感染败血型猪丹毒疫病后，会有不同形状与大小的红色疹块出现于前胸、背部、耳根、腹部等多个部位。用手指轻轻按压后，将会出现褪色现象。剖检病死猪只，发现脾肿胀、肾肿大特征明显。

（2）急性副伤寒。此种疾病主要感染 4 月龄以内的仔猪，病猪采食量明显降低，粪便多为黄绿色状态，且有紫色斑出现于鼻端、耳、腹及颈等部位。对病死猪进行剖检，发现脾脏肿大态势明显，大肠壁的厚度增加。

（3）败血性链球菌。部分患上急性败血症的病猪具有较快的死亡速度，高度稽留热是临床主要症状。感染慢性败血症的病猪主要症状为关节炎，有较多不同大小的紫色斑痕出现于耳朵、耳根、四肢下端等部位，全身皮肤呈现出发红状态。对病死猪进行解剖，发现淋巴结出现不同程度的充血、出血以及肿胀特征，积液充满于心包内，脾脏增大明显，具有柔软易脆的质地。

（4）附红细胞体。生猪感染疾病后，初期皮肤呈现出发红状态，后期则向发白状态转变。淋巴结肿胀态势明显。通过实施采血镜检处理，发现有虫体存在于血液及红细胞边缘。

（5）非洲猪瘟。发热 72 h 后会表现临床症状，病猪少毛区皮肤出现紫绀情况，腹部、四肢、耳有显著肿胀，患病猪的腹腔、胸腔严重积液，且结肠、肺小叶、胆囊壁有水肿问题。并且还能利用组织学检查进行鉴定，若淋巴细胞核破裂，即为非洲猪瘟。

八、治疗与防控

CSF 是一种在世界各地流行的全球性疾病，尽管有些地区已经根除 CSFV，但在根除和流行的边界地区及一些野猪群中仍然存在（Laddomada，2000）。目前 CSFV 根除的地区存在再次出现的风险，CSFV 根除地区的生产者和兽医工作者在检测 CSF 的暴发中发挥着重要作用，但是早期检测需要预警和对其进行临床症状知识的培训。

为适应国际贸易需求，无 CSF 地区采取"不免疫"政策，即通过销毁感染或者可疑猪群及实施检疫政策来控制 CSF（Anonymous，2001）。欧洲在根除 CSF 暴发后已重申"不免疫"政策，这种做法尤其适合养猪密度高的地区，因为这些地区存在很多增加该病传播风险的因素（Koenen 等，1996；Mintiens 等，2003）。在某些情况下，像 1997 年在荷兰的 CSF 暴发，限制屠宰猪的转移措施，避免了大量动物被安乐死。虽然疫苗的使用影响了经济效益，即接种区至少 1 年禁止国际贸易，但是在面对 CSF 的暴发时，将来还是要考虑疫苗的紧急免疫。

目前，有许多可供使用的 CSFV 疫苗，包括著名的中国"C 株"、Thiverval 株，新的能够用于区分野毒感染和疫苗毒的标记疫苗（Beer 等，2007；van 0irschot，2003）。传统的活疫苗能产生高水平的保护力，并在免疫 2 周后可以产生中和抗体（Dahle，Liess，1995；Vandeputte 等，2001），能维持 6～10 个月，免疫途径（肌肉或口腔）影响不大（Kaden，Lange，2001；Kaden 等，2008）。活疫苗的最大缺点是不能与野毒感染所产生的抗体进行区分。

商品化的 E2 重组亚单位疫苗提供了一种区分疫苗免疫动物的方法，已进行两个 E2 标记疫苗的免疫攻毒和传播试验的效力评估，但结果不一。一次免疫 3 周后接种 CSFV，能防治临床症状的发生并降低死亡率（Bouma 等，1999），免疫后至少需要 2 周的时间才能提供临床保护作用（Bouma 等，2000；Uttenthal 等，2001），免疫后攻毒过早，疫苗不会提供任何临床保护作用，也不能减少病毒的携带量（Uttenthal 等，2001）。

对 E2 标记疫苗效力评价结果表明，即使疫苗免疫 2 次，在第二次免疫后 14 d 接种病毒，CSFV 仍然可以通过胎盘屏障，使用 2 次疫苗免疫程序能防止妊娠母猪出现临床症状，但是不能阻止 CSFV 的水平和垂直传播（Dewulf 等，2001b）。

因此，在大多数紧急免疫时，免疫动物不能阻止 CSFV 的胎盘感染，疫苗不能控制"带毒母猪综合征"最终导致 CSF 的迟发型感染（Depner 等，2001）。

目前，以遗传工程构建为基础的 CSF 疫苗研发为主要方向，有 5 个目标：CSFV 免疫原性多肽；DNA 疫苗；表达 CSFV 蛋白的病毒载体疫苗；嵌合瘟病毒；反向补充缺失 CSFV 基因（复制子）（Beer 等，2007）。

九、饲养管理要点

（一）加大猪瘟防疫宣传力度

就现阶段而言，部分养殖户、屠宰场工作人员等缺乏良好的猪瘟疫病防控意识，导致在生猪养殖、生猪运输、生猪屠宰等环节出现病毒扩散风险，最终暴发猪瘟疫病。因此，要深入宣传猪瘟的危害，促使猪产业链条各个参与主体的疫病防控意识得到提升，猪瘟防疫能力得到有效提高。

（二）加强饲养管理

猪舍环境条件会在很大程度上影响生猪机体发育及疫病流行传播。因此，要科学管理猪舍环境，养殖人员每天要及时清理圈舍环境，每周定期实施环境消毒工作，有效减少猪舍环境中的病原微生物，降低猪瘟等疫病发生风险。同时，要做好猪舍的通风工作，避免圈舍内积聚大量的有害气体。特别是在寒冷的冬季，需对保温、通风之间的关系进行协调，避免长时间不通风。此外，要加强猪群饮食卫生控制，将干净的饲料与饮水提供给猪群。

猪场在引进生猪时，需对引进生猪进行隔离观察，确认健康后，按程序接种疫苗。定期开展病毒检测工作，了解猪群健康状况。禁止将猫、狗等其他动物养殖于猪场内，经常性开展驱蚊、灭鼠等工作。制定科学的饲喂方案，饲料科学配比，营养全面。

（三）科学开展免疫接种工作

疫苗免疫是预防猪瘟非常有效的手段，猪场要制定科学的免疫程序，并严格按照程序进行免疫。为保证免疫接种的有效性，猪场须从正规厂家购买疫苗，专业人员开展疫苗免疫，保证应免全免，免疫确实。严格按照要求的条件存储与运输疫苗，避免疫苗失效。

布鲁氏菌病

一、定义

布鲁氏菌病（Brucellosis），简称布病，是由布鲁氏菌（Brucella）引起的一种人兽共患传染病，以发热和流产为主要特征，流行于 170 多个国家和地区，是世界范围内的一种重要的人畜共患病。其对畜牧业发展和人畜健康构成较大威胁，我国将其列为二类动物疫病。

猪布鲁氏菌病主要由猪布氏杆菌（Brucella suis）引起。这种病的病原最初由 Traum（1914）从流产的仔猪胎儿中分离到，并在 1929 年被确认为一种单独的布鲁氏杆菌属（Brucella）。猪布氏杆菌可以在感染家畜中引起不孕和流产，是重要的人畜共患病原体。

二、病因

截至目前，共发现 8 个布鲁氏菌种属［流产布鲁氏杆菌（B. abortus），马耳他布鲁氏杆菌（B. melitensis），猪布鲁氏杆菌（B. suis），犬布鲁氏杆菌（B. canis），羊布鲁氏杆菌（B. ovis），沙林鼠布鲁氏杆菌（B. neotomae），鲸种布鲁氏杆菌（B. celi）和鳍种布鲁氏杆菌（B. pinnipedialis）］，在宿主方面存在差异（Alton 等，1988），另外在微生物学和特异性基因标记上也有一定差异（Alton 等，1988；WOAH，2008）。最新研究发现，从野鼠（Scholz 等，2008）、隆胸手术感染的病人（Scholz 等，2010）和慢性破坏性肺炎（Tiller 等，2010）中分离到具有布鲁氏菌特征的新种属。这些新种属包括：从野鼠中分离到的田鼠型布鲁氏菌和人源性的湖浪布鲁氏菌（Brucella inopinata）。但是，田鼠型布鲁氏杆菌可能是猪布鲁氏杆菌生物型 5 的分支（Audic 等，2009）。采用结合微生物学、血清学和分子学的方法，已经分别将马耳他布鲁氏杆菌、流产布鲁氏杆菌和猪布鲁氏杆菌进一步区分为生物型 3、生物型 8 和生物型 5（Alton 等，1988）。

大部分猪布鲁氏菌病都由猪布鲁氏杆菌引起，很多年来，猪布鲁氏杆菌一直被认为是高致病性流产布鲁氏杆菌的变种（Alton，1990；Huddleston，1929）。虽然人工饲养的猪（家养猪）最初感染的是猪布鲁氏杆菌，但猪布鲁氏菌病可能是由流产布鲁氏杆菌和马耳他布鲁氏杆菌引起的。在这些地区的牛和小型反刍动物中也有布鲁氏菌病的流行。

猪布鲁氏杆菌是革兰氏阴性杆菌，长 $0.6 \sim 1.5\ \mu m$，宽 $0.5 \sim 0.7\ \mu m$。在自然界中，猪布鲁氏杆菌一直以光滑（S）的形式存在，从而无法将猪布鲁氏杆菌与其他的光滑的布鲁氏菌属区分开。在猪布鲁氏杆菌的 5 个生物型中，生物型 1、2 和 3 是引起猪布鲁氏菌病的主要生物型。生物型 4 只从驯鹿或北美洲驯鹿（驯鹿的不同种属）、驼鹿（驼鹿科驼鹿属）、美洲野牛（野牛科野牛属）、白狐（北极狐）和亚北极区的狼（犬科狼）中分离到。而生物型 5 仅从苏联的野生啮齿类动物中分离到。

猪布鲁氏杆菌生物型 1、2 和 3 可以用适当的培养基分离到，可以采用特异性 A 抗血清玻片凝集法和其他细菌学方法进行鉴定（Alton 等，1988）。生物型 1 和生物型 3 为人病原体，因此在操作和丢弃潜在感染性材料时需要谨慎。在实验室条件下，处理感染动物的组织或污染材料时必须严格遵循生物安全条例。建议在生物安全 3 级实验室操作致病性猪布鲁氏杆菌。

对种属和生物型的进一步鉴定需要在专门的布鲁氏菌病实验室进行。精确的分型有赖于噬菌体测试、产 H_2S 能力（只有生物型 1 产 H_2S）和在染料中的生长情况。部分猪布鲁氏杆菌（B. suis）生物型 1 可以非典型性地在含 20 ug/mL 品红的培养基中生长（Lucero 等，2008）。大部分猪布鲁氏杆菌（B. suis）在 1/10000 的 O 盐基性红色染料中生长受抑制，并且猪布鲁氏杆菌（B. suis）对尿素酶的反应比流产布鲁氏杆菌（B. abortus）和马耳他布鲁氏杆菌（B. melitensis）快。对于生物型 1，2，3 的区分没有直接的方法，除了上述方法外可能需要进一步的其他测试方法。

对于布鲁氏菌的 5 个种属的 8 个菌株进行了全基因组测序，证实它们之间存在高度同源性。测序结果表明，全基因组为 3.3 Mb 的猪布鲁氏杆菌（B. suis）（菌株号为 1330）与流产布鲁氏杆菌（B. abortus）和马耳他布鲁氏杆菌（B. melitensis）在基因组结构、组成和基因构成方面都非常相似（Chain 等，2005）。基于聚合酶链反应（PCR）的一步式分子生物学技术可以将猪布鲁氏杆菌（B. suis）与其他布鲁氏杆菌区分开（Garin-Bastuji，2008；López-Goñ 等，2008；Mayer-Scholl 等，2010）。但是，单凭 PCR 技术很难将猪布鲁氏杆菌（B. suis）的 5 个生物型区分开（Ferrao-Beck 等，2006）。

目前也采用了其他基于 PCR 的方法来区分猪布鲁氏杆菌（B. suis）的生物型。最广泛应用的是聚合酶链反应—限制性片段长度多态性（PCR-RFLP），分析 Omp2a 和 Omp2b 基因可以将生物型 1、2 和 3 区分开（Cloeckaert 等，1995），分析 Omp31 基因可以将生物型 1、3 与生物型 2 区分开（Vizcaíno 等，1997）。最新的基于 PCR 技术的分型方法——多位点可变数目串联重复序列分析（MLVA）也被应用于对猪布鲁氏杆（B. suis）的分子分型（García-Yoldi 等，2007）。这项技术在分析比较不同生物型或同一生物型菌株方面和流行病学调查方面都很有用（García-Yoldi 等，2007）。期望在这些方法的基础上，可以发展出新的多重 PCR 方法来快速区分猪布鲁氏杆菌（B. suis）的生物型。

三、流行情况

猪布鲁氏杆菌（B. suis）在全世界都有分布。在美国，在人工饲养的猪中有关于生物型 1 和生物型 3 的报道，但已被根除。在美洲中部和南部，数据显示在人工饲养的猪中分离到的猪布鲁氏杆菌（B. suis）主要为生物型 1（Luna-Martínez，Mejía-Terán，2002；Poester 等，2002；Samartino，2002）。在中国，饲养猪的数量很多，猪布鲁氏杆菌（B. suis）具有重要的经济学意义，对于生物型 1 和生物型 3 都有报道。虽然目前的数据有限，但在部分东南亚地区也有猪布鲁氏菌病的流行，包括印度尼西亚、菲律宾、中国台湾和其他太平洋岛屿（Alton，1990）。在撒哈拉沙漠以南的非洲地区猪布鲁氏菌病被认为是广泛存在的，虽然目前的数据较少，猪的数量也相对较少（McDermott 和 Arimi，2002）。

归功于对猪产品的监管、限制以及其他管理措施的改变，在很多国家和地区（澳大利亚、美国、西欧和中欧以及其他地区）野猪已经成为猪布鲁氏杆菌（B. suis）的主要宿主。现有证据表明，在整个欧洲大陆猪布鲁氏杆菌（B. suis）生物型 3 是野猪感染的主要生物型，感染率为 8%～32%（Al Dahouk 等，2005；Cvetnié 等，2003；Garin-Bastuji 和

Delcueillerie，2001；Hubálek 等，2002；Koppel 等，2007；Muñoz 等，2010）。如果家养猪与野猪接触可能存在感染风险。在欧洲大陆，除了芬兰、挪威和瑞典外，都存在围栏外家养猪感染来源于野猪或欧洲野兔（欧洲野兔，Lepus europaeus）猪布鲁氏杆菌（B. suis）生物型 2 的风险（Cvetnié 等，2009；EFSA，2009；Godf roid 等，2005；Godfroid 和 Käsbohrer，2002）。由于有交叉仔猪（斑纹）的报道，所以认为从野猪到家养猪的传播方式可能是性传播，当然也可能存在其他传播方式。因为猪布鲁氏杆菌（B. suis）生物型 2 在人布鲁氏菌病中并不是非常重要的病原，所以在这些国家大多还没有出现特别的控制措施。法国是个特例，有用来区隔兔子、野猪与家养猪的围栏，因此家养猪的感染率也大大下降。猪布鲁氏杆菌（B. suis）生物型 2 在世界上其他国家还没有报道。

通过进食被捕感染野兔的下脚料或者自然摄取牧场中的死亡野兔，猪布鲁氏杆菌（B. suis）生物型 2 可以从欧洲野兔传播给人工饲养猪。有意思的是，唯一从西班牙北部欧洲野兔中分离到的猪布鲁氏杆菌（B. suis）生物型 2（Lavín 等，2006）与从野猪中分离到的单体基因型存在基因组上的差异（Muñoz 等，2010）。这株特异性的野兔菌株在分子图谱上与 Thomsen 生物型 2 参考菌株和从北欧国家野兔中分离到的猪布鲁氏杆菌（B. suis）生物型 2 分离株均不同（B. Garin-Bastuji，J. M，Blasco，数据未发表）。这说明至少在有些地区猪布鲁氏杆菌（B. suis）生物型 2 在欧洲棕兔和野猪中的感染情况不同。然而，这个发现还需要更多的动物来进一步证实。

猪也可能感染布鲁氏菌的其他种属。从南卡罗来纳州感染了猪布鲁氏杆菌（B. suis）痊愈后的野猪中，分离到了流产布鲁氏杆菌（B. abortus）生物型 1 野生菌株和疫苗株 19（Stoffregen 等，2007）。由于在同一地区大概 40 年内持续地从家养动物中分离到这种野猪源性菌株，因此认为流产布鲁氏杆菌（B. abortus）在猪群中可以持续长期存在和传播。也有关于马耳他布鲁氏杆菌（B. melitensis）引起家养猪布鲁氏菌病的报道（B. Garin-Bastuji，个人结果；Lucero 等，2008）。

值得注意的是，在有管理措施的猪场内也会有严重的猪布鲁氏杆菌（B. suis）感染，而在单个牧场内的传播相当迅速。同样地，在一些有牲畜流动的垂直一体化的系统，比如从一些核心种畜农场到大量的繁殖和商业农场，布鲁氏菌会在地理面积较大的农场之间特别是种畜农场或野猪配种的农场之间迅速传播，因为细菌会随着感染的精子传播。

在猪群中只有不断和疑似宿主直接或近距离接触才可能造成长期的猪布鲁氏杆菌（B. suis）的感染（Olsen 等，2010）。猪布鲁氏杆菌（B. suis）在环境中不能自由生存并且不能作为共生菌而存在。但是，在低温和潮湿的环境中布鲁氏菌可以生存数月（Walker，1999）。布鲁氏菌可以耐受干燥和低温，并且在低温天气下的流产胎儿、粪便、干草、灰尘、设备和衣物中可以长期存活（CFSPH-ISU，2007）。阳光直射可以减少它的生存时间，巴斯德消毒法或蒸煮处理和大部分消毒剂可以杀灭布鲁氏菌。有数据表明，猪布鲁氏杆菌（B. suis）生物型 2 和其他的布鲁氏菌一样都不能在宿主以外的环境中存活（B. Garin-Bastuji，未发表）。

人工饲养猪群感染布鲁氏菌病的主要原因是引入新的感染动物，与野生动物宿主接触和通过人工授精的方式引入带病野猪的精子。间接传播方式可能是通过机械性媒介比如犬、猫、野生食肉动物和迁徙鸟类，但其具体机制还不清楚（EFSA，2009）。有报道称猪布鲁氏杆菌（B. suis）存在于一些节肢动物比如壁虱中，但应该不是常见的传播方式（Alton，1990）。

在畜群首次感染猪布鲁氏杆菌（B. suis）时，流产会导致细菌对食物、水和环境的广泛污染。猪布鲁氏杆菌（B. suis）可以在几个月之内从一个动物传播到畜群中50%的动物。在早期，暴发70%~80%的感染率也是常见的（Bathke，1980；B. Garin-Bastuji，J. M. Blasco，未发表；Szulowski，1999）。当感染成为地区性的流行时，感染率可能下降。

与其他布鲁氏菌一样，猪布鲁氏杆菌（B. suis）也可以通过直接接触气溶胶或摄入被感染食物如流产胎儿或胎盘进入腹膜以水平传播的方式进行传播（Alton，1990）。口腔传播是主要方式，但也存在通过结膜感染或通过破损的皮肤感染。在畜群内的传播最初是由摄入流产胎儿、被污染的食物和子宫分泌物引起（Alton，1990）。当发生流产时，大量的猪布鲁氏杆菌（B. suis）会随着胎儿、胎盘和子宫分泌物排出。子宫和阴道分泌物通常在流产后40d停止细菌的排出，但少数母猪可以持续30~36个月（Manthei，1974；Manthei和Deyoe，1970）。

猪布鲁氏杆菌（B. suis）与其他布鲁氏菌不同之处在于它可以通过性传播的方式在畜群内或畜群间传播（Alton，1990）。在野公猪的生殖器官内，猪布鲁氏杆菌（B. suis）可以形成肉芽肿而造成散发并持续很长时间。有研究称，在公猪生殖器官中，感染可以持续3~4年（Manthei，1964）。

猪布鲁氏杆菌（B. suis）也可以垂直传播。仔猪可以在子宫内感染，造成生产仔猪带毒但没有临床症状，或是虚弱而造成断奶前死亡率升高。大部分先天感染仔猪在6个月后可以清除细菌，但也有研究称，230头仔猪中有8%的仔猪在3个月后仍有菌血症，2.5%的仔猪在两年后呈组织检测阳性（Manthei等，1952）。先天性感染仔猪可以在没有临床和免疫反应症状的情况下作为隐性携带者而传播疾病（Acha，Szyfres，2003；J. M. Blasco，未发表）。在仔猪哺乳期也可以通过被污染的母奶垂直传播。与野猪排出的精子相似，猪布鲁氏杆菌（B. suis）也可以通过在乳腺组织内形成的肉芽肿造成分泌的母乳散发性的长期带毒。

四、病理生理

猪布鲁氏杆菌（B. suis）刺激产生的肉芽肿短期内会出现浮肿，但时间久了会形成完好包裹的干酪样中心的肉芽肿。通常情况下，在感染的组织中，肉芽肿呈现单个或者联合的液状或结节状。前面提到，分布最广泛的组织包括乳腺组织、胎盘和滑膜组织，但是精囊、前列腺、附睾、睾丸、子宫、阴道、肝、脾、骨髓、筋腱、黏液囊、大脑和淋巴结也可被感染（Alton，1990；Rosenbusch，1951）。显微镜下肉芽肿中心为无固定形状的结节性坏死组织，被聚集在周围的巨噬细胞、上皮样巨噬细胞、多核巨细胞、淋巴细胞和浆细胞环绕。在边缘，圆周状纤维和胶原蛋白形成胶囊状。

在子宫和输卵管中，可见多病灶粟粒状2~3 mm黄色结节，切开可产生干酪样渗出液。干酪样结节可以形成斑块导致薄膜增厚。在输卵管中，结节可导致输卵管阻塞和积脓。子宫内膜通常会因增生性淋巴细胞结节导致的淋巴浆细胞性浸润而产生扩张。在子宫腔的表面子宫内膜会出现化脓性浸润。在子宫上皮或带膜内腺体可见包括钉突或细胞内质的部分脱落或鳞状细胞化生。子宫韧带表面也可能出现细小不规则的肉芽肿

（Schlafer，Miller，2007）。

在怀孕的子宫内，粟粒样病变可以发展为重叠扩散、伴有出血和水肿的卡他性子宫内膜炎以及含有大量细菌的卡他性渗出物。流产胎儿或胎盘的损伤并不常见（Manthei 和 Deyoe，1970）。在滚产胎儿身上，特别是在肚脐和体腔周围，可能出现伴有出血的皮下组织水肿（Schlafer，Miller，2007）。

在正常公猪中，会出现广泛的脓肿和（或）肉芽肿引起的睾丸炎和附睾炎，偶尔伴有纤维素性脓肿和出血性睾丸鞘膜炎。外表检测观察通常正常，但在切面会出现肉芽肿。有时会出现睾丸肿大或萎缩，并伴有不同程度的附睾肿大。副性腺感染可能出现精囊腺肥大和精囊腺、前列腺或者尿道球腺微脓肿（Foster，Ladds，2007）。在睾丸或者副性腺体和器官特别是附睾和贮精囊中还容易出现钙化灶。邻近组织可能出现单一或多个精液囊肿，具体表现为充满液体样或干酪样渗出物的脓肿。在鞘膜中的精液囊肿最后往往可能导致出血性或脓肿性炎症。

四肢关节损伤表现为脓性或纤维素样脓性滑膜炎。骨髓炎通常在腰椎，并会出现中间软骨损伤。脊髓压迫或脊柱病理性骨折通常会造成下身瘫痪或麻痹。骨损伤通常伴发干酪样坏死性肉芽肿，但也有可能转化为出脓性脓肿（Schlafer，Miller，2007）。

五、临床症状

在猪布鲁氏杆菌（B. suis）感染未经污染的畜群之初，会导致流产、围产期致死率和不育率增加，造成重大经济损失。在地方性感染的畜群中，猪布鲁氏杆菌（B. suis）通常只会引起轻度到中等程度的临床症状，从而不易被发现。流行性猪布鲁氏杆菌（B. suis）感染在临床上往往引起繁殖障碍，包括母猪的流产、死胎和不育，先天感染仔猪的存活率下降和公猪的不育。但是，大部分感染猪不会表现明显的临床症状。在急性和慢性猪布鲁氏杆菌（B. suis）感染中通常不会出现发热和食欲下降，白细胞亦维持正常水平。

布鲁氏菌病的主要临床表现都没有特异病征性，在鉴别诊断中其他可以导致繁殖障碍的病因也应考虑在内。更有可能的病因包括猪繁殖和呼吸系统病毒、伪狂犬病毒、猪圆环状病毒、猪细小病毒、猪瘟病毒、猪流感病毒、猪肠道病毒、钩端螺旋体和丹毒丝菌（Dial 等，1992；Kirkbride，1990；Manthei，1974）。

在野外条件下，流产可能只是疾病表现的一个很小的方面（Johnson，Huddleson，1931），并在妊娠期的任何阶段都有可能发生。在自然繁殖中通过感染公猪或者人工授精感染精子而感染的母猪会患胎盘炎，从而无法将氧气和营养传递给胎儿，并在妊娠期的21～27 d内胎儿死亡和流产。由于流产胎儿很小，很有可能被忽视，但在配种后40～45 d会反常性地再次发情。一个研究表明，母猪在人工授精中被猪布鲁氏杆菌（B. suis）阳性精子感染后的 22 d 就出现了流产，并在感染后30～45 d反常性地再次发情（Manthei，Deyoe，1970）。

在实验中，妊娠40 d对母猪进行口服或者非肠道接种细菌可造成胎儿感染，并在孕期的中后期导致流产。野外条件下的流产通常是由于在孕期的50～100 d内被感染。有时，母猪也会在100～110 d产下死胎或者弱胎（Manthei，1974）。部分流产母猪会表现出以阴道分泌物和胎盘滞留为症状的子宫炎。不育可能与感染的持续时间和子宫受损程度有关（Manthei，Deyoe，1970；Thomsen，1934）。子宫感染通常会在流产后持续30～

40 d，但也可能持续 4～36 个月（Manthei，1974）。

猪布鲁氏杆菌（B. suis）引起的仔猪先天性感染会增加新生胎儿死亡率（Hutchings 等，1946a，b）。在先天性感染和在性成熟期前被感染的猪中，通常不会有明显的临床症状，只会出现关节肿胀和跛行。在性成熟之后，与母猪相比，公猪的感染持续期变长，并伴有更明显的慢性病症状。在成熟公猪中，猪布鲁氏杆菌（B. suis）引起的组织损伤在实验感染 6 个月后 66.7% 可以痊愈，而 50% 的公猪在 42 个月后仍然可以检测到阳性。与之相比，大约 25% 的实验感染母猪在实验感染后 6～42 个月呈现阳性结果（Deyoe，1972a）。数据表明，野生猪在布鲁氏菌感染中亦存在相似的性别差异，公猪和母猪的阳性检测率分别为 93% 和 61%（Stoffregen 等，2007）。

在正常公猪中，虽然猪布鲁氏杆菌（B. suis）通常分布在附属性器官、睾丸和附睾中，但很少在肿胀或者萎缩性、结节性睾丸或附睾中分布。当采用感染的公猪繁育时会，受孕率会下降和出生的存活胎儿会变少。但是，如果性器官的损伤是双侧的，即使存在大量感染了猪布鲁氏杆菌（B. suis）的精子，也可能不会出现受孕率或者性欲下降的情况（Hutchings，Andre ws，1946；Manthei，Deyoe，1970）。

可能出现关节或者腱鞘肿胀，并伴有跛行或走路不稳。偶尔会出现后躯麻痹、脊椎炎，在不同的器官出现脓肿（Enright，1990；Schlafer，Miller，2007）。

六、诊断

一般认为，通过显微镜下观察染色的阴道拭子、胎盘或流产胎儿的抹片可以鉴定猪布鲁氏菌。但是，这种方法缺少敏感性和特异性。

通过细菌学培养可以对猪布鲁氏菌病进行确诊。对于小淋巴结进行细菌分离的阳性率与血清型诊断相似（Alton，1990；Rogers 等，1989）。从猪样品或者组织中分离布鲁氏菌不仅说明是体内感染，而且也可以排除血清学交叉反应问题，并提供种属特异性和生物型信息。

对于分离培养来说，从活体动物采样比较容易，包括阴道分泌物（拭子）、奶、精子、胎膜和流产胎儿样本（胃内容物，脾和肺）。从死猪的脾以及头部、乳腺和肠道的淋巴结也可以分离到细菌。猪布鲁氏杆菌可以从公猪的睾丸、附睾、精囊腺、前列腺和尿道球腺中分离到。

猪布鲁氏杆菌（B. suis）在 37℃ 大多数基础培养基（比如血平板）中添加血液或血清的条件下生长良好。但是，由于容易被污染并且其他营养要求苛刻的细菌也可以造成布鲁氏菌病，所以建议用选择性培养基，并且平板应置于 37℃ 5%～10% CO_2 培养箱中。在常见的布鲁氏菌选择培养基上，猪布鲁氏杆菌生物型 2 比生物型 1 和生物型 3 更敏感。因此，对生物型 2 建议同时用 Farrell's 和改良的 Thayer-Mart in's（Marín 等，1996）培养基。通常菌落在 3～4 d 内可以长出，但也可能在 8 d 内长出。

猪布鲁氏杆菌（B. suis）菌落在形态上通常难于与其他布鲁氏菌相区别。虽然三个最接近的生物型（生物型 1、生物型 2、生物型 3）对 A 抗血清都有凝集反应，但对单一抗血清 M 反应不一致，所以可以通过对单一抗血清的凝集实验来区分（Alton 等，1988；WOAH，2008）。建议在布鲁氏菌标准参考实验室进行种属和生物型鉴定。

可以通过 PCR 方法对猪布鲁氏杆菌（B. suis）进行直接鉴定（Bounaadja 等，2009；

WOAH，2008）。但是，PCR 方法的敏感性不如分离培养。

七、鉴别诊断

猪布鲁氏杆菌病根据流行情况、临床症状及特征性病变可作出初步诊断，需要注意的是，须和一些类似的疾病作出鉴别诊断。

（1）猪蓝耳病该病患畜肺脏呈红褐色花斑状，不塌陷，流产胎儿胎盘上充满血泡，仔猪有呼吸道病症状。

（2）猪弓形虫病。该病患畜肺脏淤血、水肿，有光泽，小叶间质增宽，肺脏、肾脏、脾脏表面有粟粒大小灰白色坏死灶，全身淋巴结肿大，有小点坏死灶，淋巴结切面多汁。母猪常在分娩后迅速自愈，磺胺类药物治疗有效。

（3）猪衣原体病。该病患畜流产胎儿皮肤有淤血，皮下水肿，胎衣呈暗红色，黏膜表面有坏死灶。

（4）猪细小病毒病。一般为初产母猪流产，流产可发生在妊娠的各阶段，胎衣无出血点，无胎衣不下情况发生。

（5）猪伪狂犬病。各日龄猪均有比较明显的临床表现，仔猪有神经症状和腹泻，剖检肝、脾有白色坏死灶，肥育猪有呼吸道病症状。各阶段妊娠母猪均可发生流产、产木乃伊胎儿或死胎，其中以死胎为主，无论头胎母猪还是经产母猪都可发病，无明显季节性。

（6）乙型脑炎。该病有明显的季节性，高温、高湿、蚊虫活跃季节多发，病猪体温升高，高热稽留，有乱冲乱撞的神经症状。死胎中，木乃伊胎多见，流产胎儿肌肉似水煮样，脑水肿，子宫黏膜充血、出血，胎盘水肿、出血。公猪多为单侧性睾丸肿大。

（7）猪钩端螺旋体病。仔猪可见皮下水肿，头颈部肿胀，排茶色尿及绿色粪便，剖检胃壁、肠系膜水肿。

（8）猪霉菌毒素中毒。一般会有霉菌毒素饲喂史，小母猪外阴红肿，子宫或肛门脱出，小公猪包皮水肿且乳腺肥大。

八、治疗与防控

截至目前，还没有研究表明有疫苗可以有效控制猪布鲁氏杆菌。虽然中国有关于口服猪布鲁氏杆菌（B. suis）生物 2 疫苗株的报道（Xin，1986），但没有其安全性和有效性的数据报道。最新的报道称，此菌株已经在中国猪群中停止使用（Deqiu 等，2002）。之前有报道称，在猪中口服流产布鲁氏杆菌（B. abortus）菌株 RB51 10^{11} 的菌落形成单位（CFU）实验有效（Edmonds 等，2001），而临床引用父本 RB51 菌株并不能起到保护作用（Olsen，Stoffregen，2005）。

猪布鲁氏杆菌（B. suis）生物型 2 在欧洲大部分国家的野猪和野兔中广泛存在，在开放环境或自由农场饲养的猪最易被感染（EFSA，2009）。感染风险取决于野外野生动物中的流行程度和农场中预防家畜被野生动物传染的生物安全等级。截至目前，除了日益增加的狩猎活动外，还没有有效的措施来降低或消灭野生动物的感染和携带率。因此，目前减少猪群野外感染的唯一有效的方法是通过完善生物安全措施来预防家畜与野兔、野猪等野生动物接触（EFSA，2009）。最新研究表明，在猪群中采用免疫—节育和口服疫苗的方法可能可以控制野生动物感染。

由于目前缺少有效的措施来控制布鲁氏菌病，因此减少家畜群数量是清除猪群布鲁氏菌病的唯一方法。由于对猪群的血清学调查相对完善，因此应针对畜群而非个体动物来制定控制猪布鲁氏杆菌（B. suis）的方法（Olsen，Stoffregen，2005）。对于不携带猪布鲁氏杆菌（B. suis）的猪群，预防此病从野生动物或感染畜群感染或再次感染畜群相当重要（Acha，Szyfres，2003）。

在畜群数量不减少的情况下，单一的抗生素治疗或与检测屠宰相结合，是唯二可以减少临床感染和降低疾病造成的经济损失的方法。虽然在猪中利用抗生素治疗布鲁氏菌病的有效性还没有相关报道，但是在其他动物或人群中抗生素是治疗布鲁氏菌病的唯一标准方法（Ariza 等，2007；Marín 等，1989；Nicoletti 等，1985）。土霉素结合氨基糖苷类是治疗动物中布鲁氏菌病的最好方法之一（Grilló 等，2006；Marín 等，1989；Nicoletti 等，1985）。但是，在猪中氨基糖苷类药物非肠道给药方式有一定困难。最新研究表明，在不影响猪场猪群生产力的情况下，延长土霉素的口服用药时间可以有效减少猪布鲁氏杆菌（B. suis）生物型 2 的临床反应。（J. M. Blasco，未发表数据）。除了抗生素治疗外，剔除流产、不育猪或者宰杀皮肤测试阳性猪也可以有效减少布鲁氏菌病的传播，但目前还没有相关的报道。

九、饲养管理要点

（1）坚持自繁自养、全进全出的饲养模式，减少引种，引种时做好隔离检疫工作，检测合格后方可并入大群饲养。

（2）定期对猪群检测，尤其是猪群中出现母猪流产、公猪睾丸肿大等病例时，尽快检测确诊，阳性猪坚决淘汰。

（3）加强饲养管理，饲喂优质全价配合饲料，不饲喂霉变饲料。

（4）做好常规疫苗接种，提高猪群免疫力。

（5）猪舍保持适宜的温度、湿度，降低猪群密度，减少猪群应激。

（6）猪场远离牛羊等养殖场，禁止养猫狗。

（7）猪场内环境保持清洁卫生，定期清理粪便，每周用 5% 来苏儿、10%～20% 石灰乳、2% 氢氧化钠消毒 1 次，流产胎儿、胎衣、羊水、分泌物及被污染圈舍、用具等均应彻底消毒。

（8）做好灭鼠及灭蚊蝇工作，防止其机械带菌传播。

（9）可接种猪布鲁氏菌病活疫苗（S2 株）进行防控，该疫苗可口服、皮下或肌肉注射剂量为 2 头份，免疫效果好，安全性高，妊娠母猪也可接种，但对人具有一定的致病性，免疫时做好自身防护，并妥善处理剩余疫苗及所用器具，为确保疫苗免疫效果，免疫前后 3 d 内，猪禁止饲喂抗生素。

猪乙型脑炎

一、定义

猪乙型脑炎（Japanese encephalltis virus，JEV）也叫猪流行性乙型脑炎，是由猪日本乙型脑炎病毒引发的一种急性传染病，具有较大危害，多种动物和人都能够感染，其中对猪造成的危害最严重。猪感染后会导致妊娠母猪发生繁殖障碍性疾病（如流产、产出死胎或者木乃伊胎等）以及公猪睾丸肿大，个别还会伴有神经症状。该病主要以蚊虫作为传播媒介，发病呈现明显的季节性，多在初夏至初秋出现流行高峰期。

二、病因

猪乙型脑炎病毒属于黄病毒科黄病毒属，是以蚊子为载体的感染猪的虫媒病毒。虽然通过多种血清学方法能鉴别 JEV 的两个主要的免疫类型，但实际上 JEV 只有一个血清型。JEV 可分成 4 类，也可分成 5 类，不同的基因型基于 prM 和/或 Env 基因或全长的基因组序列。基因型 1 包括来自柬埔寨、韩国、泰国北部、越南、日本和澳大利亚的毒株；基因型 2 包括来自印度尼西亚、马来西亚、泰国南部和澳大利亚的毒株；基因型 3 包括已知地理范围分离的 JEV 除澳大利西亚地区外，包括来自日本、中国、中国台湾、菲律宾、韩国和东南亚的毒株；基因型 4 只包括在印度尼西亚分离的毒株。根据全基因组全民系统发生学，Muar 毒株于 1952 年在新加坡分离到，现已成为五个基因型中的独立成员（Mohammed 等，2011）。

三、流行情况

JEV 是一种通过动物传染的人畜共患病毒，传播循环包括库蚊属蚊子、特定种类的野生和家养鸟类，以及猪等脊椎动物宿主（Endy，Nisalak，2002）。人类感染 JEV 通常是因为被感染的蚊子叮咬，但它们是偶然的、以死亡告终的终末宿主。

猪是 JEV 主要的放大宿主，特别是在流行地区，猪也是地方特有的保存宿主。猪在自然感染后形成高的、持续性的病毒血症。JEV 病毒血症会持续 2～4 d 并且能够感染各种蚊子。通过血清学调查，猪始终比其他家畜或野生动物有更高的几何平均病毒滴度。它们对吸血蚊子具有更大的吸引力，并且在特定的地区被视为一种病毒传播的敏感指示器（Burke 等，1985a）。虽然在人类住所附近的空旷的地方饲养猪对人类存在潜在的危险，但在许多国家，猪已经作为标记动物被用来监测病毒的活性，基本上用作早期的预警系统。

马、牛和山羊是以死亡告终的终末宿主（Mackenzie 等，2007），但因为它们能够吸引许多主要的传播载体，尤其是三带喙库蚊，所以在疾病暴发的情况下，它们都是监测和调节的优良潜在宿主（Johnsen 等，1974；Peiris 等，1993）。其他动物可能有相对较高的血清阳性率，如绵羊和犬，但是人们认为它们的病毒血症水平太低，不能感染蚊子（Banerjee 等，1979；Johnsen 等，1974）。

JEV 已经从小蝙蝠亚目及大蝙蝠亚目的蝙蝠中分离到（Mackenzie 等，2008；Sulkin，Allen，1974），但是它们在维持和传播中的潜在作用已经在小蝙蝠亚目中有所研究，病毒血症在感染蚊子中以足够高的水平持续长达 25～30 d。

野生鸟类，尤其是鹭科的种类，被认为是 JEV 的重要储藏宿主，并且可能在流行病中充当放大器。虽然已经可以从许多种类的鹭中分离到 JEV 病毒，但最重要的无疑是黑冠夜鹭（夜鹭属）。鸡很少出现感染并且可能在传播或监测中只有有限的作用。野生鸟类对 JEV 在新传入地区的传播有一定的影响（Scott，1988；Solomon 等，2003）。

JEV 已经从广泛种类的蚊子中分离到，但并不是所有的蚊子都有能力把病毒传播给新的宿主。众所周知，三带喙库蚊是亚洲的主要载体，但某些其他种类的蚊子载体可能在当地也非常重要，如雪背库蚊、魏仙库蚊、棕头库蚊、伪杂鳞库蚊、二带喙库蚊、致倦库蚊和常型曼蚊（Burke，Leake，1988；Rosen，1986；vanden Hurk 等，2009；Vaughn，Hoke，1992）。JEV 的主要的库蚊载体是大米田间的品种，常在夜间叮咬动物和人，特别是在傍晚之后和清早的较短时间内，通过吸食动物和人的血液，将病毒传染给动物和人。

四、病理生理

母猪感染 JEV 没有特征性病变。然而，可在公猪鞘膜腔内看到聚集的黏液、鞘膜脏层以及附睾的纤维性增厚（Platt，Joo，2006）。死胎或弱仔通常出现脑积水、皮下水肿、小脑发育不全和脊柱髓鞘形成过少，同样也可发现胸膜积水、腹水、浆膜出血点、肝脾坏死点、淋巴结、脑膜和脊髓充血（Burns，1950）。感染公猪的微观损伤包括附睾、鞘膜和睾丸的水肿和炎症（Platt，Joo，2006）。感染仔猪可出现弥漫性非化脓性脑炎，在大脑和脊髓出现神经坏死、嗜神经细胞现象、胶质结节和血管套等特征（Yamada 等，2004）。

五、临床症状

成年的猪一般不表现明显的感染迹象。受感染的怀孕母猪或后备母猪最常见的病症是繁殖障碍导致的流产，对仔猪的影响包括死胎、木乃伊胎或弱仔（Daniels 等，2002；Platt，Joo，2006）。母猪在怀孕之前的 60～70 d 感染 JEV 会导致繁殖障碍；在此后的感染不会影响仔猪。仔猪自然感染 JEV 通常症状不明显，但是近来的报道表明 2～40 日龄的幼龄动物有时会发生脑膜脑炎的组织学变化和不同程度的抑郁以及后肢颤抖等消瘦症状（Yamada 等，2004）。JEV 与公猪不孕症的发生有关。公猪感染 JEV 可导致睾丸水肿、充血，从而导致精子运动减慢和精子异常。这些影响在大多数案例中通常是暂时的，可完全恢复。

六、诊断

JEV 的实验室诊断参考标准和病毒的分离与鉴别。病毒血症仅持续几天，只能在血液或者脑脊液（CSF）中分离到病毒，因此病毒的分离最好取自感染胎儿的脑、脾、肝或死胎和新生儿的胎盘组织。分离病毒的方法是把组织匀浆接种到乳鼠或者一定范围的易感细胞底物中。使用连续的白纹伊蚊细胞系 C6/36 是非常有效的，但其他的细胞系，例如非洲绿猴肾（Vero）、幼仓鼠肾（BHK）和猪肾（PSEK）细胞系通常是敏感的。与脊椎动物细胞不同的是，正常情况下 JEV 不会引起 C6/36 细胞发生细胞病变（CPE）。因此，结果的证实还需要在脊椎动物细胞上进行病毒抗原或 RNA 的培养和检测。

分子生物学检测方法也经常用于实验室诊断。RT-PCR 可以检测和辨别脑脊液（CSF）、血清、组织培养悬浮液中的 JEV。传统的和实时的检测方法已经有所报道（Pyke 等，2004b；Tanaka，1993）。在脑脊液中检测 JEV 的逆转录环介导等温扩增（RT-LAMP）试验方法已经形成并且提供了一种简单的核酸检测方法，该方法不需要复杂的设备，也不需要技术人员（Parida 等，2006）。

使用特异性黄病毒单克隆抗体（MAb）可以在血清样本中和胎儿组织中应用免疫组织化学检测到 JEV（Iwasaki 等，1986；Yamada 等，2004）。

JEV 感染的诊断与其他虫媒病毒的诊断相同，常常是应用 ELISA 方法进行血清抗体的检测，血凝抑制抗体（HI）、免疫荧光抗体（IFA）和病毒中和抗体（VN）等的检测（Beaty 等，1995；Burke 等，1987；Clarke，Casals，1958；OIE，2010a）。免疫球蛋白 M（IgM）捕获 ELISA（MAC-ELISA）是经常选择的方法。

在老龄猪，血清学检测需要考虑许多因素。例如，疫苗接种史和年龄。母源抗体在一些猪身上持续存在 8 个月之久（Hale 等，1957）。在感染后 2～3 d 出现 IgM 并且持续存在至少 2 周时间（Burke 等，1985b），在其他一些动物身上，甚至可存在几个月。

黄病毒属病毒之间有高度的血清学交叉反应，特别是 JEV 群内的成员，因此在给出说明时要考虑血清学交叉反应的影响（Williams 等，2001）。在某些黄病毒循环感染的区域，应该包括平行检测。若没有其他可能感染黄病毒属成员，检测结果可能是更可靠的。因为在 JEV 流行区域只能检测出针对 JEV 的 IgM，而没有其他的黄病毒属成员是不常见的。免疫球蛋白 G（IgG）比 IgM 有更广泛的交叉反应，而且在鉴别病毒特异性抗体方面更具有挑战力并需要更多具体的试验。经典的方法是测试病毒的中和抗体滴度，但该方法在技术上有困难、时间花费较多且并不是每次都有清晰的结果（Mackenzie 等，2007）。虽然应用 JEV 特异性核衣壳单克隆抗体（MAb）能阻断抗原表位（B-ELISA）并能识别 IgG，但是抗体与黄病毒属成员都十分接近，如 MVEV，仍能起交叉反应（Williams 等，2001）。直接针对 prM 蛋白的抗体检测显示出更好的特异性（Cardosa 等，2002）。针对不同黄病毒属成员的大量抗体反应和不同血清抗体滴度测定一样，可用来评估血清学结果的重要性（Pant 等，2006）。使用 ELISA 来检测仅在自然感染中产生的 NS1 抗体，可用于区分自然感染和灭活疫苗的抗体反应之间的差异（Konishi 等，2004）。

七、鉴别诊断

6 月龄以上动物在表现流产、产木乃伊胎或死胎、脑炎这些临床特征时，应注意鉴别诊断，包括伪狂犬病（Aujeszky's disease）病毒、经典猪瘟病毒、血凝性脑脊髓炎病毒、风疹病毒蓝眼病副黏病毒、梅南高病毒、猪布鲁氏杆菌病、猪捷申病毒、猪细小病毒、猪繁殖与呼吸综合征病毒和食盐中毒（OIE，2009）。

八、治疗与防控

当前，有很多关于 JEV 疫苗和将来的研究方向的总结（Monath TP，2002；WHO，2006；Wilder-Smith，Halstead，2010），但大多数资料和努力的目标都集中在人类疫苗的开发，而不是猪用疫苗。

在日本（Igarashi，2002）、中国台湾和尼泊尔（Daniels 等，2002），已经开始使用来源于鼠脑的灭活疫苗或经减毒的弱毒疫苗来防止病毒扩增和预防猪的生殖性疾病。在抵抗自然感染和试验感染方面，已经证实弱毒疫苗比灭活疫苗更有效（Daniels 等，2002；Ueba 等，1978）。针对 JEV 的猪疫苗未被广泛应用的两个主要原因如下：①每年免疫大量新生动物的花费很高；②母源抗体出现时使用弱毒 JEV 疫苗能达到有效免疫的时期受到限制（Igarashi，2002）。

Konishi 和同事探索了猪 DNA 疫苗的使用（Konishi 等，1992，2000）。当能有效诱导高的抗体滴度时，他们没有采取进一步的措施。然而，活病毒载体和 DNA 疫苗的开发增加了通过口服接种来控制 JEV 的可能性。在亚洲南部和东南部，口服疫苗是有优势的，因为这些地区的猪通常管理无序或者野生（Monath，2002）。

通过防止猪接触感染 JEV 的蚊子也能有效控制 JEV，但是通常情况下这是不切实际的，除非猪生活在无蚊子的环境中。

九、饲养管理要点

（一）保持环境卫生

养猪场要保持环境卫生良好，每周进行 2～3 次消毒。养猪场内外的排水沟渠要及时清理，场内生长的杂草要清除干净。养猪场内的粪便和污水要及时清理，且粪便必须采取堆积发酵。

（二）注意防蚊、灭蚊

在有蚊虫活动的季节，要及时给猪舍安装纱窗，并在门口安装纱网门或者悬挂纱网。适时喷洒蚊蝇净等杀虫药，要求在安装纱网前对猪舍内喷洒杀虫药，尤其要确保喷洒到顶棚空隙、墙壁裂缝、小角落等处。

猪繁殖与呼吸综合征

一、定义

猪繁殖与呼吸综合征（Porcine Reproductive and Respiratory Syndrome，PRRS）是由猪繁殖与呼吸综合征病毒（Porcine Reproductive and Respiratory Syndrome Virus，Prrsv）引起的一种急性、高度接触性传染病。该病的临床症状主要表现为妊娠母猪的繁殖障碍，包括流产、产木乃伊胎和死胎等，仔猪呼吸困难，同时母猪的感染也常导致存活的仔猪在断奶前死亡率增加。在组织学上，观察到仔猪的间质性肺炎，淋巴单核脑炎和淋巴单核心肌炎以及母猪脑部的局灶性血管炎。在哺乳、生长和肥育猪中，轻微的流感样症状明显，伴有明显的呼吸过度、发热和间质性肺炎。由于患病猪在发病过程中有两耳发绀的症状，因此该病又俗称"蓝耳病"。

PRRSV 的流行最早可以追溯到 20 世纪 80 年代末，一种"神秘"的疾病在欧洲和北美洲的猪群中不断蔓延。尽管该病毒的两种基因型，即欧洲型流行毒株（PRRSV-1）和北美型流行毒株（PRRSV-2）总体疾病表征、临床症状、基因组结构和出现时间相似，但两种基因型之间在核苷酸水平上具有 40% 的差异性。当比较全基因组时，进一步的演化分析表明两种基因型差异＞15%。研究人员很快发现，这些差异也反映在由不同病毒分离株引起的致病程度上。遗传差异性的程度表明了两大洲长期的独立演化过程，分子钟分析表明这两种基因型在一个多世纪以前具有共同祖先，可能来自另外一个宿主物种。PRRSV 的起源尚不清楚，至今还没有发现任何动物、人或节肢动物携带此种病毒。世界动物卫生组织将 PRRS 列为需要通报的传染病之一，中国将该病列为二类传染病。尽管全世界的兽医工作人员已经作出大量努力减少这种疾病的影响，但目前对 PRRS 的控制仍然是不充分的。自 1987 年美国首次报告 PRRSV 以来，该病一直是全球养猪业面临的主要挑战之一，并且不断演变引发新的疫情。

二、病因

PRRSV 是一种有囊膜的单股正链小 RNA 病毒。病毒粒子的核蛋白衣壳内含有 15 kb 左右大小的传染性 RNA 基因组，核衣壳外为 5～6 种结构蛋白的含脂囊膜包绕。病毒粒子为小的多形性球体，直径 50～70 nm，整个病毒表面均覆盖着小的突起（Benfield 等，1992；Spilman 等，2009）。感染性病毒粒子在氯化铯中的浮密度为 $1.18～1.22$ g/cm^3（Benfield 等，1992）。在 $-70℃$ 条件下，PRRSV 在培养基、血清和组织中可稳定保存，但是随着温度的增加其半衰期变短。脂溶剂可灭活病毒，而且低浓度的离子或非离子洗涤剂可破坏病毒的囊膜，使其丧失感染活性，因此病毒在洗涤剂中非常不稳定。

PRRSV 与马动脉炎病毒（EAV）、小鼠促乳酸脱氢酶病毒（LDV）和猴出血热病毒都属于动脉炎病毒科，冠状病毒科以及杆状套病毒科均为套病毒目的成员（Cavanagh，1997）。PRRSV 主要分为两个遗传谱系，分别以基因 1 型和基因 2 型为代表。这两个原型基因组分别为 Lelystad 病毒（1 型）和 VR-2332（2 型），两者的核酸序列差异约为 44%。1 型和 2 型均发现于 1990 年前后，1 型首先在欧洲发现，2 型首先在北美洲发现。今天，两个基因型均在世界范围内广泛分布，其中 1 型主要分布于欧洲，2 型主要分布于北美洲和亚洲。

主要针对编码大囊膜糖蛋白开放阅读框（ORF）5 的遗传进化分析结果表明，1 型和 2 型 PRRSVs 之间差异很大。1 型病毒之间成对核酸的变异约为 30%，而 2 型病毒之间的变异大于 21%。虽然 PRRSV 的起源不明，但是 1 型和 2 型病毒之间的广泛差异表明，其原型是在相当长的时期内、在不同的生态和地理环境中独立进化的，有可能来自非猪宿主。

1 型 PRRSV 有多个遗传谱系。与其他地区的 1 型 PRRSV 相比，俄罗斯、白俄罗斯、乌克兰、立陶宛和拉脱维亚的病毒遗传谱系差异更明显，而且它们遗传分化的起始时间可能更早。这些遗传谱系资料表明，在西欧首次报道流行性暴发之前很久，苏联就鉴定出了 1 型 PRRSV，因此苏联是 1 型 PRRSV 进化的概头地区（Stadejek 等，2006）。由于政治原因，直到 20 世纪 90 年代东西欧之间才可以进行动物转运，这两个地区 1 型 PRRSV 遗传谱系的明显不同与该历史事实相符。

2 型 PRRSV 已经鉴定出 9 种不同的 ORF5 谱系（Shi 等，2010），其中 7 个谱系主要为北美分离株，另外两个谱系则全部为东亚分离株。亚洲系，包括一些北美大流行后期谱系，可能在大流行前就已经分别进化了。这表明，与 1 型 PRRSV 相同，在 PRRS 成为被认可的新猪病之前，2 型 PRRSV 就已经发生了广泛的传播和进化。亚洲 2 型 PRRSV 的出现主要是由北美谱系的引入所导致，该谱系在当地发生多样性变异，进而导致了新病的暴发和毒力的增强（An 等，2007，2010；Hu 等，2009；Shi 等，2010）。

主要强调 ORF5 的进化分类方法可能掩盖 PRRSV 基因组其他区的重要遗传差异。因此，对 PRRSV 进行全基因组分析，并比较多个蛋白编码区，包括广泛用于 RNA 病毒进化分析的聚合酶基因等，有利于描绘出 PRRSV 遗传关系和进化起源更完整的图谱。

三、流行情况

1987 年 PRRS 在美国被首次报道，美国的北卡罗来纳州暴发了一种以母猪繁殖障碍和断奶仔猪肺炎为主要临床症状的神秘猪病。但是，该病的发生最早可以追溯到 1979 年，在加拿大研究人员进行的一项血清学研究中，对 1979 年和 1980 年采集的猪血清进行抗体检测发现，这些血清样本早在 1979 年就存在最早的 PRRSV 抗体，随后在样本中检测到 PRRSV 阳性频率增加，证明了该病毒的存在。美国艾奥瓦州的研究人员进行了类似的研究，研究结果表明在 1985 年或之前不久的猪群中存在 PRRSV 感染。此外，欧洲和亚洲的类似回顾性筛查也证实了 PRRSV 在第一次已知暴发之前就存在于当地猪群中，并且在主要临床疾病出现之前，测试样本中的 PRRSV 抗体阳性率就在很短时间内迅速增加。换句话说，这些回顾性研究表明，PRRSV 的非致病性祖先毒株已经在 PRRS 时代之前的猪群中传播多年，然后在 1987 年发病并且暴发出来。随后，PRRS 在其他国家相继出现并暴发流行，欧洲各国、亚太地区、加拿大、澳大利亚等国都相继有该病发生的报道。1991 年，这种神秘猪病的病原在欧洲首次被分离到，荷兰科学家利用猪肺泡巨噬细胞（Porcine Alveolar Macrophages，PAMs）分离到该病毒，并证实该病毒是一种从未被鉴定的 RNA 病毒，研究人员将这种新发现的病毒命名为莱利斯塔德病毒（Lelystad Virus，LV）。随后北美的研究人员也分离到了这种病的病原，并将该病称为猪不育和呼吸综合征病毒（Swine Infertility and Respiratory Syndrome Virus，SIRSV）。1992 年，美国研究人员分离到一株 PRRSV，将其命名为 VR2332 毒株。同年，在美国米尼苏达州举行的国际病毒学会议上正式将该病命名为猪繁殖与呼吸综合征，并得到了世界动物卫生组织的承认。

自 PRRSV 的两种基因型 PRRSV-1 和 PRRSV-2 被鉴定和描述以来，越来越多的不同型和毒性的 PRRSV 的新变体不断发展并呈暴发式出现。除了在第一次暴发前流行的非致病性 PRRSV 毒株，在鉴定 PRRSV-2 原型株（VR2332）后不久，从 PRRSV 感染的猪群中分离出一种在 20 世纪 90 年代中期鉴定的 PRRSV-2 株 VR2385，与 VR2332 的核苷酸同源性差异约为 8%。在 1998 年，另一种非典型 PRRSV 株出现并导致美国接种疫苗的猪群出现很高死亡率和流产率。PRRSV 遗传多样性的关键事件是 20 世纪 90 年代中期在美国艾奥瓦州"非典型"或"急性"变种的出现。2001 年，一种名为 MN184 的新型高毒力 PRRSV 毒株在美国明尼苏达州突然出现，其与其他基因型 PRRSV-2 毒株完全不同，其核苷酸差异性＞14.5%。2006 年，影响 PRRSV 发病机制概念的关键事件是在华南和越南北部以及其后东南亚和印度出现的高致病性猪繁殖与呼吸综合征病毒（Highly Pathogenic Porcine Reproductive and Respiratory Syndrome Virus，HP-PRRSV）株，其具有独特的分子标记，并且能够导致猪群的高死亡率（20%～100%）。目前，在世界不同地区出现了 PRRSV 毒性增加的情况，并且在每种情况下新分离株的出现一般具有突然性。

2005—2010 年，Tummaruk P 等对泰国猪群进行 PRRSV 回顾性调查，结果表明，2273 份样品中 PRRSV 阳性率为 32.6%，其中在组织、精液和血液样品中发现该病毒的比例分别为 43.1%、15.7% 和 30.3%。Kim HK 等对济州岛的猪群进行 PRRSV 流行病学调查发现，所有接受调查猪场的 PRRSV 血清阳性率均为 100%，其中 37.2%（16/43）

猪场的猪表现为 PRRSV-2 型病毒血症。Ramos N 等通过对 2014—2016 年期间收集的共 524 份猪血清样品进行 ELISA 检测，结果表明在乌拉圭家养猪群中有 PRRSV 抗体的存在，首次证明了乌拉圭 PRRSV-2 的流行。首次发现后，通过回顾性血清学和病原学检测发现，至少自 2011 年以来，该病毒就已在该国流行。荷兰研究人员通过对 PRRSV 的开放阅读框架（Open Reading Frame，ORF）进行测序和遗传演化分析发现，2014—2016 年分离到的 74 个 PRRSV 毒株属于 PRRSV-1，并且这些毒株具有很高的遗传多样性。Smith N 等对北爱尔兰 9 个野外分离株的 ORF5 基因进行了测序和系统发育分析，结果表明分离株之间具有较高的多样性，在核苷酸水平上各农场之间的同源性为 87.6%～92.2%，在蛋白质水平上为 84.1%～93.5%，9 种分离株均属于 PRRSV-1 基因型，并在亚型 1 亚组内形成簇。Trevisan G 等报道的美国主要兽医诊断实验室对 PRRSV 进行的宏观流行病检测发现，PRRSV-2 型分布在美国各地占所有阳性病例的 94.76%，PRRSV-1 型在地理上受到限制占所有阳性病例的 2.15%，检测出两种毒株的占阳性病例的 3.09%。

我国于 1991 年在台湾地区首次发生 PRRS，大陆于 1995 年在北京地区首次暴发本病，随后该病迅速在华北、东北地区流行开来。该病毒在我国首次被分离到是 1996 年郭宝清等从流产仔猪中分离到的。

Shang Y 等对我国西北地区进行 PRRSV 分子流行病学调查，结果显示，临床 PRRSV 阳性为 35.9%，2007—2008 年和 2009—2010 年的平均患病率分别为 46.5% 和 29.3%；对 32 株毒株的 GP5 基因进行遗传演化分析发现，所有 PRRSV 均为北美基因型，属于 HP-PRRSV 亚型；在 2009 年后的分离株中发现了新的突变，并集中在 GP5 抗体诱饵表位的核苷酸上；2007—2010 年中国西北地区的 PRRSV 毒株与中国其他地区的 PRRSV 毒株相似，但具有一定的区域特征。Guo T 等于 2014—2015 年对河南省进行 PRRSV 流行病学调查，结果显示，PRRSV 阳性率为 23.2%，大多数流行毒株均属于北美基因型。袁为锋等于 2016—2017 年对江西地区的 53 份病料进行 PRRSVRT-PCR 检测，结果表明，其中 321 份样品为 PRRSV 阳性，阳性率为 70.86%，各地区的阳性率在 19.15%～84.85% 之间，江西地区 PRRSV 的流行以 HP-PRRSV 为主，NADC30-like 毒株和新基因亚型共存，同时还有经典毒株的流行。冯松林等对广东省 PRRSV 流行情况进行研究，结果表明，2014、2015 和 2016 年广东省的 PRRSV 抗原阳性率分别为 30.86%、34.35%、37.50%，抗体阳性率为 82.86%、68.87%、74.56%，在抗原检测阳性的样品中共分离到 69 株 PRRSV 毒株，其中有 39 株位于 PRRSV-1 亚群。2016 年，张洪亮等检测到 3 株欧洲型 PRRSV，遗传演化分析结果表明均属于 PRRSV-1 的 I 亚型，与 PRRSV-1 代表株 LV 的核苷酸同源性为 88.7%～88.9%。其研究发现，我国 PRRSV-1 基因组在缺失、重组等方面正发生一些新的变化。张树金等的研究表明，2015—2017 年山东省 PRRSV 平均抗原阳性率为 41.44%，平均抗体阳性率为 83.28%，抗原和抗体水平均趋势平稳。翟宝库等对黑龙江省大庆地区猪群进行 PRRSV 感染情况调查，结果表明疑似猪场组织样品 PRRSV 检出率为 45.45%，屠宰场组织样品检出率为 2.08%。张书祥等的研究结果显示，广西贵港地区 25 个猪场 PRRSV 场点总阳性率为 22.5%，样品总阳性率为 4.93%。其中，HP-PRRSV 场点阳性率为 8.10%，样品阳性率为 1.29%；经典株场点阳性率为 16.2%，样品阳性率为 3.65%；有 2 个猪场同时检测到高致病株和经典株 PRRSV。

周铁忠从辽宁省分离到 1 株 PRRSV LN/0901 株，经遗传演化分析发现该毒株属北美型，与 2006 年以来国内的多数流行毒株遗传关系相近，但处于独立分支，说明辽宁地区流行 PRRSV 存在不断变异的趋势。沈国顺等在辽宁地区某发生 PRRS 猪场采集病料，对 ORF5 基因进行扩增、测序和遗传演化分析，结果显示，与 VR2332 株、LV 株氨基酸同源性分别为 89.5% 和 55.7%，并且该分离株属于北美型。于学武等于 2011—2012 年测定了辽宁地区 6 株 PRRSV NSP2 基因全序列，序列结果显示 6 株 PRRSV 具有典型的 HP-PRRSV 分子特性，遗传演化分析表明在辽宁地区有不同的 HP-PRRSV 毒株同时流行，并可能具有同一祖先起源。通过本项目对辽宁地区 PRRSV 流行的优势基因型进行探索发现，在 2014—2016 年流行的优势基因型为 HP-PRRSV，2017—2018 年经典株的流行呈上涨的趋势。通过对分离到的 PRRSV 进行序列比对和遗传演化分析发现，在辽宁地区分离到的 HP-PRRSV 可能是野毒和疫苗毒的重组毒株。目前在临床有两种基因型同时存在和流行，因此在免疫前以及发病后，对 PRRSV 基因型的鉴别就尤其重要。目前并没有针对辽宁地区优势毒株的 PRRSV 分型检测方法，为了完善该病检测体系，该方法的制定和执行势在必行。并且在 2017 年原农业部取消 PRRSV 强制免疫以后，猪场在制定免疫策略的时候应该有所甄别，根据全省以及周边地区的环境进行选择。为了给辽宁省防控策略和猪场免疫防制措施的制定和实施提供理论依据，对辽宁地区 PRRS 免疫措施的优化研究是必不可少的。

四、病理生理

（一）新生仔猪病变

PRRSV 感染后所有日龄的猪都表现出相似的病理变化。由于毒株的毒力不同，因此其引起病变的严重程度和病变范围也就不同（Done，Paton，1995；Halbur 等，1996b）。大部分研究病变的染毒试验均是用 1～70 日龄的哺乳猪或断奶猪进行的（Collins 等，1992；Dea 等，1992c；Halbur 等，1995b，1996a，b；Pol 等，1991；Rossow 等，1994a，1995）。感染后，4～28 d 以及 28 d 之后经常能看到肺脏和淋巴结的大体或显微病变，这两个部位是病毒复制的主要场所。此后观察到的显微病变不太一致，在感染后 7～14 d 时，肾脏、脑、心脏和其他部位病毒粒子比较少，其主要位于血管周围和血管内的巨噬细胞和内皮细胞中，也可在繁殖障碍母猪的子宫屏障和公猪的睾丸处发现病变。小于等于 13 日龄的猪染毒后，会出现该病的特征性病变，如感染后 6～23 d 会发生眼周浮肿、感染后 11～14 d 会发生阴囊肿大、感染后 2～7 d 会发生皮下水肿等（Rossow 等，1994a，1995）。

感染后 4～28 d 以及 28 d 之后，会出现间质性肺炎，其中以感染后 10～14 d 时最为严重。肺脏尖叶病变轻微或病变呈弥散性分布。被感染的肺实质有弹性、质地稍坚硬、不塌陷、灰黑色带有斑点而且湿润。严重病变为弥漫性分布，软组织上有斑点或者呈现红褐色、不塌陷、质地坚实、橡胶状且非常湿润。在显微镜下，由于肺泡腔充满巨噬细胞、淋巴细胞和浆细胞，可能还有增生的 Ⅱ 型肺成纤维细胞，从而肺泡壁扩张。肺泡中可能有坏死的巨噬细胞、细胞碎片和浆液。淋巴细胞和浆细胞在呼吸道和血管周围形成套。为数不多的细胞增生和纤毛缺失的支气管上皮细胞相关研究资料中也提到了 PRRSV 抗原（Done，Paton，1995；Pol 等，1991）。在 PRRS 实际感染病例中，特别是保育猪和生长/

育成猪病例中，PRRS 的肺部病变通常比较复杂，或者因为被并发的细菌和/或病毒性疾病产生的病变所掩盖而难以分辨。

感染 PRRSV4～28 d 或者更长时间后，淋巴结出现病理变化（Dea 等，1992c；Halbur 等，1995b；Rossow 等，1994a，b，1995）。大部分感染病猪体内的许多淋巴结通常会增大至原先的 2～10 倍。染毒早期，增大的淋巴水肿，呈棕褐色、硬度中等。此后，淋巴结变硬、颜色变为白色或者浅棕褐色。偶尔可见多个充满液体、直径为 2～5 mm 的皮质囊肿。显微病变主要在生发中心。感染早期，生发中心坏死并消失。此后，生发中心变得非常大并呈爆炸形，其中充满淋巴细胞。皮质部分可能含有小囊，其间含有数量不等的内皮细胞以及蛋白液、淋巴细胞和多核原核细胞（Rossow 等，1994b，1995）。显微检查发现，在胸腺、脾脏的小动脉周围淋巴勒以及扁桃体和 Peyer's 淋巴集结的淋巴滤泡有轻度的坏死、消失和/或增生（Halbur 等，1995b；Pol 等，1991）。

感染 PRRSV9 d 以上时，心脏中可能出现轻度至中度的多灶性淋巴组织细胞脉管炎和血管周围心肌炎（Halbur 等，1995a，1995b；Rossow 等，1994a，1995）。偶尔可见轻度的心肌纤维性坏死和浦肯野纤维的淋巴细胞套（Rossow 等，1995）。

感染 PRRSV7 d 以上时，小脑、大脑和/或脑干中可能出现轻度的淋巴组织细胞白质脑炎或脑炎（Collins 等，1992；Halbur 等，1996b；Rossow 等，1995；Thanawongnuwech 等，1997a），也可能出现局部淋巴细胞和巨噬细胞形成的血管套以及多灶性神经胶质细胞增生。某个出现神经症状的 PRRS 临床病例中也观察到了坏死性脉管炎病变（Thanawongnuwech 等，1997a）。

感染 PRRSV14～42 d 时，在肾小球和肾小管周围的组织偶尔会出现轻度的淋巴组织细胞聚积（Cooper 等，1997；Rossow 等，1995）Cooper 等（1997）报道了一些严重程度不等的局部脉管炎，其中以骨盆和骨髓最为严重。受感染血管内皮肿胀、血管内皮下蛋白液聚积、纤维蛋白中层坏死、血管内壁和周围淋巴细胞和巨噬细胞聚积。

染毒 12 h 后，鼻黏膜上皮纤毛群集或缺乏，上皮细胞肿胀、缺失或鳞状上皮样化生（Collis 等，1992；Halbur 等，1996b；Pol 等，1991；Rossow 等，1995）。感染 PRRSV7 d 时，上皮和黏膜下固有层出现淋巴细胞和巨噬细胞。

自然或者实验感染 PRRSV 的怀孕母猪的子宫常出现显微病变（Christianson 等，1992；Lager，Halbur，1996；Stockhofe-Zurwieden 等，1993），子宫肌层和子宫内膜水肿，伴有淋巴组织细胞血管套。在子宫内膜上皮和胚胎滋养层之间的小血管和微孔间隙中，偶尔会出现局灶性淋巴组织脉管炎，其中含有嗜酸性的蛋白液和细胞碎片。

感染 PRRSV7～25 d 时，5～6 月龄公猪的输精管出现萎缩（Sur 等，1997），输精管的生发细胞中含有 PRRSV 抗原和核酸，出现含有 2～15 个核的巨细胞以及精子凋亡，有时甚至根本没有精子产生。

（二）胎儿病理变化

若怀孕母猪妊娠 100 d 或大于 100 d，在正常产仔期之前产下一窝不同比例组合的临床正常仔猪、体型较小或者体型正常但较弱的仔猪、已经死亡的各种自溶仔猪和木乃伊仔猪的话，就应该怀疑为猪的 PRRS 繁殖障碍。对胎儿和死胎进行病理剖检很难见到病变。但是，没有病变并不能排除 PRRS 感染的可能性。有时在流产胎儿或死胎身上会出现局部水肿以及出血导致脐带扩张等症状，这些都是 PRRSV 感染的重要指征。

PRRSV 感染的仔猪可能包括不同数量的正常仔猪、体型较小的弱仔猪、出生时刚刚死亡的仔猪（分娩时死亡的）、已经死亡的自溶仔猪（分娩前在子宫内已经死亡的）、部分或者完全的木乃伊胎。通常，死胎外部包裹着厚厚一层胎粪和羊水的褐色混合物；这一症状通常表明胎儿受到压迫并发生了缺氧或者仅发生了缺氧（Lager，Halbur，1996；Stockhofe-Zurwieden 等，1993）。因为子宫内无菌，所以自溶胎儿的病变多为非特异性的。

PRRSV 的特异性大体或显微病变很少见，而且表现也不尽相同。在子宫内自溶较轻或无自溶的胎儿最容易发现该特点（Bøtner 等，1994；Collins 等，1992；Done，Paton，1995）。出生时的活胎或者出生几天后死亡的仔猪更容易观察到病理变化。胎儿的大体病变包括肾周水肿、脾脏韧带水肿、肠系膜水肿、胸腔积水和腹水（Dea 等，1992c；Lager，Halbur，1996；Plana Duran 等，1992b）。显微病变较轻且为非化脓性病变，如肺脏、心脏和肾脏的局部动脉炎和动脉周炎（Lager，Halbur，1996；Rossow 等，1996b），偶尔伴有Ⅱ型肺成纤维细胞增生的多点性间质性肺炎（Plana Duran 等，1992b；Sur 等，1996），轻度的门静脉周肝炎（Lager 和 Halbur，1996），伴有心肌纤维缺失的心肌炎（Lager，Halbur，1996；Rossow 等，1996b）以及多点性的白质脑炎（Rossow 等，1996b）。

具有诊断意义的特征性病变是：由坏死性化脓和淋巴组织细胞脉管炎引起的局部出血导致脐带扩增为正常直径的 3 倍（Lager，Halbur，1996）。

（三）亚洲的特有病变

2006 年夏，2 型 PRRSV 变异株在我国华东地区传播，引起 PRRS 的暴发流行，导致了两百多万头猪的感染和平均 20% 的死亡率（Li 等，2007；Tian 等，2007；Zhou 等，2008）。临床病例的大体病变除了上述描述之外，还有一些特征性病变，包括肾皮质、肝包膜和胸膜脏层出现痕点和痕斑，有时还可观察到脾梗死和血尿。但是，当使用从感染猪群分离出的病毒进行攻毒时，却只能观察到 PRRS 的典型症状，并不能发现上述特有病变（Li 等，2007；Zhou 等，2008）。2007 年 3 月，经中国动物疫病预防控制中心确认，此次疫病的原发病因为 PRRS 高致病性变异毒株，并将其命名为"高致病性猪蓝耳病（HP-PRRS）"。

五、临床症状

在北美洲（Bilodeau 等，1991；Keffaber，1989；Loula，1991；Moore，1990；Sanford，1992）、南美洲（Dewey，2000）、欧洲（Anon，1992；Busse 等，1992；de Jong 等，1991；Gordon，1992；Hopper 等，1992；Leyk，1991；Wensvoort 等，1991；White，1992a，b）和亚洲（Chiou，2003；Thanawong-nuwech 等，2003；Tong，Qiu，2003；Yang 等，2003），同一猪群内部 PRRS 的临床症状基本相同。

猪群之间 PRRS 的临床表现差别较大，有的根本无异常症状，有的则表现为大多数猪的死亡。PRRSV 的临床症状受病毒毒株、宿主的免疫状态、宿主的易感程度、脂多糖的外露程度、并发感染以及其他管理因素的影响（Blaha，1992；White，1992a）。

猪群发生 PRRS 的临床表现主要是个体出现急性病毒血症（Collins 等，1992；Pol 等，1991；Terpstra 等，1991a）和经胎盘传染给胎儿的繁殖障碍（Terpstra 等，1991a）。

PRRSV 分离株的毒力差别很大，低毒力的分离株仅能引起猪群亚临床感染性流行或者地方性流行（Morrison 等，1992），而高毒力的分离株则能引起严重临床感染，猪群的免疫状况不同，感染后的临床表现也不同。

如果 PRRSV 感染未免疫的猪群或未免疫地区的猪群，那么所有年龄的猪都会受到感染，从而引起该病的流行。地区性的流行主要发生在已经免疫过并且免疫毒株与感染毒株同源的猪群中。对于地方性流行的 PRRS 来说，表现出临床症状的猪为猪群中的易感猪，并且多为母源抗体消失后的保育—生长猪和/或以前未受感染的小母猪或经产母猪以及它们先天感染的后代仔猪。

如果 PRRSV 毒株的抗原发生足够大的变异，那么该毒株作为一种新的、与免疫相对无关的毒株，就会使 PRRSV 感染的地方性流行变为流行性暴发。一株 Nsp2 基因缺失的高致病性 PRRSV 已开始在中国华东地区快速散播（Li 等，2007；Tian 等，2007；Zhou 等，2008），主要表现为体温高热不退、皮肤发红、呼吸困难。那次疫情具有发病率高、病死率高、治愈率低的特点。

PRRS 流行的第一阶段持续 2 周或 2 周以上，此时所有年龄的猪均可发病，发病率为 5%～75%，是由急性病毒血症引起的，主要特征为厌食和精神沉郁。上述症状起始于猪群生产的一个或多个阶段，根据猪群的规模和组成不同，可在 3～7 d 或更长时间内传播至整个生产阶段。发病猪食欲不振，持续 1～5 d，在隔离猪群中其传播常常需要 7～10 d 或者更长时间，因而常用"滚动性食欲不振"这个术语来描述。发病猪也常表现出如下临床症状：淋巴细胞减少、发热、直肠温度 39℃～41℃、呼吸急促、呼吸困难以及四肢皮肤出现短暂的"斑点"样充血或发绀。

急性病例的第一阶段结束后，疾病进入第二阶段，持续 1～4 个月。该阶段的主要特征为繁殖障碍，主要发生在怀孕后第三期出现病毒血症的母猪，其所产活仔猪在断奶前的死亡率升高。当繁殖障碍和断奶前死亡率恢复至疾病暴发前的水平时，大部分猪群仍会持续发生地方性感染。

母猪（Sows）。在疾病的急性期，1%～3%的母猪流产，流产一般发生在妊娠后 21～109 d。母猪表现为明显的流产、流产后的不规则发情或不孕（Hopper 等，1992；KeHaber，1989；Loula，1991；White，1992a）。在个别急性病例中，母猪可出现无乳（Hopper 等，1992）、共济失调（de Jong 等，1991）的症状和/或挤癣、萎缩性鼻炎或膀胱炎/肾盂肾炎等地方性疾病的急剧恶化（White，1992a）。

急性发病母猪的死亡率通常为 1%～4%，有时还伴有肺水肿和/或膀胱炎/肾炎等（Hopper 等，1992；Loula，1991）。母猪严重急性 PRRSV 感染的流产率可达 10%～50%，死亡率约 10%，并且伴有共济失调、转圈和轻瘫等神经症状（Epperson，Holler，1997；Halbur，Bush，1997）。

大约 1 周后出现后期繁殖障碍，并持续 4 个月左右。在急性感染病例中也有部分感染母猪不表现出临床症状。通常，5%～80%的母猪会在怀孕后 100～118 d 产仔，所产仔猪中有正常猪、弱仔猪、新鲜死胎（分娩过程中死亡）、自溶死胎（褐色）和部分木乃伊胎儿或完全木乃伊胎儿的各种组合。一般来说，死胎占一窝仔猪的 0%～100%，占整个产仔群中所产仔猪总数的 7%～35%。随着时间的推移，仔猪从主要为死胎和大的部分木乃伊化的胎儿变为小的较完全木乃伊化胎儿，再变为弱小胎儿，最后变为正常大小和有活力的猪（Keffaber, 1992; LouJa, 1991; White, 1992a）。在一些猪场, 大多数的异常仔猪为活产、早产、体弱和体小的猪, 但少数为死胎（Gordon, 1992）。母猪围产期的死亡率可达 1%～2%（Jong 等, 1991; KeHaber, 1989）。此后, 耐过母猪发情延迟、不孕率升高。

公猪（Boars）。急性病例除表现出厌食、精神沉郁和呼吸道症状外, 还出现性欲缺失和精液质量不同程度地降低（de Jong 等, 1991; Feitsma 等, 1992; Prieto 等, 1994）。精液变化出现于病毒感染后的 2～10 周, 表现为精子的运动能力降低和顶体缺乏, 但是尚不清楚是否会影响受孕率（Lager 等, 1996; Prieto 等, 1996a, b; Swenson 等, 1994b; Yaeger 等, 1993）。但是, 公猪精液中的 PRRSV 会通过性交传染给母猪, 这一点是非常重要的（Swenson 等, 1994b; Yaeger 等, 1993）。

哺乳仔猪（Suckling Pigs）。在繁殖障碍末期的 1～4 个月, 早产弱仔的死亡率非常高（约 60%）, 并且伴发精神沉郁、消瘦/饥饿、外翻腿姿势、呼吸急促、呼吸困难（"喘鸣"）和球结膜水肿。有时个别病例会出现震颤或划桨运动（Keffaber, 1989; Loula, 1991）、前额轻微突起（Gordon, 1992）、贫血和血小板减少并伴有脐部等部位的出血以及细菌性多发性关节炎和脑膜炎的增加（Hopper 等, 1992; White, 1992a）。英国病例经常出现水样腹泻（Gordon, 1992; Hopper 等, 1992; White, 1992a）, 但在其他地方很少出现这种症状（Keffaber, 1989; Leyk, 1991）。

断奶和生长猪（Weanling and Grower Pigs）。保育猪或生长—育肥猪急性感染 PRRSV 后经常出现厌食、精神沉郁、皮肤充血、呼吸加快和/或呼吸困难但不咳嗽、毛发粗乱、日增重不同程度减少, 以致出现猪个体的大小不等（Moore, 1990; White, 1992b）。一些地方流行病比平时多发, 死亡率高达 12%～20%（Blaha, 1992; Keffaber 等, 1992; Loula, 1991; Moore, 1990; Stevenson 等, 1993; White, 1992a）。最常出现的地方流行病包括链球菌性脑膜炎、败血性沙门氏菌病、革拉瑟氏病、渗出性皮炎、疥癣和细菌性支气管肺炎。

六、诊断

在繁育猪发生繁殖障碍以及任何日龄猪发生呼吸道疾病的猪场可能均存在 PRRSV。在临床感染 PRRSV 的猪群繁殖记录上通常能够发现如下症状：流产、早产、死胎、断奶前死亡率增加以及非生产时间延长等。但是, 缺乏明显的临床症状并不表明猪群没有感染 PRRSV。

仔猪出生后感染强毒 PRRSV 后, 各年龄段的猪均会出现明显的间质性肺炎和淋巴结肿大。这些大体病变提示猪可能感染了 PRRSV, 但由于其他病毒和细菌性疾病也能引起相似的病变, 因此并不具有诊断意义。有时需要根据典型显微病变进行大胆的假设性诊断。但是, 必须检测到 PRRSV 才能确诊。

根据感染地区不同, 所进行的鉴别诊断可能包括经典猪瘟病毒、巨细胞病毒、血凝性脑脊髓炎病毒、细螺旋体病毒、细小病毒、PCV2、伪狂犬病（Aujeszky's disease）病毒、猪流感病毒和捷申病毒（Halbur 等, 2003）。一般来说, 目前多种病毒和/或细菌的共同感染使临床现象更加复杂, 难以诊断。因此, 确切的诊断需要诊断实验室确诊病毒、病毒产物和/或抗体的存在。

（一）病理学评价

PRRSV 没有特征性的眼观或者显微病变，流产胎儿或者死胎基本对疾病的诊断没有任何帮助。所有日龄的感染猪均出现间质性肺炎和淋巴结肿大的临床症状（Lager，Halbur，1996；Stevenson 等，1993）。间质性肺炎是主要的显微病变。

（二）病毒分离

尽管不同分离毒株的复制速度差异很大，但一般来说，日龄较小的猪体内 PRRSV 含量高而且持续时间长，感染后 4～7 d 达到峰值，随后下降，至感染后 28～35 d 即无法检出。哺乳、断奶和生长猪的病毒血症出现在感染后 28～42 d，而母猪和公猪的病毒血症则出现在感染后 7～21 d（Christop her-Hennings 等，1995a，b；Kittawornrat 等，2010；Mengeling 等，1996）。在病毒血症消失后的几周内，仍能从肺脏冲洗液、口腔液体、扁桃体和淋巴结中检测到感染性病毒和/或病毒 RNA（Horter 等，2002；Menge ling 等，1995；Ramirez 等，2011；Rowland 等，2003；Wills 等，2003）。病毒在扁桃体和淋巴结中的存活时间要比在血清、肺脏和其他组织中长。例如，在实验条件下，感染后 130 d 和 157 d 时可分别从扁桃体和口腔拭子中分离到病毒（Rowlang 等，2003；Wills 等，2003）。

进行病毒分离的样品应在采集后立即冷藏（4℃）保存，并在 24～48 h 内运送至诊断实验室。这是因为 PRRSV 不耐热，而且稳定存活的 pH 范围也较窄（Benfield 等，1992；Bloemraad 等，1994；dacobs 等，2010；Van Alstine 等，1993）。

可以用猪肺泡巨噬细胞（PAMs）或者非洲猴肾细胞 MA-104 亚细胞系（CL-2621，MARC-145）进行病毒分离（Benfield 等，1992；Kim 等，1993）。据报道，PAMs 比 MARC-145 更容易分离到病毒，可能是在抗体存在的情况下 PAMs 细胞上的 Fc 受体增强了 PRRSV 分离的成功概率（Yoon 等，2003）。

分离到的 PRRSV 在 PAMs 和 MA-104 细胞上的生长能力不同（Bautista 等，1993），因此为了最大可能地从临床标本中分离出病毒，应该用两种细胞进行病毒分离（Yoon 等，2003）。由于减毒活疫苗中的病毒已经适应了 MRAC-104 细胞系，因此在使用 MRAC-145 细胞系分离病毒时得到的分离结果可能有偏向性。强制使用 PAMs 可以确保成功地分离 1 型（欧洲型）和类欧洲型 PRRSV（Christopher-Hennings 等，2002；Wensvoort 等，1991）。

用细胞培养物分离的 PRRSV 可以用 RT-PCR 方法来确证，也可以用 PRRSV 特异的单克隆抗体如荧光抗体（FA）或免疫组化（IHC）方法观察感染细胞胞浆中病毒抗原的存在来确诊（Nelson 等，1993），还可以用负染色电镜（EM）法观察细胞培养液中的病毒粒子。

（三）病毒检测

用 10% 的中性福尔马林固定肺脏、扁桃体、淋巴结、心脏、脑、胸腺、脾脏和肾脏，进行显微评价和免疫组化检测（Halbur 等，1994；Van Alstine 等，2002；Yaeger 等，1993）。免疫组化和组织病理学技术相结合可直接观察到细胞质中显微病变内部或者邻近部位的 PRRSV 病原（Halbur 等，1994）。为了避免 PRRSV 抗原的降解以及 IHC 阳性细胞的损失，组织必须在固定 48 h 内进行处理（Van Alstine 等，2002）。最好在急性感染期（感染后 4～14 d）查病变和病毒抗原，此时感染细胞质中的病毒滴度最高、抗原数量最多。用 IHC 方法检测肺脏中的 PRRSV 抗原至少需要检测尖叶肺脏的 5 个切片，能鉴定 90％以上的 PRRSV 感染猪（Yaeger 等，2002）。也可以用 FA 检测冷冻肺脏中的病毒抗原（Benfi 等，1992；Halbur 等，1996a；Rossow 等，1995）。应该在病毒复制高峰期采集组织。FA 测试比 IHC 更快、更经济，但缺点是需要新鲜的组织样品。

IHC 和 FA 都是用单克隆抗体来检测感染细胞胞质中的病毒核酸抗原。这两种方法都与操作者区分阳性结果与非特异背景染色的技术和能力有关。阳性的 IHC 或 FA 结果可以用 VI 或 RT-PCR 方法确诊。

目前已经研发出一种快速检测 PRRSV 的免疫色谱试纸条（Zhou 等，2009b）。如要进行该项测试，需要将血清或组织匀浆加至含有针对 PRRSV 核衣壳（N）和膜（M）蛋白特异性单克隆抗体的混合物中。病毒与抗体结合后，抗原—抗体复合物即被色谱试纸条捕获。当标记的抗体能与单克隆抗体结合，该反应即为阳性反应。目前该试纸条还未商品化。

首次进行的 PRRSVRT-PCR 是用来检测公猪精液和血清中 PRRSV 的（Christopher-Henntngse 等，1995b，1996，2001）。RT-PCR 方法可以检测出公猪精液中的 PRRSV，而不必进行病毒分离或生物分析。因此，已经出现了大量的 PRRSV-PCRs，并且 PCR 检测技术也一直在快速发展。目前在北美和世界上的许多其他地区都可以使用两种商品化的实时反转录聚合酶链式反应（qRT-PCR）来检测 1 型和 2 型 PRRSVs。PRRSVRT-PCR 的主要缺点是结果假阳性、不能检测遗传多样的分离株、一次检测 1 型和 2 型 2 种基因型的毒株，而且实验室之间难以得到一致性结果。PCR 技术的持续发展和标准商业分析的广泛应用将会继续克服这些缺点。

在急性感染中，用于病毒分离的血清和组织样品也适用于 PCR 诊断分析。虽然在感染后 92 d 仍能在精液中检测到病毒，但公猪感染后前 6 d 时的血清是 PRRSV 检测的最好样品（Reicks 等，2006a，b），平均检测时间为 35 DPI（Christopher Hennings 等，1995a，b，2001）。但是，该方法并不推荐使用血清、精液或血液作为检测样品，因为会降低 RT-PCR 的敏感性（Rovira 等，2007）。在持续感染的猪，应用 PCR 方法能够检测出 PRRSV 核酸的时间与样品有关，86 DPI 的淋巴结（Bierk 等，2001）、92 DPI 的精液（Christopher-Hennings 等，1995）、105 DPI 的口腔拭子（Horer 等，2002）和 251 DPI 时的血清和扁桃体均质物中均仍能检测出病毒核酸。

用 qRT-PCR 方法检测个体或整栏猪的唾液样品可用于监控猪群中的 PRRSV（Prickett 等，2008b）。根据猪群循环模式的不同，PRRSV 的检测期从 2 周至几个月不等（Ramirez 等，2011）。Kittawornrat 等（2010）连续 3 周以上检测了许多公猪唾液样品中的病毒。PCR 方法能检测唾液中稳定存在的病毒，但是在检测前样品需冷冻或冷藏，以保持病毒的完整性（Prickett 等，2010）。应该用 PCRs 证实唾液中病毒功能的完整性（Chittick 等，2011）。间隔 2～4 周取样对于监控猪群中的 PRRSV 循环是非常有效的（Prickett 等，2008a；Ramirez 等，2011）。

在应用方面，PCR 方法不能区分感染性和非感染性病毒，这对于检测结果的解释可能是重要的。对精液和口腔拭子进行 PCR 分析和活的 PRRSV 的生物测定的符合率分别为 94％和 81％（Christopher-Hennings 等，1995b；Horter 等，2002），这表明 PCR 检测结果阳性的样品中可能含有感染性病毒。但是，病毒稳定性研究结果表明，qRT-PCR 结果不能反映感染性 PRRSV 随时间的灭活情况（Hermann 等，2006；Jacobs 等，2010）。因此，PCR 能检测灭活的 PRRSV，而且灭活的 PRRSV 在环境中是相对稳定的。

作为一种新近发展的技术，环介导等温扩增（LAMP）技术具有 RT-PCR 的优点，并且不需要大多数实验室 PCR 分析所用的复杂设备。该技术与 RT-PCR 方法相似，均为扩增 DNA 中的特异片段。但是 LAMP 能够在水浴或热模块等恒温条件下扩增，而不需要热循环仪。根据浊度（与扩增 DNA 的量有关）直接观察反应管中的扩增产物，或者将 Sybr Green 加入反应混合液中，观察其颜色变化情况（黄变绿）（Li 等，2009；Rovlra 等，2009）。虽然 RT-LAMP 比 RT-PCR 的诊断敏感性低，但由于 RT-PCR 仪器设备太昂贵或其技术难以实施，因此前者可能更适用于实验室检测（Rovira 等，2009）。

（四）抗体检测

由于血清容易大量采集，便于多次分析，并且易于贮存（可作为将来诊断的参照），因此实验人员热衷于采用血清学诊断方法。也可检测唾液样品中的抗体（Prickett 等，2010）。用急性和康复期血清样品进行血清转化（阴转阳）是血清学诊断 PRRSV 感染的确定方法。用间接荧光抗体（IFA）法检测到 PRRSV 特异抗体的滴度增加或用酶联免疫吸附分析（ELISA）检测到感染猪群中的 S/P 率升高也能表明感染了 PRRSV。

由于血清学分析不能区分所检测出来的抗体是由于初次感染、再次感染还是疫苗免疫而产生的，因此血清学诊断方法不能有效地确定畜群之前是否感染过或是免疫过 PRRSV。由于 PRRSV 的高流行性，因此单个血清样品用处有限。单个的血清学阳性结果不能说明 PRRSV 感染的因果关系。哺乳仔猪和断奶仔猪体内检测到的抗体可能是由母源抗体引起的，通常 3～5 周龄的仔猪体内仍存在母源抗体。

IFA、ELISA 和 VN 是三种最常用的检测 PRRSV 抗体的方法。用 IFA 方法可分别在 5 DPI 和 9～14 DPI 时检测到 IgM 和 IgG 抗体（Joo 等，1997）。IgM 抗体可持续存在至 21～28 DPI，而 IgG 抗体的峰值出现于 30～50 DPI，并且感染后的 3～5 个月内仍可被检测出来。IFA 方法的敏感性受检测人员的技术水平影响，同时也受该方法所用的 PRRSV 毒株与实际导致猪场抗体产生的毒株之间的不同影响。IFA 分析方法通常用于对可疑假阳性 ELISA 检测结果进行确证，也常用在检测肌肉浸出液和唾液样品中 PRRSV 抗体的监控程序中（Molina 等，2008a；Prickett 等，2010）。

商业化 ELISA 试剂盒（HerdChek @ X3 RPRRSELISA，IDEXX 实验室，Westbrook，ME）是 PRRSV 抗体检测的"参考标准"。该分析方法敏感、特异、标准化并且快速。三家诊断实验室用 1445 份阴性血清所进行的研究表明，其诊断特异性为 99%（艾奥瓦州立大学，2010）。测试的靶抗体是由 PRRSV 的北美分离株和欧洲株的核衣壳抗原所构成的。早在 9 DPI 时即可检测到抗体，检测峰值出现于 30～50 DPI，感染后 4～12 个月抗体检测结果变为阴性。不同猪的 ELISA 抗体反应差异很大，因此该分析不适于评估 PRRSV 的感染阶段（Robert，2003）。

对某个地方即时采集的样品进行 ELISA 检测，但对得出的阴性和阳性结果却难以准确解释。ELISA 检测结果为阴性的样品可能有以下几种解释：①猪未感染；②近来猪已被感染但还没出现血清转化；③猪受到持续性感染，并且已经转变为血清阴性；④猪已经清除了感染并转为血清阴性；⑤由于测试方法敏感性较低，因此未检测出猪已被感染（Yoon 等，2003）。ELISA 检测的阴性结果可能是由于猪受到持续感染，可通过分离感染病毒或者检测扁桃体、淋巴组织或口腔拭子中的病毒或病毒 RNA 进行确证（Fangman 等，2007；Horter 等，2002）。

除了商业化的 ELISA 用核衣壳蛋白作抗原外，研究还发现，在 PRRSV 感染过程中，Nsp1、Nsp2 和 Nsp7 都可以诱导产生高水平的抗体。目前已研发出一种 ELISA 方法，用 Nsp2 和 Nsp7 来监测猪对北美洲和欧洲 PRRSV 的抗体反应。14 DPI 时可检测到抗体，并且在前 126 DPI 时，用 Nsp2 或 Nsp7 作为抗原的 ELISA 检测结果与 2X ELISA 试剂盒的结果符合性良好。Nsp7 ELISA 也解决了 2X ELISA 试剂盒 98% 的可疑假阳性结果问题。因此，可以将 Nsp7 ELISA 作为商业化 2X ELISA 试剂盒的潜在替代或者确证试剂盒（Brown 等，2009）。

血清—病毒中和（VN）分析可以检测能够中和细胞培养物中定量 PRRSV 的抗体。该分析方法具有高度特异性，但是抗体在感染后 1～2 个月才会产生（Benfield 等，1992）。所测试的抗体经常在 60～90 DPI 达到峰值，并且持续存在 1 年左右。同 IFA 一样，当用同一种病毒进行分析时，VN 反应是最强烈的。由于目前实验室间的 VN 测试方法还未标准化，因此通常情况下，该方法还不能作为常规诊断检测方法。

七、鉴别诊断

当发现猪繁殖障碍时，应与猪细小病毒感染、猪传染性脑心肌炎、猪伪狂犬病、钩端螺旋体病、猪流感、猪日本乙型脑炎等疫病鉴别。当哺乳仔猪出现呼吸道症状时，则应与猪脑心肌炎、伪狂犬病、猪呼吸道冠状病毒感染、猪副流感病毒感染、猪流感、猪血凝性脑脊髓炎鉴别诊断。

八、治疗与防控

随着对 PRRSV 传播、致病、变异等特性以及现有商业化疫苗的实际免疫效力和弊端的深入认识和了解，人们意识到单纯依靠疫苗来控制 PRRS 难以奏效，采取综合防控措施控制 PRRS 十分必要。

（一）生物安全

流行病学研究揭示了 PRRSV 在猪群中的传播和扩散特性。PRRSV 感染猪可通过口腔分泌物、乳汁、鼻腔分泌物和精液排毒。因此，具有不同 PRRSV 感染状态猪群的移动和混群是 PRRSV 传播的最主要途径之一。PRRSV 可以经精液传播给母猪，受到污染的精液可经人工授精传播 PRRSV，因此 PRRSV 阳性的公猪会成为许多种猪场 PRRSV 的传染源。此外，PRRSV 的持续感染特性也有利于其在猪群中的传播和扩散，PRRSV 阳性种猪或带毒种猪是重要传染来源。对于 PRRSV 阳性猪场而言，如果不采取任何控制措施，PRRSV 可以在猪群中反复循环，PRRSV 阳性种猪群和保育猪群可以长时间提供传染来源，就会造成哺乳仔猪、生长猪和后备母猪感染。此外，间接传播途径在 PRRSV 的传播中也起着十分重要的作用，如受到 PRRSV 污染的靴子和工作服、注射针头、蚊、苍蝇、运输工具和气溶胶，可造成 PRRSV 在猪场内和猪场间的传播。美国的实践经验表明，通过采取严格的生物安全措施，切断 PRRSV 传播途径和消灭传染来源是预防猪群感染 PRRSV 的有效措施。

（二）后备母猪驯化

如果种猪群受到 PRRSV 感染，后备母猪的驯化对于 PRRS 的稳定控制十分重要。若后备母猪在被引入经产母猪群之前是阴性或缺乏对 PRRSV 的免疫力，则对 PRRSV 十分易感，不但可造成繁殖障碍，而且对断奶时的阴性猪也影响很大。后备母猪在配种和妊娠期间成为病毒血症阳性，将成为猪群的传染源，导致新生仔猪感染。已有研究表明，后备母猪在生长阶段受到 PRRSV 感染，被引入种猪群后至少能部分获得对再感染的免疫力。因此，驯化的目的是使后备母猪在配种前感染与经产母猪群相同的 PRRSV 毒株，并在混入经产种猪群之前完全康复。后备母猪驯化越早，越有利于采取不同的驯化计划使后备母猪接触 PRRSV，效果也越明显。驯化方式包括：①使后备母猪接触有病毒血症的保育仔猪。②给后备母猪注射猪场的活病毒，可以采取猪场 PRRSV 阳性猪的血清进行接种。这种方式具有造成其他病原传播和增加死亡率的潜在风险，优点是可以确切知晓感染时间。理论上，所有后备母猪可在同一时间产生对 PRRSV 的抵抗力，为在群体水平上清除 PRRSV 奠定基础。③减毒活疫苗免疫接种。在后备母猪进入种猪群前，进行 1~2 次 PRRSV 减毒活疫苗的免疫接种。如果一个猪场存在一个以上的 PRRSV 毒株，驯化可能失败。对于高致病性 PRRSV 毒株感染，驯化应慎重，并把握驯化时期和接种剂量。

（三）疫苗免疫

现有商业化的 PRRSV 灭活疫苗和减毒活疫苗均已用于后备母猪、母猪、生长猪的 PRRSV 控制，但控制效果各说不一，实验室效力与临床效力差异较大。综合国内外的研究数据表明，PRRSV 灭活疫苗的免疫效果不稳定或低下，减毒活疫苗在降低临床发病和严重程度、病毒血症和排毒时间等方面是有效的。然而，由于 PRRSV 毒株的变异性和多样性，无论是灭活疫苗，还是减毒活疫苗，都不能达到稳定控制 PRRS 的目的，不能完全预防 PRRSV 的呼吸道感染、胎盘传播以及猪与猪之间的传播，也不能在母猪群维持有效的免疫保护。此外，还必须清醒地认识到，减毒活疫苗存在毒力返强和在未感染猪群中传播、在猪群中出现疫苗演化病毒以及疫苗毒与野毒重组的风险。

九、饲养管理要点

采取严格的生物安全措施，切断 PRRSV 传播途径和消灭传染来源是预防猪群感染 PRRSV 的有效措施。生物安全措施主要包括：①实施全进全出和严格的卫生消毒措施，清除 PRRSV 在猪场的污染，降低和杜绝在猪群间的传播风险；②建立阴性公猪群，进行公猪精液检测，避免 PRRSV 污染精液；③严格进行种猪血清学和病毒学检测，禁止引入 PRRSV 感染和带毒种猪；④严格人员进出控制制度，出入人员淋浴和更换工作服，运输工具的清洗消毒，猪场工作人员的靴子和工作服的清洗和消毒，更换注射针头，灭蚊和苍蝇，切断 PRRSV 的间接传播途径；⑤采用空气过滤系统，阻断猪场内 PRRSV 经气溶胶的传播。

PRRSV 已被公认为是一种免疫抑制性病毒，众多的实验和临床证据表明，PRRSV 感染猪群会继发严重的细菌性继发感染（如副猪嗜血杆菌、猪链球菌、巴氏杆菌等），导致死亡率增高，不同致病性毒株引发的继发感染程度有差异。因此，采取合理的药物预防保健方案，控制 PRRSV 感染猪群的继发感染，有利于降低猪只的死亡率。

炭　疽

一、定义

炭疽（Anthrax）是由炭疽杆菌（Bacillus anthracis）引起的一种急性、败血性人畜共患传染病，其具有感染后潜伏期短、病情急和病死率高等特点，是一种致命的高度传染性疾病。由于炭疽杆菌具有荚膜，在体外能形成芽孢（在干燥的室温环境中可存活数十年，不易杀灭）的特性，属于自然疫源性疾病。炭疽杆菌的自然宿主包括草食性野生动物（象、鹿、羚羊等）和家畜（牛、羊、马、驴和骆驼等）等多种动物，其中以草食动物的易感性较高；人对该病也易感。

二、病因

炭疽是由炭疽杆菌引起的。它是一种革兰氏阳性、需氧、产芽孢、无运动的棒状杆菌。此菌直径 $1\sim5~\mu m$，长 $3\sim8~\mu m$，两端平截。炭疽菌体外包围着谷氨酸和外毒素形成的保护性硬膜。外毒素由 3 个片段组成，当每毫升血液菌体量达到（$5\sim10$）$*10^6$ 时产生（Davis 等，1973）。炭疽杆菌在大多数普通培养基上生长良好，在血琼脂平板上，通常培养 12 h，即长出菌落。37℃培养 24 h 后，菌落呈非溶血性，外观如"毛玻璃"边缘不规则，有波纹，呈卷发状。可用生化试验、PCR 和特定的噬菌体来区分炭疽杆菌及同属的其他成员。在没有适当的生物安全防护条件下，不要进行细菌培养。从事本菌相关操作的人员应进行预防接种。

三、流行情况

猪炭疽病较少见并且不致死。炭疽是人畜共患病，感染后会对饲养员、兽医、屠宰工人及加工或消费炭疽感染猪制品的人员构成威胁。发现感染猪只，要对尸体进行处理并对屠宰场进行消毒。肉品加工者不愿意屠宰来自感染农场的猪只，零售商也越来越重视对消费者应尽的责任，而粪便安全处理也成为一个大问题。目前的顾虑是，此菌很可能被生物恐怖活动所利用，需要加强对此菌和诊断试剂的控制，提高本病的重要性。

四、病理生理

死亡的成年猪可能出现鼻孔流血（Edgington，1990），而小猪可能表现为苍白和脱水。颈部出现水肿，草莓样色、粉红或血红色液体渗出，组织呈凝胶状。扁桃体常常覆盖着一层纤维蛋白渗出物，或出现广泛性坏死。咽喉黏膜常见炎症和水肿。腭和上咽淋巴结比正常大几倍，切面颜色从深砖红色至草莓红色不等。在多数慢性病例中，淋巴结的剖检变化呈现灰黄色，表明有坏死。肠型出现桃红色腹水，遇到空气后可凝结成块。小肠通常有炎症，浆膜面有纤维蛋白粘连。肠系膜淋巴结可见肿胀、出血或坏死，常伴有肠系膜水肿。肠黏膜覆盖有白喉样膜并可见出血，肠壁变厚。败血症型病例中，腹腔有血样液体、局部黏膜有淤点，可能出现脾脏肿大以及肾脏明显淤点。在康复猪的淋巴结可见小浮肿（Redmond 等，1997）。毛细血管和出血坏死的淋巴结可在显微镜下看到带有包膜的杆菌。

五、临床症状

潜伏期 1～8 d，接着死亡率增加。猪炭疽表现为三种类型：咽型、肠型和败血症型。在咽型炭疽病中，常见症状为颈部水肿和呼吸困难，病猪表现精神沉郁、食欲不振和呕吐，体温升高达 41.7℃。多数病猪在颈部出现水肿后 24 h 内死亡，也有猪不经治疗即康复。康复猪可能继续携带炭疽杆菌。

肠型炭疽病严重时可引起急性消化功能紊乱，并伴有呕吐、停食和血病，最严重时会导致死亡，但大多数较轻病例可康复（Brennan，1953）。在试验研究（Redomond 等，1997）中，50 头感染猪中有 33 头在感染后 1～8 d 出现厌食、反应迟钝、颤抖、便秘、拉稀和血便，有时运动失调，仅有 2 头死亡。感染猪发烧未超过 41.9℃，高峰出现在感染后 48 h。

败血症型炭疽是最急性的，畜主未见症状时即死亡。对猪而言，此型不常见。小猪比成年猪更常出现败血症（Ferguson，1986）。

六、诊断

炭疽的确诊非常重要，取决于炭疽杆菌或其 DNA 的分离和鉴别诊断。官方推荐的炭疽杆菌诊断方法能在陆生动物诊断和免疫手册中找到（OIE，2010）。当猪出现颈部水肿和呼吸困难时应怀疑为炭疽病，但败血梭状芽孢杆菌引起的恶性水肿也可能出现类似临床症状。粪便带血和发烧可能是肠型炭疽病，但需要与猪痢疾和增生性出血性肠炎区别开来，后两者都不出现发热。

当尸体被剖开后，咽部出现水肿液，颈部或肠系膜淋巴结肿大很可能是炭疽病变。腹膜出现血性液体，肾脏或浆膜表面出现淤点，脾脏肿大，小肠增厚和炎症都是炭疽病的特点。发病动物通常饲喂过动物蛋白产品。在败血症病例中，应排除猪霍乱（经典猪瘟）和非洲猪瘟。

颈淋巴结、腹腔液、脾、肠系膜淋巴结、肠黏膜或肾脏切面涂片和培养可确定炭疽杆菌。涂片应固定并用多色亚甲基蓝染色。炭疽杆菌呈末端方形、带有粉色荚膜的蓝色杆菌。涂片可能存在其他杆菌，在用抗生素治疗后，可能仅存带荚膜的杆菌。用于做诊断的涂片和材料需要加以焚化或甲醇固定。

炭疽杆菌可疑菌落可通过 API 系统（BioMerieux）的生化特性鉴定。炭疽杆菌病原的最终确定要通过炭疽噬菌体敏感性、动物接种和 16S rRNA 基因序列测定。所有培养物和实验动物应以甲醇固定并焚化。用商品化试剂盒提取的 DNA 和相关引物进行 PCR 检测（Hutson 等，1993）。已报道可用以检查毒素 IgG 抗体的竞争酶联免疫吸附试验（EIA）（Turnbull 等，1986）。

七、鉴别诊断

猪肺疫患猪有黏稠性鼻汁，有时混有血液；之后湿咳，咳时感痛，触诊胸部有剧烈的疼痛；听诊有啰音和摩擦音；纤维素性坏死性肺炎、浆液纤维素性胸膜炎和心包炎病变；涂片镜检可见卵圆形短杆菌。

(1) 猪淋巴结脓肿。猪淋巴结脓肿几天后肿胀变软，自溃，切开排出脓汁；涂片镜检可见球形的 E 型链球菌。

(2) 猪副伤寒。猪副伤寒表现为耳根、胸前、后躯及腹下部皮肤有紫红色斑点；剖检可见大肠发生弥漫性纤维素性坏死肠炎变化；多数病例伴有其他脏器的病疡；肝脏呈不同程度的淤血和变性，突出的是肝实质内有许多针尖大小至粟粒大小的灰红色和灰白色病灶，从表面观察时，可见一个肝小叶内有时有几个小病灶；脾脏稍肿大，质度变硬，常见散在的坏死灶；肺的心叶、尖叶和膈叶前下部有卡他性肺炎病灶。

(3) 猪恶性水肿。恶性水肿为创伤感染，触诊其肿胀部位有凉感，之后呈迅速向四周扩散的气性肿胀，触诊有捻发音；消化道感染时，表现为胃壁增厚，触之如橡胶状，故俗称"橡皮胃"；细菌检查为两端钝圆的大杆菌，新鲜病料还可见到芽孢。

(4) 日射病和热射病。猪只在炎热季节，常常由于日射病和热射病而死亡。这类患猪尸体腐败迅速且发酵，表现明显膨胀；同时，由于腐败膨胀，患猪肛门外翻淤血，口鼻流出血色液体，但这种液体稀薄呈淡红色。

(5) 焦虫病。败血型炭疽的脾脏肿大应与下列两种病区别开来。一是焦虫病，患此病的猪只其脾脏亦会肿大好几倍，但其脾髓呈棕红色或黄红色，且焦虫病的血液稀薄，全身有明显黄疸。另一种是淋巴性白血病，患病猪只的脾触之坚硬，髓质切开有脆感，同时胴体和内脏淋巴结肿大硬脆，呈灰白色，如鱼肉样。

(6) 蜡样杆菌。炭疽杆菌有夹膜，其菌落呈卷发状，无论是中心还是边缘都呈卷发状，而蜡杆菌的菌落只能在边缘部呈卷发样（像树枝状或象牙状向外伸出而不向菌落折回）；炭疽杆菌染色呈长链，菌端截直，而蜡杆菌染色呈单个或短链，菌端钝圆。在普通肉汤中培养，炭疽杆菌呈絮状沉淀，上浮液清澈；而蜡杆菌培养液浑浊。在血琼脂平板培养 18～24 T，炭疽杆菌不溶血，而蜡杆菌则溶血。用含 10% 青霉素的琼脂培养，炭疽杆菌不能生长，蜡杆菌照常生长。

八、治疗与防控

Ferguson（1986）报道出现炭疽病症状的猪用青霉素治疗后康复。20～75 mL 剂量的炭疽抗血清也用于治疗。土霉素对炭疽杆菌也有效，可按每千克体重，日剂量 4.4～11.0 mg 进行注射（Edgington，1990）。炭疽感染可持续 21 d，这一点在提供胴体用作消费前应该注意。

可检测到康复动物免疫反应和血清抗体毒素反应。疫苗可以产生保护性免疫。Kaufmann 等（1973）使用了 Sterne 株炭疽疫苗，是一种无毒芽孢疫苗。

防止炭疽病的传播与防止大多数动物疾病的传播明显不同，这种差别在于需控制土壤、粪便或其他污染饲料（如肉骨粉）中的炭疽芽孢。避免环境遭到长久存活的炭疽芽孢的污染是关键。炭疽病死亡动物未进行剖检，动物体内很少形成炭疽芽孢。胴体的体孔和任何切口须用浸透消毒剂的医用脱脂棉堵塞以防止芽孢形成和感染扩散。尸体应该焚烧处理，用石灰覆盖，至少埋入土内 1.25 m。

可用新鲜配制的 5% 氢氧化钠或 10% 的福尔马林（更有效）进行消毒（Edgington，1990）。只有消毒剂能灭活炭疽杆菌芽孢，应选用含戊二醛和福尔马林的消毒剂。消毒应在清理感染场所的前提下进行，污染的物品应该焚烧，暴露面应该用消毒剂擦洗。

通过上述方法安全处理所有的污染尸体、物品和农场污水，便可预防人的感染。遭受感染威胁的人员可给予抗生素，如青霉素和四环素，病例也可以用这些抗生素来治疗。对于长期接触炭疽杆菌的人员，应该进行疫苗接种。

九、饲养管理要点

（1）预防接种。经常受到炭疽杆菌威胁的地方，每年春、秋两季要对易感猪群各进行一次定期炭疽预防接种。目前，常用的疫苗有无毒炭疽芽孢苗和Ⅱ号炭疽芽孢苗两种。

（2）及时上报与扑灭。病畜确诊为炭疽后，要及时上报，并通知邻近单位，划定疫区，尽快实施封锁、检疫、隔离、紧急预防接种、治疗及消毒等综合性防治措施。为了减少炭疽芽孢污染，炭疽病畜禁止剖检。

※三类疫病

伪狂犬病

一、定义

伪狂犬病（Pseudorabies，PR）又名奥耶斯基氏病（Aujeszky's disease，AD），是由伪狂犬病病毒（Pseudorabies virus，PRV）引起的家畜和多种野生动物共患的急性、热性传染病，除猪以外的其他动物均呈致死性感染，世界动物卫生组织（WOAH）将其列为必须报告的疫病，我国将其列为二类动物疫病。迄今还没有发现抗原性不同的伪狂犬病病毒株，从世界各地分离的毒株都能呈现一致的血清学反应，但毒力则有强弱之分，如从英国分离的伪狂犬病病毒对牛和羊的感染力甚低，据 Basinger（1979）报道，过去10 年中虽然发病的猪很多，但只看到 1 个牛病例。美国曾发现个别流行区毒株的毒力有所增强，这表现在对成年猪也能引起死亡，而以往通常只能引发乳猪和幼猪死亡。有人认为，这是由于在流行过程中出现了毒力强的变种。

伪狂犬病病毒是疱疹病毒科中感染动物范围广泛和致病性较强的一种。已有在自然条件下使猪、牛（黄牛、水牛）、羊、犬、猫、兔、鼠等多种动物，包括野生动物如水貂、北极熊、银狐和蓝狐等感染发病的报道。马属动物对本病毒具有较强的抵抗性。除人类和灵长类以外，多种哺乳动物和很多禽类都能发生人工实验感染。曾有几例实验室工作人员感染本病毒的报道。感染者呈严重的荨麻疹症状，血清中检出了特异性抗体。常用的实验动物如家兔、豚鼠、小鼠对此病毒都易感，其中以家兔最为敏感（较豚鼠敏感 1000 倍左右），是常用的实验动物。本病的潜伏期因动物的种类和感染途径不同而异，最短 36 小时，最长 10 天，一般多为 3～6 天，主要是通过飞沫、摄食和创伤感染。病毒首先在扁桃体、咽部和嗅上皮组织内增殖，然后通过嗅神经和舌咽神经等到达脊髓，又进一步增殖后扩散到整个大脑。

伪狂犬病是最早为人们认识的动物传染病之一，早在 1902 年，匈牙利学者 Aujeszky 首先作了报道。随后于 1910 年，Schniedhoffer 证明本病是由病毒引起的。1935 年，Shope 发现了猪在传播本病上的重要作用。在 Aujeszky 报道以前，由于本病的临床症状同狂犬病有类似之处，当时曾误认为是狂犬病。也正是由于两者有类似症状，后来才启用了"伪狂犬病"这一病名。但在一些文献中，至今仍有以最早发现本病的学者命名 Aujeszky 病。近年来，在分类学上又称本病毒为猪疱疹病毒 1 型，将后来发现的猪包涵体鼻炎病毒称为猪疱疹病毒 2 型。

二、病因

伪狂犬病病毒属于水症病毒属，α疱疹病毒亚科，疱疹病毒科（Davison 2010），目前只有一个血清型。伪狂犬病毒粒子呈椭圆或圆形，位于细胞核内无囊膜的病毒粒子直径约 110～150 nm，位于胞浆内带囊膜的成熟病毒粒子的直径约 150～180 nm。衣壳壳粒的长度约 12 nm，宽约 9 nm，其空心部分的直径约 4 nm。在此层外衣壳下还有两层以上的蛋白质膜。囊膜表面有呈放射状排列的纤突，其长度约 8～10 nm，其数量和配置情况尚不清楚。

成熟、完整的 PRV 病毒粒子与其他疱疹病毒形态类似，从内到外有四层结构，分别为病毒的核心、衣壳、被膜和囊膜。线性双链 DNA 的病毒基因组和核芯蛋白构成病毒的核心。核心由核衣壳包裹，呈对称的正二十面体，核衣壳直径约为 75 nm。PRV 基因组中大多数基因的功能已经弄清楚，这些基因可编码 70～100 种蛋白，其中糖蛋白有 11 种，如表 1。gB、gD、gH、gL、gK 是病毒增殖所必需的，gE、gL、gG、gC、gM 和 gN 与病毒毒力相关。

PRV 基因组为线性双股 DNA，分子量为 87×106（约 150 kb）。基因组由独特的长区段（UL）和短区段（US）及 US 两侧的末端重复序列（TR）与内部重复序列（IR）所组成。US 区段的方向既可与 UL 区段一致，也可与其相反，从而有两种异构体。整个病毒基因组至少包括 70 个基因，可以编码 70～100 种病毒蛋白质，但成熟病毒粒子约有 50 种蛋白质。目前 PRV 基因组中仅有部分基因被定位和测序，在 IR 中已被鉴定和测序的基因是立即早期基因和 RSp40 基因；在 US 区段中已被鉴定和测序的基因是糖蛋白 gX、gp50、gp63、gⅠ基因、蛋白激酶（PK）基因、ⅡkD 和 28kD 蛋白基因；在 UL 区段中已被鉴定和测序的基因有糖蛋白 gⅡ、gⅢ、gH 基因、病毒胸苷激酶（TK）基因、DBP（136kDDNA 结合蛋白质）、POL（DNA 多聚酶）和 MCP（主要衣壳蛋白）基因以及编码与单纯疱疹病毒Ⅰ型（HSV-I）同源物 ICP18.5 的基因。

截至目前，在 PRV 中已发现 7 种糖蛋白，分别称为 gI、gⅡ、gⅢ、gp50、gp63、gX 和 gH，它们已被定位和测序。不能表达 gX、gⅠ、gⅢ、gp63 和 11kD 中的一种或几种蛋白质的病毒仍能在体外复制，表明这些蛋白质对 PRV 复制是非必需的。但是，编码 gⅡ、gp50 和 gH 的基因对 PRV 的复制是必需的。以上 7 种糖蛋白，除 gX 外，其他都是成熟病毒粒子的结构成分，gX 从感染细胞中释放出来，大量存在于培养液中。

三、流行情况

伪狂犬病最早发现于美国，后来由匈牙利科学家首先分离出病毒。20 世纪中期，PR 在东欧及巴尔干半岛的国家流行较广，20 世纪 60 年代之前，猪被感染后其症状比较温和，在养猪业中未造成重大经济损失。但在 20 世纪 60－70 年代，毒力增强的毒株逐渐增加，猪伪狂犬病暴发的次数逐渐频繁，可导致各个阶段的猪只发病。1970 年以后，猪伪狂犬病开始在全球流行，到 1989 年该病已经成为全球养猪业的一种重要传染病，欧洲、东南亚等地区的 43 个国家报道了该病。20 世纪 70—80 年代，猪伪狂犬病的报道急剧增加、临床症状多样，造成经济损失日趋严重。一些专家认为，猪伪狂犬病造成的经济损失仅次于口蹄疫和猪瘟。

随着猪伪狂犬病的全球流行，各种疫苗研发迅速展开。其中比较有名的为匈牙利的 Bartha 株、罗马尼亚的 Bucharest 株和 BUK 株。随着猪伪狂犬病多种疫苗的出现，包括基因标记疫苗、基因缺失疫苗等，该病在全世界范围内得到了有效的控制。同时，通过检测针对缺失基因编码蛋白的抗体，实现了免疫动物和野毒感染动物的鉴别诊断，使伪狂犬病的净化成为可能。很多国家通过准备、控制、扑杀、监测和净化达到了净化伪狂犬病的目的。德国、澳大利亚、瑞典、丹麦、英国、加拿大、新西兰等国家先后宣布在家猪身上根除了猪伪狂犬病。

（一）国外伪狂犬病流行情况

1. 美国伪狂犬病流行情况

在美国，关于 PRV 最早的详尽描述，是由俄亥俄州的一位医生希尔德雷思记录于他的笔记本中的。1813 年 9 月，他写了一个病例，是关于客户的一头乳牛所发生的"疯痒病"。描述内容包括：这头乳牛摩擦自己的头部，抽动颈部肌肉，抓伤和残害自己。临床症状出现后的 12～14 小时，这头牛在痛苦中死去。

19 世纪后半叶，在农畜杂志和期刊中出现了其他相似临床症状和结果的病例。一些早期的文章描述了一种常见的生产模式，将猪与牛饲养在一起。两种动物吃的是相同的饲料，如玉米秆。人们认为是浸软的、被唾液弄湿的玉米秆将疾病传染给了牛。这是第一个表明猪可能与牛患伪狂犬病有关联的迹象。在 19 世纪与 20 世纪之交，学术界确定了猪是储存宿主，也是导致牛患病的污染源。

1931 年，在艾奥瓦州，美国研究者 Shope 从牛身上分离出了病毒，并发现在猪大脑组织皮下接种可引起麻痹症状。他证实了病毒可以在鼻腔分泌物中存活数天，并了解了许多有关猪感染这种疾病的发病机理。仔猪出现了严重的临床症状，所有康复的猪，包括经历了轻微或隐性感染的年龄稍大的猪，均是病毒携带者。猪之间的病毒传播被认为是通过气溶胶或通过母乳进行，而从猪传播到牛则被认为是由伤口接触或携带病毒的小鼠引起的。在 1933 年，特劳布首次通过兔脑细胞和睾丸细胞的培养繁殖了这种病毒。

在美国，牛的这种疾病被称作"伪狂犬病"，因为该病与狂犬病的临床表现有类似之处。20 世纪 30 年代的这十年是美国 PRV 最为安静的时期。1943 年，艾奥瓦州的雷·麦克纳特和帕克描述了两次仔猪群的疫病暴发，病死率分别达到 52% 和 60%。接触过或靠近过死亡仔猪的断奶仔猪和母猪临床表现正常。对于仔猪临床症状的一种描述为：迅速从正常状态变为运动失调状态，渐进性麻痹，不到 1 小时出现虚脱，在随后的几小时内死亡。而在美国的经验中，在年龄更大的猪身上 PRV 感染表现为亚临床症状。实验中，在成年猪颅内接种也是致命的。在艾奥瓦州东部所生产的 23 批猪瘟抗血清中，每一批大约代表了 125 头猪，用豚鼠中和试验滴定法检测其 PRV 抗体水平。在这 23 批血清中，有 21 批检测到 PRV 抗体，并且所有批次都具有猪瘟病毒抗体。

1958 年，在一个每年向密苏里州市场销售 1400 头猪的农场中，猪群经受了严重的中枢神经系统疾病，症状包括：松弛性麻痹、昏迷，两群新引进的猪病死率达到 38%。剖检后，从感染猪的大脑中分离到了 PRV。实验中，这种病毒重现了临床症状，但是无法与感染猪中所暴发的脑炎症状进行区分。在这个农场中，至少有 20 头感染猪康复了，有一些猪好几天表现出行动迟缓，而场内的其他猪则都没有再表现出临床症状。

1961 年和 1962 年，印第安纳州的畜主开始报告伪狂犬病的暴发，其临床和病理上都不同于国内早期偶发的病例。20 世纪 60 年代晚期，伊利诺伊州和其他中西部的州报告了急性伪狂犬病的暴发，不同于之前病例，更像是欧洲报道中的暴发的疾病。描述的症状为：畜群内快速传染，乳猪损失严重，生长猪有临床病症和后遗症，在后备母猪和母猪中表现为生殖障碍疾病，剖检时观察到了病灶，尤其在脾和肝脏中分布有类似疱疹的黄白色小点状坏死。这一综合症状不同于之前认为的伪狂犬病是一种地方性流行的、临床症状不明显的传染病的概念。

20 世纪 70 年代早期，强毒力 PRV 致使伪狂犬病成为美国集中养猪地区的一种流行疾病，这些病例让兽医们学到了很多关于伪狂犬病流行病学的知识。人们并不清楚强毒株的出现是由于病毒从其他国家传入美国猪群并在美国地方流行中或者选择压力下发生突变，还是由于养猪模式的改变影响了本地猪的暴露和对病毒的敏感性。但是，人们发现了 PRV 毒株之间的不同，包括发病机制和毒力。普遍的观点是，强毒株是通过进口公猪精液或者人员流动时无意引入国内的。

1972—1973 年，艾奥瓦州西北部首次发现了毒力更强的或"典型"的 PRV。之后，1973—1974 年，在艾奥瓦州中部哈丁县发现这类典型 PRV。1976—1977 年，该县再次发现了这类典型 PRV。在这两个猪群数量较大的地区，PRV 的蔓延早于疫苗的广泛使用，这就为了解当时"典型"的 PRV 暴发提供了一些机会（尽管这些机会并不受人们欢迎）。这两个地区的特点是之前并没有在临床上发现 PRV，只有少数几个畜群接种过活疫苗或灭活疫苗，并且有大量的易感猪群。

2. 欧洲伪狂犬病流行情况

20 世纪早期的欧洲，除了猪以外的其他动物身上发生伪狂犬病。1902 年，匈牙利人阿拉达尔·奥耶斯基研究了一种影响牛、猫和犬的致命疾病。他通过实验对兔、豚鼠和小鼠进行注射，了解了关于 PRV 感染的原因，并认识到这种病毒是通过直接接触或吸入空气中的传染性物质而进行传播的。"奥耶斯基氏病"的名称就出自他的研究，这也是伪狂犬病在国际上的名称。"疯痒病"这个名称在当时用来形容牛的发病。研究证实了病原体可通过破损的皮肤或接触其黏膜进入畜体，而牛会抓伤、破坏这些部位。奥耶斯基怀疑该病的病原体是一种病毒。1910 年，一位名叫 Schmiedhoffer 的德国科学家首先通过细菌过滤器实现了对该病原体的培养。1914 年，一个研究报道描述了如何通过实验将病原体转移到猪身上。

20 世纪 40 年代末，欧洲中部和东部国家都报道了猪群感染 PRV。在欧洲的报道中，这种病主要影响的是刚刚出生数天到 1 个月大的仔猪，在年幼的动物中有着更高的感染率和死亡率。在更大龄的猪中，记录的症状有四肢不协调、间歇性肌肉颤动和抽搐。在幸存的猪中，除了那些临床症状最严重的猪之外，所有的猪都有抗体。20 世纪中期，PR 在东欧及巴尔干半岛的国家流行较广，20 世纪 60 年代之前，猪被感染后其症状比较温和，在养猪业中未造成重大经济损失。20 世纪 60—70 年代，由于强毒株的出现，爆发 PR 的猪场数量显著增加，而且各个日龄的猪均可感染，其症状明显加剧。

（二）我国伪狂犬病流行情况

我国由刘永纯（1947年）首次从猪体中分离出PRV，此后又陆续有关于猪、牛、羊、犬、猫、水貂、貉和进口狐狸等动物感染的报道并分离出闽A、陕A、AKW、SR、YN、DQ-8401、S、Y等多株PRV。

2011年末以来，我国北方省份出现猪伪狂犬病的暴发流行。发病猪场，育肥猪和成年猪的死亡率高达10%～30%。对发病猪场紧急接种疫苗也未取得较满意的效果。何启盖等从河南、河北等地的发病猪中分离到5株伪狂犬病病毒，新毒株与传统毒株相比较，发生了毒力变异和抗原变异。很多兽医工作者对我国的PRV流行情况进行了调查。祖立闯等对河北、辽宁、河南、山东、陕西5地的部分猪场进行感染情况调查，结果显示，猪场的感染率均在51.88%以上。杨珊珊等对江苏省部分猪场的PRVgE抗体阳性率进行调查，发现PRV gE的抗体阳性率达43.2%。

根据华中农业大学动物疫病诊断中心对华中和华南地区的PRV流行情况的持续监测结果，河南省2015—2019年野毒抗体阳性率一直维持在45%以上；湖南、安徽的野毒抗体阳性率从2017年开始显著下降；湖北、浙江、广东、广西等省区2015—2019年野毒抗体阳性率维持较平稳的水平。

2005年，我国也开始在规模化猪场实施猪伪狂犬病的净化工作，但我国散养户多、养殖体量大，要想在短期内根除猪伪狂犬病难度较大。

四、病理生理

大体病变（Gross Lesions）。对于猪没有AD特异性大体病变，通常没有或者只存在微小的变化。大体病变可能出现在非神经组织，包括淋巴器官，呼吸、消化和繁殖通道。尤其是缺少被动免疫的乳猪，在上述部位可见大量的坏死灶，同时在肝脏、脾脏和肾上腺也可见坏死灶。典型的渗出性角膜结膜炎、浆液性纤维素性坏死性鼻炎、喉炎、气管炎、坏死性扁桃体咽炎可以见到。除了软脑膜出血，中枢神经症状不存在大体病变。

大体病变在上呼吸道最常见，包括伴有上皮细胞坏死和坏死性喉气管炎的鼻炎，通常与多病灶的扁桃体坏死同时发生。下呼吸道的病变可能出现肺水肿和分散的坏死性小病灶，出血或支气管性间质性肺炎（Becker，1964）。然而，肺部的病变缺少一致性，病变部位变红，病变部位可分散到整个肺组织，特别是颅侧肺叶。

大量小的急性出血性坏死点（直径1～3 mm）α疱疹病毒感染动物后在肝脏、脾脏、肺脏、肠道、肾上腺和肠道部位的病变特征。

在母猪，流产后可以见到坏死性胎盘炎和子宫内膜炎，同时伴有子宫壁的增生和水肿（Kluge，Maré，1978）。流产的胎儿可能出现浸渍，或者偶尔出现木乃伊胎［死胎、木乃伊胎、胚胎死亡、不孕症（SMEDI）］。对于胎儿或者新生仔猪，肝脏、脾脏、肺脏和扁桃体上通常可见坏死点（Kluge和Maré，1976）。PRV感染也可以引起阴囊的水肿。

微观病变（Microscopic Lesions）。感染猪的微观病变反映了PRV的神经入侵和亲上皮性的属性。CNS病变的特征是灰质和白质部位的非化脓性脑膜脑脊髓炎，三叉神经和脊柱旁的神经节神经炎。在神经元变性或者大脑的非化脓性炎症反应出现之前可出现死亡。如果动物能够存活较长时间，CNS的损伤可以明显地观察到，主要是神经元的变性和坏死，噬神经细胞现象、卫星现象和胶质细胞增生。特别是仔猪，更容易出现大脑炎，伴随着大脑皮层、脑干、脊神经节和基底神经节最严重的病变。

血管套主要由致密的核破裂的单核细胞组成。相同的病变可以在脊髓见到，特别是颈部和胸椎部分。脑膜覆盖的大脑和神经索区域由于单核细胞的浸润可能出现增生的现象。

在猪细胞核内通常检测不到嗜酸性颗粒，但是可以在神经元细胞、胶质细胞、少突神经胶质细胞和内皮细胞上检测到。还有关于胃肌间神经丛中神经元细胞变性的淋巴浆细胞性感染的描述。

上皮病变由多个凝固性或者溶细胞性的区域组成，肝脏、扁桃体、肺脏、脾脏、胎盘和肾上腺局部出血、坏死，特征是核内包涵体的出现。病毒的核内包涵体是除神经系统外常见的病变（Kluge 等，1999）。病变出现在扁桃体隐窝上皮细胞，与坏死灶相连，经常在呼吸道上皮出现，在结缔组织和细胞脱落后的凹陷部位出现。然而，特异性病变必须经过免疫染色确认。

黏膜上皮坏死和黏膜下层单核细胞渗出发生在上呼吸道（Baskerville，1971；Baskerville 等，1973）。在肺脏可出现支气管、细支气管和肺细胞的坏死。另外，支气管周围的黏液腺上皮细胞在感染过程中也可能受到影响。肺水肿和细胞浸润可能是多病灶和弥散性的。淋巴细胞、巨噬细胞和低频率的浆细胞、嗜中性粒细胞都是典型的炎症细胞。

在子宫，淋巴组织细胞型子宫内膜炎、阴道炎和坏死性胎盘炎，形成绒毛膜窝的凝固性坏死（Bolin 等，1985；Kluge 等，1999）。坏死病变导致滋养层退化时可出现核内包涵体（Kluge 等，1999；Kluge，Maré，1978）。

在雄性生殖道，可以观察到精曲小管的变性和睾丸白膜上的坏死点（Hall 等，1984）。患有渗出性睾丸鞘膜炎的公猪在覆盖生殖器的浆膜层可见坏死和炎症病变。

流产或死胎的仔猪通常没有患有脑炎的证据，但是在肝脏和其他实质器官可以见到坏死灶，也可以见到细支气管坏死和间质性肺炎病灶。肠道黏膜上皮坏死灶包括黏膜肌层和肌肉层（Narita 等，1984b）。变性的隐窝上皮细胞内可出现核内包涵体。

结缔组织和内皮组织的加入导致出血和纤维蛋白渗出。可以见到小动脉、小静脉、扁桃体周围的淋巴管和颌下淋巴结的坏死性血管炎（Narita 等，1984a）。内皮细胞细胞核固缩和破裂，中性粒细胞通过血管壁浸润。受到影响的内皮细胞中经常出现核内包涵体（Kluge 等，1999）。

五、临床症状

伪狂犬病病毒是疱疹病毒科中感染动物范围广泛和致病性较强的一种，本病的临床症状和病程因动物的种类和年龄不同而异。

（1）猪。各种年龄的猪都易感，但由于猪的年龄不同，症状和死亡率也有显著区别，但一般不呈现瘙痒症状。哺乳仔猪最为敏感，发病后取急性型致死过程。15 日龄以内的仔猪常表现为最急性型，病程不超过 72 小时，死亡率 100%。这种病猪往往没有明显的神经症状，主要表现为体温突然升高（41～42℃），不食，间有呕吐或腹泻，精神高度沉郁，常于昏睡状态下死亡。部分病猪可能兴奋不安，体表肌肉呈痉挛性收缩，吐沫流涎，张口伸舌，运动失调，步伐僵硬，两前肢张开或倒地抽搐。有时不自主地前进、后退或作转圈运动。随后出现四肢轻瘫和麻痹，侧身倒卧，颈部肌肉僵硬，四肢划动，最后在昏迷状态下死亡。一月龄仔猪的症状明显减轻，死亡率也大为下降。随着仔猪月龄的增加，病程延长，症状减轻，死亡率逐渐降低。可以认为，不同年龄猪的死亡率为0％～100％。成年猪感染后常不呈现可见的临床症状或仅表现为轻微体温升高，一般不发生死亡。但是，Howarth 等（1968）曾在美国加利福尼亚州发现过较多成年猪死亡的暴发流行，并认为是流行过程中产生了强毒变种的缘故。这种情况是很少见的。妊娠母猪，尤其是处于妊娠初期的母猪，可于感染后20天左右发生流产；处于妊娠后期的母猪，胎儿可死于子宫内，引起死产。流产和死产的发生率可达`so％左右。另外，在近年的流行中发现了少数呈瘙痒症状的病猪，这在过去是罕见的。

（2）牛。各个年龄的牛都易感，而且是一种急性致死性的感染过程。乳牛感染后首先泌乳量下降。特征性症状是在身体的某些部位发生奇痒，多见于鼻孔、乳房、后肢和后肢间皮肤。由于病畜强烈地舐咬奇痒部位的皮肤，致使局部脱毛、充血。当瘙痒程度加剧时，病畜狂躁不安，大声吼叫，将头部猛烈地向坚硬物体摩擦，并啃咬痒部皮肤，但并不攻击人畜。在24小时内，病变部肿胀变色，渗出混血的浆液性液体。病的后期，以进行性衰弱为特征，呼吸和脉搏显著增速，痉挛加剧，意识不清，全身出汗。最后咽喉麻痹，大量流涎，磨牙，卧地不起。病牛多在出现明显症状后36～48小时死亡。犊牛病程尤短，多在24小时内死亡。发病牛都以死亡而告终。

（3）绵羊。病程甚急。初期体温升高（40℃以上），肌肉震颤。病羊常用前肢摩擦口唇和头部痒处，有时啃咬和撕裂肩后部被毛。这种症状仅持续数小时。继之病羊不食，侧身倒卧，因咽喉部麻痹，流出带泡沫的唾液和浆液性鼻汁。病羊多于发病后24小时内死亡。山羊也能自然感染，症状与绵羊类似，但病程较长。

（4）马。极少感染。部分感染马仅表现轻度不安和食欲减退；有的则表现为对外界刺激的反应性增强，即使是微小刺激也能引起强烈反应。皮肤可能发痒。个别严重病例可在3天内死亡。多数病马症状轻微，并自然康复。

（5）犬和猫。主要表现为体表局部奇痒，疯狂地啃咬痒部和发出悲惨的叫声。下颚和咽喉部都出现麻痹，流涎。虽与狂犬病症状类似，但不攻击人畜。病势发展很快，尤其是猫，可能在出现瘙痒症状前死亡。死亡时间通常是出现症状后24～36小时，死亡率100％。

眼观上，除体表局部病变外，可见脑膜充血及脑脊髓液增量。在病猪的肾皮质层内可见到出血点。主要的组织学变化是弥漫性非化脓性脑膜炎。大脑的灰质和白质肯定都受到病毒侵害，在大脑的神经细胞和星形细胞内能看到核内包涵体。

六、诊断

病理检查（Pathological Examination）。猪的三叉神经节、嗅觉神经节和扁桃体是分离和检测PRV的首选组织。病毒也可以在其他器官找到，例如肺脏、脾脏、肝脏、肾脏、淋巴结和咽部黏膜。对于带有潜伏期病毒的猪，从家猪的三叉神经节和野猪的慨神经节中最容易成功分离到病毒。

病毒抗原既可以通过免疫荧光对冰冻切片进行检测，还可以通过免疫组织化学法对福尔马林固定的石蜡切片进行检测。通过原位杂交可以使PRV-DNA可视化。除了猪以外的其他物种，支配瘙痒部位的脊髓段应当收集起来。感染区域的皮肤和皮下组织应该收集上交。

进行病毒分离的样本应当送到具有冷冻条件的实验室。可以将感染猪死后的血清收集起来进行血清学检测，也可以用肉汤进行血清学实验。

实验室诊断（Laboratory Confirmation）。病毒感染的快速检测是 PRV 得到有效控制所必需的。由于临床观察只能为 AD 的怀疑提供充足的证据，而猪 PRV 的感染不能出现能够确定诊断的临床症状或者大体解剖病变。因此，实验室诊断是必须进行的。

病毒检测（Virus Detection）。可使用免疫过氧化物酶和/或免疫荧光染色检测病毒抗原，在压片和组织冰冻切片使用多克隆或单克隆抗体进行检测，例如大脑、肺脏和扁桃体（Allan 等，1984；Onno 等，1988）。诊断通过病毒在常规细胞培养分离后最终确认，分离培养需要 2~5 d，具体时间取决于病毒特异性 CPE 的形成。

许多细胞系可以用来进行 PRV 的复苏，包括兔肺细胞（ZP）、兔肾细胞（PK-13）、仓鼠肾细胞（BHK-21）、猪肾细胞（PK-15，SK6）、非洲绿猴肾细胞（VERO）、貂肺细胞（ML）、雪貂肾细胞（FK）、绵羊胎儿肺细胞（OFL）、牛鼻甲细胞（BT）、火鸡胚胎肾细胞（TEK）（Onyekaba 等，1987）。通常情况下，常规的实验室条件下使用猪肾细胞系进行 PRV 的复苏。

PRV 可以从感染动物的分泌物和排泄物以及组织中分离得到，例如大脑、扁桃体、肺脏和脾脏。在潜伏期感染的猪，三叉神经节和扁桃体部位始终可以进行病毒的分离。因为 PRV 的 CPE 没有特异的特征，CPE 可以随着流行 PRV 毒株和细胞系的改变而改变，病毒最终通过使用抗血清或单克隆抗体的免疫荧光技术、免疫过氧化物酶染色或中和试验来确定。在没有出现明显的 CPE 的情况下，需要进行病毒盲传操作。目前已经有关于使用壳瓶技术快速检测 PRV 的描述（Tahir，Goyal，1995）。

可以使用直接杂交滤膜方法（Belak，Linne，1988）、DNA 斑点杂交实验（McFarlane 等，1986）和 PCR 技术（Jestin 等，1990）对病毒 RNA 进行检测。针对敏感性，以上每种分子生物学技术都有其优点和不足，特别是每种技术的费用和检测速度（Pensaert，Kluge，1989）。可以选用 PCR 技术检测分泌物或组织样本中的 PRV 病毒。通常，引物序列应对应不同 PRV 毒株的基因组保守区域。一些常用的编码 gB、gC、gD 或 gE 的 PCR 靶基因已经建立（Müller 等，2010；Schang，Osorio，1993），但是还没有国际性的引物基因标准。PRV 特异性巢式 PCR 和实时定量反转录 PCR（T-PCR）实验（Tombácz 等，2009；van Rijn 等，2004）已经证明可以对野毒株和基因缺失疫苗毒株进行鉴别诊断（Ma 等，2008）。

抗体检测（Antibody Detection）。在一段时间内，病毒中和（VN）试验曾被认为是血清抗体实验的参考标准（Bitsch，Ekildsen，1982），但是目前已经被酶联免疫吸附试验（ELISAs）所替代。强大而敏感的间接或竞争 ELISAs 可检测全 PRV 或针对明确的病毒抗原进行检查（Toma，1982）。也可以选择使用乳胶凝集试验（LAT；Rodgers 等，1996）和免疫印迹法。VN 和 LAT 都是高度可信的，但是它们不能区分是自然感染还是免疫引起的抗体。ELISAs 可以针对 gE（或 gC 和 gG）（van Oirschot 等，1986）检测血清抗体来区分疫苗抗体，因此建立了一个标志或免疫动物（DIVA）鉴别诊断的概念。ELISAs 成为 AD 消除计划的一个关键部分。

七、鉴别诊断

大多数的传染性和非传染性疾病在猪可以引起与伪狂犬病类似的临床症状，包括狂犬病、猪脑脊髓灰质炎（捷申病毒感染）、经典和非洲猪瘟、尼帕病毒感染、日本脑炎、猪血凝性脑脊髓炎、细菌性脑膜炎（如猪链球菌感染）、猪流感、盐中毒、低血糖症、有机砷或汞中毒、先天性震颤、脑心肌炎（EMC）及其他可以引起流产的疾病，高致病性PRRSV 和 PCV2 感染。

对于除了猪以外的其他物种而言，PRV 具有严格的神经入侵性（Mettenleiter，2000）。在这些动物的 CNS 疾病中，如狂犬病、痒病（羊）和牛海绵状脑病（BSE）以及可引起动物持续性瘙痒的疾病或症状都须进行鉴别诊断。

八、治疗与防控

猪伪狂犬病目前尚无特效药，主要以预防为主、药物为辅的原则进行防控，其中最主要的方法是进行免疫接种，接种途径主要包括肌肉注射、滴鼻等。在临床上肌肉注射的方法较为常见，但滴鼻免疫能有效回避母源抗体干扰，减少潜伏感染。

猪场发生伪狂犬病后，一方面对猪场采取措施加强预防，防止伪狂犬病病毒扩散。做好场区周边环境和舍内环境的消毒工作，有条件的场区可以进行血清学监测，做血清中和试验，排查阳性病猪，隔离并无害化处理。每隔一段时间检测一下，直至连续 2 次全部转为阴性结果，最终建立新的无病猪群。另一方面对病猪实行隔离治疗，降低死亡率。一般采取对症治疗的方法，通过注射免疫球蛋白或高免血清以及干扰素抑制病毒的发展。必要时注射抗生素防止猪的继发感染，同时使用蒙脱石散、矽炭银、木炭等吸附剂治疗腹泻，根据临床发病情况，口服补液盐、维生素来补充水分提高机体的抗病力。通过采取以上措施，可以有效降低发病猪群的死亡率。

九、饲养管理要点

（1）隔离和消毒。隔离患病猪群，搞好猪舍的消毒，场地和用具每周消毒一次，消毒药可以选择百毒杀或者 2% 氢氧化钠溶液，消毒前要对猪舍进行清扫。发病猪舍的粪便、污水要严格处理，严防病毒进一步扩散。

（2）加强监测。要防止伪狂犬病毒的进一步扩散，全猪场要进行一次血清学普查，检出阳性后将猪进行隔离和淘汰，隔半年再进行一次血清学检查，了解猪群的免疫水平和抗体水平，发现问题及时解决。

（3）及时免疫。选择合适的疫苗进行免疫并制订新的免疫计划。

（4）加强环境控制。搞好环境卫生，实施全进全出，严格对进出人员和车辆进行消毒，要禁止鼠、犬、猫、鸟类和其他禽类进入猪场，必要时安装防护网，捕捉老鼠，减少伪狂犬病毒的传播途径。保持猪舍通风顺畅，冬季保温、夏季降温的舒适的环境，做好清洁和消毒工作，及时清理粪便，避免产生有毒气体。

（5）严把检疫关。禁止从发生过本病的猪场引进种猪，防止隐性感染的猪引入猪场，带来新的传染源。要及时淘汰隐性感染伪狂犬病毒的猪，新引进猪隔离饲养 30 d，经测 PRV-gⅠ 抗体阴性方可并群。

弓形虫病

一、定义

弓形虫病是一种由球虫类原虫——刚地弓形虫（Toxoplasma gondii）引起的原虫病。人和动物感染弓形虫病很常见。出生后，人或动物通过摄入或饮入被刚地弓形虫卵囊污染的食物或饮水而被感染，或通过食入含有包囊的肉而被感染。猫（以及其他猫科动物）是唯——种能从粪便排出弓形虫卵囊的动物，在弓形虫传播给猪和其他动物中起重要作用。

二、病因

弓形虫包囊主要存在于被感染动物的可食组织中，包囊含有以缓慢方式进行增殖的缓殖子。包囊在组织中可存活数年，包囊的存活时间甚至与宿主生命一样长。被宿主摄入的卵囊或缓殖子可通过胃，并且保持其活力。一旦进入肠道，子孢子或缓殖子进入一种快速增殖阶段——速殖子阶段。速殖子在肠道的固有层增殖，并且最终扩散到全身。如果母猪在怀孕期间被感染，则仔猪也可能在出生前就被感染。母体血液中的速殖子可通过胎盘进入胎儿。速殖子可引起组织损伤，并最终发育为缓殖子，形成包囊。弓形虫病是一种人畜共患病，在很多国家，猪肉被认为是人感染弓形虫的主要来源（Dubey，2009；Dubey 等，2005）。

三、流行情况

仔猪中先天性刚地弓形虫病的感染率不足 0.01%。在美国伊利诺伊州进行的大范围调查表明：与母猪（15%～20%）相比，架子猪（小于 6 月龄）（3%～5%）弓形虫抗体的阳性率更低（Dubey，Jones，2008；Dubey 等，1995b；Hill 等，2010；Patton，2001；Weigel 等，1995）。被刚地弓形虫感染的猫和鼠类被认为是猪弓形虫感染的主要来源（Weigel 等，1995）。断乳后，猫由于摄食被弓形虫感染的动物（鼠类和鸟类）而被感染。因此，被感染的幼龄猫被认为是猪场中猪弓形虫感染的主要来源。

四、病理生理

病变与速殖子迅速增殖引起的宿主组织坏死有关。在自然感染的猪中，可见肠炎、淋巴结炎、脾炎、肝炎、肺炎，有时也可见肌炎和脑炎（Dubey，1986；2009）

五、临床症状

大多数猪被感染后呈亚临床症状（Dubey，1986）。尽管由刚地弓形虫引起的流产不常见，但也可发生于怀孕期间被感染的母猪。经胎盘被感染的胎儿在出生时可能出现发育不全、死亡或弱仔，有时在出生后不久便很快死亡。即使出生后存活的仔猪也可能出现腹泻、共济失调、震颤、咳嗽等症状。很少有关于仔猪出生后被弓形虫感染并表现临床症状的报道，但在幼龄猪和成年猪中已发现了临床型弓形虫病。研究表明，与摄入弓形虫包囊相比，摄入弓形虫卵囊更容易使仔猪发生临床型弓形虫病（Dubey，1986）。发病的严重程度取决于摄入卵囊的数量。老龄动物不易发生临床型弓形虫病。

六、诊断

有好几种血清学方法可用来检测猪的弓形虫抗体。优化的间接凝集试验是检测弓形虫隐性感染的最敏感、特异性最好的一种方法（Dubey 等，1995a）。不过，在成年猪中检测出弓形虫抗体只能说明猪曾被弓形虫感染过，而在胎儿中检测出抗体则表明存在先天性感染，因为母体的抗体不能被转运到胎儿体内。可用常规组织染色的组织切片的病变特征和弓形虫的结构确认弓形虫虫体。

七、鉴别诊断

（1）猪丹毒。患猪的区别在于急性败血型患猪可见皮肤外观发红，不发绀。病猪的粪便不呈暗红色或煤焦油样，无呼吸困难的症状。对于亚急性病例可见皮肤出现方形、菱形的疹块，突起于皮肤的表面。剖检可见病死猪脾脏呈樱桃红色或暗红色。慢性病例可见心瓣膜有菜花样血栓赘生物。

（2）猪瘟。病猪可见全身性皮肤发绀，但不见咳嗽、呼吸困难。剖检可见病死猪肾脏、膀胱有点状出血，脾脏有出血性梗死，慢性病例可见回盲瓣处有纽扣状溃疡。肝脏无灰白色坏死灶，肺脏不见间质增宽，无胶胨样物质。

（3）猪肺疫。猪胸部听诊有锣音和摩擦音，叩诊肋部疼痛，咳嗽加剧。剖检见病死猪肺脏被膜粗糙，有纤维素性薄膜，肺脏切面呈暗红色和淡黄色如大理石样的花纹。

（4）猪链球菌病。病猪不同病型表现出多种症状，如关节型患猪表现跛行，神经型患猪表现为共济失调、磨牙、昏睡等。剖检可见病死猪脾脏肿大 1~2 倍，呈暗红色或蓝紫色。肾脏肿大、出血、充血，少数肿大 1~2 倍。

（5）附红细胞体。病猪表现咳嗽、气喘，叫声嘶哑，可视黏膜先充血后苍白，轻度黄染，血液稀薄。剖检时可见病死猪血液凝固不良，肝脏表面有黄色条纹状坏死区。

（6）焦虫病。患猪表现呕吐，病初眼结膜充血而后变为苍白或黄白色。剖检可见病死猪全身肌肉出血，特别是肩、腰、背部较为严重，呈红色糜烂状。

八、治疗与防控

由于猪感染弓形虫后通常呈亚临床症状，所以人们对本病的治疗了解得不多。一般情况下，用治疗人弓形虫病的药物来治疗猪弓形虫病是有效的。这些药物包括有全身性作用的磺胺和与之配合使用的乙胺嘧啶（pyrimethamine）和甲氧氨苄嘧啶（trimethoprin）。

由于弓形虫与公共卫生有关，所以猪刚地弓形虫的防治是很重要的。弓形虫病可引起先天性感染儿童的痴呆症和失明。在人工感染试验中，活的刚地弓形虫包囊可见于大多数商品猪排中，这些包囊至少可存活 2.5 年（Dubey，1988）。冰冻和烹煮可杀灭组织中的包囊。

通过科学管理可防止猪感染刚地弓形虫。至今仍无弓形虫疫苗。

九、饲养管理要点

为了防止由卵囊引起的感染，不要让猫进入猪圈和存放饲料的房舍中。使用杀鼠药物来控制鼠类，以消除这种可能的包囊感染来源。死猪应及时移走，以防止猪残食死猪。野生动物的尸体和未煮熟的油水不要用来喂猪，为了防止猫在饲料中拉粪便，应将饲料盖住。

钩端螺旋体病

一、定义

钩端螺旋体病是一种可引起猪群繁殖障碍的疾病，世界各地均有报道。该病主要发生于集约化养猪企业，如北半球的澳大利亚、新西兰，南美洲的阿根廷、巴西等一些大型养猪场均因此遭受了不少经济损失。

地方流行性钩端螺旋体病发生时，发病猪一般仅表现轻微的临床症状，但当猪群第一次感染或自身免疫力低下时，便可引起母猪流产，生死胎、弱胎，生育力下降，甚至不育等。

钩端螺旋体在猪的肾脏和生殖道长期存在，随尿及分泌物排出，并能在温度、湿度适宜的条件中生存，通过直接或间接接触方式传播至其他易感动物。切断感染猪或其他宿主动物与健康猪群之间的传播途径是控制该病的关键。

二、病因

钩端螺旋体病是由二类形态相似但抗原性和遗传性明显不同的、细长的、能运动的、需氧的钩端螺旋体引起的疾病。钩端螺旋体属于细螺旋体属，菌体细长、呈螺旋状、能运动、革兰氏染色阴性，通常一端或两端呈钩状。菌体沿其长轴规则旋转运动，长度 $6\sim20~\mu m$，直径 $0.1\sim0.15~\mu m$，运动波幅约 $0.5~\mu m$。钩端螺旋体在不利的营养条件下，能大大伸长其菌体，而在高盐条件、老化培养或组织中则可形成球状，直径 $1.5\sim2~\mu m$。钩端螺旋体以二分裂的方式繁殖，不被苯胺染色，未着色的菌体只有在暗视野显微镜中才能看到。在适宜的液体环境中，钩端螺旋体通过其长轴旋转进行运动，但在半固体培养基中，则变为波浪形运动。培养钩端螺旋体需用加哺乳动物血清或白蛋白的特殊培养基（Faine，1999）。

钩端螺旋体的最外层是外膜，其内是由胞浆膜和肽聚糖胞壁组成的双层膜结构。两根鞭毛位于壁膜间隙负责维持运动（Adler，dela Peña Moctezuma，2010）。外膜中的脂多糖构成了细螺旋体属的主要抗原。除脂多糖以外，外膜中还含有一些结构和功能蛋白，其中大部分脂蛋白（如 L32、L21、L41）主要集中在外膜的外表面（Cullen，2005），而膜内蛋白 OmpL1 则位于外膜的内表面（Shang，1995）。

钩端螺旋体属包括腐生性菌群和致病性菌群两类。致病性菌群共有 13 种致病性钩端螺旋体和 260 多个血清型。13 种致病性钩端螺旋体分别为亚历山大钩端螺旋体（L. alexanderi）、爱尔斯顿钩端螺旋体（L. alstonii）、博格帕特森钩端螺旋（L.

borgpetersenii）、伊纳傣钩端螺旋体（L. inadai）、问号状钩端螺旋体（L. interrogans）、啡内钩端螺旋体（L. fainei）、凯拉斯克钩端螺旋体（L. kirschneri）、里瑟艾斯钩端螺旋体（L. licerasiae）、诺卡奇钩端螺旋体（L. noguchi）、桑塔罗萨钩端螺旋体（L. santarosai）、特普斯特钩端螺旋体（L. terpstrae）、维梨钩端螺旋体（L. weilii）和沃尔夫钩端螺旋体（L. wolffi）。腐生性菌群中目前只发现了 6 种钩端螺旋体（Adler，de la Peña Moctezuma，2010）。不同种的钩端螺旋体在全球的分布是不同的，如问号状钩端螺旋体、博格帕特森钩端螺旋体、凯拉斯克钩端螺旋体呈全球性分布；而诺卡奇钩端螺旋体和桑塔罗萨钩端螺旋体主要分布于美洲北部和南部；维梨钩端螺旋体主要分布于中国和东亚。引起猪致病的菌株主要是问号状钩端螺旋体和博格帕特森钩端螺旋体。

在亚种方面，钩端螺旋体的血清型分类仍然被广泛应用于血清学诊断和流行病学的研究中。这主要是由于钩端螺旋体脂多糖抗原的表位是由多糖构成并由空间构象决定的，且具有特异性。此外，血清群的分类还可用于血清学试验中交叉反应菌株的选择和区分。

三、流行情况

猪钩端螺旋体病的流行病学是十分复杂的，因为猪可以被任何致病性血清型钩端螺旋体感染。值得庆幸的是仅有少数血清型在一些特殊地区或国家呈地区性流行。此外，钩端螺旋体病是一种自然疫源性疾病，每种血清型都保持在特定的生存宿主。因此，在任何地区，猪都可以被猪携带的血清型或本区域其他动物的血清型传染。这些偶然感染的相对重要性是由从其他动物到猪的接触与传播钩端螺旋体的机会来决定的，包括带菌状况、饲养管理和环境因素。

以猪作为生存宿主的血清型有：波摩那、澳洲和塔拉索夫血清群，而属于犬热、黄疸出血和流感伤寒血清群的菌株感染猪更为普遍。

（一）波摩那型感染

波摩那（Pomona）血清型和与其关系密切的肯尼威克（Kennewicki）血清型是世界各地从猪体分离到的最常见的血清型。对该血清型感染已经进行了深入研究，并提供了一个适当的模型以阐明猪钩端螺旋体病的一般概念。波摩那和肯尼威克血清型的多数菌株，尤其是发现于美国和加拿大的菌株（Kennewicki）都特别喜欢以猪为宿主。它们是北美洲、南美洲、澳大利亚、新西兰、亚洲部分地区、东欧和中欧等地区广泛发生钩端螺旋体病的罪魁祸首，并在以上区域的大部分地区呈地方性流行。有迹象表明，非洲部分区域（Agunloye，2001）和东南亚地区（Al-Khleif，2009）目前正处于感染的高发期。以上菌株在欧洲西部的地区是不存在的，在那里有一种以啮齿类动物为宿主的 Mozdok 血清型偶尔可引起钩端螺旋体病的暴发性流行（Barlow，2004；Rocha，1990；Zieris，1991）。

在北美洲的部分地区，猪感染波摩那型钩端螺旋体的流行程度已从 20 世纪 50—60 年代初期观察到的高水平下降了。在艾奥瓦州，1989 年一年对肉联厂进行多次检查都没有检出携带波摩那型钩端螺旋体的猪（Bolin Cassells 等，1992）。与此相反，Baker 等（1989）在加拿大的一个小型调查中，从近 10% 的猪中检出了肯尼威克型（Kennewicki）。

钩端螺旋体对易感猪的肾脏有一种特殊的亲和性，它们在肾脏中生存、繁殖，随尿排出体外，这种特征在感染的传播中是十分重要的。

钩端螺旋体病侵入易感畜群有三个可能的途径：引进已感染的家畜，暴露于污染的环境中和接触动物媒介物。携带钩端螺旋体的猪可能是最普通的引入途径。更换小母猪或被感染的公猪已被证明是引发传染病的重要方式（Ellis，2006）。

游牧饲养畜群感染波摩那型钩端螺旋体的可能性取决于地理位置。在北美洲，臭鼬已被证明是猪群暴发波摩那型的一个来源（Mitchell 等，1966），而将臭鼬迁移至户内已经减少了其感染猪的机会。

一旦波摩那型钩端螺旋体侵入一个猪群，就形成高发感染流行。传播该病只需要很低的感染量（Chaudhary 等，1966a，b）。即使防止了直接接触，通过污染的水源、土壤的间接接触也能造成传播。间接传播的关键是有潮湿的环境，钩端螺旋体不能抵御干燥，但具感染性的尿沉积在潮湿土壤或 pH 略偏碱性的水中时，钩端螺旋体能够延长存活期（Ellis，2006）。

猪群感染初期，所有年龄的母猪都表现有临床症状。初期随着感染的出现，宿主群会形成一种感染的流行循环特征（Hathaway，1981），仔猪在产下的头几周内从感染母猪的初乳中获得免疫球蛋白而得到被动保护（Bolt，Mar-shall，1995a；Fish 等，1963），这种保护的持续期主要取决于从初乳中获得的免疫球蛋白的质量（Chaudhary 等，1966b）。在新西兰对青年猪的研究表明，钩端螺旋体感染从 12 周龄时就变得很明显，而到屠宰时感染率可达 90%。钩端螺旋体在尿中的浓度在感染后第 3～4 周最高，随后浓度减低并变为间歇性（Bolt，Marshall，1995a，b）。育肥猪群间的感染常常是通过尿污染共同的排水系统而发生的（Buddle，Hodges，1997）。在地方流行性感染的猪群中，可以通过一直隔离饲养断奶小母猪并重新放入猪群的方式，或从未感染的猪群中引入小母猪的方式，限制临床病例的发生，后一种方式更为常用。

（二）澳洲型感染

布拉迪斯拉瓦（Bratislava）血清型和处于次要地位的慕尼黑（Muenchen）血清型在过去几年中已成为猪感染钩端螺旋体的主要因素，但由于这些菌株均难以培养，所以人们对它们的了解甚少。血清学数据表明，布拉迪斯拉瓦在欧洲、美国、加拿大、澳大利亚、巴西、南非（Ellis，2006）、尼日利亚（Agunloye，2001）、韩国（Choi 等，2001）和日本（Kikuchi 等，2009）等国家广泛传播。

虽然布拉迪斯拉瓦（Bratislava）在世界各地广泛存在，但仅在少数几个国家分离到菌株，如荷兰（Hartman 等，1975）、英国（Ellis 等，1991）、美国（Bolin，Cassells，1990，1992；Ellis，Thiermann，1986）、德国（Schonberg 等，1992）和越南（Boqvist 等，2003）。

这些菌株的流行病学还不十分清楚，有些是猪特异性适应菌株，有些在猪、犬、马和豪猪中生存，有些仅在野生动物中发现。而存在于猪中的基因型与疾病发生的关系更密切。

在地区性流行的感染猪群中观察到两种独特的血清学现象，在室内感染的母猪适应布拉迪斯拉瓦型钩端螺旋体菌株，其显微镜凝集试验（MAT）的血清学滴度很低，许多母猪有低于 1∶100 滴度，而自然感染的母猪血清学滴度大于 1∶100，比室内感染的高50%，这是母猪暴露于感染的啮齿动物尿中引起全身感染造成的。

尽管肾脏带菌状态已经明确，但与波摩那型菌株带菌情况比较，布拉迪斯拉瓦型经尿排出不明显，且在育肥猪群中不能传播。此外，已证实了重要的带菌位置，即母猪与公猪的生殖道（Bolin，Cassells，1992；Ellis 等，1986b，c；Power，1991）。交配传播在布拉迪斯拉瓦型钩端螺旋体传播中起重要作用。

（三）塔拉索夫型感染

有关猪感染塔拉索夫型（Tarassovi）钩端螺旋体流行病学方面的资料很少。之前有研究发现，在东欧和澳大利亚猪是塔拉索夫型一些菌株的保存宿主。然而，低血清阳性率表明以上研究并不一定正确（Wasinski，2005）。最近有报道称，在越南发现导致繁殖障碍的高血清阳性型（Boqvist 等，2007）。

塔拉索夫型的很多菌株存在于野生动物并从中分离到，这些菌株偶尔可以使猪发生感染。例如：美国未从猪体内分离到塔拉索夫型钩端螺旋体，但在美国东南部的州有猪感染的血清学证据（Cole 等，1983），而这些地方已从浣熊、臭鼬和美国袋鼠中分离到该血清型（McKeever 等，1958；Roth，1964）。

（四）犬型感染

虽然很多国家都从猪体内分离到该血清型的钩端螺旋体，但人们对有关猪感染犬钩端螺旋体（Canicola）的流行病学知识知道得很少。尽管一些野生动物也是该血清型的来源（Paz-Soldan 等，1991），但传统观点认为，犬是这一血清型公认的保存宿主，该血清型必须以犬作为传播媒介感染猪群。钩端螺旋体能在带菌猪群尿中长期观察到（至少 90 d，Michna，1962），犬钩端螺旋体在未被稀释的猪尿中能存活 6 d（Michna，1962），这给其在种群内传播带来机会。

（五）出血性黄疸型感染

感染黄疸出血性血清型的血清学证明在许多国家均有报道，但从猪体内分离到菌体的非常少。它大致包括哥本哈根（Copenhagen）和黄疸出血性两种血清型。这些血清型的保存宿主是棕色大鼠（Rattus norvegicus），哥本哈根和黄疸出血性血清型钩端螺旋体可能是经鼠尿污染环境传入易感畜群。感染该血清型的猪经尿排菌的时间少于 35d（Schnurrenberger 等，1970），猪与猪之间很少发生传播（Hathaway，1985）。据报道，在美国流行的黄疸出血性菌株，并不与疫苗产生免疫反应相一致。与临床发病有关的高血清阳性率的出血性黄疸型目前已经在巴西的一些猪群中发现（Osava 等，2010）。

（六）流感伤寒型感染

流感伤寒（Grippotyphosa）血清型钩端螺旋体以野生动物为生存宿主，在不同地区尤其在东欧、中欧和美国，猪偶然有感染，并可引起小范围流行。之前，俄罗斯和美国均从猪中分离出了该血清型（ELLis，2006）。而最近报道称，在泰国也发现了一种高血清阳性率的流感伤寒型菌株（Pu chadapirom 等，2006）。

（七）哈德焦型感染

哈德焦（Hardjo）血清型钩端螺旋体通过牛发生感染，在世界各地传播广泛。在牛和猪近距离接触的地方，猪发生该型感染的机会就大。从猪体内分离到哈德焦型钩端螺旋体在英国（Hathaway 等，1983，Ellis 等，1986a）和美国（Bolin，Cassells，1992）均有报道。感染试验证实肾组织带菌（Hathaway 等，1983）不起重要作用，因此种内传播不大可能。

四、病理生理

所有感染的主要病变基本一致，主要的病变是小血管内皮细胞膜的损伤。

急性钩端螺旋体病没有肉眼观察的显著病变，急性波摩那型感染的病变是非常有限的，只表现出轻微的急性临床病症。Hansan 和 Tripathy（1986）报道了感染钩端螺旋体正处急性期的猪被处死后少有眼观和组织病理学变化。Burnstein 和 Baker（1954）报道在一些猪的肺脏见到出血点和瘀斑，组织学检查表明有较轻微肾小管病变，肝有坏死病灶，肾上腺淋巴细胞浸润和血管周围淋巴细胞渗透性脑膜炎（Burnstein，Baker，1954；Sleight 等，1960；Chaudhary 等，1966a）。

慢性钩端螺旋体病的病变局限于肾脏，呈现灰色小病灶散在于肾脏并经常出现环绕出血环，显微镜检查表明这些病变是间质性肾炎的进行性病灶（Burnstein，Baker，1954；Langham 等，1958；Cheville 等，1980）。该间质白细胞浸润主要包括淋巴细胞、巨噬细胞和浆细胞，在有些区域这种浸润是广泛性的。病灶损害包括肾小球和肾小管，有些受损的肾小球肿大，有些萎缩，另一些被纤维化替代，包囊增厚，含有嗜酸性颗粒的物质（Langham 等，1958）。肾小管的病变包括萎缩、不正常增生和在有些区域的管腔中存在坏死性物质，偶尔在间质中存在点状出血。旧的病变主要由纤维化和间质浸润组成。慢性病变伴随着急性炎症变化，在感染后的 14 个月仍然能观察到（Morter 等，1960）。

实验性研究表明，钩端螺旋体能侵入猪的乳腺，并引起一种轻微的非化脓性乳房炎病灶（Tripathy 等，1981）。

肉眼观察到感染波摩那型引起的胎儿流产及继发病在病理学上是非特异性的，包括各种组织的水肿，在体腔中有浆液性或血液样的液体，有时肾皮质部分有点状出血（Fennestad，Borg-Petersen，1966；Ryley 和 Simmons，1954b；Wrathall，1975）。这些病变可能是胎儿在子宫内自溶的结果，在有些流产仔猪可以看到黄疸（Hathaway 等，1983）。在肝脏经常见到小的灰白色点状坏死灶（Fennestad 和 Borg-Petersen，1966；Fish 等，1963；Ryley，Simmons，1954）。组织学检查可以看到间质性肾炎的小病灶。流产胎儿的胎盘大体上是正常的（Fennestad，Borg-Petersen，1966；Fish 等，1963）。

五、临床症状

感染钩端螺旋体的绝大多数猪呈现亚临床症状，小仔猪和怀孕母猪最有可能遭受临床感染。

（一）急性钩端螺旋体病

这一阶段通常与菌血症同时发生。在感染实验中，急性期大多数猪表现为厌食、发热和精神委顿（Hanson，Tripathy，1986）。然而在自然感染中，这些病症表现轻微，尤其是发生地方性流行感染时，也许只有一头或两头动物被感染。这一阶段的感染通常被忽视。

有几篇关于在自然感染引起暴发时出现黄疸和血红蛋白尿的报道（Ferguson 等，1956），特别是小于 3 月龄仔猪遭黄疸出血性血清群的菌株感染的一些病例（Field，Sellers，1951；Modric 等，2006），在出现症状 1 周内自然痊愈比例高。此类报道较少，而出现较多严厉症状的病例也是罕见的。

（二）慢性钩端螺旋体病

慢性钩端螺旋体病的主要症状是：流产、死胎和产下生存能力低下而又瘦弱的仔猪，尤其是猪感染波摩那型钩端螺旋体。此类钩端螺旋体病能导致相当大的经济损失，瘦弱的整窝仔猪出现黄疸出血型感染为特征也有报道（Azevedo 等，2008；Ellis，2006）。

有关猪群由钩端螺旋体病导致流产的重要资料未见报道，即使有，不同国家也一定有很大的差别。这取决于流行水平、流行病学和饲养管理因素，包括控制措施的落实。从获得的有限资料分析，即使广泛实行疫苗免疫接种的国家，仍有钩端螺旋体病出现，此病是导致猪流产最常见的病因。例如在安大略省，6%的猪流产是感染波摩那型钩端螺旋体造成的（Anon，1986）。Wan durski（1982）在波兰的调查表明，地方性流行的塔拉索夫型钩端螺旋体感染是畜群中3%怀孕牲畜流产的原因。Fearnley 等（2008）通过 PCR 试验发现 24 头胎儿中有 4 头携带钩端螺旋体。急性暴发还能造成严重的经济损失；Saravi 等（1989）描述钩端螺旋体在一个猪群暴发引起19%的怀孕母猪流产，仔猪和母猪的死亡数由暴发前的8%上升到暴发时期的28%。菌株致病性的差异也在感染猪群中造成不同程度的流产（Nagy，1993）。

在英国部分地区，从流产仔猪中观察到属于澳洲血清群的高流行血清型，Eillis 等（1986a）也报道相同的菌株在英国流产仔猪中分离到（Bolin，Cassells，1990；Bolin 等，1991）。Rehmtulla 等（1992）报道，在安大略省，一个猪群胎儿感染布拉迪斯拉瓦型钩端螺旋体后，该猪群中16%的母猪发生流产。Egan（1995）报道，在爱尔兰的诊断报告中荧光抗体试验（FAT）阳性率5%～23%。但是，至今未见出版具有微生物学意义的实验评价。然而，有一个明显的缺陷是如何把其他原因的流产与这些情况分开，因为猪群已用布拉迪斯拉瓦型疫苗免疫接种（Frantz 等，1989）和实施抗生素治疗计划（Ellis，1989）。

对于波摩那型引起的流产，在进行限制性繁育工作以后没有显示出任何改进，猪甚至仍然保持长期感染（Ferguson，Powers，1956；Kemenes，Suveges，1976；Mitchell 等，1966）。

不育是布拉迪斯拉瓦型感染的一个特征，Hathaway 和 Little（1981）对血清学和临床资料进行分析表明：澳大利亚血清群抗体滴度和母猪不育两者之间存在显著的相关性，Jensen 和 Binder（1989），Van Til 和 Dohoo（1991）也观察到相似的结果。应用布拉迪斯拉瓦型疫苗进行分群试验证明对母猪的生育能力有显著的改进（Franz 等，1989）。

六、诊断

诊断猪钩端螺旋体病不仅需要临床医生将钩端螺旋体病作为一种病因来确认，而且有其他原因。如：①评估一个猪群感染和免疫状况以制订出一个猪群或一个国家养猪业的疾病控制或消灭计划；②流行病学研究；③对动物个体传染状态的鉴定，以便评估对国际贸易的适合性或引进非感染猪群。

急性钩端螺旋体病的临床症状是轻微、不明显的，这使临床诊断变得困难。因此，诊断通常以实验室检验结果为依据。钩端螺旋体病的实验室诊断过程分为两个部分：第一部分由抗体检查试验组成；第二部分是从猪组织中分离鉴定钩端螺旋体的试验，所用试验的选择取决于将要完成的诊断目的和材料的来源。

（一）血清学试验

血清学试验是诊断钩端螺旋体病应用最广泛的方法，而且显微凝集试验（MAT）（WOAH 2008）是标准的血清学实验，所需最少量的抗原种类应包括特定国家发现的所有血清群的各个代表性菌株，加上其他地方性猪携带的菌株。

MAT 是检测猪群的基本试验方法，对至少 10 头猪或猪群 10％的猪或更多的猪进行检测，以便获得有效数据。当大多数受检动物的抗体效价达到 1∶1000 或更高时，要了解急性钩端螺旋体病和波摩那型流产病史，增加样本体积和样品数量可以明显增加流行病学信息，以及进行临床疾病调查、评估免疫接种需求和公共健康水平。

当检测动物个体时，MAT 诊断急性感染是非常有用的，抗体效价高是急性期和恢复期血清样本的特征。胎儿血清中存在抗体是钩端螺旋体病流产的特征。

MAT 在慢性感染猪的个体性流产、肾脏及生殖道带菌的诊断中非常有限。感染动物的 MAT 滴度可能低于广泛承认的 1∶100 最低有效滴度（Ellis 等，1986b，c）。此外，酶联免疫吸附试验（ELISA）已经被证明是非常有效的（Frizzell 等，2004）。

（二）猪组织中钩端螺旋体的检查

临床上需要从被感染动物的脏器（如肝、肺、脑）和体液（血液、脑脊液、胸液和腹水）中分离钩端螺旋体以证实其存在，从而对急性感染病例、流产胎儿和慢性感染的母畜做出确切的诊断。

钩端螺旋体存在于雄性或雌性动物的生殖道、肾或尿中，缺少一般性感染的体征是慢性感染的特性。在一头猪的尿中没有检测到钩端螺旋体，不能排除该动物是一头肾带菌猪的可能性，这仅表明在检测期间该猪没有排出可检查到的一定数量的钩端螺旋体。

（三）分离

分离鉴定是专业实验室的一项工作，钩端螺旋体的分离，尤其是从临床材料中分离非常困难，而且费时。从肾带菌动物分离到病原对流行病学调查非常有用，便于确定一个动物种或在一个特定动物群以及某个地理区域存在哪些血清型。

钩端螺旋体分离是证实其存在最确切的方法，分离培养时应无抗生素残留、组织未发生自溶、用于分离的组织必须保存在适宜的温度（4℃）、收集的尿样 pH 应适宜。

培养钩端螺旋体须用含土温 80（Johnson，Harris，1967）或土温 80 与土温 40 混合物（Ellis，1986）和含牛血清白蛋白的半固体（0.1％～0.2％）培养基。如果是营养条件更苛刻的钩端螺旋体，如布拉迪斯拉瓦型的分离培养，最好在培养基中加入少量的新鲜兔血清（0.4％～2％），并采用稀释培养法（Ellis，1986）。可以用一种选择性试剂，如 5-氟尿嘧啶、萘啶酸、磷霉素、利福霉素混剂、多黏菌素、新霉素、杆菌肽和放线菌共同控制污染。当分离物仅存有少量的钩端螺旋体时，使用选择性培养基将降低分离的机会，含 200～500 μg/mL 的 5-氟尿嘧啶培养基被用作运输时收集样本的培养基（Ellis，1990）。培养物应该在 29℃～30℃ 的条件下至少培养 12 周，最好培养 26 周（Ellis，1986），每 1～2 周用暗视野显微镜进行检查。

（四）钩端螺旋体的其他检查方法

钩端螺旋体不能被苯胺着色，镀银法染色技术也缺乏敏感性和特异性（Baskerville，1986），暗视野显微镜是有经验医生的常用诊断工具。用暗视野显微镜检查胎儿液和尿液已广泛应用于钩端螺旋体病的诊断，但多数组织经人工处理后会错判为钩端螺旋体。

对于大多数有条件实验室来说，用免疫化学试验（免疫荧光、免疫过氧化物酶、免疫金）检查钩端螺旋体更为合适，不过这些试验依赖于"菌体数量"而且缺少培养的敏感性，往往不能提供正在感染的血清型资料（Ellis，1990）及还未商品化的高滴度 IgG 的抗钩端螺旋体血清。免疫荧光是诊断胎儿钩端螺旋体病的方法。

由于聚合酶链式反应（PCR）不依赖活的生物有机体，所以通过 PCR 鉴定组织和液体中的钩端螺旋体 DNA 是最敏感的方法。目前，很少有利用 PCR 技术诊断鉴别猪钩端螺旋体的报道，而且体外如何培养钩端螺旋体也未见报道（Miraglia 等，2008），但是一些研究表明该技术是可行的（Oliveira 等，2007）。

七、鉴别诊断

（一）水肿病

该病是由致病性大肠杆菌分泌的毒素导致的，病猪特征症状是头部发生水肿，运动障碍，麻痹、惊厥。

主要病变是水肿，如头顶部、颜面、上下眼睑、下颌部皮下出现凉粉样的灰白色水肿；胃大弯处、贲门部也发生水肿，且胃的肌肉层和黏膜层之间出现胶冻样水肿；结肠间膜及其淋巴结发生水肿，整个肠间膜如同凉粉样，将其切开会流出大量液体，肠黏膜变得红肿，甚至伴有出血。

（二）蛔虫病

幼虫侵入病猪肝脏时，会导致肝组织发生出血、变性以及坏死，出现云雾状的蛔虫斑，直径达到 1 cm 左右；侵入肺脏时，会导致蛔虫性肺炎，即表现出咳嗽增多，呼吸加速，体温升高，精神萎靡，食欲不振。另外，病猪卧地不起，拒绝走动。此外，幼虫在移行过程中还会导致嗜酸性粒细胞增多，使其表现出荨麻疹以及某些类似神经症状的反应。

在小肠内寄生的成虫，会对肠黏膜造成机械性的刺激，导致腹痛。当寄生大量蛔虫时，虫体往往会缠绕成团，导致肠道被堵塞，甚至引起肠破裂。有时虫体还可侵入胆管，堵塞胆管，从而出现黄疸等症状。同时，成虫可产生毒素，其可作用于血管和中枢神经，从而表现出一系列的神经症状。此外，成虫可与宿主争夺营养，导致机体生长缓慢，发育不良，被毛粗乱，这往往是形成"僵猪"的重要原因之一，严重时甚至造成死亡。

（三）附红细胞体病

仔猪患病后会表现出明显的症状，往往呈急性经过，发病率和病死率都较高。

急性附红细胞体病的病猪主要症状是皮肤黏膜苍白和黄疸，体温明显升高，往往可达到 42℃，精神萎靡，食欲不振或者完全废绝，消化不良，反应迟钝，步态蹒跚，四肢尤其是耳廓边缘处皮肤发绀，耳廓边缘呈浅至暗红色，这也是该病的特征性症状，有时可见整个耳廓、四肢末端以及尾部皮肤明显发绀。当病程持续时间较长或者出现持续感染时，病猪的耳廓边缘甚至耳廓可能出现坏死。耐过后常常生长不良，容易变成僵猪，且可能再次出现感染。

患慢性附红细胞体的病猪主要症状是体形消瘦，皮肤苍白，部分有病斑型或者荨麻疹型变态反应，通常可见腹部皮下有出血点。

八、治疗与防控

切断感染猪或其他宿主向另一头猪传播钩端螺旋体病，是控制本病的关键环节。钩端螺旋体病的控制取决于三项措施的联合应用，即药物治疗、免疫接种和饲养管理。

（一）药物治疗

对于急性型、亚急性型病猪，要采取对因治疗和对症治疗相结合的方式，主要是静脉注射葡萄糖液、维生素 C 以及强心利尿制剂，治疗效果良好。

对于慢性型病猪，只要发现养猪场中有猪感染该类型，就要尽快给整个猪群使用链霉素进行治疗。

（二）疫苗免疫

免疫接种产生的免疫持续期比较短，对感染的免疫力不能达到 100%，最好的免疫持续期为 3 个多月；虽然不知道确切的免疫期，但是免疫接种对临床性疾病的免疫力被认为持续时间稍长，可以显著降低畜群的感染水平（Kemenes，Suveges，1976；Wrathall，1975），但不能清除感染（Cargill，Davos，1981；Edwards，Daines，1979；Hodges 等，1976）。在欧洲，部分国家为了控制布拉迪斯拉瓦型感染，饲料中广泛地添加四环素类药物，导致这些国家均出现了药物残留问题。欧洲市场上急需一种有效的布拉迪斯拉瓦型疫苗。

建议如果发现猪场或者该猪场附近猪场发生猪钩端螺旋体病，要尽快使用猪钩端螺旋体病多价菌苗接种。接种顺序是先免疫健康猪，再免疫假定健康猪，最后免疫病猪。

（三）饲养管理

控制钩端螺旋体病的主要管理因素是预防直接或间接与野外媒介动物和其他家畜的接触。严格贯彻生物安全措施并提倡在生产企业内部和周围环境中控制啮齿动物。当面临临床疾病暴发时，最好的选择是治疗已发病和处于危险期的家畜。对受威胁的家畜实施免疫接种，然后定期采取疫苗免疫措施。人工授精是控制布拉迪斯拉瓦型钩端螺旋体感染的一种重要手段。

九、饲养管理要点

实行自繁自养全进全出的饲养模式，减少引种，引种时须隔离，并进行相关检测，合格后，方可并入大群饲养。饲喂优质全价配合饲料，提供干净饮水，水线定期消毒，饮水中添加葡萄糖、维生素 C 等以提高猪只抵抗力。猪舍保持清洁卫生，粪尿及垫料集中发酵处理，定期通风，降低氨气浓度，采取一定防暑降温及保暖措施，定期消毒。猪舍保持干燥，禁止外来人员进场，进场前根据不同情况做一定时期的隔离，并按流程进行洗澡、换衣等。饲养管理人员严禁串舍，猪场清除杂草，清除积水，做好防蚊蝇等工作。鼠类在钩体传播过程中起着非常关键的作用，严防鼠类污染猪场水源。猪场内禁养猫、狗等，防范外来狗和猫等进入猪场。猪场远离牛、羊饲养场，设防鸟网或安装超声波驱鸟设备。做好猪瘟等疾病的疫苗免疫接种工作，以提高猪群抵抗力和抗应激能力。

由于钩体是一种人畜共患病原体，也可以感染人，因此生猪饲养管理人员及相关从业工作者一定要做好自身防护，避免眼、嘴唇等黏膜以及破损的皮肤接触猪尿液，防止被感染。

猪细小病毒病

一、定义

猪细小病毒病（Porcine Parvovirus Infection，PPI）是由猪细小病毒引起的，其广泛存在于世界各地猪群，易感猪在怀孕早期感染猪细小病毒时可导致胎儿死亡、胚胎重吸收和胎儿木乃伊化，偶有流产，而母猪本身无明显症状。2022 年修订的农业农村部新版《一、二、三类动物疫病病种名录》将该病调整为三类动物疫病。

该病多发于 4～10 月份或母猪产仔和交配后的一段时间。一般呈地方流行性或散发，一旦发病可持续数年。近年来与其他病毒混合感染发生较多，还是很多疾病综合征的病原之一。由于此病毒不引起猪只的大量死亡，因此许多养殖户将其忽视。

二、病因

猪细小病毒属于细小病毒科，细小病毒亚科，细小病毒属。它是一种自主性细小病毒，其复制过程不需要辅助病毒。猪细小病毒与肉食动物细小病毒相近，像犬细小病毒、猫瘟病毒，直径大约 28 nm，包含 60 个结构蛋白 VP1 和 VP2 的拷贝。其中，VP2 分子占 90%，VP1 占 10%。该病毒核衣壳的结构是一个简单对称的正二十面体（Simpson 等，2002）。

猪细小病毒基因组是包含大约 5000 个碱基的单链 DNA 分子。像所有细小病毒一样，其 DNA 复制需要位于末端复杂的回文发夹结构。基因组编码四个从两个启动子转录的蛋白质。"选择性剪接"扩展这个小基因组的编码能力。非结构蛋白 NS1 和 NS2 在病毒的复制，尤其是在 DNA 的复制过程起作用。结构蛋白 VP1 和 VP2 是通过细小病毒基因组转录、翻译得来的。较小蛋白（VP2）是从较大蛋白（VP1）相同 RNA 模板上剪接得到的。因此，VP2 的全部序列呈现在 VP1 中，但是后者有一个包含大约 120 个氨基酸的独特的氨基终端（参见 Cotmore 和 Tattersall 2006 的文章《细小病毒基因组构建与基因表达的观察》）。一些分子被蛋白酶翻译后修饰，以产生较小的蛋白 VP3。

最近的分离株序列分析显示了猪细小病毒的主动进化。特别是衣壳蛋白（VP1）基因序列的排列和种系发育的研究显示了一个新的病毒群，以特异的核苷酸和氨基变异为特征（Zimmermann 等，2006）。数据初步表明这些"新病毒"可能在欧洲猪群传播，也可能在全球范围内传播。"新病毒"的外观很重要，因为衣壳蛋白的变异会影响病毒的抗原属性。在不同血清试验中，例如病毒中和反应或血清凝集抑制检测，只有一个猪细小病毒血清型，并且所有的隔离群表现出高滴度交叉反应。然而，新病毒中交叉中和反应的差异已经通过血清抑制"典型"猪细小病毒的试验得到证实（Zeeuw 等，2007）。无论新病毒类型是一个新的抗原类型还是一个新的基因型，都需要深入研究。

猪细小病毒可以凝集许多动物的红细胞，包括鼠、猴、鸡、几内亚猪和人（O 型血）的红细胞（Siegl，1976）。该病毒能在许多猪的细胞系中培养（PK-15，SPEV，猪睾丸细胞及其他细胞），进而引起显著的细胞病变。

三、流行情况

PPV 在全球大部分地区呈地方流行。虽然只有妊娠母猪表现出临床症状（繁殖障碍），但是此病毒可迅速在易感猪体内繁殖。该病毒随着急性感染猪的粪便及其他分泌物流出，达到一定量后，不会在环境中失活，从而形成流行。因为 PPV 能在环境中保持传染能力数月，污染圈舍或设备，所以成为持续性传染源。

该病毒能在群体中经污染媒介传播，例如衣物、靴子及设备。有报道称，啮齿类动物作为机械性的携带者可将该病毒引入猪群。该病毒也可以通过感染公猪来感染种群。不论 PPV 是否存在患病公猪精液中或者精液中的 PPV 代表环境污染物，这些问题都未解决。有很多报道称 PPV 存在于自然感染的公猪精液中（Cartwright，Huck，1967；Ruckerbauer 等，1978）。

70%酒精和 0.05%季铵盐以及低浓度的次氯酸铀（2500 μg/U）和 0.2%的过氧乙酸作用不能灭活 PPV，但是乙醛消毒剂和高浓度的次氯酸铀（25000 μg/U）及 7.5%过氧化氢作用后 PPV 容易失活。该病毒具有相对热稳定性，90℃干热（不是湿热）不能灭活（Eterpi 等，2009）。

如果足够比例的母猪通过接种或自然接触获得免疫，PPV 不会立刻引起猪群发病。然而，该病毒可以在接种的猪只体内增殖且已经得到证实。由于接种与对照组不免疫的相同抗体滴度的母猪后抗体滴度迅速上升，攻毒后仍然主动排毒，因此不能仅靠接种达到绝对预防的目的。

四、病理生理

PPV 试验接种于公猪、母猪、经产母猪都不会产生肉眼可见病变（Bachmann 等，1975；Lenghaus 等，1978；Mengeling，Cutlip，1976；Thacker 等，1987）。胚胎死亡后被流体和软组织吸收，是 PPV 感染最常的现象。胎儿的眼观病变包括不同程度的发育迟缓，偶见身体表面上的血管显著充血和血液渗入结缔组织（Bachmann 等，1975；Lenghaus 等，1978；Mengeling，Cutlip，1976；Thacker 等，1987）。充血，水肿，出血与体腔血性浆液积存和出血性变色，死亡和脱水后，逐渐变得较暗（木乃伊化），是典型的 PPV 感染。胎盘脱水，颜色从棕色至灰色，多余的胎水体积缩小（Joo 等，1977；Lenghaus 等，1978）。胎儿获得免疫能力后无宏观变化（Bachmann 等，1975）。

PPV 也可引起仔猪皮肤病变。Kresse 等（1985）认为，PPV 与仔猪的一种传染病相关。这种传染病以口腔和鼻腔中裂缝样和水疱样病变为特征。Whitaker 等（1990）认为，PPV 与仔猪坏死和渗透性损伤有关。然而，通过实验室手段将这种病毒接种到仔猪皮肤，并没有发现病变。由此得到的结论是，PPV 更倾向于引发仔猪继发性皮肤病（Lager，Mengeling，1994）。

当这些母猪的胎儿经子宫接种这种病毒后，尸检可见母猪组织有微观病变。血清阴性的母猪在妊娠 70 d 感染病毒，在接种后 12 d 和 21 d 尸检发现单核细胞聚集于子宫内膜附近以及深部固有层中。在大脑、脊髓、眼脉络血管周围可见浆细胞和淋巴细胞的血管套现象（Hogg 等，1977）。但在妊娠早期接种（35 d、50 d、60 d），7 d 和 10 d 的剖检发现母畜的病变很相似。然而，那时候子宫的病变更为严重，并且在子宫内膜和子宫肌层周围的血管广泛地存在单核细胞的血管套现象（Lenghaus 等，1978）。胎儿接种后，仅血清反应阳性的母猪，其子宫可见淋巴细胞局灶型聚集（Cutlip，Mengeling，1975）。

胎儿病理学的变化往往是广泛性的，并且其主要微观病变使正在发育的器官发生细胞坏死（Joo 等，1977；Lenghaus 等，1978）。皮下和肌肉组织发生出血。肺、肾和骨髓肌常见坏疽和矿化，尤其是在肝脏和心脏等部位（Lenghaus 等，1978）。当胎儿具有免疫活性后，显微镜下可见的病变主要是子宫内膜增厚和单核细胞渗出。脑膜脑炎特点为大脑的灰质和白质外周血管套的外膜细胞、组织细胞和少量的浆细胞增生，PPV 感染、分娩推迟的活胎或死胎可见软脑膜现象（Hogg 等，1977；Joo 等，1977；Narita 等，1975）。

PPV 也可引起仔猪非化脓性心肌炎，以轻度到中度的单核细胞浸润和心肌之间出血为特点（Bolt 等，1997）。

对野猪的睾丸进行接种，引起生精上皮严重退化，伴随着多核细胞的形成和脱落。肌内接种未见微观病变（Thacker 等，1987）。

五、临床症状

PPV 感染的唯一及主要临床症状是母畜生殖障碍。接种疫苗的种群生殖障碍率低，但是 PPV 病毒在未接种疫苗或疫苗接种不当的种群中可以造成毁灭性的流产风暴。有描述称，腹泻的粪便中含 PPV 和 PPV 样结构，囊泡样皮肤病变可分离出 PPV。这些报告表明，PPV 相关发现很少，病毒的病原学作用尚待全面了解。

即使在实验条件下，后备母猪和公猪感染 PPV 后的临床表现依然健康，除了呈阴性的后备母猪或种猪生殖障碍。接种后 5～10 d 会有轻微及短暂的淋巴细胞减少，与性别和年龄无关（Joo 等，1976；Mengeling，Cutlip，1976；Zeeuw 等，2007）。

感染早期及潜伏期没有明确定义。显然，该病毒首先在扁桃体和口腔或鼻腔复制。1～3 d 之后，病毒到达淋巴系统，导致无细胞病毒血症。PPV 敏感孕畜接种 15 d 左右出现胎盘传播和随后的胚胎/胎儿感染。

生殖临床症状与发生感染的妊娠阶段有关。在妊娠开始，由透明带保护胎体，不容易感染。此后，在妊娠 35 d，PPV 感染导致胚胎死亡和孕畜的胎儿组织吸收。怀孕 35 d，胎儿器官形成已基本完成，胎儿的骨髓开始骨化。在此之后，PPV 感染通常会导致胎儿死亡，紧接着形成木乃伊胎。同时，在妊娠大约 70 d 时，胎儿能够有效地免疫，消除病毒。妊娠 70 d 后，胎儿感染的临床症状不明显，仔猪出生时携带 PPV 抗体。

PPV 普遍感染猪，但是因为可能感染数周后才出现 PPV 感染典型表现，从而使生殖障碍的损失很难估计，即返回到发情指数或受影响的窝的观察次数增加了。同样，对胎儿组织的诊断测试，往往会产生假阴性，这可能是来自胎儿组织和自溶状态高滴度抗体的母猪。

使用复杂的灭活疫苗的血清抗体滴度检测 PPV 感染。然而，世界各地区的血清学调查表明，在 70%～100% 的牛群中存在 PPV 抗体。PPV 滴度≥512（一个典型的接种后滴度）表明，约 40% 的动物来自接种疫苗的牛群（Oravainen 等，2005）。

六、诊断

当观察到生殖障碍，与 PPV 感染结果一致时即认为是 PPV，如发情周期回升或者分娩延迟并且伴有木乃伊胎和弱胎数目的增多，尤其在第一胎或者第二胎的母畜多见。同一窝猪既有正常猪，也有在不同发育阶段死亡的木乃伊胎是 PPV 感染的明显标志。PPV 感染正常情况下不引起流产，成年猪也没有临床症状（Mengeling，1978；Mengeling，Cutlip，1975）。

实验室确认 PPV 感染包括木乃伊胎和胎儿遗骸。通过免疫荧光技术观察胎儿组织的病毒抗原是判断 PPV 的一种可靠的方式（Mengeling，1978；Mengeling，Cutlip，1975）。或者来自成对仔猪和母猪的血清可以用来证明 PPV 感染。然而，血清要在流产时采集，第二个样品要在 2～4 周后采集。胎儿、死胎的血液和体液或者在吮吸初乳以前胎儿的脐带血均可以用来测试 PPV 的特异性抗体。

这种病毒在肾和睾丸内易于存活，原代细胞表现出高风险的外源因子污染，并且细胞的分裂指数较低。因此，连续细胞系（ESK，PK-15，SK6，ST，STE 和 SPEV）通常是用于病毒繁殖和滴定（Mengeling，1972；Zimmermann 等，2006）。PPV 在细胞培养时引起的细胞病变包括核内包涵体、核固缩、颗粒化、形状不规则、增殖慢和随后的细胞死亡（Cartwright 等，1969；Mengeling，1972）。免疫荧光显微镜可以用来确认 PPV 感染细胞和滴定病毒（Johnson，1973；Mengeling，1978）。另外，由于 PPV 生成血细胞凝集素，因此可以根据 PPV 对特定种属红细胞的凝集活性滴定病毒（Joo 等，1976b；Siegl，1976）。PPV 感染缓慢，呈进行性，胎儿死亡后 PPV 消失（Mengeling，Cutlip，1975）。病毒成功复苏的可能性将取决于采样时胎儿组织的状况，但无法从自溶的组织中分离病毒。

杂交技术，如 DNA 提取后非放射性探针（Oraveerakul 等，1990）和原位杂交（Waldvogel 等，1995）检测检查临床样品灵敏度高。对于日常的诊断，聚合酶链反应（PCR）是诊断胎儿组织、精子和其他样品中的 PPV 的最有效的技术。已描述的 PCR 方案很多（Chen 等，2009；Gradil 等，1994；Miao 等，2009；Molitor 等，1991；Prikhod，ko 等，2003；Soares 等，1999；Wilhelm 等，2006），包括多重 PCR（Cao 等，2005；Huang 等，2004；Kim，Chae，2003），尤其是同时诊断 PPV 和 PCV2 的多重 PCR。这些方案相对于血凝试验有较高的诊断敏感性和特异性，并且可以更好地诊断自溶组织中的 PPV。

无法获得胎儿组织时，血清学的诊断方法可能是一种有效的诊断方法，然而 PPV 通常患病率较高，感染后观察到繁殖障碍的延迟时间，对结果难以解释。因此，成对的血清样品，应评价相应环境下两个样品之间的抗体滴度的变化。由于病毒不能通过胎盘屏障，胎儿体液或血液中的阳性抗体和食用初乳前的猪是评判宫内感染的指标。

HI 法是常用的检测和定量 PPV 特异性血清抗体的方法。重要的是，培养温度及红细胞源可以影响 HI 的结果。HI 试验检测的血清通常是由热灭活预处理（56℃，30min）随后通过吸附红细胞（去除非特异性凝集素）和高岭土（消除或减少血凝的非特异性抑制剂）（Mengeling，1972；Morimoto 等，1972）。

酶联免疫吸附试验（ELISA）相对于 HI 是一个更好的选择，因为它可以标准化、自动化、高通量地测试。此外，它不需要预处理检测血清（Hohdatsu 等，1988；Westenbrink 等，1989）。鉴别 ELISA 可以区别 PPV 感染的动物和接种疫苗的动物（Madsen 等，1997；Qing 等，2006）。灭活疫苗只产生抗体的结构蛋白（VP），而特异性酶联免疫吸附检测产生抗非结构蛋白抗体（NSl），在受感染的猪病毒复制蛋白表达。

七、鉴别诊断

考虑到临床症状，鉴别诊断包括伪狂犬病、布氏杆菌病、细螺旋体病、猪繁殖与呼吸障碍综合征、弓形虫病、非特异性细菌感染子宫等。

八、治疗与防控

PPV 在猪中流行很普遍，而且在环境中有很高的稳定性，这些因素导致很难建立和维持无 PPV 感染的育种猪。商品猪更实际的目标是维持种群对 PPV 的免疫力。过去，饲养者在母猪第一次生产之前通过各种方式感染 PPV。例如，有意使母猪接触被病毒污染的组织。这种方法既不可靠而且危险，因为这会导致猪群中其他病原体的传播，如猪瘟病毒。更喜欢依赖于繁殖母猪的常规接种免疫。

大多数商业疫苗以组织培养化学纯的方式为基础（福尔马林、自一丙内醋、乙烯亚胺），派生的病毒用油和铝胶作为佐剂，这些疫苗诱导的抗体滴定量足以防病而不发生传染疾病（Józwik 等，2009）。在控制的研究中，抗体的浓度被灭活的疫苗所刺激，在疫苗接种后的 4~13 个月被检测出。（Joo，Johnson，1977；Vannier 等，1986）。因此，以 4~6 个月的间隔有规律地对母猪进行免疫，也许对猪群保护性抗体维持是有必要的。

经过改良的活病毒也得到了很好的发展，用 MLVS 来免疫诱导出长久持续的免疫应答，在接种后短时间内出现病毒血症与脱落。几乎没有对于 MLVS 的报道，大多数是以 NADL-2 病毒为免疫病毒（Paul，Mengeling，1980，1984）。经过血液比口更有效果，和病毒施用的数量有关的随后的病毒脱落和抗体滴度，在所有情况下，胎盘传播被防止了。有限的实验感染与参考菌株的怀孕母猪 ImpfstoHwerke Dessau-Tornau（IDT），菌株 Stendal，菌株 NADL-2，和现场隔离 PPV-143 没有发现这些病毒传播给胎儿和一个非常强烈的体液免疫反应的诱导（Józwik 等，2009；Zeeuw 等，2007）。

九、饲养管理要点

第一，切实做好猪场内外的生物安全工作，坚持自繁自养，不从有疫情的地区或猪场引猪，杜绝 PPV 从外界传入。必须外购生猪时，应做好检疫和隔离。第二，改善猪舍环境，做好通风换气，降低饲养密度，做好防潮保温。第三，加强饲养管理，认真执行卫生防疫消毒制度；同时，选择有效的消毒药物，如 2% 氢氧化钠、0.5% 的漂白粉、福尔马林等进行定期消毒。

猪丹毒

一、定义

猪丹毒是由猪丹毒丝菌引起的一种急性、热性传染病。临床上多呈急性败血型或亚急性疹块型。慢性型发生关节炎或心内膜炎。广泛发生于世界各地。

二、病因

1876 年，Koch 首次从患有败血症的小鼠的血液中分离出鼠败血丹毒丝菌（Erysipelothrix muriseptic）。1966 年，其被更名为猪丹毒丝菌（E. rhusiopathiae）。直到近年来，该属一直被认为仅包含一个种，即猪丹毒丝菌（E. rhusiopathiae）。丹毒丝菌属（Eryspelothrix）现在被细分为两个主要种：猪红斑丹毒丝菌（E. rhusiopathiae）（Migula，1900；Skerman 等，1980）和扁桃体丹毒丝菌（Erysipelothrix tonsillarum）（Takahashi 等，1987）。此外，还有由其他一些菌株构成的一个或更多个种，当前已知的有丹毒丝菌 sp. —1（Erysipelothrix sp. —1）（Takahashi 等，1992，2008）、丹毒丝菌 sp. —2（ErysiPelothrix sp. —2）（Takahashi 等，1992，2008）、丹毒丝菌 inopinata（Erysipelothrix inopinata）（Verbarg 等，2004）和丹毒丝菌 sp. —3（Erysipelothrix sp. —3）（Takahashi 等，2008）。根据细胞壁上的热稳定性抗原，利用兔高免血清通过沉淀反应将丹毒丝菌属 spp. 菌株（Erysipelothrix spp.）划分为至少 28 个血清型（Kucsera，1973；Wood，Harrington，1978）。所提及的不具有热稳定细胞壁抗原的菌株，像 N 血清型的猪红斑丹毒丝菌（ErysipeLothrix rhusiopathiae）包括 1a，1b，2，4，5，6，8，9（大多数菌株），11，12，15，16，17，19，21 和 N 血清型菌株；扁桃体丹毒丝菌（E. tonsillarum）包括 3，7（大多数菌株），10（大多数菌株），14，20，22，23，24，25 和 26 血清型菌株；丹毒丝菌 sp. —1（Erysipelo thrix sp. —1）包含血清型为 13 的菌株；丹毒丝菌 sp. —2（Erysipelothrix sp. —2）包含血清型为 18 的菌株，其中少数菌株的血清型为 9 和 10；丹毒丝菌 sp. —3（Erysipelothrix sp. —3）包含血清型为 7 的一些菌株；以及还未进行血清学鉴定的丹毒丝菌 inopinata（E. inopinata）（Takahashi 等，1987，1992，2008；Verbarg 等，2004）。

猪丹毒自然病例遍布世界各地，主要是由血清型为 1a、1b 或 2 的猪红斑丹毒丝菌（E. rhusiopathiae）所引起，而不常见的血清型对猪的毒力较低。扁桃体丹毒丝菌（Erysipelothrix tonsillarum）及包含潜力新种在内的少数菌株通常被认为对猪没有致病性。罕见的是，从患有慢性关节炎和疣性心内膜炎的感染病例中分离获得扁桃体丹毒丝菌（E. tonsillarum）（Bender 等，2011；Takahashi 等，1984，1996），这表明其具有潜在的致病性。然而，截至目前，通过猪的接种试验研究还不能证实扁桃体丹毒丝菌（E. lonsillarum）是一个重要的病原菌（Harada 等，2011；Takahashi 等，1987，1992，2008）。

丹毒丝菌属（Erysipelothrix）成员是一类不能运动、无芽孢、不耐酸、细长的革兰氏阳性杆菌（Brooke，Riley，1999）。它们是一类兼性厌氧菌，且能够在 5～44℃温度范围内生长，最适宜的生长温度为 30℃ 和 37℃（Brooke，Riley，1999；Carter，1990；Sneath 等，1951）。丹毒丝菌（Erysipelothrix spp.）形成的菌落光滑或粗糙，其中粗糙型菌落稍大，边缘不规则（Grieco 和 Sheldon，1970）。在琼脂培养基上，35℃ 或 27℃ 温度条件下孵育 24h 后可形成透明的环形小菌落（直径 0.1~0.5 mm）；在孵育 48h 后菌落增大（直径为 0.5~1.5 mm）（Carter，1990）。大多数菌株在血琼脂培养基上能够诱导产生狭窄的溶血带，其通常呈现绿色。粗糙型菌落通常不伴有溶血（Carter，1990）。该病原菌喜碱性，pH 在 7.2~7.6 之间（Sneath 等，1951）。丹毒丝菌属（Erysipelothrix）成员一般不运动且与过氧化氢酶、氧化酶、甲基红或吲哚不发生反应（Cottral，1978），但是在三糖铁膏、脂培养基中能够产生酸和硫化氢（Vickers，Bierer，1958；White 和 Shuman，1961）。

其他一些无芽孢的革兰氏阳性杆菌容易与丹毒丝菌（Erysipelothrix spp.）相混淆，主要包括环丝菌属（Bronchothrix）、棒状杆菌属（Corynebacterium）、乳酸杆菌属（Lactobacillus）、李斯特菌属（Listeria）、库特氏菌属（Kurthia）和漫游球菌属（Vagococcus）成员（Bender 等，2009；Brooke，Riley，1999；Dunbar，Clarridge，2000）。

三、流行情况

猪红斑丹毒丝菌（Erysipelothrix rhusiopathiae）遍布于世界各地且无处不在。家猪被认为是最重要的储存宿主。除猪以外，已知至少还有 30 种野生鸟类和 50 种哺乳动物可贮藏这种菌，从而提供了广泛的储存宿主（Shunan，1970）。值得注意的潜在储存宿主包括：羊、牛、马、犬、小鼠、大鼠、淡水和海水鱼类、海洋哺乳动物、火鸡、鸡、鸭、蝇、麻雀、八哥和乌鸦（Bricker，Saif，199；Grieco，Sheldon，1970；Reboli，Farrar，1989；Wood，1975）。有研究证实，能够很容易地从临床正常牛的扁桃体内获得猪红斑丹毒丝菌（E. rhusiopathiae）（Hassanein 等，2001，2003）。

据估计，大约 30%~50% 外观健康猪的扁桃体和其他淋巴组织内潜伏有猪红斑丹毒丝菌（Stephenson，Berman，1978）。这些携带者能够通过排泄物和口鼻分泌物散布病菌，因此将其列为重要的传染源。猪红斑丹毒丝菌（Erysipelothrx rhusiopathiae）被认为通过口鼻分泌物和粪便直接传播，并且能通过环境污染物间接传播。猪能够通过摄入被污染的饲料或水或者皮肤创伤被污染而发生感染。在室内生产式系统，被感染动物粪便和尿液污染的地板是可能的传染源。

急性丹毒感染猪的粪便、尿液、唾液及鼻腔分泌物含有大量的猪红斑丹毒丝菌（E. rhusiopathiae），能长时间向外散播。在感染后几周内，猪红斑丹毒丝菌（Erysipelothrix rhusiopathiae）能够很容易地从急性感染猪的口腔分泌物中分离获得（尚未发表的观察报告）。

猪丹毒丝菌（Erysipelothrix spp.）在土壤中至少能存活 35 d（Wood，1973）。对猪红斑丹毒丝菌（E. rhusiopathiae）在不同温度、pH、湿度及有机质等多种条件下的生长和存活情况进行调查，没有证据显示其能在土壤中存活并形成稳定的菌群（Wood，1973）。猪红斑丹毒丝菌（Erysipelothrix rhusiopathiae）在湿热条件下，于 55℃ 即可被灭活。然而，它对盐及许多食品的防腐剂具有一定的抵抗力（Conklin，Steele，1979）。

猪丹毒丝菌（Erysipelothrix spp.）能够被常用的消毒剂灭活（Conklin，Steele，1979），一些市售的家用消毒剂非常有效。然而，对结构复杂且含有有机质的设备进行消毒较为困难，尤其是在没有清洗的情况下（Fidalgo等，2002）。由于消毒剂并不能完全消除环境中的细菌，建议从饲养、畜禽管理、环境卫生和免疫等多方面采取措施。

四、病理生理

急性型猪丹毒特征性的眼观病理变化包括轻微隆起的粉红色至紫色呈菱形的多部位病灶，主要是在口鼻周围、耳、下颌、喉部、腹部以及大腿等部位皮肤。四肢的皮肤也可能呈现紫色。除皮肤损伤外，还能观察到其他一些典型的败血病症状，包括淋巴结充血肿胀、脾脏肿大及肺淤血水肿。肾脏皮质、心脏（心外膜和心房肌），偶尔或在其他一些部位可见有痕血斑点。关节轻度肿胀，滑膜及关节周围组织可见有浆液性纤维蛋白渗出物，这些物质也可能填充关节腔。

对于临床上急性或亚临床感染疾病所幸存的猪，可能出现慢性型的眼观病理变化。慢性关节炎可能累及一个或多个腿关节或腰椎间关节。可见滑膜增生和关节腔内有浆液性出血性渗出液。关节囊通常发生充血。这很可能引起关节软骨增生及腐蚀，从而导致纤维化、关节强直和脊椎炎。在心脏瓣膜上（二尖瓣最为常见）可见呈增生性、颗粒状生长的疣状心内膜炎。菱形皮肤病变及四肢末端皮肤发生缺血性坏死时，也可见干燥、发黑，有时呈局部分离的皮肤。

急性丹毒的镜检变化主要是在血管，导致局部缺血和坏死。真皮毛细血管和小静脉常发生扩张充血。微血栓和细菌栓子可能造成血管堵塞，导致循环停滞及局灶性坏死。感染的真皮可见中性粒细胞浸润。在脑、心、肾、肺、肝、脾和滑膜也可见充血、血管炎、中性粒细胞浸润及局灶性坏死等类似的病变。肺脏可见急性间质性渗出性肺炎的变化，比如肺泡隔血管发生感染、浆液渗出液导致肺泡隔扩张并填充肺泡，也通常包括巨噬细胞的聚集等。肾小球血管的损伤可能导致肾皮质肉眼可见的出血。感染的淋巴结充血、出血，并可见中性粒细胞浸润。肌纤维发生断裂、颗粒状变性坏死，随后可见肌纤维发生纤维化、钙化和再生。当病变转化为亚急性时，在炎症部位也可见单核细胞、淋巴细胞和巨噬细胞浸润。

慢性关节炎以滑膜细胞显著异常增生为特征，从而导致滑膜上增生的绒毛变厚，同时淋巴细胞、浆细胞及巨噬细胞浸润引起间质增厚以及新生血管形成等变化。在感染的后期阶段，滑脱及关节周围组织可见显著的纤维化。关节软骨可能发生局灶性至广泛性的坏死，同时产生纤维素性至脓性纤维素性的渗出物。

慢性疣性心内膜炎病变是由纤维蛋白、坏死的细胞碎片、混合的炎性细胞、细菌菌落以及肉芽组织所构成的不规则的层状体。

五、临床症状

猪丹毒三种临床表现形式包括：急性型、亚急性型和慢性型（Conklin，Sleele，1979；Grieco，Sheldon，1970）。急性型为败血性疾病，表现为下述任何一种组合形式突然发病：急性死亡，流产，精神沉郁，嗜睡，发热（40℃～42℃或更高），退缩，卧地不起，步态僵硬及不稳所证实的关节疼痛，不愿活动和/或运动时发声，部分程度或完全食欲不振，以及特征性的粉红色、红色或紫色的隆起的坚实的呈菱形或方形的"菱形皮肤"病变。对于深色皮肤的动物，触诊或观察毛发隆起区域是鉴别皮肤病变最好的方法。在非致死性病例，皮肤病变将在 4～7 d 内逐渐消失。

亚急性型也会出现败血症，但是在临床上没有急性型严重。与急性型相比，动物通常不呈现病态、体温升高程度较低且持续时间较短、食欲可能不受影响、皮肤损伤部位较少或无皮肤损伤、死亡率较低，而且动物能够较快恢复。动物有可能出现不孕、产木乃伊胎或产弱仔数量增多及产前或产后外阴脱出。一些病例症状较为轻微，以至于未被察觉（亚临床）。

慢性丹毒常发生于急性型、亚急性型之一，有时是亚临床败血性丹毒感染后部分幸存猪。慢性关节炎是最具有显著经济学意义的类型，可能出现在首次暴发后不久，大约 3 周。感染动物出现轻度至严重的跛行，伴随有采食减少。常可观察到感染动物后肢踝关节、后肢膝关节以及腕关节增大。慢性丹毒的第二个表征是疣性心内膜炎，这可能导致心功能不全及继发的肺水肿和呼吸困难、嗜睡、发绀或突然死亡。

该病发病率和死亡率的变化取决于猪群的免疫状态水平的不同。仔猪群暴发急性丹毒时，其死亡率能迅速升高至 20%～40%。在亚临床或慢性感染猪群中，猪丹毒丝菌（Erysipelothrix spp.）感染引起的发病率和死亡率有所不同，这主要取决于放牧情况、环境以及其他并发感染等因素。

六、诊断

急性猪丹毒主要引起生长发育猪的败血症和急性死亡，这是与猪霍乱沙门氏菌、猪放线杆菌、猪传染性胸膜肺炎放线杆菌、猪副嗜血杆菌、链球菌及其他细菌感染引起的相关疾病的鉴别要点。在猪瘟、猪皮炎与肾病综合征（PDNS）或链球菌性败血症也可见与猪丹毒类似的皮肤病变。

对猪丹毒进行及时、准确的诊断与采取有效的治疗措施同等重要。多种测试方法可用于猪丹毒丝菌（Erysipelothrix spp.）的诊断。应当根据检测成本、给出诊断报告所需时间以及在不同地区的可用性等选择诊断方法。

从发生形态学变化的组织（心、肺、肝、脾、肾、关节、皮肤）分离获得猪丹毒丝菌（Erysipelothrix spp.）为丹毒感染提供了确切的实验室诊断结果。未污染样本的直接培养通常较为迅速、容易，且使用基本的实验设备即可开展。对于慢性感染病例及污染的样本，通常需要预先使用选择性肉汤培养基进行富集。一些文献中有对几种富集方法的描述（Cross，Eamens，1987；Harrington，Hulse，1971；Wood，1965），它们是近年来应用于兽医实验室诊断中非常有效的技术（Bender 等，2009）。猪红斑丹毒丝菌（Erysipelothrix rhusiopathiae）在常规的生化实验中相对不活跃（Cottral，1978）。该病菌在某些碳化合物中能产酸但不产气，而且在三糖铁培养基中能够产生硫化氢（Vickers，Biercr，1958；White，Shuman，1961）。

有研究报道，利用荧光抗体测定法能够快速鉴定冰冻组织切片中的猪红斑丹毒丝菌（E. rhusiopathiae）。然而，人们发现这种测定方法不如培养方法敏感（Harrington 等，1974）。利用抗 1a，1b 和 2 血清型的兔高免血清还建立起一种免疫组织化学测定法。与直接培养技术相比，这种方法有高度的敏感性和特异性，尤其是对于治疗动物（Opriessnig

等，2010)。

已经建立起一些用于猪丹毒丝菌快速检测的聚合酶链式反应方法。在常规的 PCR 测定方法中，对种特异性方法（Makino 等，1994；Shimoji 等，1998a)、能够区分丹毒丝菌属四个种的常规鉴别 PCR 方法（Takeshi 等，1999）以及能够区分猪红斑丹毒丝菌和扁桃体丹毒丝菌的常规多重 PCR 方法（Yamazaki，2006）进行了描述。最近，有研究者对一种能够区分猪红斑丹毒丝菌、猪扁桃体丹毒丝菌和猪丹毒丝菌菌株 2 的实时多重 PCR 方法进行了描述（Pal 等，2009）。

通常利用一些方法区分猪丹毒丝菌分离株在遗传学或抗原物质上的差异，以获得对某一生产系统下或地理区域内某一农场或农场间分离的各个菌株的起源和亲缘关系的认知。这些区分方法包括有血清分型、基因组指纹分析和脉冲场凝胶电泳（PFGE)。

目前所使用的标准血清分型方法是利用型特异性兔抗血清及经热水萃取回收的抗原的双层琼脂凝胶沉淀试验（Kucsera，1973；Wang 等，2010）。两个表面蛋肉分别是种特异性的不耐热蛋白和耐酸的多糖抗原，成为用于分离株血清分型的主要成分。血清分型取决于所使用的抗血清，而完成该测试大约需要 3d 时间。

基因组指纹分析是针对信息量极少的物种设立的，可利用随机扩增多态 DNA（RAPD）方法进行分析。在 2000 年，利用该方法对 81 个猪丹毒丝菌分离株进行了鉴别，并总计鉴定出了 14 个型（Okatani 等，2000）。利用该方法对猪丹毒丝菌菌株间的遗传变异情况进行了鉴定，并且可用于具有同一血清型不同菌株的区分（Okatani 等，2000，2004）。

在当前基于 DNA 的分型方法中，一些研究者将 PFGE 作为检测的金标准（Olive，Bean，1999）。然而，这种测定方法的缺点是给出检测报告的时间较长，大约需要 3～4 个工作日才能完成。在不同的研究中使用 Sma1 限制性内切酶对猪丹毒丝菌菌株进行分析，大多数分离株都具有清晰的 PFGE 模式图，而在不同的分离株之间允许有差异存在（Okatani 等，2001；Opriessnig 等，2004）。

已尝试使用多种血清学测定方法检测血清抗体以对猪丹毒进行诊断。这些测定方法包括平板、试管及微管凝集试验，间接血凝试验，血凝抑制试验，补体结合试验，酶联免疫吸附试验（ELISA）和间接免疫荧光试验。血清学诊断对于种猪群疫苗接种效果的检测可能非常有用，但是在急性猪丹毒诊断中的实际应用受到限制。

七、鉴别诊断

(1) 猪瘟。病猪的结膜往往发炎，并有脓性分泌物流出，导致上下眼睑发生粘连。初期发生便秘，且排出表面附着白色肠黏液的粪便，后期发生腹泻，排出散发恶臭味的粪便，局部皮肤黏膜存在针尖大小的出血点，且用手指按压不会褪色。

(2) 圆环病毒病。圆环病毒病主要是引起皮炎肾炎综合征，病猪食欲不振，稍微发热，走动减少，皮肤局部有隆起现象，通常在腹部和后躯出现病灶，且随着病程的进展逐渐扩散至胸部及耳部。

(3) 猪肺疫。猪肺疫在临床上可分为急性型和慢性型。急性型猪肺疫无明显症状，猪突然发病，立即死亡。若病程时间较长，病猪则表现为体温上升、无食欲、呼吸急促和咽部发红。慢性型猪肺疫分为肺炎型和胃肠炎型，症状为四肢关节肿痛，伴有腹泻、食欲减退、缺乏营养和发育受阻，大部分病猪在 2 周内死亡。

（4）猪链球菌病。病猪从口、鼻流出淡红色泡沫样黏液，腹下有紫红斑，后期少数耳尖、四肢下端、腹下皮肤出现紫红或出血性红斑。剖检，脾肿大 1～3 倍，呈暗红色或紫蓝色，偶见脾边缘黑红色出血性梗死灶。采心血、脾、肝病料或淋巴结脓汁涂片，可见到革兰氏阳性，多数散在或成双排列的短链圆形或椭圆形无芽孢球菌。

（5）猪流感。病猪呼吸急促，常有阵发性咳嗽，眼流分泌物，眼结膜肿胀，鼻液中常有血，皮肤不变色。

（6）猪弓形虫病。病猪粪呈煤焦油样，呼吸浅快，耳廓、耳根、下肢、下腹、股内侧有紫红斑。剖检肺呈橙黄色或淡红色，间质增宽、水肿，支气管有泡沫；肾呈黄褐色，有针尖大小坏死灶，坏死灶周围有红色炎症带；胃有出血斑，片状或带状溃疡，肠壁肥厚、糜烂和溃疡。病料（肺、淋巴结、脑、肌肉）涂片或病料悬液注入小白鼠腹腔，发病后取病料涂片，可见到半月形的弓形虫。

八、治疗与防控

猪红斑丹毒丝菌对盘尼西林高度敏感，因此成为首选的治疗药物。然而，大多数菌株对氨苄青霉素、氯唑西林、青霉素、头孢噻呋、泰乐菌素、恩诺沙星和达氟沙星也非常敏感（Yamamoto 等，2001）。在感染早期进行治疗通常在 24～36 h 内产生良好的效果。在急性暴发期间，对哺乳仔猪或整个基础群使用抗血清治疗是应用于世界部分国家和地区的一种相当普遍和有效的方式。皮下注射抗血清的猪能立即获得免疫保护，而且这种被动性免疫保护的持续时间长达 2 周。

免疫接种是预防猪丹毒最好的方法。当前使用的疫苗是以 1 型或 2 型的猪红斑丹毒丝菌为基础而制备的，既有用于肌内注射的灭活菌苗，又有依据通过饮水途径对全群集体治疗方案所设计的减毒疫苗。大多数菌苗是血清 2 型菌株（Eamens 等，2006；Wood，1979），而大多数减毒活疫苗为血清 1a 型（Opriessnig 等，2004）。疫苗接种是预防猪丹毒发生的广泛而有效的方法，正确接种菌苗和减毒疫苗后的免疫持续时间为 6～12 个月（Swan，Lindsey，1998）。由于猪红斑丹毒丝菌被隔离存在于关节软骨的软骨细胞胞浆内而逃避宿主免疫获得保护，因此疫苗接种在预防慢性关节炎方面可能不是那么有效。据报道，在临床感染猪群中对种畜进行疫苗接种能够减少围产期外阴脱出的发生率、降低分娩间隔周期并提高新生仔猪的存活数（Gertenbach，Bilkei，2002）。

任何活疫苗的使用都存在一定的风险，而在日本已经证实猪红斑丹毒丝菌活疫苗存在风险。在 1932 年，一种吖啶黄抗性减毒活疫苗被研制出（Kondô 等，1932），并且在 1966 年和 1967 年猪丹毒暴发期间以及之后被广泛应用。近年来的一项研究涉及分离自日本丹毒感染猪中的 800 株猪丹毒丝菌 spp. 菌株。研究发现，在 381 株血清 1a 型菌株中，吖啶黄抗性的发生率是 97.7%。由此可以推断，自 20 世纪 90 年代以后，该活疫苗的广泛使用每年能导致大约 2000 个由疫苗接种引起的猪丹毒病例（Imada 等，2004）。

通过剖宫产衍化或早期断奶仔猪给药能够建立起阴性畜群。然而，由于猪红斑丹毒丝菌普遍存在，所建立的阴性畜群不可能维持很长时间。

九、饲养管理要点

（1）日常生活中应加强饲养管理，做好卫生消毒，提高猪只的抗病能力。
（2）每年都有猪丹毒菌苗 2 次，以提高猪只的免疫力。
（3）病亡猪应采用无公害化处理方法，进行彻底消毒，防止病菌扩散。

猪肺疫

一、定义

猪肺疫又名猪巴氏杆菌病，是以败血症、咽喉炎和纤维素性胸膜肺炎为主要特征的急性传染病。猪肺疫的病原体是多杀性巴氏杆菌（Pasteurella multocida，Pm），各年龄猪都易感染。临床上可分为最急性型、急性型和慢性型三种。本病分布很广，常继发于其他传染病，使病情加重，引起较大的经济损失。

二、病因

多杀性巴氏杆菌包括四个亚种：多杀亚种、败血亚种、杀禽亚种和杀虎亚种。绝大多数的猪源分离株为多杀亚种，但偶尔也有败血亚种和杀禽亚种见于报道（Blackall 等，2000；Bowles 等，2000；Cameron 等，1996；Davies 等，2003；Varga 等，2007）。

多杀性巴氏杆菌是一个不运动的革兰氏阴性杆菌或球杆菌，长度约为 1.0~2.0 μm。原始的或低代次菌株可能存在清晰的两极浓染，然而其在经系列传代培养之后通常观察不到。该菌为兼性厌氧菌，37℃条件下能在大多数的增菌培养基中生长良好。在血琼脂培养板上，该菌能够形成浅灰色的、非溶血性的菌落，通常类似于黏蛋白样且具有特征性的甜味。在麦康凯培养基上不生长，氧化酶和过氧化氢酶阳性，并能产生吲哚。

多杀性巴氏杆菌荚膜血清型被公认分为 A、B、D、E、F 五个型（Carter，1955；Rimler，Rhoades，1987），其中大多数猪源分离株为 A 型和 D 型。少部分分离自呼吸道的菌株没有荚膜，因而不能进行分型。A 型通常分离自患有肺炎的肺脏，而大多数 PAR（进行性萎缩性鼻炎）分离株为 D 型，但是在任何一种情况下均有可能分离获得任一血清型菌株（Bethe 等，2009；Choi 等，2001；Davies 等，2003；Ewers 等，2006；Høie 等，1991；Pijoan 等，1983，1984；Varga 等，2007）。血清 F 型同样也很少能从猪体内分离获得。猪急性败血性巴氏杆菌病中最为流行的荚膜血清型为 B 型，但是也有关于 D 型和 A 型的报道（Kalorey 等，2008；Mackie 等，1992；Townsend 等，1998b）。

三、流行情况

多杀性巴氏杆菌对多种动物（家畜、野兽、禽类）和人均有致病性。家畜中以牛（黄牛、牦牛、水牛）、猪发病较多；绵羊也易感染，鹿、骆驼和马亦可发病，但较少见；家禽和兔也易感染。溶血性巴氏杆菌多引起牛和绵羊肺炎、绵羊羔败血症，对禽类也有致病性。

畜群中发生巴氏杆菌病时，往往查不出传染源。一般认为家畜在发病前已经带菌。

当家畜饲养在不卫生的环境中，由于寒冷、闷热、气候剧变、潮湿、拥挤、圈舍通风不良、阴雨连绵、营养缺乏、饲料突变、过度疲劳、长途运输、寄生虫病等诱因而抵抗力降低时，病菌即可乘机侵入体内，经淋巴液而入血流，发生内源性传染。病畜由其排泄物、分泌物不断排出有毒力的病菌，污染饲料、饮水、用具和外界环境，经消化道而传染给健康家畜，或由咳嗽、喷嚏排出病菌，通过飞沫经呼吸道而传染，吸血昆虫的媒介和皮肤、黏膜的伤口也可发生传染。

一般情况下，不同畜、禽间不易互相感染。但在个别情况下，发现猪巴氏杆菌可传染给水牛；牛和水牛之间可互相传染，而禽与兽的相互传染则颇为少见。

本病的发生一般无明显的季节性，但以冷热交替、气候剧变、闷热、潮湿、多雨的时期发生较多。本病一般为散发性，在畜群中只有少数几头先后发病。但水牛、牦牛、猪有时可呈地方流行性，绵羊有时也可能大量发病。家畜，特别是鸭群发病时，多呈流行性。

四、病理生理

最急性病例主要为全身黏膜、浆膜和皮下组织出现大量出血点，尤以咽喉部及其周围结缔组织的出血性浆液浸润为最显著特征。切开颈部皮肤时，可见大量胶冻样淡黄或灰青色纤维素性浆液。水肿可自颈部蔓延至前肢。全身淋巴结出血，切面呈红色。心外膜和心包膜有小出血点。肺急性水肿。脾有出血，但不肿大。胃肠黏膜有出血性炎症变化。皮肤有红斑。

急性型病例除了全身黏膜、浆膜、实质器官和淋巴结的出血性病变外，特征性的病变是纤维素性肺炎。肺有不同程度的肝变区，周围常伴有水肿和气肿，病程长的肝变区内还有坏死灶，肺小叶间浆液浸润，切面呈大理石纹理。胸膜常有纤维素性附着物，严重的胸膜与病肺粘连。胸腔及心包积液。胸腔淋巴结肿胀，切面发红，多汁。支气管、气管内含有多量泡沫状黏液，黏膜发炎。

慢性型病例，尸体极度消瘦、贫血。肺肝变区广大，并有黄色或灰色坏死灶，外面有结缔组织包囊，内含干酪样物质，有的形成空洞，与支气管相通。心包与胸腔积液，胸腔有纤维素性沉着，肋膜肥厚，常与病肺粘连。有时在肋间肌、支气管周围淋巴结、纵膈淋巴结以及扁桃体、关节和皮下组织见有坏死灶。

五、临床症状

潜伏期1～5天，临床上一般分为最急性型、急性型和慢性型。

最急性型俗称"锁喉风"，突然发病，迅速死亡。病程稍长、病状明显的可表现体温升高（41℃～42℃），食欲废绝，全身衰弱，卧地不起，或烦躁不安，呼吸困难，心跳加快。颈下咽喉部发热、红肿、坚硬，严重者向上延及耳根，向后可达胸前。病猪呼吸极度困难，常作犬坐势，伸长头颈呼吸，有时发出喘鸣声，口鼻流出泡沫，可视黏膜发绀，腹侧、耳根和四肢内侧皮肤出现红斑，一经出现呼吸症状，即迅速恶化，很快死亡。病程1～2日，病死率100%，未见自然康复的。

急性型是本病主要和常见的病型。除具有败血症的一般症状外，还表现出急性胸膜肺炎。体温升高（40℃～41℃），初发生痉挛性干咳，呼吸困难，鼻流黏稠液，有时混有血液。后变为湿咳，咳时感痛，触诊胸部有剧烈的疼痛。听诊有啰音和摩擦音。病势发展后，呼吸更感困难，张口吐舌，作犬坐姿势，可视黏膜蓝紫，常有黏脓性结膜炎。初便秘，后腹泻。末期心脏衰弱，心跳加快，皮肤有瘀血和小出血点。病猪消瘦无力，卧地不起，多因窒息而死。病程 5～8d，不死的转为慢性。

慢性型主要表现为慢性肺炎和慢性胃炎症状。有时有持续性咳嗽与呼吸困难，鼻流少许黏脓性分泌物。有时出现痂样湿疹，关节肿胀，食欲不振，常有泻痢现象。进行性营养不良，极度消瘦，如不及时治疗，多经过 2 周以上衰竭而死，病死率 60%～70%。

六、诊断

根据流行病学材料、临床症状和剖检变化，结合对病畜的治疗效果，可以对本病做出初步诊断，确诊有赖于细菌学检查。

1. 培养和表型检测

Pm 在血琼脂培养基上生长迅速，但是只有在正常情况下，从无菌部位进行无菌采集到的样本才适合使用非选择性培养基，例如肺脏。对于大多数样本而言，应优先选择使用选择性培养基，在通常情况下可以阻止以较多数量存在的、其他细菌过度生长所引起的菌落掩蔽现象的发生。尽管已使用多种计算公式进行分析，但是文献中比较学研究结果表明，使用改良的 Knight 培养基（Lariviere 等，1993）或 KPMD 培养基（Ackermann 等，1994）的分离效率最高。有研究者描述了一种能将 Pm 和支气管炎博德特菌同时从猪体内分离出来的选择性培养基（de Jong，Borst，1985）。一旦分离获得菌株后，则可使用常规的生化试验对可疑菌株进行鉴定。Vera Lizarazo 等（2008）近来通过一些常规使用的商品化的体系对猪游、Pm 的性能进行了评价。

Pm 的荚膜表型对于流行病学调查非常有用。在传统上，使用间接血凝反应进行血清分型（Carter，1955），但是对于 A 型和 D 型菌株的检测的较为简单的方法分别是透明质酸酶测试（Carter，Rundell，1975）和吖啶黄测试（Carter，Subronto，1973）。

根据 PMT 阳性或 PMT 阴性对 Pm 进行分类的方法对于 PAR 的诊断非常关键，并且也可为其他疾病提供资料。最初基于毒素引起的皮肤坏死或致死效应的测试是在啮齿类动物上进行的，但是在体外通过测定其在胎牛肺细胞或 Vero 细胞上的细胞病变能够较为容易地证实其产毒性（Chanter 等，1986；Pennings，Storm，1984）。目前，基于 PMT 特异性的单克隆抗体的 ELISAs 已经逐渐取代生物学测定方法，并且该方法更为快速、敏感和特异（Bowersock 等，1992；Foged 等，1988）。

2. 基于 DNA 的检测方法

目前，已经研制出一些用于 Pm 检测的特异性 PCR 测定方法，但是用于猪师、分离株评价的方法相对较少（Dziva 等，2008）。Townsend 等（1998a）在已公开报道方法的基础之上，以预测的醋酶/脂肪酶基因 Kmtl 作为靶标建立起一种 PCR 检测方法，目前来看该方法的使用范围最为广泛且具有较高的特异性和敏感性。Kmtl 基因作为环介导等温 PCR 扩增方法的靶标基因也被成功应用（Sun 等．2010）。由于不需要热循环仪，而且扩增产物不需要经过电泳即可直接观察，因此这种操作容易的方法可作为一种有应用潜力的筛查方法。

在荚膜基础上的多重 PCR 方法（Townsend 等，2001）在很大程度上已经取代了血清分型方法。它与血清学检测结果有较高的关联性，除依据抗原荧光分析的 A 型和 F 型外，PCR 分型结果相对较为准确。由于 Pm 在培养基中进行传代培养时通常会引起荚膜成分的减少甚至完全丧失，因此少数分离株通过 PCR 方法比通过血清学方法更加不可能分型。然而，由于引物靶向 DNA 序列上的点突变或其他微小的改变可能导致一些菌株不能合成荚膜，因此可能出现假阳性结果。

为了更好地检测产毒猪源分离株，已经进行大量基于应用 DNA 探针（Kamps 等，1990；Register 等，1998）或 PCR（Kamp 等，1996；Lichtensteiger 等，1996；Nagai 等，1994）的测定方法。能同时对支气管炎博德特菌和产毒及不产毒 Pm 进行检测的多重 PCR 方法在实验室诊断方面也表现出良好的应用前景（Register，DeJong，2006）。

七、鉴别诊断

本病须与急性猪瘟、猪气喘病、咽峡炎型猪炭疽、传染性胸膜肺炎相鉴别。

急性猪瘟：急性猪瘟有化脓性结膜炎，皮肤上有弥漫性出血点或斑，严重时遍及全身，粪便干燥呈球状，幼龄猪可见神经症状。剖检时各黏膜、浆膜面有出血点或斑，淋巴结周缘性出血，肾实质中有大小不一的出血点，脾边缘有出血性梗死，回盲口附近淋巴滤泡肿大并有轮层状溃疡。而猪肺疫的症状和病变主要在呼吸系统。

猪气喘病：猪气喘病以哺乳仔猪和刚离乳的幼猪多见。病猪体温和食欲无大变化，主要表现为咳嗽、气喘。剖检时，肺门淋巴结肿大，断面湿润呈黄白色；肺部呈胰样或肉样变，两侧病变对称，与正常组织界限明显。依此即可区别。

咽峡炎型猪炭疽：两者虽都有咽喉部的急性炎性肿胀，但炭疽病猪的肺部没有明显的炎症病变，而猪肺疫有肺水肿及各期肝变等病变。炭疽病病料涂片可见具有荚膜短链的大杆菌。而猪肺疫是两端浓染的小杆菌。

传染性胸膜肺炎：急性传染性胸膜肺炎病例，肺炎多表现为两侧性。肺表面附有纤维素凝块，有多量黄色胸腔渗出液。肺呈紫红色，切面似肝，间质内充满出血性胶样液体。有的肺与胸膜粘连，肺炎灶硬结或为坏死性病灶。

八、治疗与防控

根据本病传播的特点，防治首先应增强猪只机体的抗病力。平时应注意饲养管理，避免拥挤和受寒，消除可能降低猪只机体抗病力的因素，圈舍、围栏要定期消毒。每年定期进行预防接种。我国目前有用于猪的疫苗。由于多杀性巴氏杆菌有多种血清群，各血清群之间不能产生完全的交叉保护，因此应针对当地常见的血清群选用来自同一畜（禽）种的相同血清群菌株制成的疫苗进行预防接种。

发生本病时，应将病畜隔离，严密消毒。同群的假定健康畜，可用高免血清进行紧急预防注射，隔离观察 1 周后，如无新病例出现，再注射疫苗。如无高免血清，也可用疫苗进行紧急预防接种，但应做好潜伏期病畜发病的紧急抢救准备。

病畜发病初期可用高免血清治疗，效果良好。青霉素、链霉素、四环素族抗生素或磺胺类药物也有一定疗效。如将抗生素和高免血清联用，则疗效更佳。

旋毛虫病

一、定义

猪旋毛虫病是由猪体内寄生有旋毛虫而导致的一种寄生虫病，该病发生和流行不仅会对养猪业的发展造成严重危害，还会对日常食品安全产生威胁。人只要食入没有彻底煮熟或者全生的病猪肉就非常容易发病，甚至死亡。因此，该病在食品卫生中已经被要求作为首要检验项目。

二、病因

旋毛虫的成虫是一种微型的线虫（2~4 mm 长），生命较短暂，因此不常见。成虫寄生于绒毛上皮的细胞内壁。在交配 5 d 后，雌虫在其生命周内（2~3 周），在黏膜固有层内持续产幼虫。这些幼虫可移行分布于全身。当它们进入骨髓肌细胞肌纤维膜时，继续发育成熟，大约到 14 d 即具备感染性。在这个过程中，肌细胞转变为一个"营养细胞"，滋养胞蚴多年。通常，每个幼虫都有个包囊，包囊呈梭形，其长轴与肌细胞的长轴一致。未经移行进入肌细胞的幼虫死亡后形成肉芽肿。几个月后，肌肉囊肿可能从两极开始钙化，但幼虫仍可能在囊内存活一段时间。当肌肉包囊被摄入体内后，幼虫脱囊，并在 48 h 内迅速发育成熟。在猪群内传播的途径包括咬尾、清除尸体（老鼠、浣熊等）、进食含有旋毛虫的物质。

三、流行情况

哺乳动物大多会发生旋毛虫病（Trichinellosis），包括人类（Despommier, 1990; Kazacos, 1986）。有一段时间，人们认为，所有的病例都是由旋毛虫（Trichinella spiralis）引起的，但是 DNA 研究发现了一群未被明确命名的物种（McLean 等, 1989），包括在北美洲和欧洲的 T. spiralis，极地的 Trichinella nativa，欧亚大陆的 Trichinella britovi 和赤道非洲的 Trichinella nelsoni。规范猪饲喂潜水的管理，加强公共卫生事业，以及近来旋毛虫检查和血清学诊断技术的提高，都大大降低了旋毛虫的发病率。

四、病理生理

肠道伴随有亚临床性肠炎。肌肉阶段病变主要集中在营养细胞囊肿。营养细胞正在成型时，出现不适、发热并伴有嗜酸性粒细胞增多性肌痛。这可能出现暂时性增长率降低，但通常是一过性的。营养细胞是由肌原纤维和肥大的肌细胞核溶解形成的。这种变化只发生于局部，被感染的肌细胞常由胶原纤维包绕，包囊内含有盘成约 2.5 圈螺旋形的幼虫。一旦营养细胞发育完成，症状就开始消退，恢复正常发育速度。

五、临床症状

轻微感染或者感染初期，病猪无明显症状。严重感染病猪会在 3~7 d 出现肠道型症状，体温升高，食欲不振，呕吐，腹泻，排出混杂血液的粪便，机体快速消瘦，一般

12～15 d死亡。如果感染虫体经过2～3周，此时有大量幼虫已侵入横纹肌，会表现出肌肉型症状。病猪主要症状是体表明显瘙痒，经常在栏杆、饲槽和墙壁上蹭痒，同时体温升高，精神沉郁，食欲不振，眼睑和四肢水肿，叫声嘶哑，肌肉疼痛、僵硬或者逐渐麻痹，导致咀嚼、吞咽和走动困难，往往呈躺卧状。

六、诊断

诊断旋毛虫病的传统方法是寻找肌肉囊肿。这些囊肿并非均匀分布在整个肌肉系统，而是集中在一些活力较高的肌肉（如隔膜、眼的外部肌肉和肌肉的姿态）内，可能因为这些部位的肌肉内毛细血管丰富。主要用两种尸体剖检的方法来查找肌肉囊肿；两者都比较费力，且易出现假阴性。一种方法是剪下几块肌肉，在玻板上压成薄片，放在显微镜下观察囊肿（trichinoscopy）。还有一种方法是用人造胃（1％胃蛋白酶，1％盐酸，37℃）（"stomacher"）消化几克的肌肉，并在显微镜下观察沉积物。另一种更为有效而灵敏的方法是酶联免疫吸附测定（ELISA），用幼虫分泌的抗原（Murrell等，1986）检测单个血清或一个猪群的混合血清。假阴性（False-negative）ELISA方法通常用于检测幼虫数量很少的组织（每克肌肉不到5个）。

七、鉴别诊断

有眼及脸部水肿和高热时，旋毛虫病应与血管球性肾炎、血清疾病、对药物或过敏原的毒性变态反应、多肌炎、动脉外膜炎和皮肌炎相区别。对于有假性颈背僵直症状并伴有意识模糊和嗜睡，易怒及神经症状的病例，旋毛虫病应与脑脊髓脑膜炎、脑病和有高热的神经感染的各种形式进行鉴别。对于有结膜间出血和皮内淤血斑的病例，应与密螺旋体病、细菌性心内膜炎症、斑疹伤寒症相区别。而对于以腹泻为临床主要症状的病例，应与志贺氏杆菌病、沙门氏菌病和其他病毒性、细菌性或寄生虫性胃肠道感染疾病相鉴别。有高热和肌肉疼痛症状时，该病常被误诊为流感，在冬天尤其如此。肌肉疼痛及炎性反应伴有嗜酸性粒细胞增生时，应与嗜酸性粒细胞增生－肌痛综合征相鉴别，比如毒油综合征，色氨酸引入和嗜酸性粒细胞增生性筋膜炎。嗜酸性粒细胞增生伴有高热时应与组织寄生虫如肝片吸虫病和侵入性血吸虫病鉴别。没有水肿现象但有高热和神经症状者可能被误诊为伤寒热。

八、治疗与防控

（1）治疗。抗蠕虫药常用蠕虫药（如丙硫咪唑和甲苯咪唑）的效果与用药时间严格相关：似乎只在感染早期效果才好。随着时间延长，感染增加，抗蠕虫药剂量也要相应增加，并需要长期用药。即使如此，抗蠕虫药对长期的后遗症和慢性旋毛虫病也无能为力。

类固醇应与苯丙咪唑一起用，绝不能单独使用，最常用的是氢化可的松，它可减轻幼虫在组织内穿行造成损伤后引起的高热和炎症的副作用。糖皮质类固醇和非类固醇性抗炎药物可以暂时缓解肌肉疼痛。

（2）防控。进行生猪圈养时，要对排泄物进行有效处理，保持猪舍环境卫生。从正规渠道购买饲料，禁止用餐余垃圾喂猪。新引进生猪，需确定旋毛虫特异性抗体为阴性之后，才能将其放入养猪场中。病死生猪做好无害化处理。强化肉类检疫，对于未经过检疫的生猪及相关产品均不允许在市场上销售贩卖。强化进口与出口检疫，随国际贸易全球化的发展，增加了猪旋毛虫病的传播机会，进口和出口的生猪及相关产品均需要做好检疫工作，避免疾病的流行。

（3）做好化学预防。针对猪旋毛虫病，可以选用敌百虫进行化学预防，使用微量敌百虫就可以使猪旋毛虫病感染发生概率降低；同时，可以通过阿苯达唑对猪旋毛虫病进行化学预防，此种方式也可以有效降低猪旋毛虫病的感染概率。在饲料中添加阿苯达唑对生猪进行饲喂，饲喂时间为 3～4 个月，在此期间出现多次旋毛虫攻击感染，结果显示生猪均未发生感染，说明阿苯达唑添加在饲料中可以有效预防猪旋毛虫病。

（4）做好免疫预防。针对旋毛虫幼虫、成虫以及肌幼虫的抗原、混合抗原，通过将福氏完全佐剂乳化后对生猪进行免疫接种，并攻击感染，均取得良好的免疫效果，说明新生幼虫抗原以及混合抗原属于最佳免疫源，对生猪的免疫保护力相对较高。有研究通过福氏完全佐剂、可溶性抗原、蜂胶佐剂、可溶性抗原、白油司班佐剂对旋毛虫成虫进行免疫，结果发现蜂胶佐剂以及福氏完全佐剂可以起到良好的保护作用。

九、饲养管理要点

猪舍周围环境要使用 2% 生石灰或者碱溶液进行消毒，每月 1 次；同时，使用漂白粉对场内及周围的下水道出口、排粪坑、污染地进行消毒，每月 1 次。日常注意灭虫、灭蚊、灭蝇、灭鼠，且杀灭的动物要采取无害化处理，避免猪、狗等动物食入。猪群饮水或者饲料中要定期加入驱虫药物进行防治。

猪圆环病毒病

一、定义

猪圆环病毒病是由猪圆环病毒（PCV）感染后引起的一类疾病，各日龄和品种猪均可发生，其中仔猪和母猪受到的危害严重。猪圆环病毒病发病率高，分布广泛，在世界主要养猪国家均有发生和流行，给我国养猪业造成了严重的经济损失。

猪圆环病毒（Porcine circovirus，PCV）为一种共价闭合、单股环状 DNA 病毒，是迄今发现最小动物病毒。2016 年前，全球范围内仅发现 PCV1 和 PCV2 两个基因型。2016 年，美国堪萨斯州立大学科研人员利用宏基因组测序技术，从患有皮炎肾病综合征（PDNS）和繁殖障碍的母猪及其流产胎儿体内首次鉴定出一种新型猪圆环病毒，命名为猪圆环病毒 3 型（Porcine circovirus 3，PCV3）。PCV4 是在 2019 年中国学者在患有猪皮炎和肾病综合征、呼吸道和消化道疾病的猪群中发现的一种新型的猪圆环病毒，命名为猪圆环病毒 4 型（PCV4）。

二、病因

PCVs 属圆环病毒科圆环病毒属（Segales 等，2005a）。PCVs 为无包膜病毒，直径为 12～23 nm（Rodríguez-Cariño，Segalés，2009；Tischer 等，1982）。核衣壳呈二十面体

对称型。三维立体试验显示其多角形轮廓中含有 60 个衣壳蛋白（Cap），组装成 12 个轻微突出的由五部分组成的单元，整个直径约 20.5 nm（Crowther 等，2003）。PCV 是一个共价闭环单股 DNA 病毒（ssDNA），其中 PCV1 基因组含 1759 个核苷酸，PCV2 含 1767～1768 个核苷酸（Hamel 等，1998；Meehan 等，1998）。PCV1 和 PCV2 可能具有共同的进化起源，但其共同的祖先还未确定（Olvera 等，2007）。

当 PCV 感染一个细胞后，ssDNA 转化为双股 DNA（dsDNA）中间体，这个中间体被认为是 PCV 的一种复制形式（RF）（Mankertz 等，2004）。RF 为双义基因组，由正链和负链编码。PCV2 由 11 个公认的开放阅读框组成（Hamel，1998），但仅有三个表达蛋白。ORF1（Rep 基因）位于正链，顺时针排列，编码非结构复制酶蛋白 Rep 和 Rep'，长度分别为 314 和 178 个氨基酸（AAs）（Cheung，2003；Mankertz 等，1998）。ORF2（核衣壳基因）位于负链，逆时针排列，编码核衣壳蛋白（Cap），是唯一的结构蛋白（233～234 AA）（Mankertz 等；Nawagitgual 等，2000）。ORF3 位于负链，逆时针排列，与 ORF1 基因完全重叠。ORF3 编码非结构蛋白（总长度为 105 AA）。体外试验结果表明，ORF3 蛋白诱导 PK-15 细胞凋亡（Liu 等，2005）。与野生型 PCV-2 相比，ORF3 缺失的 PCV2 突变体对猪的毒性较低。

对世界范围内的 PCV2 病毒分析的结果显示，它们具有相近的系统进化关系，核苷酸同源性超过 93%（Larochelle 等，2003；Mankertz 等，2000）。大多数的 PCV2 基因序列可归于两大组：PCV2 基因型 a 和 b（Gagnon 等，2007；Grau-Roma 等，2008；Olvera 等，2007；Segalés 等，2008；Timmusk 等，2008）。PCV2a 较 PCV2b 基因变异程度大，说明 PCV2a 较 PCV2b 古老（Grau-Roma 等，2008）。然而，两种基因型可能在大约 100 年前起源于共同的祖先，然后才开始独自进化路程，并在相同的宿主和地区共同循环（Firth 等，2009）。1996—2000 年初，PCV2a 在临床感染的猪群中是最为流行的基因型，而今 PCV2b 为主要的基因型。北美洲和欧洲 PCV2b 的出现与更为严重的临床疾病的出现有关（Carman 等，2006；Corter 等，2011；Timmusk 等，2008；Wiederkehr 等，2009）。在丹麦的档案材料中，人们发现了第三种基因型（PCV2c）（Dupont 等，2008；Segalés 等，2008）。

相同或不同基因型的 PCV2 毒株可能在同一头猪身上同时循环（Cheung 等，2007；de Boisseson 等，2004；Gagnon 等，2007；Grau-Roma 等，2008；Hesse 等，2008）。体内和体外实验为病毒重组提供了证据（Cheung，2009；Hesse 等，2008；Lefebvre 等，2009；olvera 等，2007），新的基因型的出现可能是共同存在于同一动物的毒株重组的结果。魁北克（加拿大）已鉴定出了含有 PCV1-ORF1 和 PCV2a-ORF2 的重组病毒，但是由于此重组病毒与嵌合灭活疫苗毒株具有相似性，因此对它的确切起源尚有争议（Gagnon 等，2010）。

起初，由于 PCV 毒株对单克隆抗体和多克隆抗体的反应相似，因此人们认为 PCV2 毒株间不存在重要的抗原差异（Allan 等，1999b；McNeilly 等，2001）。然而，后续的研究表明 PCV2 基因型间存在着抗原差异（Lefebvre 等，2008a；Shang 等，2009）。但是，尽管存在差异，由一种基因型诱导的免疫力也会赋予机体对其他基因型感染时的保护（Opriessnig 等，2008c）。当前基于 PCV2a 分离株的 PCV2 疫苗全部对 PCV2b 感染具有有效的保护，进一步证实了抗原交叉保护的结论（Fort 等，2008）。

三、流行情况

尽管流行度低于 PCV2，但是 PCV1 在猪群中广泛存在（Calsamiglia 等，2002）。野生猪中也检测到了 PCV1，且核苷酸序列与家养猪的 PCV1 基因组属于同组（Csagola 等，2008）。同样，PCV2 也广泛存在，家养猪和野生猪是 PCV2 的自然宿主（Allan, Ellis, 2000；Segalés, Domingo, 2002；Vicente 等，2004）。从野生猪分离的 PCV2 的核苷酸序列几乎与家养猪分离的 PCV2 核苷酸序列一致，并且也包括 PCV2a 和 PCV2b 两种基因型（Ellis 等，2003；Schulze 等，2004；Sofia 等，2008）。

除了猪以外的其他物种，包括人，均对 PCV2 不易感（Allan 等，2000b；Ellis 等，2001，2000；Rodríguez-Arrioja 等，2003）。但是小鼠却例外，PCV2 可以在小鼠体内进行复制，并可在鼠间进行一定程度的传播（Kiupel 等，2001；Opriessnig 等，2009a），说明小鼠可能成为中间宿主或机械性媒介，目前已在猪场的小鼠和大鼠中发现了 PCV2，但在猪场外的啮齿动物中并未发现该病毒。

口鼻接触被认为是病毒传播的主要途径，但在鼻、扁桃体、支气管及眼分泌物、粪便、唾被、尿液、初乳、乳汁以及精液中也已检测到了 PCV2 病毒（Krakowka 等，2000；Larochelle 等，2000；Park 等，2009；Segalés 等，2005b；Shibata 等，2003，2006）。猪可经食用病毒血症动物的组织而感染该病毒（Opriessnig 等，2009c）。产仔前三周的怀孕母猪经鼻腔接触 PCV2 可发生胎盘感染（Ha 等，2008，2009；Park 等，2005）。人工授精时，被 PCV2 污染的精子可引起 PCV2 阴性母猪发生繁殖障碍，且胎儿也具有感染性（Madson 等，2009a）。然而，尚不清楚精液中自然流出的 PCV2 数量是否足以感染母猪或胎儿。

PCV2 阴性猪与感染猪混养可使 PCV2 在猪群间进行传播（Albina 等，2001；Bolin 等，2001）。直接接触传播比不同笼间动物的传播更为有效（Andraud 等，2008）。纵向试验对血清、鼻分泌物、粪便中的 PCV2 进行量化，结果发现农场中大多数猪可在 4～11 周时感染该病毒（Carasova 等，2007；Grau-Roma 等，2009）。小部分母猪及仔猪可在哺乳期间就罹患病毒血症（Larochelle 等，2003；Pensaert 等，2004；Shibata 等，2006；Sibila 等，2004）。

人们还没有对单个猪或猪群感染 PCV2 的持久性进行广泛的研究，但 Bolin 等（2001）的研究结果表明实验接种 PCV2 后直到 125 d，仍可在猪的组织中分离到病毒或检测到病毒的 DNA。实地试验中，直到 22 周仍能在猪血清中检测到病毒 DNA（Rodríguez-Arrioja 等，2002）。在 7～70 日龄猪的血清中可反复检测到 PCV2 病毒（Grau-Roma 等，2009），进一步证实了尽管一些动物体内有高水平的 PCV2 特异抗体存在，但仍然处于持续感染状态（McIntosh 等，2006；Rodríguez-Arrioja 等，2002）。

四、临床症状和病理变化

PCV2 广泛存在，且大多数 PCV2 为亚临床感染。实地试验中，PCV2 感染猪的比例及它们的病毒载量在哺乳后逐渐上升，同时伴随母源免疫保护力的下降。大多处于断奶仔猪多系统衰竭综合征（PMWS）感染猪群中的猪会感染 PCV2，一部分会发展为 PMWS。试验条件下感染 PCV2 后，比较 PCV2 接种猪群与阴性对照，生产力指标方面很少能检测到不同（Femandes 等，2007），但农场的无临床疾病的生产力记录评价显示使用 PCV 疫苗降低了死亡率，提高了每日的平均收益（ADG）（Redindl 等，2010）。

（一）断奶仔猪多系统衰竭综合征（PMWS）

PMWS 较易侵袭 2～4 月龄猪，感染盛行通常发生在猪群中 PMWS 显现的时候（Grau-Rorna 等，2009）。这段时间内，临床感染猪的血清中具有较高的病毒浓度，能散播大量病毒。并且研究结果证实，与亚临床感染猪相比，临床感染猪具有相对较弱的抗体反应（Fort 等，2007；Grau-Rorna 等，2009）。受感染农场的发病率一般为 4%～30%（有时为 50%～60%），死亡率为 4%～20%（Segalés，Dorningo，2002）。

PMWS 的临床特征为消瘦、皮肤苍白、呼吸困难，有时会发生腹泻、黄疸（Harding，Clark，1997）。早期临床表现常为皮下淋巴结肿大。

PMWS 的病变主要集中在淋巴组织，疾病早期临床阶段的最显著特征为淋巴结肿大（Clark，1997；Rosell 等，1999）。但在 PMWS 疾病晚期，淋巴结常呈正常大小或萎缩（Segalés 等，2004）。此外，病猪胸腺也常常出现萎缩（Darwich 等，2003a）。PMWS 感染猪的淋巴结组织病理学病变特征主要表现为淋巴细胞减少，大量组织细胞及多核巨细胞浸润（Clark 1997；Rosell 等，1999）。胸腺皮质萎缩也是主要特征（Darwich 等，2003a）。组织细胞及树突状细胞内可看到胞内病毒包涵体。

肺有时扩张，无萎陷，质地橡皮样，病变呈弥漫性或斑块样分布。显微镜下可见间质性肺炎的病理变化，与大体病变一致。支气管周围纤维化及纤维素性细支气管炎常常发生在疾病的后期（Clark 1997；Segalés 等，2004b）。

在一些 PMWS 病例中，肝肿大或萎缩，颜色发白、坚硬且表面呈颗粒状，对应的显微镜下可见大面积细胞病变及炎症（Clark 1997；Segalés 等，2004）。疾病后期可见全身黄疸。肝脏的显微镜下病变可从轻度的淋巴组织细胞性肝炎到大面积炎症，伴随凋亡小体及肝板结构的破坏、小叶周围的纤维化（Rosell 等，2000a）。

一些猪肾脏皮质表面会出现白点（非化脓间质性肾炎），许多组织中可见到局灶性淋巴组织细胞浸润（Segalés 等，2004）。偶有以血管炎为主的脑病的报道（Correa 等，2007；Seeliger 等，2007）。

（二）猪皮炎和肾病综合征（PDNS）

PDNS 一般易侵袭仔猪、育肥猪和盛年猪（Drolet 等，1999）。尽管也有高发病率的报道（Gresham 等，2000），但 PDNS 的发病率通常情况下小于 1%。大于 3 月龄的猪死亡率将近 100%，年轻猪死亡率将近 50%。严重感染时，患病猪在临床症状出现后几天内就全部死亡。感染后耐过猪一般会在综合征开始后的 7～10 d 内恢复，并开始增重。

PNDS 猪一般呈现食欲减退、精神不振、轻度发热或不发热症状（Drolet 等，1999）。喜卧、不愿走动，步态僵硬。最显著症状为皮肤出现不规则的红紫斑及丘疹，主要集中在后肢及会阴区域，有时也会在其他部位出现。随着病程延长，破溃区域会被黑色结痂覆盖。这些破溃会逐渐褪去，偶尔留下疤痕（Drolet 等，1999）。斑点及丘疹病变在显微镜下对应地改变为坏死性血管炎相关的皮肤坏死及出血（Segalés 等，1998）。全身特征性症状表现为坏死性脉管炎。PDNS 患猪的组织块中未能够确切检测到与 PDNS 血管病变相关的 PCV2 抗原和核苷酸。

死于 PDNS 的猪一般表现为双侧肾肿大，皮质表面呈颗粒状，红色点状坏死，肾盂水肿（Segalés 等，2004）。这些病变与纤维素性坏死性肾小球炎并伴有非化脓性间质性肾炎的病变相一致。病程稍长的猪会表现慢性肾小球肾炎的症状（Segalés 等，1998）。一般 PNDS 发病猪的皮肤及肾脏会呈现病理变化，但有时仅会出现单一的皮肤或肾脏病变。有时会出现淋巴结肿大或发红，脾脏梗死。显微镜下观察可见，PDNS 猪淋巴结的病变与 PMWS 淋巴结病变相似。

（三）生殖系统疾病

PCV2 感染与母猪流产及死胎相关（West 等，1999），但 PCV2 感染对于繁殖障碍的作用在实地试验中还不清楚，即一些报道认为其发生率极低（Ladekjaer-Mikkelsen 等，2001；Maldonado 等，2005；Pensaert 等，2004；Sharma，Saikumar，2010），而另一些报道却认为 PCV2 感染可导致高达 13%～46% 的胎儿流产和/或死（Kim 等，2004；Lyoo 等，2001）。

PCV2 相关的生殖系统疾病中，死胎或死亡的新生仔猪一般呈现慢性、静脉性肝痕血及心脏肥大，多个区域呈现心肌变色（West 等，1999）等病变。显微镜下对应的病理变化主要表现为非化脓性、纤维素性和/或坏死性心肌炎（Mikami 等，2005；West 等，1999）。

（四）猪圆环病毒 3 型感染

PCV3 感染可导致母猪出现厌食症状，皮肤出现多灶性丘疹、斑点和浅表性皮炎，生产性能下降；妊娠母猪发生繁殖障碍，产弱胎、死胎、木乃伊胎和弱仔猪，病情严重甚至造成急性死亡；不同胎龄胎儿均可发生流产。组织学检查可见，真皮和皮下组织呈以纤维蛋白样变、透壁性嗜中性粒细胞浸润、出血和纤维蛋白渗出为特征的坏死性血管炎；炎性细胞浸润通常蔓延至周围真皮和皮下组织，以"袖套"形式围绕于血管和皮肤附件周围；偶见轻度角化过度表皮增生症。肾脏呈现弥漫性膜增生性肾小球肾炎，表现为肾小球硬化和波曼氏囊 Bowman.S（apsule）增厚、皮质小管衰退和不同程度的间质纤维化；肾小管发生扩张，衰退上皮细胞堆积于管腔，皮质间质和肾小球出现大簇淋巴细胞和巨噬细胞扩散性浸润。肺脏出现不同程度支气管间质性肺炎，偶尔继发化脓性支气管肺炎；中小型气道和小血管周围出现由淋巴细胞和浆细胞组成聚集物，围绕于细支气管和血管周围形成"袖套"样结构；相邻肺泡隔膜发生淋巴细胞和浆细胞浸润；肺泡腔内充满中等数量泡沫巨噬细胞、少量多核巨细胞和小簇嗜中性粒细胞，形成腔内水肿。淋巴结呈现弥漫性肉芽肿淋巴结炎，表现为中度皮质淋巴细胞消耗，甚至出现组织细胞和多核巨细胞替代。

五、诊断

发生 PCV2 感染的猪场（PCR 或血清学检测证实）且未发现与 PCVD 对应的临床症状时，可定义为一个亚临床感染的农场。猪繁殖和呼吸综合征（PRRS）的呼吸方式与 PMWS 的呼吸方式是不同的，同时众多可引起消瘦的疫病和原因与 PMWS 也不同（Harding，Clark，1997），须进行鉴别诊断。PDNS 的鉴别诊断应注意可引起皮肤由红到暗及肾点状出血的所有病因（Segalés，2002）。应特别关注 PDNS、猪瘟、非洲猪瘟之间大体病变的相似性。PCV2 引起的繁殖障碍与其他引起母猪发生流产和死胎的猪病不易区分。

（一）断奶仔猪多系统衰竭综合征

单只猪或猪群符合下列症状或病理变化时则可判断为患 PMWS。

（1）生长缓慢，消瘦，持续呼吸困难及腹股沟淋巴结肿大，有时发生黄疸；

（2）淋巴组织呈现中度至重度组织病理变化特征；

（3）病变淋巴组织或其他组织中含有中滴度至高滴度 PCV2 病毒。

以上定义并不排除与 PMWS 共存的其他疾病的可能。疑似 PMWS 感染猪的临床症状或病理肉眼变化都不足以确诊该病。猪群的 PMWS 诊断，主要基于临床过程中是否有一定数量的动物消瘦，死亡率是否超过预期水平和/或猪场的历史水平和如前所述的单只猪 PMWS 的诊断症状（Segalés 等，2003）。这种定义方式对于大流行的情况非常有用，但 PMWS 会演化到一个较为慢性的、轻微的形式，且仅伴有较低的死亡率，这会增加疑似感染 PMWS 并随之接种 PCV2 疫苗的猪场的诊断难度。

（二）猪皮炎及肾病综合征

PDNS 的诊断标准中并不包括 PCV2 的检测。PDNS 诊断主要参照以下两大标准（Segalés，2002）：

（1）出血性和坏死性皮肤病变，主要在后肢及会阴区域和/或肿胀及变白的肾脏，伴有广泛的肾皮质瘀血。

（2）全身坏死性脉管炎，坏死性及纤维素性肾小球肾炎。

（三）生殖系统疾病

诊断 PCV2 相关生殖系统疾病应该参照以下三个标准（Segalés 等，2005a）：

（1）后期的流产和死胎，有时可见到胎儿明显的心肌肥大。

（2）心肌损伤，表现为广泛的纤维组织增生和/或坏死性心肌炎。

（3）心肌损伤部位及其他死胎组织中可含有大量的 PCV2。

近来的研究表明，定义对于繁殖障碍急性期的诊断是有用的，而定量 PCR 可以作为一种长期范围内敏感的诊断方法使用（Hansen 等，2010）。血清学无助于子宫内感染 PCV2 的检测。

（四）实验室确诊

已有多种方法可用于检测组织中的 PCV2 病毒。原位杂交（ISH）及免疫化学（IHC）广泛用于 PCVD 诊断（McNeilly 等，1999；Rosell 等，1999）。PMWS 或 PDNS 感染猪的 PCV2 抗原或核酸可在组织细胞的细胞质、多核巨细胞、单核/巨噬细胞及其他细胞中检测到（Segalés 等，2004）。流产胎儿中，常可在心肌细胞中检测到 PCV2（Madson 等，2009a；West 等，1999）。组织中 PCV2 病毒的含量与显微镜下 PMWS 淋巴结病变高度相关（Rosell 等，1999）。因为 PMWS 感染猪与 PCV2 亚临床症状感染猪之间最大的区别就在于在病变组织中 PCV2 含量的不同，组织或血清中病毒定量的检测技术可以很好地用于诊断 PMWS（Brunborg 等，2004；McNeilly 等，2002；Olvera 等，2004）。猪圆环病毒分子生物学诊断技术主要为 PCR 和荧光 PCR 方法，原位杂交技术（ISH）、环介导等温扩增法（LAMP）、免疫组化（IHC）等方法根据自身特点也有应用。

用于检测 PCV2 抗体的血清学诊断技术已经研发（Segalés, Domingo, 2002），然而利用血清学技术进行 PCVD 的诊断还存在问题。这是因为 PCV2 病毒广泛存在，且 PMWS 感染和非感染猪的血清转化形式非常相似。正因如此，PCV2 抗体动力学引起了人们的兴趣，因为其在 PCV2 免疫监测和评价母源免疫对疫苗接种干扰中可能起作用（Fachinger 等，2008；Fort 等，2008；Opriessnig 等，2008a）。

六、鉴别诊断

（一）猪繁殖与呼吸综合征

相同：精神沉郁，食欲不振，不同程度的呼吸困难。母猪发生流产，产死胎、木乃伊胎、弱仔等。腹泻、被毛粗乱、渐进性消瘦，猪群的免疫功能下降，生长缓慢。

不同：在耳部背面及边缘、腹部及尾部皮肤发绀；皮肤上不发生中央为黑色、周围呈现紫红色的圆形或不规则形状的隆起。剖检可见：肺脏间质性肺炎，在肾脏皮质和髓质没有散在大小不一的白色坏死灶，肾包膜内也没有积液，脾头肿大不明显。

（二）猪瘟

相同：发热、呕吐，呼吸困难、咳嗽、腹泻，母猪产死胎、弱仔等。

不同：猪瘟结膜发炎，两眼有脓性分泌物，全身皮肤黏膜广泛性充血、出血，肢体末端发绀，坏死，可发生短暂便秘，产出的仔猪不发生震颤，皮肤也不出现紫红色的隆起病灶。剖检可见：全身呈败血症变化，淋巴结出血，切面呈红白相间的大理石样，脾不肿大，但边缘有暗紫色稍突出表面的出血性梗死灶，结肠黏膜出现"纽扣状肿"，扁桃体出现坏死，口腔、齿龈有出血点和溃疡灶，喉头和膀胱黏膜均有出血斑点。

（三）猪伪狂犬病

相同：食欲不振，呕吐，呼吸困难，流产，产死胎。

不同：主要以哺乳仔猪发病最为严重，发病率和死亡率可达 100%，而圆环病毒只出现震颤，3 周时间内可恢复，伪狂犬病的神经症状主要表现为兴奋或麻痹，剖检可见扁桃体有出血点或化脓性坏死灶，脑膜充血、出血，水肿，脑实质出现针尖大小的出血点，肝脏表面有散在的坏死点或坏死灶。

（四）猪附红细胞体病

相同：气喘，可视黏膜苍白或黄染，被毛粗乱，流产、产死胎。

不同：眼角附有褐色眼屎或有褐色泪迹，全身发红，腹下皮肤有紫红色斑块，大便干燥色暗，附有脱落的小肠黏膜，皮下组织弥漫性黄染，肝脏肿大黄染，表面有黄色条纹状或灰白色坏死灶，脾也肿大但脾头肿大不显著。

（五）猪链球菌病

不同：死亡快，腹下有紫红斑，耳尖、四肢下端、腹下有紫红色或出血性红斑，便秘，任何日龄都可出现神经症状，多发性关节炎，淋巴结可发生化脓性炎症。剖检：全身出血性败血症，浆膜出血为主，淋巴结也肿大，但链球菌的淋巴结充血、出血，脾肿大，但脾包膜上有纤维素沉着。关节肿胀，充血，滑液浑浊，脑实质化脓性炎症变化，脑切面有出血点，肾充血，出血，但没有散在大小不一的白色坏死灶，肾包膜内也没有积液。

七、治疗与防控

至今还未发现治疗猪圆环病毒病的特效药，后续常发生混合感染，使治疗的难度大大增加。感染猪圆环病毒的猪可根据表现出的临床症状进行对症用药，采用添加抗生素或中药疗法等控制病情。

（一）加强饲养管理

分娩期：仔猪全进全出，两批猪之间要清扫消毒；分娩前要清洗母猪和治疗寄生虫；限制交叉哺乳，如果确实需要也应限制在分娩后 24 h 以内。断乳期：若猪圈小，原则上一窝一圈，猪圈分隔坚固；坚持严格的全进全出，并有与邻舍分割的独立粪尿排出系统。降低饲养密度，改善空气质量，保证稳定适宜的温度和湿度。坚持严格的全进全出制度、病死动物无害化处理和卫生消毒等制度。

（二）疫苗免疫

圆环病毒病暂无特效药，预防此病最重要的手段是疫苗接种。PCV2 疫苗主要是灭活疫苗，还有其他的疫苗类型，如亚单位疫苗、重组 PCV2 活载体疫苗、嵌合疫苗和标记疫苗等。

八、饲养管理要点

加强饲养管理，提供优质饲料和清洁饮水，定期给猪群补充维生素和微量元素，提高猪群自身免疫力。强化生物安全管理，加强消毒，避免病毒传入场内及在场内扩散传播。降低猪群饲养密度，减少猪群应激，提供适宜温度，加强通风。严禁从疫区引种及购买带毒精液，新引进猪只隔离饲养 1 个月，检测合格后再并入大群饲养。

大肠杆菌病

一、定义

大肠杆菌病（本病是由大肠杆菌埃氏菌的某些致病性血清型菌株引起的疾病总称），是由一定血清型的致病性大肠杆菌及其毒素引起的一种肠道传染病。大肠杆菌感染由德国儿科医生发现，大肠杆菌主要寄生于人和动物肠道内，被称为大肠杆菌。大肠杆菌包括几种不同菌群，具有不同致病性。

猪大肠杆菌病（Swine colibacillosis）是由致病性大肠杆菌感染新生幼猪引起的一种急性传染病，主要表现为仔猪黄痢、仔猪白痢和仔猪水肿病。在世界各地，大肠杆菌是猪群中很多疾病，包括新生仔猪腹泻、断奶仔猪腹泻（PWD）、大肠杆菌病（ED）、败血症、多发性浆膜炎、大肠菌性乳腺炎（CM）和尿路感染（UTI）的一个重要原因。

二、病因

大肠杆菌是以德国儿科医生 Theodor Escherich（1857—1911）的名字而命名的。大肠杆菌是属于肠杆菌科，需氧或兼性厌氧的革兰氏阴性杆菌。大肠杆菌属包括胃肠道的部分正常杆菌及引起猪肠道内外疾病的病原菌。

大肠埃希氏菌是革兰氏阴性杆菌，能运动，周身鞭毛长短不一，直径约 1 μm。在固体培养基上，1 d 即可长成较大菌落，菌落表面平滑或粗糙。能产生 F4（K88）或 F18 黏附素的肠毒素性大肠杆菌（ETEC）和水肿病大肠杆菌（EDEC）分离株，以及某些能产生 F6（987P）分离株在血琼脂上都具有溶血性。所有来自猪的其他 ETEC 都不具有溶血性。多种选择性培养基可以用于培养大肠杆菌。

物种鉴定主要依靠生化特性，但是并没有鉴别性生化试验可以使 100% 的菌株都呈现阳性反应。因此，应用市售诊断试剂盒需鉴定至少 50 个特性以获得高度准确性，并通过计算辅助程序对数据进行分析。确定 DNA 相关性即菌种鉴定的科学基础仅局限于实验室研究。

（一）分类

血清型可用多种方法分类，截至目前，各血清型一般与菌种的毒力相关。完整的血清分型应包括菌体抗原（O 抗原）、荚膜抗原（K 抗原）、鞭毛抗原（H 抗原）及菌毛抗原（F 抗原）的鉴定。血清分型局限于已证实或被怀疑的病原分离株，因此与沙门氏杆菌不同，只有少部分大肠杆菌分离株可以通过现有抗血清来分型。截至目前，已有 175 个 O 抗原、80 个 K 抗原、56 个 H 抗原及 20 多个 F 抗原被正式鉴定。

能够引起病理变化的细菌性状被称为毒力因子。在过去的很多年里，这个术语一直在致病性大肠杆菌中应用。根据大肠杆菌毒力机制，致病性这个术语可以用来鉴定其类型。这个方法将致病性大肠杆菌分为很多类，如 ETEC；包括 EDEC 和肠出血性大肠杆菌（EHEC）在内的能产生志贺氏菌毒素的大肠杆菌（STEC）；致肠病性大肠杆菌（EPEC）；肠外致病性大肠杆菌（ExPEC）。

检测毒力因子对于鉴定致病性大肠杆菌非常重要，可以根据大肠杆菌特定的毒力因子来确定其致病特性。

（二）肠毒素性大肠杆菌（Enterotoxigenic Escherichiacoli）

ETEC 是猪最重要的致病型菌株，包括能产生一种或几种肠毒素引起分泌性腹泻菌株（Fairbrother 等，2005；Gyles，Fairbrother，2010）。猪 ETEC 主要产生两类肠毒素：热稳定毒素（ST）和热敏感毒素（LT）（Guerrant 等，1985）。根据在甲醇中的溶解性和生化特性，ST 又进一步分为 STa 和 STb。而且，LT 有两个亚单位，LTI 和 LTⅡ已有报道（Holmes 等，1986）。大肠杆菌肠毒素及其活力在其他地方进行详细描述（Gyles，Fairbrother，2010）。

为了定植和产生糖复合物，在具有肠毒素微环境下，ETEC 必须附着于小肠黏膜上皮细胞或结膜层上。细菌细胞通过菌毛黏附素附着。这些如毛发状的附着物从菌体上伸出，由结构蛋白亚单位组成，常起支持菌毛顶端的黏液蛋白的作用。在电子显微镜下观察，ETEC 通常位于离微绒毛约半个菌体宽的地方，菌毛有时也可能在细菌和微绒毛之间出现。菌毛依据血清学反应进行分类。

（三）新生仔猪肠毒素性大肠杆菌（Neonatal Enterotoxigenic Escherichia coli）

引起新生仔猪腹泻的 ETEC 通常只产生热稳定肠毒素 Sta 和一个或多个菌毛 F4（K88）、F5（K99）、F6（987P）和 F41。其中，F4（K88）阳性的 ETEC 通常属于 149、O8、O147 和 O157 血清型（Harel 等，1991；Soderlind 等，1988；Wilson，Francis，1986），F5（K99）、F6（987P）和 F41 阳性的 ETEC 通常分别属于 O8、O9，O64 和 O101 血清型。

（四）断奶仔猪肠毒素性大肠杆菌（Postweaning Enterotoxigenic Escherichia coli）

这些 PWD 菌株通常或者具有 F4（K88）菌毛黏附素或者具有 F18 菌毛黏附素（Fairbrother 等，2005；Francis，2002；Frydendahl，2002；Mainil 等，2002；Zhang

等，2007）。然而，一些 F4（K88）和 F18 阴性的 PWD 毒力因子已经被确定（Do 等，2006；Frydendahl，2002）。在腹泻过程中，这些 F4（K88）和 F18 阴性的毒力因子的功能还没研究清楚。

基于抗原差异，PWD 两种菌毛类型都有几个不同的亚型。F4（K88）的变种 ab，ac 和 ad 已有被报道。然而，几乎所有的都属于 F4ac（K88ac），而且通常被简称为 F4（K88）。F18 有两个主要的变种，ab 和 ac。后者多与 PWD 菌株相关，然而 F18ab 与 ED 菌株相关。从断奶仔猪分离出来的，具有 STb 或 STb：EAST-1 毒力因子的 ETEC 分离株也可以产生一种最初在人类大肠杆菌中检测到的参与弥漫性黏附素（AIDA-1）（Mainil 等，2002；Ngeleka 等，2003；Niewerth 等，2001）。目前在 PWD，大多数 F4（K88）阳性分离株属于 O149 血清型，而 F18 分离株更为复杂，包含 O139、O138、O141、O147 和 O157 血清型。

某些菌株，无论是 F18ab 菌毛变种还是 Fl8ac 菌毛变种，都能够产生肠毒素和 Stx2e。这些菌株被归类为 ETEC 而不是 STEC，因为在临床上它们引起 PWD 的概率多于 ED。存在 F18 阳性的 STEC 和 F4（K88）阳性的 ETEC 混合感染的现象。在这些情况下，虽然可能存在 ED 病理学变化，但是主要的临床表现往往是由 F4（K88）阳性的 ETEC 引发的腹泻。ETEC 也可能继发败血症，特别是大猪。

（五）致病性大肠杆菌（Enteropathogenic Escherichia coli）

在 PWD 感染猪身上发现的另一个致病型被称为 EPEC。EPEC 最初与儿童腹泻相关，尤其是在发展中国家。这些细菌并不是靠菌毛黏附的，相反，它们有一个复杂的分泌系统，能将超过 20 的效应蛋白注进宿主细胞，致使细菌紧密依附到宿主肠上皮，发展为"黏附性和损伤性"（AE）特征。EPEC 和其他引起 AE 病变的细菌都被称为黏附和损伤性大肠杆菌（AEEC）。来自不同动物物种的 EPEC 可能具有不同的毒力因子，但都拥有 EPEC 黏附和损伤因子（Eae 或 intimin）变种。细菌外膜蛋白黏附素具有紧密依附的作用，因此 Eae（intimin）的存在就代表 EPEC 的存在。EPEC 不具有经典 ETEC PWD 或 ED 菌株的任何毒力因子（Zhu 等，1994）。

（六）能产生 Stx2e 的大肠杆菌，水肿病大肠杆菌和肠出血性大肠杆菌（Shiga Toxin-Producing Escherichia coli，Edema Disease Escherichia coli，and Enterohemorrhagic Escherichia coli）

STEC 能产生一个或多个家族的细胞毒素，统称为志贺毒素（STX）或细胞外毒素（VT）。之所以这样称呼，是因为它们与摘疾杆菌毒素的结构具有相似性，而且对培养的 Vero 细胞具有杀伤性（Mainil，1999）。在许多文献中，这两个名字是交替使用的。许多 STEC 可能不致病，却以肠道正常菌群的形式存在。然而，某些 STEC 菌株具有一些附加的毒力因子，可能具有高度的致病性。在猪最重要的是能引起 ED 的 STEC，即 EDEC。这些菌株能产生 Stx2e（VT2e）Stx 变种，也可能具有 F18ab 或 F18ac 菌毛变种（DebRoy 等，2009）。多数 EDEC 属于 O139 血清型。另一 STEC 亚群也被称为肠出血性大肠杆菌，在人类属于高致病性致病型菌株。大多数 EHEC 是 AE，也具有 Eae 和与 EPEC 相同的分泌系统。

（七）造成严重休克的大肠杆菌（Escherichia coli Causing Fatal Shock）

大肠杆菌病并发休克也发生在仔猪断奶前后。与此病相关的大肠杆菌或者是通常属于 O157、O149 或 O8 血清型，只是偶尔产生 Stx2e 的 F4（K88）阳性的 ETEC（Faubert 和 Drolet，1992），或者是与 ED 有关的能产生 Stx2e 的大肠杆菌。

（八）肠道外致病性大肠杆菌（Extraintestinal Pathogenic Escherichia coli）

ExPEC 是一组不同种类的大肠杆菌，如此命名是因为它们的正常定植地是肠道，却能侵入引起菌血症，并诱发败血症或局部肠道外感染，如脑膜炎、关节炎（Fair brother, Ngeleka，1994；Morris, Sojka，1985）。与 ETEC、EPEC 和 STEC 相反，经鉴定它们并不是具有一个恒定的毒力因子群，相反，它们拥有大量毒力因子，而且菌株间变化很大。它们往往拥有有助于细菌定植的 P、S 和 FIC 家族菌毛抗原（Dozois 等，1997），以及细胞毒素如溶血素和细胞毒性坏死因子（CNF）。它们通常包含一个或几个 lron－捕捉系统，如 aerobactin，这个系统可以使它们在血液和肠道外其他组织中生存（Gyles, Fairbrother，2010）。ExPEC 拥有脂多糖类（LPS；O 抗原）和小容器物质（K 抗原），它们都可以保护细菌避开血清补体和吞噬细胞的杀伤作用。

在败血症病例中，只有相对少的大肠杆菌血清型被报道。在分离株中，O8、O6、O9，011、O15、O17、O18、O20、O45、O60，O78、O83、093、O101、O112、O115 和 O116 血清型最常被鉴定为与败血症有关（Fairbrother 等，1989）。

（九）大肠菌乳腺炎大肠杆菌（Coliform Mastitis Escherichia coli）

母猪 CM 出现在粪便污染物中，并非接触性传染。在畜群中一个母猪不同腺体间，甚至是亚腺间，发现了来自乳腺炎病例的大肠杆菌分离株具有多个血清型（Awad-Masalmeh 等，1990；Morner 等，1998）。异质性乳腺炎分离株也被随机扩增多态性 DNA 基因分型证实（Ramasoota 等，2000）。这各种各样的与 CM 有关的大肠菌群证明了有潜在致病性细菌有大量蓄积。虽然血清抗性和纤连蛋白结合能力都与这些分离株有关，但来自 CM 的大肠杆菌的毒力因子还是不太清楚。

（十）非特异性泌尿道感染大肠杆菌（Nonspecific Urinary Tract Infection Escherichia coli）

非特异性 UTI 可以由包括大肠杆菌在内的一种或多种细菌引起。来自 UTI 感染猪的大肠杆菌分离株都还未得到很好的鉴定。关于毒力分布，来自猪肾盂肾炎的分离株不同于那些来自人肾盂肾炎的分离株，很少引起溶血且往往具有 P 和 FIC 菌毛（Krag 等，2009）。

（十一）毒力因子遗传学特征（Genetics of Virulence）

多数大肠杆菌病，由质粒、噬菌体或致病性岛（PAIs）编码的毒力基因决定致病性（Gyles, Fairbrother，2010）。质粒为肠毒素或菌毛而编码，噬菌体为 Stx 而编码，PAI 为 EPEC 和 EHEC 中的 AE 病变而编码。在多数肠外感染的品系中，菌毛基因、细胞毒素基因及溶血素基因多在染色体上。在实验室很容易将质粒从供体转到受体菌株中，但在实际情况中这种转导不是主要的。致病性大肠杆菌的遗传物质非常稳定，这是因为特定品系的毒力因子是受许多因素影响的，而有些受菌体不表达转导的质粒特征。临床上较为重要的抗菌剂抗性的产生是个例外。

三、流行情况

在工业化国家和发展中国家，在温带、亚热带和热带，猪群感染大肠杆菌都非常普遍。在饲养商品猪的所有国家，商品猪都会发生腹泻（新生仔猪 ETEC，断奶仔猪 ETEC 和 EPEC）、EDEC 引起的 ED，ExPEC、CM 和 UTI 引起的系统感染。

猪的大肠杆菌多存在于胃肠道。个别猪的大肠杆菌群较为复杂，在一个猪体中可鉴定出 25 种以上的菌株（Hinton 等，1985）。很多显性品系在肠道内 1 d 或数周内就发生改变而引起显性菌群的连续变化（Katouli 等，1995 年）。大肠杆菌的繁殖多在小肠内进行，一般在回肠与结肠间数量保持不变（McAllister 等，1979）。在每克大肠流动物中可分离出 1×10^7 左右的活菌，但大肠杆菌数小于全部细菌数的 1%。

在肠道外，大肠杆菌在粪便污染的饲料、水、土壤和猪舍环境中被发现。在诸多因素中，低温和充足的水分是大肠杆菌在环境中长期存在的促进因素。在泥土样品中，猪大肠杆菌 O139：K82 株可保持其活力在 11 周以上（Burrows，Rankin，1970）。据推测，致病性大肠杆菌是通过气溶胶、饲料、其他车辆、猪和其他可能的动物进行传播的。F4（K88）阳性 ETEC 菌株传播试验中多次发现，距离 1.5 m 的铁丝笼中猪之间存在空气传播现象。

由 ETEC、EDEC 和 EPEC 引起的肠道感染具有传染性。同一菌株通常在许多头病猪中发现，也常常在连续批次的猪中发现。相反，由 ExPEC 和大肠杆菌引起的 CM 和 UTI 感染，不具有传染性。由一个以上菌株引起的混合感染非常常见。在 ExPEC 病例和已存在细菌通过从粪便和/或环境污染的乳头及尿道入侵的 CM 和 UTI 病例而导致混合感染。

常规的清洗和消毒往往不足以打破大肠杆菌感染循环（Hampson 等，1987）。然而，在实验条件下可以通过严格的卫生措施来预防（Kausche 等，1992）。大肠杆菌分离株对常用消毒剂敏感性的研究数据有限。根据丹麦的一项研究，畜禽排泄的大肠杆菌分离株不能抵抗苯扎氯铵、H_2O_2、醋酸、甲醛或氯化锌（Aarestrup 和 Hasman，2004）。然而，Beier 等（2005）证实，来自发生腹泻的新生仔猪的与耐庆大霉素和链霉素相关的烈性大肠杆菌分离株对洗必泰敏感性降低。这些发现强调了这种抗性的转移，以及环境污染的可能影响。

由大肠杆菌引起的新生仔猪腹泻多发生在 0～4 日龄，这种菌被称为 ETEC。新生仔猪从脱离母猪子宫到吃奶的期间，接触了产床、母猪的皮肤等严重污染的环境导致食入来自母猪肠道菌群的细菌。这样，在一个卫生条件不好或污染的产仔系统中，环境中致病性大肠杆菌的增加可能导致新生仔猪大肠杆菌性腹泻的暴发。

四、病理生理

肠道大肠杆菌感染很少有特异病变，大体病变包括脱水、胃扩张（可能包括未消化的凝乳），胃大弯部静脉梗死，局部小肠壁充血，小肠扩张。

F4 阳性 ETEC 分离株感染时，在黏膜上皮细胞发现大肠杆菌，并多在空肠和回肠，而其他 ETEC 分离株感染时病变多在空肠和回肠后端。一般仅在李氏隐窝处发现黏附细菌，或见于隐窝表面和绒毛顶端。有时也会观察到其他病变，包括固有层血管充血、肠腔出血、固有层中中性白细胞和巨噬细胞增加、肠管迁移以及绒毛萎缩。

五、临床症状

新生仔猪下痢可在仔猪出生 2～3 h 后发生，可影响单个猪或整窝猪。初产母猪所产的仔猪比经产母猪所产的仔猪更易感染。感染猪群的发病率变数很大，平均30％～40％，但一些猪群可能高达80％。少量猪的感染可能非常迅速，以至于在没有出现腹泻时就已经死亡。

腹泻症状可能非常轻，无脱水表现或腹泻物清亮，呈水样。粪便颜色不一，从清亮到白色或程度不一的棕色。在较严重流行时，少量病猪可能呕吐，由于体液流进肠管，体重可能下降30％～40％并伴发脱水症状，腹肌系统松弛、无力，猪精神抑郁、迟钝，眼睛无光，皮肤呈蓝灰色，质地枯燥，身体中水分丢失，体重下降，不久仔猪死亡。在慢性或不很严重时，猪的肛门和会阴部可能由于与碱性粪便接触而发炎。脱水不严重的病猪可能还饮水，治疗及时可以恢复，只是有一点长期病变。

六、诊断

对肠道大肠杆菌感染的诊断要基于临床症状、组织病理学变化及在小肠黏膜上检出革兰氏阴性细菌。通过常规组织病理学中的福尔马林固定、石蜡包埋组织可以看到定植现象，或者通过免疫组化或冰冻切片的间接免疫荧光法可以直接检测出大肠杆菌菌体。这种诊断，强化了通过从直肠拭子或肠道中分离出具有特定血清型的大肠杆菌，或者更重要的是检测出所拥有的特定毒力因子。猪腹泻大肠杆菌肠内容物样品或拭子应被接种到血琼脂、麦康凯琼脂或其他能区别乳糖发酵和非乳糖发酵革兰氏阴性肠杆菌的培养基上。如果分离不能在24h内完成，应考虑使用运输介质如藻酸盐拭子或Stuart's溶液。

大肠杆菌的首要指征是形态、在麦康凯琼脂上进行乳糖发酵，以及菌落的气味。为了鉴定大肠杆菌的种类，确定菌落转化吲哚的能力必不可少，因为99％的大肠杆菌菌株为吲哚阳性。这种鉴定试验可以通过柠檬酸盐法（柠檬酸盐不能作为大肠杆菌的唯一碳源）和甲基红法完成。

由于只有少数特异性的O血清型与疾病有关，所以致病性大肠杆菌可通过血清分型来进行识别。因此，一个诊断实验室可以使用当地最流行的优质抗血清型分型血清来获得一个快速的假定诊断。完整的O和H血清型鉴定，只能在少数参考实验室中进行。

因为不是所有给定血清型都具有致病性，所以毒力分型或毒力因子确定是一个更为明确的致病性大肠杆菌确定方式。

直到最近，通过对毒素生物学特性的检测可以发现产生的肠毒素及细胞毒素。STa的活性测定用幼鼠试验，STb用猪试验，更多的是采用大鼠肠结扎试验，而LT及Stx是用细胞培养物鉴定法。然而，这些测试要求使用动物保健设备设施，更趋向于在研究实验室和参考实验室开展。酶联免疫吸附试验（ELISA）可检出能产生Stx的培养物或直接检出粪便中能产生Stx的细菌，可以在诊断实验室获得更为广泛的应用。

有或无乳胶粒子的玻片凝集法是一种测定大肠杆菌菌毛黏附素的简单易行的方法，其中黏附素是在培养基中获得表达的。这种方法通常用于识别F4（K88）阳性ETEC。ELISA法也可以用来确定黏附素的存在。然而，为了检测仅在低葡萄糖或丙氨酸的培养基中表达良好的F5（K99）和F41，细菌必须生长在特定的介质如Minca培养基中。其他菌毛如F1和F6（987P），可能发生变异或在实验室经过数次传代后而表达不佳。

目前，基因型分析常用于定义参与感染的毒力型。用于检测毒素和黏附素等毒力因子编码基因的具体技术包括克隆、DNA杂交和聚合酶链反应（PCR）。对猪ETEC分离株的菌毛黏附素和肠毒素而言，采用标准血清学和生物学鉴定法检测与运用基因探针的检测有高度相关性。PCR 也可以用来原位检测福尔马林固定、石蜡包埋组织中的致病性大肠杆菌。

七、鉴别诊断

新生仔猪 ETEC 感染应与引起同龄仔猪腹泻的普通感染区分开。这些病原包括 A 型和 C 型魏氏梭菌、传染性胃肠炎病毒（TGEV），A 型、B 型和 C 型轮状病毒和猪繁殖与呼吸综合征病毒（PRRSV）。在 5 d 以上的哺乳仔猪，孢球虫也必须考虑。粪便 pH 值测定可能有助诊断。因为肠道 ETEC 感染造成的分泌性腹泻液 pH 值为碱性，而由 TGEV或轮状病毒引起代谢紊乱的腹泻液 pH 值多是酸性。

八、治疗与防控

对于新生仔猪，通过口服或注射途径使用抗生素。通过细菌培养来确诊大肠杆菌感染和进行药敏试验都很重要，因为大肠杆菌分离株间的抗生素敏感性差异很大。近年来，体外的大肠杆菌对许多抗菌剂的抵抗力已大大增强。通常使用的抗生素包括氨苄青霉素、阿泊拉霉素、新霉素、奇霉素和增强磺胺类药剂。另外，在实验室中还成功应用噬菌体作为治疗肠道大肠杆菌感染的另一方法，但实际中此法还未被广泛应用。

口服含有葡萄糖的电解质替代溶液的补液疗法对脱水和酸中毒很有效。具有抑制肠毒素分泌作用的药物，如氯丙嗪和硫酸黄连素可能对治疗腹泻有用，尽管这些药多有副作用。对于苄替米特和洛哌丁胺等抑制分泌药物，建议单独使用或与抗菌剂合用（Solis等，1993）。

肠道大肠杆菌感染的预防在于通过良好的卫生管理，保持适宜的环境条件，在仔猪出生时提供足够量的初乳，减少环境中大肠杆菌的数量。

肠道大肠杆菌感染和败血症最重要预防措施之一是确保仔猪生活在温度足够的环境中，无穿堂风及热传导差的地板，特别是对低于平均体重的仔猪，因为它们单位体重皮肤表面积大，进而失热快。

严格的生物安全措施应被用于预防将不同毒力的大肠杆菌或其他感染性病原体引进猪群。猪群个体对它们没接触过的大肠杆菌菌毛抗原几乎没有免疫力。

产房内的良好环境有利于减少仔猪与大肠杆菌的接触，在一定程度上，可通过仔猪自身防御体系控制。产房要彻底清洁，避免猪群出现窝间感染。对每批妊娠母猪实行全进全出制，产房严格消毒可减少环境中大肠杆菌的繁殖。

产房的设计是很重要的，因为它关系母猪粪便的排泄问题。过去的猪圈，大部分地板都排满了粪便，因而增加了严重污染的面积。理想的话，应调整猪圈，为仔猪提供一个比母猪稍短的猪圈。采用升高、漏缝地板的猪圈可以让粪便掉下，远离仔猪；采用这种地板的猪群妊娠母猪腹泻发生率明显比采用水泥地板的猪群低。

干燥温暖的环境可以降低有效湿度而提高大肠杆菌的存活率。它受通风率影响很大，如果温度过高，母猪会躺在水中散热，这样会不利于卫生。母猪应生活在 22℃ 左右的温度条件下，同时为仔猪提供一个较暖和的爬行区是很必要的，确保较小仔猪的生活环境保持 30～34℃ 恒温。

母源性免疫是控制新生仔猪 ETEC 腹泻最有效的手段之一。最早的疫苗是将感染猪的肠道内容物在奶中培养后再饲喂给妊娠母猪，一般在产仔前一个月左右进行（Kohler，1974）。这种方法较为有效，其免疫力可持续整个哺乳期，现仍在应用，尤其是美国。

在市场上常用的疫苗是通过非肠道途径进行免疫的，多为灭活全细胞菌苗或纯化的菌毛苗，两种疫苗的效果相似。菌苗多含有较重要血清型的菌株，并能产生菌毛抗原 F4（K88）、F5（K99）、F6（987P）和 F41。这种疫苗多在分娩前 6 周和 2 周前进行非肠道给予。如果免疫无效，鉴定可能的血清型并尽可能制成自家苗是非常重要的。对分离株的进一步鉴定可能鉴定出在 ETEC 腹泻中致病机理起重要作用的新的或变异的菌毛黏附素。

九、饲养管理要点

（1）落实免疫接种工作。做好疫苗接种工作，能够有效地预防育肥猪发生大肠杆菌病。在母猪产期 25 天，注射适量流行性的腹泻二联苗与传染性的胃肠炎疫苗，通过免疫保护，可以有效减少猪发生大肠杆菌病。

（2）做好母猪饲养管理。在母猪产前产后，需要喂食全价的饲料，并保证饲料的相对稳定性，适当地加喂一些青饲料，保证母猪干净舒适的生长环境，可以使用 0.1% 的高锰酸钾溶液对母猪乳房与乳头进行擦拭，确保母乳喂养的安全性。

（3）强化猪仔的消化器官锻炼。由于仔猪的消化系统不够完善，3 日龄的仔猪喂食母乳即可满足其营养需要。仔猪出生 7 天后，即可用炒熟的混合料进行诱食，在 5～20 日龄需要正式地补饲。

（4）强化断奶猪仔饲养的管理。在仔猪断奶后，仔猪就需要进行独立摄食，所以养殖户需要将仔猪在原地进行圈养，并喂食一个星期的哺乳期饲料。

（5）药物防治。在仔猪发病的初期，可以肌注卡那霉素或是庆大霉素，一天注射两次；发病中期可以喂食硫酸新霉素，治疗效果显著。

至此，关于猪预防大肠杆菌病方法的介绍就到这里了，现在很多农民朋友都在养殖猪仔，而且很容易发生大肠杆菌病，一定要注意科学的预防。

类鼻疽

一、定义

类鼻疽是热带和亚热带地区的一种猪慢性细菌性传染病。人类可能通过被污染的猪肉或是暴露粪便排出的病菌而感染。目前类鼻疽也可作为生化恐怖武器。

人感染类鼻疽是致命的，出现败血症、肺炎或皮肤、淋巴结、骨髓慢性化脓性损伤。无论治疗还是不治疗，人类的死亡率均在 20%～50% 之间。很少发生人传人的现象，通常是通过摄入被污染的食物和饮水感染。污染可能仅是环境污染或感染动物的粪便污染了水源和食物。摄入未煮熟的感染动物制品也可能引起人的感染。

二、病因

类鼻疽是一种革兰氏阴性短杆菌，0.8 μm×1.5 μm，不形成芽孢。37℃培养，能在大多数培养基上形成粗糙型、黏液型菌落，在麦康凯培养基上形成无色菌落。

醋（2%来苏儿）、氯（0.1%～0.5%）、氧化消毒剂（1%Virkon，3%过氧化氢）或甲醛（4%）对类鼻疽有效。

三、流行情况和致病机理

类鼻疽存在于热带和亚热带地区的水和土壤中，当饮用被污染的水源或摄入被污染的动物或植物时，猪群会遭到感染，澳大利亚（Millan 等，2007）、马来西亚（Omar 等，1962）和加勒比海都有所报道。感染源于被污染的环境或被动物粪便污染的水源和食物。最近一则动物病例报告（Millan 等，2007）显示，猪群感染源是地洞的水，PFGE 电泳得到地洞水中的类鼻疽与从猪群中分离到的类鼻疽一致。

四、临床症状、病理变化及诊断

感染猪的临床症状不明显，但会出现持续 4 d 的高热（40℃～42℃），步态不稳、跛行或衰弱；少量鼻腔分泌物流出；四肢皮下水肿；有的出现死亡，但成年猪很少出现；有的会发生流产和子宫排出分泌物（Laws，Hall，1964；Millan 等，2007；Omar 等，1962；Rogers，Andersen，1970）。

无临床症状的猪以及类鼻瘟死亡的猪，屠宰后可见明显的病灶。肺、肝、肾、肠系膜和皮下淋巴结等出现大量的充满奶油色或干醋样黄绿色浓汁的脓肿，从中能分离到类鼻瘟杆菌。如果发生于热带地区，临床上表现为持续稽留热、步态不稳和四肢皮下肿胀，即可怀疑是类鼻疽。通常，假定诊断常常依据剖检时在脏器中发现的奶油色脓肿（Ketterer 等，1986）。确诊需细菌分离培养，选择性培养基于环境样本的分离（Peacock 等，2005）。API NE 试条（BioMerieux）可用于生化确诊可疑菌落。敏感性高的试验包括结核菌素试验（类鼻瘟菌素试验）、血清凝集试验和补体结合试验，用于活猪类鼻瘟感染诊断。实验性感染证实 7 d 内产生抗体（Najdenski 等，2004）。

五、预防和控制

类鼻疽体外对氨基糖苷类抗生素有抗性，对头孢菌素和阿莫西林敏感，如克拉维酸。给猪饮用清洁或用氯消毒过的水，不让猪接触污染土壤，都可起到预防本病的作用。鉴于该病在公共健康上的重要性，感染猪尸体应进行安全处理。严格的生猪屠宰检疫标准有助于公共健康安全。

放线菌病

一、定义

猪放线杆菌引起一些母猪或个别母猪膀胱炎和肾盂肾炎，公猪是其携带者，并不会影响公共健康。猪放线杆菌最早归于猪放线菌和猪真杆菌（Lawson 等，1997）。

二、病因

猪放线杆菌是革兰氏阳性长杆菌，长 2～3 μm，宽 0.3～0.5 μm，感染组织的涂片呈现所谓中国字样和栅栏样。此菌不运动，不形成芽孢，可在厌氧条件下于血琼脂上培养，2 d 后可见直径 2～3 mm 的菌落，接着长成扁平的大菌落，菌落干燥，呈灰色，表面不透明，边缘呈锯齿状；经 5～6 d 培养后，菌落可达 4～5 mm，加入最终浓度为 1.2%（W/V）的尿素，可促进其生长。猪放线杆菌可产生尿素酶。

三、流行情况

美洲、欧洲、亚洲和澳大利亚都报道了猪放线杆菌感染与母猪泌尿道疾病有关。猪是其主要宿主。大多数 6 月龄或更大些的公猪在包皮的憩室部位隐藏有猪放线杆菌。未感染的公猪在它们与带菌公猪同舍时，会慢慢受到感染（Jones，Dagnall，1984）。Carr 和 Walton（1990）从公猪圈的工作人员鞋上分离到猪放线杆菌。而健康母猪的阴道却很少发现有猪放线杆菌。

感染途径为上行感染。Larsen 等（1986）证实一些菌株带有很丰富的菌毛，并且能够黏附到猪的膀胱上皮细胞。膀胱感染后，接着就是尿道和肾的感染。大多数病例发生在配种后的 1～3 周。水潴留和尿结晶的出现也会促进感染（Went，Sobestiansky，1995）。新近的尿道感染或是先前疾病的复发，使得在母猪生殖周期内的其他时间也可能发病。

四、病理生理

病变限于泌尿系统。尿道、膀胱和输尿管的黏膜发炎，可表现为卡他性、纤维素性及出血性或坏死性炎症。感染的肾脏常常在表面可见的实质存在无规则的黄色变性区。肾盂可扩张并含有黏液，其中有坏死碎片和变质的血液出现。髓质锥体部可能有黑色坏死灶。输尿管常常扩张并充满红紫色尿液。

五、临床症状

一小群母猪或后备母猪可能突然死亡，有的发病、衰竭或口渴并伴随弓背、血尿、服尿，有时伴随外阴损伤。急性期时主要表现为血尿，随着病情的发展，体重下降。一般与公猪交配后的 2～3 周出现临床症状，有的也可能在产仔后才表现出临床症状。一些母猪因急性肾脏衰竭而突然死亡，发病的母猪通常死亡，很少康复。轻微的病例，症状不明显，外阴损伤是唯一可见明显的症状表现。发生肾盂肾炎的动物会出现典型的尿毒症。

六、诊断

诊断的依据是临床症状和尿液细菌学检查。出现血尿并持续 2～3 周，提示为猪放线杆菌引起的膀胱炎和肾盂肾炎，而不是大肠杆菌引起的膀胱炎。膀胱血尿及膀胱黏膜、输尿管出血，更能证实是猪放线杆菌感染。但是，在革兰氏染色的玻片上很容易辨别出是猪放线杆菌，虽然常常有其他细菌的存在，特别是链球菌。尿液或感染组织中细菌的分离需要厌氧培养 4 d。Dagnall 和 Jones（1982）介绍了分离猪放线杆菌的选择性培养基。

七、治疗与防控

在体外试验中，猪放线杆菌对包括青霉素和链霉素在内的一些抗生素敏感。使用抗生素治疗通常是有效的，但会出现复发，建议对感染动物尽早屠宰。可用 20 mg/kg 氨苄青霉素进行长达 20 d 的治疗（Wendt，Sobestiansky，1995），用恩诺沙星 10 mg/kg 治疗10 d 也有效。对慢性感染并且状况很差的以及治疗无效的动物应给予安乐死。

猪放线杆菌可在交配时从公猪传染给母猪。淘汰感染公猪、用四环素清洗公猪包皮憩室部位、配种后立即使用抗生素，人工授精都有助于本病的预防。

八、饲养管理要点

猪放线杆菌是一种条件性致病菌，常存在于健康猪的扁桃体和上呼吸道。因此，对本病的预防应加强猪群的饲养管理，饲喂高营养的全价料，搞好猪舍的卫生消毒，防止皮肤、黏膜受损，局部损伤后应及时处理与治疗。这对预防本病的发生有较好的效果。

第三章　规模禽场生物安全体系建

第一节　选　址

选址应选地势较高平、干燥、背风开阔、向阳通风，近 20 年内无水灾记录的地方；尽量利用废弃地、空闲地、生荒地等非耕地建设。鸡场场地要求地形整齐、开阔、有足够面积，不仅便于合理布置牧场建筑和各种设施，还有利于充分利用场地。

鸡场场地的土壤要求是透气性和渗水性差的熟土，一般持水力强，降水后易潮湿、泥泞，场区空气湿度较大；砂土透气透水性好，降水后不易潮湿，易干燥，自净作用好，但其导热性强，热容量小。土壤介于砂土和熟土之间，透气性和渗水性适中，场区空气卫生状况较好，抗压能力较大，不易发生冻土，建筑物也不易受潮，是鸡场最理想的土壤。水源一定要清洁卫生，禽养殖舍选址所需水资源要求，周边水源要充足，至少能保证鸡场内正常的用水需要；水质得保证达到生活饮用水的水质标准；便于卫生防护，避免被污染；取用方便，保证水资源处理技术简单易行。

鸡场地址选择要符合环保法律法规，建设相应的粪污贮存、雨污分流等污染防治配套设施以及综合利用和无害化处理设施并保障其正常运行，有消纳沼液的土地。

鸡场选址应坚持"不对周围环境造成污染、也不受周围环境污染"的原则，选址必须通过风险评估。《动物防疫条件合格证》发证机关要组织开展兴办畜禽养殖场选址风险评估，依据场所周边的天然屏障、人工屏障、行政区划、饲养环境、动物分布等情况，以及对动物疫病的发生、流行状况等因素实施风险评估，根据评估结果确认选址。一般而言，建议选址距离生活饮用水水源地、动物屠宰加工场所、动物和动物产品集贸市场 500 m 以上；距离种畜禽场 1 km 以上；距离动物诊疗场所 200 m 以上；动物饲养场（养殖小区）之间距离不少于 500 m；距离动物隔离场所、无害化处理场所 3 km 以上；距离城镇居民区、文化教育科研等人口集中区域公路、铁路等主要交通干线 500 m 以上。

养鸡场址选择必须遵循公共卫生原则，主要是防止受周围环境污染，所以养鸡场应设在居民区的下风处，远离居民区排污口，特别远离屠宰场、肉类加工厂和皮毛加工厂等。一般养鸡场与居民区的距离，中小养殖场不少于 300~500 m；大型养鸡场（十万只）不少于 1000 m；与其它养殖场的距离，中小型养殖场不少于 150~300 m；大型养鸡场不少 1000~1500 m。养鸡场场址的地形选择要求整齐、开阔、有足够的面积，地势要求高燥、平坦、有缓坡。

禽养殖舍所处位置要保证交通方便，因为其每天运输的产品、饲料等较多，要求必须要有便捷的交通运输条件来维持其日常工作的开展。但是，如果选址在交通干道，又容易感染各种疾病。所以，养殖场在选址时一定要保证与交通干道有适当的距离，且交通方便。建议距离铁路和一二级公路不少于 500 m，距离地方三级公路不少于 200 m，距离四级公路不少于 100 m。如果条件允许，可考虑与地方主干道间修建一条专用运输道路。

第二节　生物安全区域划分

在所选定的场地上进行分区规划，养殖场一般分为生活管理区、生产区、隔离区等。生活管理区包括办公室、接待室、财务室、食堂、宿舍等，是管理人员和家属日常生活的地方。生活管理区应单独设立，要求相对封闭，只留两条通道与生产区相通。生活管理区一般设在生产区的上风向，或与风向平行的一侧。生产区是养殖场的核心，主要包括各种畜舍，应根据用途、类型、畜禽不同发育阶段来确定不同类型畜舍的位置。种畜和幼畜应放在防疫比较安全的地方，外来人员不得入内，一般要求上风向隔离区应设在生产区的下风向和养殖场地势最低处，主要用来设置病畜隔离间及粪便、污水集中处理设施，属于养殖场卫生防疫和环境保护工作的重点区域。场地规划还应做到：场区出入口处设置与门同宽的消毒池；生产区与生活办公区分开，并有隔离设施；生产区入口处设置更衣消毒室，各养殖畜舍出入口设置消毒池或者消毒垫。

养禽场内的路面要根据功能决定宽度，路面要求硬化，场内道路设净道（运送饲料、人员行走等）和污道（运送粪便、病死动物、污物），不允许交叉使用。排水设施实行"雨污分流"原则，排雨雪水设施和排污水设施要分开。

场区植树种草，搞好绿化，对改善鸡场小气候有重要意义。包括防风林、隔离林、行道绿化、遮阳绿化等。场区内一般不栽树，防止招来野鸟，避免因野鸟迁徙而传染禽流感等疫病。

鸡场周围应有围墙（高度 2 m）和防疫沟。从鸡场外到鸡舍，通过围墙等设施的隔离，首先将外界和鸡场隔离开来，其次将生产区和生活办公区等隔离开，最后将单个鸡舍隔离开来。相关的人员、物资、器械、车辆等的进出，需要设立对应的鸡场大门、生产区大门和鸡舍大门，由此形成三个关卡，增设对应的消毒设施，采取三关消毒措施。

第三节　养殖区管理

一、养殖动物管理

鸡舍湿度：春、夏、秋、冬，尽量保持舍内湿度适宜，减少鸡群遭受冷或热应激。湿度记录要认真、准确、规范，以备查验。

鸡舍湿度：夏季，采取各种措施，降低舍内空气和垫料湿度，防止病原微生物大量繁殖，危害鸡群健康。冬季，则尽量增加舍内空气和垫料，减少尘埃产生，最大限度地降低鸡群呼吸道疾病发生的概率。

通风：解决好通风与温、湿度的关系。定期为遮光罩、水帘、风机电机、扇叶及风机框架除尘和保养。最大限度地保证通风效率，为鸡舍提供新鲜空气，并排出有毒有害气体。

光照：育雏、育成期遮光完全，产蛋期光线充足，灯泡干净明亮，灯伞顶部无尘，损坏灯泡及时更换。

二、人员管理

禁止无关人员进入，最大限度减少人员串舍。

鸡场工人入场前踩踏门口的脚踏消毒垫，必须如实填写《进出场登记表》。填写姓名、入场时间、入场原因、未接触鸡的时长、最近一次接触鸡场名称、证明人及联系电话等信息。

所有人员入场必须进行淋浴，浴室出口和入口配备监控摄像头。洗澡间应保持清洁卫生，天冷时提供保暖设施，使温度保持在20℃以上。浴室需要每天进行喷雾消毒。浴室门口放置换鞋凳，人员坐在上面脱鞋后双脚不着地，直接转到浴室一侧。人员进入浴室，所有外部衣服必须脱在洗澡间的脏区，眼镜在洗澡的同时必须进行清洗、浸泡消毒。彻底淋浴，先全身进行沐浴，淋浴时间不少于 5 min，洗手时间不少于 15 s，特别注意手指、指甲、鼻孔和耳道的清洗。淋浴结束，在净区把身体擦干，穿上鸡场内部提供的工作服，进入生活区。

鸡场人员必须按照制定的休假制度执行休假申请。人员进入淋浴间，必须将生活区穿的衣服脱在淋浴间净区一侧的更衣间的清洗筐中，由专人负责收集。人员一旦进入灰区或脏区，需要经过洗澡、消毒才能再次返回到净区。在脏区穿好场外隔离场的衣服，到达场外隔离点后，换上个人的衣物、鞋子；脱下的衣物、鞋靴由隔离点负责人进行清洗、消毒。

三、物品管理

操作间门口：整洁干净、无垃圾、无废料、不随意堆放杂物。设置脚踏消毒盆，并配备革刷。脚踏盆要经常更换消毒水，并根据季节的变化，选择添加适宜的消毒药，保证经济有效。平时操作间门要随手关闭，防止野鸟飞入鸡舍。

工具：操作间内设有专门的工具柜和工具箱，常用的工具要分门别类地放入工具柜或工具箱内，暂时不用的工具，经过消毒后清点入库，不能随意摆放。专用物品（如灭火器）要放在安全明显的地方。

桌、椅、报表：桌、椅干净整洁。报表、笔、墨、纸张、闹钟等小件物品，摆放整齐、合理。每日生产统计报表的填写，要求真实、详细、严谨，从场长到饲养员，要求熟练掌握报表的所有内容和它的用途，如遇疫情发生，要及时向上级汇报，并认真填写相关记录。

地面、墙角、屋顶：每天清扫、消毒地面。随时保持地面干净、干燥、整洁、不积水、无垃圾、无烟头、无痰迹、无废料、无鼠便。墙角、屋顶无蜘蛛网。

水箱、水线、加药泵：水箱、水线，每周定期清洗消毒1～2次，加药泵也要定期清洗、消毒和保养，配备准确消毒剂专用量具，有专人负责添加。检测要求水线末端次氯酸钠浓度不低于 1～2 PPM，水样检测结果保证无大肠杆菌，饮水乳头或钟面采集的水样，要求菌落总数至少低于 10 个。饮水器工具正常，无跑、冒、滴、漏现象。

疫苗、兽药：疫苗、兽药要存放在阴凉、干燥、安全的地方，使用时要检查包装上的商标和有效日期，禁止使用失效或假冒伪劣的产品。疫苗、兽药使用后，要有详细记录，以备检验。

四、废弃物管理

每天及时拣出鸡舍内的病死鸡，进行无害化处理，防止造成污染。同时，要做好防盗工作，防止死鸡被盗，造成疾病传播。

畜禽养殖场在养殖的时候，也会产生许多废弃物。如过期的兽药、疫苗、饲料，玉米使用后的包装袋、兽药包装袋、疫苗包装瓶、精液瓶、输精管，手术刀、剪、注射器、针头等。这些废弃物严禁乱丢乱弃。要根据废弃物的具体情况采取不同的处理方法，如煮沸、焚烧、深埋等都是属于无害化处理措施，并且处理之后还要做好记录。

五、其他动物控制

灭鼠：做好操作间和舍内的灭鼠工作，每周定期投放或更换灭鼠药。对死鼠及时进行无害化处理。操作间和鸡舍内，不能看到老鼠出没和老鼠粪便，鼠阳性率不能超过 3%。

灭蝇：一年四季，都要有相应的灭蝇措施。确保操作间和鸡舍内，苍蝇数不超标。

第四节　生活区管理

一、人员管理

除生产专用车辆外，禁止无关车辆进入。在生活办公场地划定车辆停放区，每天清扫一遍保持干净，每周用消毒液喷洒消毒 3 次。两种以上消毒液交替使用，按照比例现用现配。

生产区专用车辆进生产区必须过消毒池，生产区大门口消毒池每周更换二次消毒水，火碱浓度为 1%～2%，水量为消毒池的三分之一（深度 30 cm 左右，雨后立即更换）。如果有条件的话，建议考虑增设洗车点，车辆在此处进行清洗和消毒，然后再经过消毒池进入生产区。

所有进生产区人员，必须过消毒走廊，脚踩消毒垫，雾化消毒 1 分钟。消毒垫每周用清水冲洗 3 次，每天用消毒液喷洒一次，时刻保持湿润；雾化消毒器应及时添加消毒液，每次启动时必须有消毒液液化。如有条件的话，进生产区人员须经洗澡、更衣、换鞋后方可进入；如无洗澡条件，进入生产区的人员须经换鞋和更衣后方可进入；工作服需日清洗。

浴室管理员职责：A. 保持各消毒盆、垫、洗手盆等内的消毒药浓度配比合理有效，次氯酸钠洗手消毒浓度为 20 ppm，消毒盆、垫次氯酸钠浓度为 200 ppm，每日至少更换两次消毒药水，杜绝出现消毒药水干、无、失效现象发生。B. 各种物品、用具要位置固定、摆放整齐，保持地面、衣柜、桶、盆等器具清洁卫生，对各种消毒药要有专门的量器，确保配比浓度、用量准确。C. 保证燃气热水器能正常、安全使用，有来人时要及时检查试用，严禁出现无水、无气、不着火等现象。香皂、洗发液等洗涤用品齐备，拖鞋、毛巾等物品要清洁卫生，更换衣物、鞋帽整洁齐备，并依据季节、天气变化而变化。确保进出人员能顺利进行洗浴、更衣。D. 外来人员进、出后要及时整理浴室内物品，对衣物、毛巾等进行洗涤、消毒处理。消毒地面，必须在当日适当时机进行熏蒸消毒处理。E. 本场员工出场时，先在第二更衣柜中准备好自己的衣物、鞋帽和洗涤用品等，再按指定路径到第一浴室，脱去工作服等衣物，洗浴后穿上外出衣服、鞋帽等出场，并及时通知浴室管理员整理浴室，同时将员工的衣服、鞋帽洗涤晾干备用，或进行严格熏蒸消毒后送入生产区备用，严禁工作人员将自己的衣物放入第一浴室衣柜中，与外出衣物混放。更禁止外出归来后将衣物放入第二浴室或未经消毒处理继续使用。一旦发现严肃通报批评和处罚。F. 浴室管理员要特别注意自身的防疫工作，进出大门、第一浴室、第二浴室等处，也必须依照《种鸡场人员物品入场管理规定》规定进行换鞋、踩踏消毒垫、洗手、更衣、洗浴等程序进入。不得搞特殊化，违反防疫制度，影响鸡群安全。

二、物品管理

大门：清洁干净，周围无垃圾。大门随时关闭，未经特许，谢绝参观，严禁闲杂人员进出。

车棚：清洁干净，无垃圾。车辆整洁，放置有序。有良好的隔离条件和安全措施。

食堂：食堂清洁干净，炊具摆放整齐，每天定期冲洗消毒食堂灶具。工作时，穿戴干净整洁的工作服，室内无鼠迹、苍蝇。

库房：物品摆放整齐，有完备的出入库记录。室内清洁卫生，无垃圾、无苍蝇、无老鼠，定期熏蒸消毒。有防盗，确保安全。

垃圾池：每周定期清理1~2次，垃圾堆放时间不超过一周，严禁垃圾散落池外。定期灭蝇、灭鼠。

宿舍：舍内干净卫生，物品摆放有序合理，专人清扫，无垃圾、无烟头、无痰迹、无蜘蛛网、无鼠迹。

厕所：整洁干净，无垃圾、无烟头、无痰迹、每天定期冲洗消毒（至少一次）。便池干净，无严重臭味。

熏蒸箱：完好无损，密闭性良好，保证和提供熏蒸所要求的内环境，确保熏蒸消毒效果。甲醛、高锰酸钾存放安全、合理，二者配比合适，有精确的量具，操作人员熟练掌握相关知识。熏蒸废弃物倒入特定的垃圾桶内，定期拉走或就地坑埋。

淋浴室：墙壁、地面干净整洁，墙角、顶棚无蜘蛛网，无霉菌生长。每天至少冲洗消毒一次。及时添加洗发液和香皂。浴室内物品摆放整齐。无跑、冒、滴、漏现象。

三、废弃物管理

废弃物定点堆放，定期处理，要根据废弃物的不同情况采取不同的处理方法，如焚烧、深埋等都是属于无害化处理措施，而且处理之后还要做好记录。

四、其他动物控制

灭鼠：做好操作间和舍内的灭鼠工作，每周定期投放或更换灭鼠药。死鼠及时进行无害化处理。操作间和鸡舍内，不能看到老鼠出没和老鼠粪便，鼠阳性率不能超过 3%。

灭蝇：一年四季，都有相应的灭蝇措施。确保操作间和鸡舍内，苍蝇数不超标。

第五节　缓冲区管理

一、人员管理

禁止无关车辆进入，在鸡场大门口划定外来车辆停放区。每天清扫一遍保持干净，每周用消毒液喷洒消毒 3 次（两种以上消毒液交替使用，按照比例现用现配）。

鸡场相关车辆进场必须过消毒池，鸡场大门口消毒池每周更换二次消毒水，火碱浓度为 1%～2%，水量为消毒池的三分之一（深度 30cm 左右，雨后立即更换）。

所有进场人员，必须过消毒走廊，脚踩消毒垫，雾化消毒 1 分钟。消毒垫每周用清水冲洗 3 次，每天用消毒液喷洒一次，时刻保持湿润；雾化消毒器及时添加消毒液，每启动时必须有消毒液液化（两种以上消毒液交替使用，按照比例配制，每 2 天更换一次）。

严禁任何人携带禽产品进入。（其他物资入场管理：如药品疫苗、生产物资和生活物资入场前均需进行消毒处理）

二、物品管理

场区综合环境：场区干净整洁，无垃圾堆、无杂草。暂时不用的工具和物品及时清点入库，不能随意堆放。不能入库的大件物品，要堆放整齐、合理，并做好防雨淋、防日晒、防火、防盗等工作，定期割草，及时清理垃圾。努力搞好绿化、美化工作，力求创造一个优美的生产和工作环境。

办公室、药房：地面、墙角、屋顶每天清扫、消毒。随时保持地面干净，物品摆放整齐。

料库：屋顶不漏雨，地面不返潮，四周密闭性良好，保证和提供熏蒸所要求的内环境确保熏蒸效果。饲料入库后，要及时熏蒸消毒，饲料出库后，要及时做好卫生工作，保证地面无垃圾、无废料，墙壁、墙角、顶棚无灰尘、无蜘蛛网。有防盗、防火措施。

蛋库：室内应保持温湿度合适。地面、墙壁干净，无尘土，无蜘蛛网，无蛋黄、蛋清等污物。无苍蝇、无老鼠，种蛋出入库记录完整，蛋库内种蛋、商品蛋摆放整齐。

垫料库：屋顶不漏雨，地面不反潮。干燥、防火、安全。有完好的门窗，通风口设铁丝网。周围无杂草、无垃圾。

三、废弃物管理

废弃物定点堆放，定期处理，要根据废弃物的不同情况采取不同的处理方法，如焚烧、深埋等都是属于无害化处理措施，而且处理之后还要做好记录。

四、其他动物控制

灭鼠：做好操作间和舍内的灭鼠工作，每周定期投放或更换灭鼠药。死鼠及时进行无害化处理。操作间和鸡舍内，不能看到老鼠出没和老鼠粪便，鼠阳性率不能超过 3%。

灭蝇：一年四季，都有相应的灭蝇措施。确保操作间和鸡舍内，苍蝇数不超标。

第六节　引进禽只管理

禽场省内引进的商品禽应取得《动物检疫合格证明》，坚决不购买未取得《动物检疫合格证明》的禽。引进的禽运输到场后，应隔离观察 15～30 天，如动物表现无异常方可混群饲养。如发现动物出现异常，应经兽医诊断和治疗或经动物卫生监督机构检疫，需要疫情报告的，应及时向当地动物疫病预防控制机构报告。

跨省、自治区、直辖市引进的禽品到达输入地后，应当在所在地动物卫生监督机构的监督下，在隔离场或饲养场（养殖小区）内的隔离舍进行隔离观察，隔离期为 30 天。经隔离观察合格的，方可混群饲养；不合格的，按照有关规定进行处理。隔离观察合格后需继续在省内运输的，货主应当申请更换动物检疫合格证明。跨省引禽应当在《跨省引进乳用、种用动物检疫审批表》有效期内运输。逾期引进的，货主应当重新办理审批手续。

第七节　疫病管理

※细菌病

鸡白痢（Pullorum Disease）

鸡白痢是由鸡白痢沙门氏菌引起雏鸡的一种急性败血性传染病。病鸡表现为不食、嗜睡、下痢，心肌、肝、肺等器官有坏死性结节。鸡白痢发病率和死亡率较高，是严重影响雏鸡成活率的原因之一。成年鸡多呈慢性和隐性感染，可成为带菌鸡，是本病主要传播来源。

一、流行特点

1. 本病可发生于各种禽类，各种年龄的鸡都能被感染，褐羽鸡种比白羽鸡种敏感。2～3 周龄以内的雏鸡发病率和死亡率最高，4 周龄后，发病率和死亡率显著下降。成年鸡感染后常存在于卵泡、输卵管及睾丸，呈慢性经过或隐性感染。当应激因素或抵抗力下降时，就会出现临床症状。

2. 病鸡和带菌鸡是本病的主要传染源。病鸡的粪便中含有大量的病菌，健康鸡通过接触污染的饲料（特别是鱼粉、肉骨粉等动物性蛋白原料）、饮水、用具经消化道感染。本病最重要的传播方式是经带菌蛋垂直传播。感染的母鸡所产蛋约三分之一带有鸡白痢沙门氏菌。通过呼吸道、眼结膜、交配等途径也可感染。带菌鼠类在本病的传播中也起重要的作用。

3. 鸡群过度拥挤、潮湿、育雏室温度过低、通风不良、运输以及缺乏适宜的饲料等都是诱发本病流行的重要因素。

二、临床诊断

1. 出雏率降低，雏鸡出壳后4～6日龄开始发病并出现死亡，7～10日龄为死亡高峰。病雏精神不振，食欲废绝，羽毛逆立，两翅下垂，怕冷，聚堆，白色下痢，其粪便常粘在肛门周围的羽毛上，糊肛。急性病鸡不发生下痢就可能死亡。耐过的鸡发育迟缓，终生带菌。

2. 雏鸡一般会出现关节肿胀，跛行，有的还会出现呼吸困难。

3. 成鸡感染后，临床上一般不表现临诊症状而成为带菌鸡。带菌鸡的卵巢常发生病变，产蛋率和种蛋孵化率均有不同程度的下降；鸡冠发育不良，萎缩发干，有白膜。各种应激和疾病可激发本病。有些病鸡出现"垂腹"现象。种公鸡感染后表现精液稀薄，受精率低。

三、解剖学诊断

1. 出壳5天内死亡的雏鸡，肝肿大、发黄，脾肿大，卵黄吸收不良，呈油脂状，7天后死亡的雏鸡肝脾肿大，有少量散在针尖大的坏死灶。

2. 病程较长的雏鸡心肌有灰白色增生结节，心包膜增厚发白，心包液浑浊；肺有灰褐色结节；盲肠膨大，有干酪样栓子。病菌侵入关节，可见跗关节肿胀，关节腔有黄白色液体。

3. 母鸡卵巢异常，卵泡萎缩、变形，呈褐绿色、钟摆状。由于卵巢炎而形成卵栓、腹膜炎、输卵管炎。输卵管膨大内有干酪样物。

4. 公鸡常见睾丸炎、睾丸单侧性萎缩变硬，出现散在小脓肿。

四、防治措施

1. 建立良好的"生物安全体系"，主要原则是：杜绝病原传入，消除带菌鸡。

净化种鸡群，建立无鸡白痢的健康种鸡群。应从无鸡白痢的鸡场引进种蛋或鸡苗。种鸡场必须每年在种鸡及后备种鸡中用全血或血清凝集反应的方法，进行全群定期检疫，特别对公鸡进行检疫，及时淘汰阳性鸡，净化种鸡群。检疫时间应在120～140日龄和200日龄进行。

我国的商品代蛋鸡和肉鸡群的白痢病通过祖代→父母代→商品鸡的二级放大，阳性率普遍比较高，这是导致我国商品代蛋鸡群和肉鸡群死淘率高的因素之一。为了降低鸡白痢病的危害，可以采用药物控制的方法。定期使用敏感药物预防，能够降低种蛋的带菌率，有利于控制发病。

种蛋入孵前要熏蒸消毒，做好孵化环境、孵化器、出雏器及所用器具的消毒。由于鸡白痢主要发生在育雏早期，育雏温度过低易导致鸡白痢的发生。因此，必须保证育雏温度相对恒定和适宜。

育雏早期可用敏感药物进行预防。雏鸡从 1 日龄开始，在饲料或饮水中加抗菌素，预防鸡白痢的发生。常用的药物有：菌必治、氟苯尼考、氟哌酸等。

2. 治疗：鸡群发病后，饲料中添加敏感的药物，同时要加强饲养管理。治疗时，在饲料或饮水中添加敏感抗菌素，常用的药物有：百病消、菌必治、氟苯尼考、丁胺卡那。

大肠杆菌病（Avian Colibacillosis；E．Coli）

鸡大肠杆菌病是由致病性大肠杆菌引起的一种细菌性传染病。大肠杆菌血清型较多，临床症状表现复杂多样。大肠杆菌病多继发或并发其他疾病，是目前养鸡业最棘手的传染病之一。

一、病原学

（一）分类及形态

大肠杆菌属于肠杆菌科，埃希氏杆菌属，本菌为革兰氏阴性无芽孢的杆菌，长 $2\sim3~\mu m$，宽 $0.4\sim0.6~\mu m$，大多数有周身鞭毛，能运动。致病性的大肠杆菌一般都有菌毛，如 F1、P 菌毛等。

（二）培养特性

本菌为需氧及兼性厌氧菌。在 $15℃\sim45℃$ 均可生长，最适 pH 值为 $7.2\sim7.4$，在液体培养基中呈现均匀浑浊生长。在普通琼脂上形成圆形、光滑、半透明的无色菌落。在麦康凯琼脂上形成孤立的粉红色的菌落。

（三）抵抗力

本菌对外界环境因素的抵抗力属中等，对物理和化学因素较敏感。大肠杆菌在水、粪便和尘埃中可存活数周或数月。本菌对石炭酸和甲醛高度敏感，但粘液和粪便的存在会降低这些消毒剂的效果。

（四）抗原结构

大肠杆菌的抗原主要有菌体（O）抗原、鞭毛（H）抗原、荚膜（K）抗原和菌毛抗原（F），根据 O 抗原和 K 抗原的不同，本病可分为许多血清型。据有关资料报道，已发现 O 抗原 173 种，K 抗原 74 种，H 抗原 53 种，F 抗原 17 种。几乎所有的致病菌都有菌毛抗原。目前我国报道的鸡的致病性大肠杆菌血清型有 50 多种，最常见的血清型是 01、02、078、035。

（五）大肠杆菌的致病性测定

由于大肠杆菌的血清型较多，不同血清型对鸡的致病力不同，所以测定大肠杆菌的致病力有非常大的意义。

（1）菌毛单抗。菌毛单抗和分离的大肠杆菌在玻璃板上混合进行反应，阳性表示所测试的大肠杆菌具有菌毛。据此可判定大肠杆菌的致病性。此种方法判定的准确率可达 90％以上。

（2）血凝性。禽致病性大肠杆菌均能形成菌毛，部分能凝集鸡的红细胞。此种方法判定的准确率可达 60％以上。

（3）刚果红试验。根据禽大肠杆菌菌株在刚果红培养基的表型特点，可将有毒力的大肠杆菌鉴别开。有毒力的菌株在刚果红培养基上形成暗红色、表面不平的菌落，并成为刚果红型大肠杆菌。而无毒力的菌落呈暗粉红色，表面平滑，此类菌成为不表达刚果红型菌株。此种方法判定的准确率可达 80％以上。

（4）鸡胚的致病性。通过接种 SPF 鸡胚，能使 SPF 鸡胚发育受阻或造成死亡的大肠杆菌菌株为致病性大肠杆菌，此种方法判定的准确率可达 60％以上。

二、流行特点

（1）在卫生条件差、饲养密度过大、鸡舍通风不良、饲料质量不佳的鸡场最易发病。发生烈性传染病和呼吸道传染病时（如新城疫、禽流感、传染性鼻炎、传染性喉气管炎等），均能促进和加强大肠杆菌的感染和发病，同时降低疫苗的保护效力。

（2）传播途径如下。

消化道：饲料和饮水被大肠杆菌污染，尤以水源被污染引发发病最为严重。

呼吸道：沾有本菌的尘埃被易感鸡吸入，引起发病。

通过污染的种蛋或蛋壳传播。

通过人工授精和自然交配传播。

（3）各品种和各年龄的鸡均可发生。肉鸡多发于 4～8 周，蛋鸡多发于开产后产蛋上升阶段。本病发病无明显的季节性，但在冬春寒冷和气温多变季节易发。

（4）大肠杆菌病的发病率、死亡率与菌株毒力、并发感染、饲养管理以及措施是否及时有效有很大的关系。

三、临床诊断

（1）鸡精神不振、呆立，羽毛松乱，两翅下垂，尾部羽毛被黄绿色粪便污染，食欲减少，冠发紫，排黄绿粪便。

（2）幼雏（多在 1～5 日龄）发病，精神不振，衰弱，腹部胀满，脐带愈合不良。死亡率较高。个别鸡表现神经症状，歪头斜颈。

（3）肉鸡发病主要表现为精神不振，羽毛逆立，饲料转化率低，到后期易继发腹水症。有些鸡表现头部的肉芽肿。

（4）产蛋鸡多发于 140～160 天，如无继发感染，大群鸡无明显的临床症状，主要表现为零星死亡，病鸡鸡冠发紫，拉黄绿粪，死亡的鸡多为体况良好。

（5）种鸡人工授精后常发生大肠杆菌病，造成产蛋率下降，死亡率增高，受精率、孵化率降低。用此种蛋孵化的雏鸡，弱雏多，死淘率高，俗称"软雏病"。雏鸡多在孵出后 1～5 天内死亡。

四、解剖学诊断

（1）幼雏早期死亡，脐带发炎，卵黄吸收不良，囊壁充血，内容物黄绿色、粘稠或稀薄样，脐孔开张、红肿。

（2）气囊泽油、增厚，有黄白色干酪物；肝肿大，有白色纤维素性渗出物；胆囊肿大，胆汁充盈；心包积液，有些肉食鸡群头部皮下有胶冻状渗出物。

（3）产蛋鸡大肠杆菌病：腹腔内有破裂的蛋黄液，肠道粘连，味恶臭；肝褐色，有的肝上有一层黄白色纤维素性渗出；输卵管内有黄白色豆渣样或干酪样物。

五、鉴别诊断

脐炎：孵化温度过高或过低，湿度过大，维生素缺乏等可导致脐带愈合不良，易引起大肠杆菌、葡萄球菌等细菌的感染，脐带发炎，形成结痂，卵黄吸收不良，呈褐绿色或干酪物。雏鸡发育不良，腹部膨大。出壳后陆续死亡，10～14 天后停止。运输和寒冷将加重发病程度。

禽流感：传播速度快，死亡率高。肿头的鸡冠发紫，切开肿胀部位有胶冻状样物渗出。

六、防治措施

1. 建立良好的"生物安全体系"

（1）大肠杆菌是一种常在条件性致病菌。要加强鸡群的饲养管理，降低饲养密度，注意通风换气，保持适宜的温度和湿度；保证饲料和饮水的清洁，饮水中添加 3 ppm 有效氯制剂，有利于大肠杆菌病的控制。

（2）孵化用的种蛋被粪便污染，是鸡群中致病性大肠杆菌传播重要方式之一。在种蛋产下 1.5～2 小时后用福尔马林 28 毫升、高锰酸钾 14 克/立方米熏蒸处理；同时淘汰裂纹和被粪便污染的种蛋；孵化器用福尔马林 42 毫升、高锰酸钾 21 克/立方米熏蒸消毒。

（3）做好烈性传染病和呼吸道传染病的防治工作，避免 ND、IB、AI、IBD、MG 与大肠杆菌病的并发、继发感染。

2. 药物预防

药物预防就是在饲料中长期添加有抑制大肠杆菌繁殖的药物。这些药物可以促进机体生长，提高饲料转化率，减少鸡群的死亡，改善蛋的品质，降低垂直传播的比例。常用的药物有：新肥素 220、黄霉素、杆菌肽锌、粘杆菌素等。雏鸡可在进雏后第一天用丁胺卡那 2000 单位/只注射。

3. 免疫预防

（1）免疫预防是控制大肠杆菌病的主要手段之一。目前所用的大肠杆菌苗多数是选用常见的血清型、多种菌液混合制成的，效果有时不理想。主要存在以下三个问题：

①制苗菌种选择不当。大肠杆菌的血清型较多，其致病性和免疫原性也各不相同，尤其是某些地区存在着特有的菌株。但致病性大肠杆菌也有其共性，即大肠杆菌菌毛是致病的先决条件，大多致病大肠杆菌含有 F1 和 P 菌毛，只有选择含有 F1 和 P 菌毛并表达较好，大肠杆菌制造的菌苗才可能有好的效果。

②缺乏菌毛的检测鉴定方法：过去对分离的大肠杆菌是否有菌毛及表达多少无法测定。菌种经多次传代，菌毛是否丢失也无法检测。菌苗中菌毛含量多少也无法测定，保证不了疫苗的质量。

③菌苗含菌量不够。每羽份不能低于 5 亿个 CFU，否则效果不理想。另外也可采用大肠杆菌本地分离致病株制备菌苗进行免疫预防。临床使用的大肠杆菌疫苗主要有鸡大

肠杆菌多价氢氧化铝苗、多价油佐剂苗和蜂胶疫苗。

（2）免疫方法主要是颈部皮下或浅层肌肉注射。肉仔鸡在 7～10 日龄免疫一次即可；土鸡、三黄鸡等品种在 15～25 日龄免疫；产蛋鸡可在 50～70 日龄和 90～100 日龄进行两次免疫。

（3）鸡大肠杆菌苗免疫注意事项

①大肠杆菌苗免疫后有一定的反应，主要表现一过性精神不振，采食减少，但 1～2 天即可恢复。疫苗反应的轻重与疫苗注射部位、注射剂量和鸡体质有密切关系。

②大肠杆菌病的发病与鸡舍空气中大肠杆菌的含量有密切的关系。在疫苗免疫后，也应注意良好的饲养管理。

4. 治疗

对发病的鸡群一方面要改善饲养环境，消除发病诱因，减少应激反应，同时用敏感药物进行治疗。大肠杆菌很易产生耐药性，投放药物时应做药敏试验。

（1）常用的药物：菌必治、新霉素、氟苯尼考、庆大霉素、蒽诺沙星、环丙沙星。

（2）验方：黄柏、黄连各 100 克，大黄 50 克，共加水 1500 毫升，微火煎至 1000 毫升，取药液；剩下药渣再加水 1500 毫升，再煎至 1000 毫升。合并两次药液，10 倍稀释后供 1000 羽鸡自由饮服。每天 1 剂，连用 3 剂，可使病情得到基本控制。

禽霍乱（Fowl Cholera：FC）

禽霍乱又称禽巴氏杆菌病、禽出血性败血病，是由多杀性巴氏杆菌引起禽的急性致死性传染病。急性病例表现为全身黏膜有小的出血点，发病快，死亡率高。慢性病例主要表现为鸡冠、肉髯水肿，关节炎。

一、病原学

禽霍乱的病原体是多杀性巴氏杆菌禽源株，又称禽败血巴氏杆菌。菌体为两端钝圆的短杆菌，长 0.6～2.5 μm，宽 0.2～0.44 μm。革兰氏阴性菌，呈典型两极染色。不形成芽孢，无鞭毛，不能运动。本菌为需氧兼性厌氧菌，普通培养基上均可生长。在普通肉汤中生长，初时均匀浑浊，以后形成黏性沉淀和菲薄的附壁菌膜。在普通营养琼脂培养基上形成细小透明露珠状菌落。

多杀性巴氏杆菌能发酵葡萄糖、甘露醇、蔗糖、果糖和半乳糖，产酸不产气。本菌对外界抵抗力不强。阳光照射、干燥、加热、一般消毒药容易将其杀死。56℃15 分钟或 60℃10 分钟、1％漂白粉、1％石炭酸、0.02％升汞液能在十分钟内使其死亡。

二、流行特点

（1）各种禽类均能感染，鸭最易感。雏鸡对此病有一定的抵抗力，发病较少，3～4 月龄的鸡和成年鸡较容易感染发病。

（2）本病一年四季都有可能发生流行，但多发生于温热、潮湿季节。

（3）禽霍乱的病原是一种条件性病原菌。某些健康鸡的呼吸道存有该菌，当饲养管理不当，天气突然变化，营养不良，维生素、矿物质、蛋白质缺乏以及有其他疾病发生时，机体抵抗力下降，可引起本病的发生。

（4）该病主要通过呼吸道、消化道及皮肤外伤感染发病。病鸡的尸体、粪便、分泌物和被污染的用具、饲料、饮水等是本病的主要传染源，某些昆虫也是本病的传染媒介。

三、临床诊断

（1）最急性的病例看不到明显症状，突然死亡。肥壮、高产的鸡容易发生。多呈区域性流行。

（2）急性病例，病鸡常表现精神萎靡，羽毛松乱，缩颈闭眼，头插在翅膀下，食欲废绝，饮水增多。常有剧烈的腹泻，粪便灰黄色或绿色，呼吸困难，口流粘液，冠、肉垂发紫。

（3）慢性禽霍乱可见肉垂肿大，窦、关节肿胀，跛行，部分病鸡出现耳部或头部病变，引起歪颈。

四、解剖学诊断

（1）急性型病鸡冠、肉垂呈黑紫色。慢性型病鸡主要表现鸡冠和肉垂瘀血、水肿、质地变硬。

（2）心包积有淡黄色的液体，冠状脂肪及心外膜有大小不等的出血点。

（3）肝肿大，棕黄色，质脆，表面散在着针尖大灰黄色或灰白色的坏死点。

（4）胃肠道的变化以十二指肠最突出，呈急性、卡他性或出血性肠炎，黏膜红肿，有出血点或出血斑。腺胃与肌胃交界处有出血斑。

（5）产蛋鸡卵泡严重充血、出血，卵泡变形，呈半煮熟状。

（6）慢性病例的鸡可见腿和翅膀等部位关节肿大、变形、有炎性渗出物和干酪样坏死。

五、鉴别诊断

禽霍乱、产蛋鸡猝死症、高致病性禽流感的鉴别

	禽霍乱	产蛋鸡猝死症	高致病性禽流感
发两日龄	3～4月龄及成年鸡容易发病	初开产至产蛋高峰阶段	各种日龄
死亡时间	白天晚上都有死亡，死亡率低。从鸡舍一处发病	多在晚上死亡，特别是在后半夜，散在发病	死亡突然，冠、肉垂肿胀发紫，死亡率高。从鸡舍一处发病，然后迅速向外扩散
卵泡	变形，半煮熟状	充血	受形，易破裂
肝脏	肿大，针尖大的坏死点	肿大瘀血，有出血斑	有时有坏死灶
输卵管	充血	死亡鸡输卵管内往往有硬壳蛋或软壳蛋	白色分泌物，子宫部水肿
腺胃	肌胃与腺胃交界处有出血斑	腺胃软化、变薄，穿孔，乳头流出褐色液体	腺胃肿胀，乳头基部出血

六、防治措施

1. 加强饲养管理

本病的发生常常是由于某些应激因素的影响，使机体抵抗力降低的结果。因此，预防禽霍乱的关键是做好平时的饲养管理工作，保持鸡舍环境清洁卫生，通风良好，定时清粪消毒。

2. 免疫接种

（1）疫苗种类主要有：活苗和灭活苗。

弱毒活苗：有 G190E40 弱毒苗、731 弱毒冻干苗、833 弱毒苗。皮下注射或喷雾。

灭活苗：分为禽霍乱油乳剂灭活苗、禽霍乱氢氧化铝疫苗和蜂胶苗。肌肉注射。

自家组织灭活苗：在禽霍乱发生时，取病死禽肝脏制成组织灭活苗，该疫苗免疫效果好，肌肉注射。

（2）免疫程序：10～12 周首免，16～18 周二免。

3. 治疗措施

用喹乙醇、新肥素拌料或庆大霉素肌肉注射治疗。

鸡葡萄球菌病（Avian Staphylococcosis）

鸡葡萄球菌病是由金黄色葡萄球菌引起的一种急性败血性或慢性传染病。临床表现为败血症、关节炎、雏鸡脐炎、皮肤坏死和骨（髓）炎。雏鸡感染后多为急性，成年鸡多为慢性。

一、病原学

本病病原为金黄色葡萄球菌，革兰氏阳性。呈圆形或卵圆形球菌，常呈葡萄状排列。不形成芽孢，无鞭毛，无运动性。在普通培养基上即可生长，在血液培养基上产生溶血。抵抗力强，在干燥环境中能存活几个星期，只有 60℃30 分钟才能杀死。本菌对许多消毒药也有抵抗力。在一般的消毒药中，3‰～5‰石炭酸和 0.3‰过氧乙酸有较好效果。一般认为凝固酶阳性的金黄色葡萄球菌对家禽有致病力，而凝固酶阴性的菌株没有致病性。

二、流行特点

（1）金黄色葡萄球菌在自然界分布很广，土壤、饲料、饮水、禽类的皮肤、羽毛、黏膜、肠道中都有葡萄球菌存在。

（2）本病是一种条件性疾病。各种日龄的鸡均可发生，但以 30～65 日龄的中雏为多发阶段；地面和网上平养多发且严重。

（3）皮肤或黏膜表面的破损是主要的传染途径。如鸡群感染鸡痘，疫苗接种，网刺刮伤和扭伤，啄伤，断喙及带翅号等均可导致葡萄球菌的感染。

（4）雏鸡脐带愈合不良，易引起葡萄球菌感染，导致脐带发炎。

（5）鸡群发生鸡传染性贫血时，翅尖皮肤破溃，易继发葡萄球菌；另外鸡群密度过大、拥挤等因素都可诱发本病的发生。

三、临床与解剖学诊断

根据感染部位不同可分为关节炎型、皮肤型、脐炎型、内脏型、眼型等类型。

（1）关节炎型：多发生于肉食鸡及肉种鸡。发病突然，不能站立，驱赶时尚可勉强行动。以体重较大鸡多见。胫跗关节及其临近的腱鞘肿胀，关节肿大有热疼感，关节头有坏死。囊腔内有黄色干酪物，有的出现趾瘤，脚底肿大、化脓。

（2）皮肤型：破溃部位感染葡萄球菌后发生坏疽性皮炎，羽毛易脱落。皮肤发红、出血，有浆液性渗出物，恶臭。

（3）脐炎型：初生雏鸡脐带愈合不良，易感染葡萄球菌。脐孔发炎肿大，腹部膨胀，皮下充血、出血，有黄色胶冻样渗出物，俗称"大肚脐"。

（4）内脏型：肝脏、脾脏及肾脏密集大小不一的黄白色坏死点，腺胃黏膜有弥漫性出血和坏死。

（5）眼型：表现为上下眼睑肿胀，闭眼，有脓性分泌物粘连。眼结膜红肿，并见有肉芽肿。时间较长者，双眼失明。

四、防治措施

（1）加强饲养管理，注意环境消毒，避免外伤发生。创伤是引起发病的重要原因。因此，在饲养管理过程中应尽量减少外伤。如鸡舍内网架安装要合理，网孔不要过大，不能有毛刺。断喙、剪趾和注射、刺种疫苗时，做好消毒工作。提供营养均衡的饲料，防止因维生素缺乏而导致皮炎和干裂。

（2）做好鸡痘和鸡传染性贫血的预防。

（3）鸡群发病后，可用庆大霉素、青霉素、新霉素等敏感药物进行治疗，同时用0.3％的过氧乙酸消毒。当发生葡萄球菌性眼炎时，采用青、链霉素或氯霉素眼药膏点眼治疗，饲料中加倍使用维生素 A。

鸡传染性鼻炎（Infectious Coryza；IC）

鸡传染性鼻炎是由副鸡嗜血杆菌引起鸡的一种急性呼吸道传染病。主要表现为眼、鼻腔、眶下窦发炎，面部肿胀，流水样鼻液。本病发病率高，传播迅速，常与慢性呼吸道病、大肠杆菌病混合感染。育成鸡生长发育不良，产蛋鸡产蛋率下降 10％～40％，经济损失大。

一、病原学

（1）分类及形态：鸡传染性鼻炎的病原体是嗜血杆菌属的副鸡嗜血杆菌（Haemophilus paragallinarum），为革兰氏阴性的球杆菌或短杆菌，有时形成丝状，两极染色，不形成芽孢，没有鞭毛，无运动性。新鲜的分离菌具有荚膜，大小为 $1-3×0.4～0.8\ \mu m$。本菌呈单个、成对或形成短链排列。

（2）生长需要及培养特性：本菌为兼性厌氧菌，在 5％～10％二氧化碳的 37℃环境中易于生长。培养基一般为 5％鸡血液肉汤、5％鸡血琼脂和巧克力琼脂。最适培养基为巧克力琼脂。副鸡嗜血杆菌的生长需要 V 因子。葡萄球菌在生长过程中可分泌 V 因子，因此，把副鸡嗜血杆菌和葡萄球菌同时接种在血液琼脂上，副鸡嗜血杆菌就可在葡萄球菌菌落周围旺盛地生长发育，即形成所谓的"卫星现象"。

(3) 抗原性：该病有 A、B、C 三个血清型。A 型凝集各种红细胞，B 型凝集少数几种红细胞，C 型不凝集红细胞。A 型和 C 型有荚膜，致病力较强，B 型无荚膜，致病力一般较弱。A 型又分 A1、A2、A3 和 A4 四个亚型；C 型又分 C1、C2、C3 和 C4 四个亚型。不同的血清型之间没有交叉保护力，同一血清型的不同亚型之间有部分交叉保护力。目前我国主要流行的是 A 型，其次为 C 型，B 型偶有发生。

(4) 抵抗力：该菌抵抗力较差，在鸡体外很快死亡。对热和一般消毒药敏感。

二、流行特点

(1) 本病自然宿主是鸡，各种日龄的鸡均能感染，但日龄越大，易感性越强。主要发生在育成鸡和产蛋鸡。产蛋鸡发病率高、症状典型且严重。雏鸡易感性差，临床上很少发病。

(2) 感染鸡是本病的主要传染源。病原菌在感染鸡的鼻腔和眶下窦黏膜中生长繁殖，并随鼻液排出（每毫升鼻汁约含 1 亿个病原菌），污染环境。健康鸡可通过呼入含有病菌的飞沫及尘埃经呼吸道感染，也可通过采食污染的饲料和饮水经消化道感染。

(3) 本病以秋冬、春初时节多发。潜伏期短，传播快。鸡群密度过大，鸡舍寒冷、潮湿、通风不良，维生素 A 缺乏，寄生虫感染等，均可促使本病的发生和流行。

(4) 本病发病率高且极易复发。一般前期死亡率低，后期死淘率高。少数菌株毒力强，在发病期也可造成较高的死亡率。常与鸡传染性喉气管炎、大肠杆菌、葡萄球菌、支原体混合感染。某些细菌常常产生副鸡嗜血杆菌生长所需的 v 因子，助长了副鸡嗜血杆菌，使病情加重，引起更高的死亡率。

三、临床诊断

(1) 本病的潜伏期为 1～4 天。传播迅速，3～5 天可波及全群。病鸡最初的症状是发热，食欲减退，流稀薄鼻汁。发病 2～3 天后，鼻汁粘度增加，在鼻孔形成黄色结痂，出现呼噜声和奇怪的咳声，常有甩头动作。部分鸡头插在翅膀下，精神萎靡不振。

(2) 发病 1～3 天后，出现以眼下部为中心的颜面浮肿并流泪。颜面的浮肿大多为一侧性。

(3) 发病 3～5 天后有少数病鸡肉垂、下颌肿胀。个别鸡冠出现水肿。产蛋鸡产蛋率下降，一般下降幅度为 5％～30％。病鸡出现下痢，排绿色粪便。消瘦，掉毛。当与慢呼、大肠杆菌、霍乱、鸡痘、传支和传喉等混感后，还会出现较高的死亡率。

(4) 临床综合症状：流鼻汁和颜面浮肿为 100％；呼噜和咳嗽 50％；下痢 50％；流泪 30％；绿便 30％；少数肉垂、下颌或鸡冠水肿。

四、解剖学诊断

(1) 鼻腔及眶下窦充满水样至灰白色粘稠性分泌物或黄色干酪物。黏膜发红，水肿。下颌及肉髯切开后有黄白色干酪物或胶冻样物。

（2）产蛋鸡发病时卵泡变形。鉴别诊断方法如下：

慢性呼吸道：病程长，易反复。鼻窦发炎，形成硬结节，抗生素治疗有效。

慢性禽霍乱：在霍乱流行的后期出现肉垂肿大，发硬；部分病鸡出现歪颈、关节肿肿大、跛行。抗生素治疗有效。

葡萄球菌：出现皮肤破溃、出血。抗生素治疗有效。

禽流感：发病急，死亡率高。肉垂和鸡冠发紫、出血。抗菌素治疗无效。

油佐剂疫苗注射不当：油佐剂疫苗颈部皮下注射时，注射部位靠近头部时，免疫后7天可出现肿头，眼眶周围肿胀发硬，有时下颌肿胀，切开有干酪物或肉芽肿。但鸡群精神往往较好，采食量下降，无死亡，有用苗史。经3周左右即可恢复。

五、防治措施

1. 建立良好的"生物安全体系"

季节变化时，特别是秋冬、春初，在做好保温工作的同时，还要确保鸡舍内良好的通风换气。同时添加预防性药物，如强力霉素、泰灭净、磺胺间甲氧嘧啶等。

2. 做好免疫接种，提高鸡群的特异性抵抗力

（1）疫苗种类：目前所用疫苗主要是含2个或2个以上血清型的多价苗。常用的有油乳剂灭活苗和铝胶灭活苗。油乳剂灭活苗与铝胶灭活苗在免疫保护率上无明显差别。油乳剂灭活苗注射后免疫时间长，应答水平高，但注射部位有时出现不良反应；铝胶灭活苗注射后产生免疫力比较快，注射部位反应小。铝胶苗静置时，有小半瓶白色云雾状沉淀物，属正常，用时轻轻摇匀即可。

（2）免疫方法：胸肌或颈部皮下注射。

（3）免疫程序：首免5～6周龄，二免14～16周龄。

（4）免疫注意事项

①传染性鼻炎疫苗需要两次免疫，疫苗的保护率一般在85%左右。疫苗的保护率与鸡群的管理水平、应激和环境污染程度有密切关系。特别是呼吸道类疾病能明显促进和增加鼻炎的感染率和发病率，发生ND、AI、IB、ILT、MG等病的鸡群，疫苗的保护效力降低。

②不同血清型的疫苗没有交叉保护作用，同一血清型的不同亚型之间只能提供部分交叉保护。所以在使用过程中，最好选择含与当地流行菌株一致的疫苗，或者使用自家苗。同时保证每羽份疫苗的菌数含量不低于2.5亿个CFU（细菌数）。

③病愈鸡群或发病初期，在使用药物防治的同时，可接种鼻炎灭活苗，对控制本病的流行和降低复发率有一定效果。

3. 治疗

治疗应本着"早发现、早隔离、早诊断、早治疗"的四早原则。磺胺类药是治疗传染性鼻炎的首选药物。

（1）产蛋鸡可选用毒性低、水溶性好的药物，如：泰灭净、磺胺间甲氧嘧啶。

（2）未产蛋鸡群可选用复方新诺明、泰灭净、磺胺间甲氧嘧啶。

（3）个别严重病鸡，可用链霉素注射，根据体重大小注射5～15万单位/只。注意，鸡对链霉素较敏感，注射过量易引起中毒而死。

（4）在使用磺胺药过程中，应注意以下几个方面：

①要使用高—中—低的用药程序；头 2 天加倍，再治疗量用 2 天，预防量用 2 天。

②磺胺类药物副作用较大，用药时一定搅拌均匀，防止中毒。同时添加 VK3 和小苏打。

③鼻炎易复发，间隔 3～5 天，重复一个疗程。鼻炎易继发或并发慢呼，所以在治疗鼻炎的同时添加预防慢呼的药物，如强力霉素、红霉素、泰乐菌素等。

禽结核病（Avian luberculosis；IB）

禽结核病是由禽型结核杆菌引起的一种慢性传染病。主要发生于鸡，病鸡表现为消瘦，鸡冠、肉髯苍白。剖检可见肠系膜、肝、气囊上有黄白色结节。

一、病原学

本病的病原为分枝杆菌属中的结核分枝杆菌。结核分枝杆菌分为人型结核杆菌、牛型结核杆菌和禽型结核杆菌。其中禽型结核杆菌主要引起家禽和水禽的结核病，牛、猪和人也可感染。禽型结核杆菌为两端钝圆的细长杆菌，平均长 1.5～51 m，直径 0.2～0.540 m，该菌对外界抵抗力强。一般消毒药效果不好，对 0.1％升汞、5％石炭酸、10％漂白粉敏感。

二、流行特点

1. 各种禽类都可感染，但以鸡和鸽的易感性高。本病主要通过污染的饲料、垫料和饮水发生水平传染。

2. 饲养管理条件差和鸡群密度过大是本病的主要诱因。

三、临床与解剖学诊断

1. 病鸡精神萎靡，拉黄绿稀粪。逐渐消瘦，胸肌萎缩，肉冠、肉垂褪色、苍白，经 2～3 个月死亡。

2. 病鸡表现为营养不良，肝、脾、肠是结核病灶的常发部位。肠壁、肝脏上有小米大或绿豆大的黄白色结节。结节界限明显，内部有钙化灶。

四、防治措施

无有效的治疗方法。

1. 淘汰病鸡，做好环境消毒，病鸡不能食用。

2. 避免引进该病。引进种鸡时应隔离检疫。

念珠球菌病（Avian Moniliasis；Candidiasis）

念珠球菌病是由念珠球菌引起的一种家禽上消化道真菌病，主要发生于鸡和鸽。其特征是在口腔、咽、食道和嗉囊黏膜上生成白色的假膜和溃疡。

一、病原学

念珠球菌在自然界中广泛存在，可在健康畜禽及人的口腔、上呼吸道和肠道等处寄居。该菌是半知菌纲中念珠菌属的一个成员，为类酵母菌。该菌对外界环境及消毒药有很强的抵抗力。

二、流行特点

（1）本病发生于多种家禽，尤以鸡和鸽最易感。在发病家禽中，幼禽的易感性大于老龄禽。

（2）原体随着病鸡的粪便和口腔分泌物排出体外，污染周围的环境、饲料及饮水，易感家禽则通过摄入被污染的饲料或饮水而感染本病，消化道黏膜的损伤有利于病原菌的侵入。

（3）恶劣的环境及过分拥挤、饲养管理不良等因素均可诱发本病。

三、临床诊断

（1）病鸡表现为精神萎靡，生长不良，发育受阻。

（2）嗉囊肿大，触摸有柔软松弛感，挤压时有酸臭气体和内容物从口腔流出。

四、解剖学诊断

（1）口腔、咽部、上腭、食道尤其是嗉囊有小白点，病程稍长者白点扩大形成灰白色、黄色或褐色干酪物样或伪膜，剥离时可见糜烂和溃疡。

（2）腺胃黏膜肿胀、出血，表面附有脱落的上皮细胞和黏液。肌胃角质层溃疡。

五、防治措施

（1）加强饲养管理，改善环境卫生，消除一切应激因素。饲养密度要适宜。

（2）种蛋孵化前要做好消毒，避免病原菌由种蛋传播。

（3）个别治疗可向病鸡灌服 1% 的硼酸溶液。大群用 0.05% 的硫酸铜饮水，同时每千克饲料中添加 50～100 毫克硫酸铜，连用 5～7 天。

小鹅瘟（Gosling plague）

小鹅瘟是雏鹅的一种急性或亚急性败血症，以发生渗出性肠炎为主要病理变化，病原是一种细小病毒。本病主要侵害 4～20 日龄雏鹅，传染快而病死率高。在自然条件下成年鹅的感染是无症状的，但可经卵将病传至下一代。

本病最早于 1956 年发现于我国扬州地区，国内大多数养鹅省区均有发生。1965 年以来东欧和西欧有很多国家报道有本病存在。

一、病原学

小鹅瘟病毒（Gosling plague virus，GPV）是细小病毒科的一员，完整病毒子无囊膜，呈六角形，直径 20～22 nm，在氯化铯中的浮密度约为 1.38 g/ml。病毒基因组为单股 DNA，病毒结构多肽有 3 种。分子量分别为 85（VPI）、61（VP2）和 57.5（VP3）KD。与一些哺乳动物细小病毒不同，本病毒无血凝活性，与其他细小病毒亦无抗原关系。国内外分离到的毒株抗原性基本相同，仅有一种血清型。

小鹅瘟病毒在感染细胞的核内复制，病雏的内脏组织、肠、脑及血液都含有病毒。初次分离可用鹅胚或莫斯科鸭胚，也可用从它们制得的原代细胞培养。初次分离时病毒虽可在鹅胚成纤维细胞（GEF）上繁殖，但不产生细胞病变。在 GEF 上适应的病毒，能在单层上形成分散的颗粒性细胞病变和发生细胞脱落，并见细胞融合成合胞体。用盖玻片培养染色镜检，可见核内有嗜酸性包涵体。本病毒对环境的抵抗力强，65℃加热 30 分钟对滴度无影响，能抵抗 56℃3 小时。对乙醚等有机溶剂不敏感，以胰酶和 pH3 稳定。

二、流行病学

本病的自然临诊疾病仅发生于鹅和莫斯科鸭的幼雏。白鹅、灰鹅和狮头鹅幼雏的易感性相似。雏鸭和雏鸡均有抵抗力。雏鹅的易感性随年龄的增长而减弱。一周龄以内的雏鹅死亡率可达 100％，10 日龄以上者死亡率一般不超过 60％，20 日龄以上者发病率低，而 1 月龄以上者则极少发病。

发病雏鹅从粪便中排出大量病毒，导致感染通过直接或间接接触而迅速传播。最严重的爆发是发生于病毒垂直传播后的易感雏鹅群。大龄鹅可造成亚临床或潜伏感染，作为带毒者，通过蛋把病毒传给化器中的易感雏鹅。病原体对不良环境的抵抗力很强，蛋壳上的病原体虽经一个月孵化期也未被消灭。孵化环境及用具的严重污染，使孵出的雏鹅大批发病。

在每年全部更新种鹅的地区，本病的爆发与流行具有明显的周期性，在大流行后的两年内都不会再次流行。用流行次年的雏鹅做人工感染试验，有 75％能抵抗耐过，说明大流行后的幸存者都获得坚强免疫，并能传给下一代。有些地区并不是每年更新全部种鹅，在部分淘汰后，现补充部分种鹅。这些地区本病的流行不表现明显的周期性，每年均有发病，但死亡率较低，在 20％～50％之间。

三、临床症状

本病的潜伏期依感染时的年龄而定，1 日龄感染为 3～5 天，2～3 周龄感染为 5～10 天，根据病程可分为最急性、急性和亚急性等病型。病程的长短视雏鹅日龄大小而定。3～5 日龄发病者常为最急性，往往无前驱症状，一发现即极度衰弱，或倒地乱划，不久后死亡。6～15 日龄内所发生的大多数病例常为急性。症状为全身萎顿，虽能随群采食，但将啄得之草随即甩去；半日后行动落后，打瞌睡、拒食，但多饮水，拉出灰白或淡黄绿色稀粪，并混有气泡；呼吸用力，鼻端流出浆性分泌物，喙端色泽变暗；临死前出现两腿麻痹或抽搐，病程 1～2 天。15 日龄以上雏鹅病程稍长，一部分转为亚急性，以萎顿消瘦和拉稀为主要症状，少数幸存者在一段时间内生长不良。匈牙利等国报道的小鹅瘟有明显呼吸症状，长期以来称为鹅流感，常能分离到并发的鹅败血嗜血杆菌（Hlaemobhilus anserise－ptica）。

四、病理变化

最急性型病例除肠道有急性卡他性炎症外，其他器官的病变一般不明显。15日龄左右的急性病例表现全身性败血变化，全身脱水，皮下组织显著充血。心脏有明显急性心力衰竭变化，心脏变圆，心房扩张，心壁松弛，心肌晦暗无光泽，颜色苍白。肝脏肿大。

本病的特征性变化是空肠和回肠的急性卡他性—纤维素性坏死性肠炎，整片肠黏膜坏死脱落，与凝固的纤维素性渗出物形成栓子或包裹在肠内容物表面的假膜，堵塞肠腔。剖检时可见靠近卵黄与回盲部的肠段，外观极度膨大，质地坚实，长约2～5 cm，状如香肠，肠管被一淡灰或淡黄色的栓子塞满。这一变化在亚急性变化中更易看到。

在组织学变化方面，心肌纤维有不同程度的颗粒变性和脂肪变性，肌纤维断裂，排列凌乱。肝脏细胞空泡变性和颗粒变性。脑膜及脑实质血管充血并有小出血灶，神经细胞变性，严重病例出现小坏死灶，胶质细胞增生。匈牙利所报道的病例，还有骨骼肌蜡样变性和大量腹水等病变，腹水中有多量纤维素凝块，常沉积在肝脏表面为一厚层。

五、临床诊断

本病具有特征的流行病学表现，遇有孵出不久的雏鹅群大量发病及死亡，结合到症状和特有的病变，即可作出初步诊断。确诊可通过病毒分离鉴定或特异抗体检查作出。病毒分离时，可取病雏的脾、胰或肝的匀浆上清，接种12～15日龄鹅胚或其原代细胞培养。尿囊腔接种含毒材料，可在5～7天内致死鹅胚，主要变化为胚体皮肤充血、出血及水肿，心肌变性呈瓷白色，肝脏变性或有坏死灶。细胞培养在接种后3～5天出现细胞病变。死亡鹅胚或细胞培养中的小鹅瘟病毒可用免疫荧光法进一步证实。检查血清中特异抗体的方法有病毒中和试验、琼脂扩散试验和ELISA试验。

六、防制

各种抗菌药物对本病无治疗作用。及早注射抗小鹅瘟高免血清能制止80%～90%已被感染的雏鹅发病。由于病程太短，对于症状严重病雏，抗血清的治疗效果甚微。对于发病初期的病雏，抗血清的治愈率约40%～50%。血清用量，对处于潜伏期的雏鹅每只0.5 ml，对已出现初期症状者为2～3 ml，对日龄在10日以上者可相应增加，一律皮下注射。制造血清时可利用待宰鹅群，一般采用两次免疫，第二次免疫后2周放血制备血清，−20℃保存备用。

小鹅瘟主要是通过孵坊传播的，因此孵坊中的一切用具设备，在每次使用后必须清洗消毒，收购来的种蛋应用福尔马林熏蒸消毒。如发现分发出去的雏鹅在3～5天发病，即表示孵坊已被污染，应立即停止孵化，将房舍及孵化、育雏等全部器具彻底消毒。刚出壳的雏鹅要注意不与新进的种蛋和大鹅接触，以防感染。对于已污染的孵坊所孵出的雏鹅，可立即注射高免血清。

在本病严重流行的地区，利用弱毒苗甚至强毒苗免疫母鹅是预防本病最经济有效的方法。但在未发病的受威胁区不要用强毒免疫，以免散毒。目前使用较广的有江苏农学院的SYG61和SSG74两个减毒株制成的弱毒苗。从历年使用数百万只鹅来看，效果是确实的。在留种前一个月作第一次接种，每只肌注绒尿原液500倍稀释物0.5 ml，15天后作第二次接种，每只绒尿原液 0.1 ml。再隔 15 天方可留种蛋。免疫母鹅所产后代全部能抵抗自然及人工感染，其效果能维持整个产蛋期。如种鹅未进行免疫，而雏鹅又受到威胁时，也可用弱毒苗对刚出壳的雏鹅进行紧急预防接种。胚适应的弱毒苗和在细胞培养上致弱的弱毒苗也可用于免疫母鹅和雏鹅。

鸭传染性浆膜炎（infectious serositis of duck）

鸭传染性浆膜炎又称鸭疫巴氏杆菌病，是家鸭、火鸡和多种禽类的一种急性或慢性传染病。病的临床表现特点为缩颈、眼与鼻孔有分泌物、绿色下痢、共济失调和抽搐。慢性病例为斜颈，病变特点为纤维素性心包炎、肝周炎、气囊炎、干酪性输卵管炎和脑膜炎。本病最早（1932）发现于美国纽约州的长岛，其后在英国、加拿大、苏联、澳大利亚等国亦有发生。我国于 1982 年首次报道本病的发现，目前各养鸭省区均有发生，发病率与死亡率均很高，是危害养鸭业的主要传染病之一。

一、病原

病原为鸭疫巴氏杆菌（Pasteurella anatipestifer），是革兰氏阴性小杆菌，无芽孢不能运动，有荚膜，涂片经瑞氏染色呈两极浓染，初次分离，将病料（心血、肝、脑）接种于胰蛋白胨大豆琼脂（TSA）或巧克力琼脂平板，在含有 CO_2 的环境中培养，生成的菌落表面光滑、稍突起、圆形，直径约 1～1.5 mm，若继续培养菌落稍大，可达 2 mm。不能在普通琼脂与麦康培养基上生长。本菌不发酵碳水化合物，但少数菌株对葡萄糖、果糖、麦芽糖或肌醇发酵。不产生吲哚和硫化氢，不还原硝酸盐。在室温下，大多数鸭疫巴氏杆菌菌株在固体培养基上存活不超过 3～4 天。4℃条件下，肉汤培养物可存活 2～3 周。欲长期保存菌种需冻干。本菌对氯霉素和二甲氧甲基苄氨嘧啶甚敏感。到目前为止共发现有 12 个血清型。我国经初步调查，均属Ⅰ型。

二、流行病学

1～8 周龄的鸭对自然感染均易感，但以 2～3 周龄的小鸭最易感。1 周龄以下或 8 周龄以上的鸭极少发病。除鸭外，火鸡、鹅、雉鸡、鹌鹑以及鸡亦可感染发病，但少见。

本病四季均可发生，由于育雏的季节性或常年育雏，则发病的季节亦异。本病主要经呼吸道或通过皮肤伤口（特别是脚部皮肤）感染而发病。恶劣的饲养环境，如育雏密度过大，空气不流通，潮湿，过冷过热以及饲料中缺乏维生素或微量元素和蛋白水平过低等均易造成发病或发生并发症。死亡率差异较大，5%～75%不等。

三、临床症状

急性病例多见于 2～4 周龄小鸭，临诊表现为倦怠，缩颈，不食或少食，眼鼻有分泌物，淡绿色腹污，不愿走动或行动跟不上群，运动失调，濒死前出现神经症状，头颈震颤，角弓反张，尾部轻轻摇摆，不久抽搐而死，病程一般为 1～3 天，幸存者生长缓慢。日龄较大的小鸭（4～7 周龄）多呈亚急性或慢性经过，病程达 1 周或 1 周以上。病鸭表现除上述症状外，时有出现头颈歪斜，遇有惊扰时不断鸣叫，颈部弯转 90 度左右，转圈或倒退运动。这样的病例能长期存活，但发育不良。

四、病理剖检

最明显的眼观病变是纤维素性渗出物，它可波及全身浆膜面，以及心包膜、肝脏表面以及气囊。类似的病变亦见于火鸡和其他禽类。在渗出物中除纤维素外，尚有少量炎性细胞，主要是单核细胞和异嗜细胞。渗出物可部分地机化或干酪化，即构成纤维素性心包炎、肝周炎或气囊炎。中枢神经系统感染可出现纤维素性脑膜炎。少数病例见有输卵管炎，即输卵管膨大，内有干酪样物蓄积。慢性局灶性感染常见于皮肤，偶尔也出现在关节。皮肤病变多在背下部或肛门周围的坏死性皮炎，皮肤或脂肪呈黄色，切面呈海绵状，似蜂窝织炎变化、跗关节肿胀，触之有波动感，关节液增量，乳白粘稠状。

五、诊断

根据临诊症状和剖检变化可作出初步诊断，但确诊必须进行微生物学检查。

（1）细菌的分离与鉴定，无菌操作采取心血、肝或脑等病变材料，接种于 TSA 培养基或巧克力培养基上，在含 CO_2 的环境中培养 24～48 小时后，观察菌落形态与做纯培养，对其若干特性进行鉴定。如果有标准定型血清，可采用玻片凝集或琼扩反应进行血清型的鉴定。

（2）荧光抗体法检查取肝或脑组织作涂片，火焰固定，用特异的荧光抗体染色，在荧光显微镜下检查，则鸭疫巴氏杆菌呈黄绿色环状结构，多为单个散在。其他细菌不着染，以此可鉴别大肠杆菌、沙门氏菌和多杀性巴氏杆菌。

（3）鉴别诊断注意和鸭大肠杆菌败血症、鸭巴氏杆菌病、鸭衣原体病和鸭沙门氏菌病区别，他们的眼观病变相似，因此必须进行微生物学诊断方面鉴别。

六、防制

要改善育雏的卫生条件，特别注意通风、干燥、防寒以及改善饲养密度，勤换垫料，施行"全进全出"的饲养管理制度。药物防治是控制发病与死亡的一项重要措施；常以氯霉素作为首选药物，药量按 0.04％混于饲料，连续喂 3～4 天，可起到良好的防治效果。在有实验室条件的地区，宜先进行药敏试验，选用敏感药物，防治效果显著。

疫苗接种在国内外都有研究，并已在生产中使用，获得了较好的免疫效果。美国现采用鸭疫巴氏杆菌与大肠杆菌菌素联苗或单苗，近年又研制出口服或气雾免疫用的弱毒菌苗。

我国也研制出油佐剂和或氢氧化铝灭活疫苗。

※病毒病

禽流感（Avian Influenza；AI）

禽流感又称真性鸡瘟、欧洲鸡瘟，是由 A 型流感病毒引起的禽类的一种烈性传染病。国际兽医局（OIE）将高致病沈禽流感划分为 A 类疾病。本病一旦传入鸡场，会造成巨大的经济损失。

该病有以下特点：

（1）临床症状复杂，不同毒株感染不同日龄、品种和免疫状况不同的禽类，临床表现不同，病死率在 0%～90%不等。

（2）禽流感病毒亚型很多，亚型间交叉保护弱或无交叉保护。

（3）禽流感病毒相对于其他病毒变异频率高，容易发生抗原漂移和转变，也易发生致病力的变异。

（4）禽流感病毒毒力与病毒亚型没有固定的关系，同一亚型不同的毒株毒力差异很大。

（5）本病临床症状和病理变化与鸡新城疫相似，需经实验室进行鉴别诊断。

一、病原学

1. 分类

禽流感病毒为正粘病毒科流感病毒属 A 型流感病毒，病毒粒子一般呈球形，直径 80～120 nm，但也常呈同样直径长短不一的丝状形态。具有囊膜，囊膜上有 12～14 nm 的两种不同的纤突，即红细胞凝集素（HA）和神经氨酸酶（NA）。A 型流感病毒根据血凝素（HA）和神经氨酸酶（NA）的不同，又分为许多亚型。目前报道已分离的 HA 有 16 种，NA 有 9 种。根据其致病力不同又分为无致病力、低致病力（LPAI）和高致病力禽流感（HPAI）毒株。高致病力毒株鉴定标准是将无菌的感染性鸡胚尿囊液 1∶10 稀释后静脉接种 8 只 4～8 周龄易感鸡，每羽 0.2 毫升。若接种后 10 天内死亡率≥75%，则可认为该分离物为高致病性禽流感病毒。

2. 抵抗力

流感病毒的抵抗力不强。对乙醚，氯仿、丙酮等脂溶剂敏感。热、干燥、阳光照射和常用消毒药容易将其灭活，如福尔马林、季胺类、酸类、碱类、卤素化合物（如漂白粉和碘剂等）等都能迅速破坏其传染性。在自然条件下，存在于鼻腔分泌物和粪便中的病毒，由于受到有机物的保护，具有较强的抵抗力，在环境中存活时间较长，可达 30 天以上。

3. 生物学特征

（1）抗原性变异。流感病毒的抗原性变异频率较高。主要是以抗原漂移和抗原转变两种方式进行。抗原漂移是由基因组自发点突变引起的小幅度的变异，积累到一定的程度或突变氨基酸正好使抗原决定簇改变，引起抗原性的变异，称为抗原漂移。抗原转变是由于突变幅度较大或基因重排而导致产生新的亚型，这种变异称为抗原转变。抗原性变异是 A 型流感常见的一种自然变异。变异频率最高的是 HA，其次是 NA，这两种抗原性变异独立发生，有时同时发生变异。

（2）禽流感病毒的囊膜表面具有血凝素（HA），能凝集多种动物的红细胞并被特异地抗血清抑制。禽流感病毒凝集的红细胞种类与鸡新城疫病毒凝集的种类有所不同，依此可鉴别两种病毒。

（3）致病机理。不同的毒株感染同一宿主，或同一毒株感染不同宿主后其临诊症状和发病程度都不一样。此现象的发生主要与流感病毒的 HA 与宿主细胞能否结合和结合后病毒的 HA 是否易被裂解为 HA1、HA2 有密切的关系。流感病毒感染的第一步就是依靠病毒的 HA 与宿主的细胞结合。宿主细胞受体与病毒 HA 的结构是决定流感病毒宿主特异性的主要因素。另外许多动物血清中含有 HA 受体的竞争抑制剂，这也是流感病毒宿主特异性的一个重要因素。流感病毒 HA 的裂解性是流感病毒毒力的决定因素。HA 裂解位点的结构是影响其裂解的主要原因。裂解位点 HA1 羧基端含有较多碱性氨基酸的结构，易被宿主体内的蛋白酶识别和裂解。高致病性禽流感病毒的 HA 可以被禽体内广泛存在的蛋白酶所切割，在许多不同的细胞中产生有传染性的病毒，从而引起全身感染，如亚洲流行的高致病性禽流感 H5N1 裂解位点之前的 8 个氨基酸有 7 个是碱性氨基酸。而非致病力或弱致病力毒株的 HA，由于对蛋白酶切割敏感性较低，不产生或较少产生有传染性的病毒，只能引起局部感染或轻微临床表现。另外一些细菌如大肠杆菌、金黄色葡萄球菌分泌的胞外酶能裂解禽流感弱毒株的 HA，使其非感染性的病毒粒子的感染性和毒力增强。所以大肠杆菌与弱毒禽流感混感后往往引起严重的发病。

（4）禽流感病毒还存在相的变异，禽流感亚型病毒株按其血凝抑制试验中所表现的亲和力不同而分为三种类型：对本株和异株免疫血清均呈较高效价的为"R"相；对本株效价高对异株低的为"P"相；对本株及异株均低的为"O"相。

（5）在禽流感的免疫保护中，HA 起主要的免疫保护作用，只要禽流感病毒亚型中的 HA 一致，就可以达到有效的保护；NA 也有一定的保护作用，亚型中 NA 一致，也有一定的交叉保护。

二、流行特点

（1）易感动物：火鸡、鸡最易感染。在鸡群中，首先产蛋鸡最易感，其次是青年鸡，最后是雏鸡。水禽和海鸟有一定的抵抗力。有些水禽或野禽可以感染多种流感病毒亚型成为带毒宿主。但也有一些亚型流感病毒对多种日龄和多个品种的鹅、鸭均有高度致病性，如 H5N1。

（2）易感日龄：低致病性禽流感病毒多发于产蛋鸡群（如 H9N2）；高致病性禽流感可引起各种日龄的鸡发病。

（3）易感季节：主要发生在冬春和秋冬交替季节，在寒流突袭，气温变化较大的时节多发。

（4）传染来源：主要是患病家禽的相互传染；另外野鸟和水禽也是疾病的传染源。因此水禽或野禽可以感染多种流感病毒亚型而成为带毒宿主，从而野生水爵成为病毒循环的贮存库。

（5）传播途径：禽流感病禽可以从呼吸道、结膜和消化道排出病毒，感染方式包括与易感禽直接接触、空气传播及受到污染的多种物品接触等。由于粪便中含有大量的病毒，使其受到污染的多种物品，如器具、设备、授精工具、动物、饲料、饮水、衣物、运输车辆等均可以成为传播媒介。

（6）本病易与大肠杆菌、支原体、新城疫等疾病混合感染。混合感染时鸡群的死亡率升高。

（7）禽流感的发病和死亡的因素与禽的种类、易感性、病毒毒株的毒力、禽类的年龄、性别、环境因素、饲养状况、免疫状况及疾病并发的情况密切相关。饲养管理不当、鸡群营养状况不良及环境应激因素的存在，都可以诱发或加重发病。

三、临床诊断

禽流感的症状极为复杂，根据禽的种类以及感染病毒亚型类别的不同。表现多种多样，潜伏期从几个小时到几天不等。

高致病禽流感（H5N1亚型）典型症状：病鸡呈现体温升高、精神沉郁、流泪，羽毛松乱，身体蜷缩，头、面部和下颌水肿，皮肤发绀，冠和肉垂肿胀、发紫。个别鸡眼外观呈现"金鱼眼"状，腿部鳞片发紫或出血。少数鸡出现点头、扭颈等神经症状。在发病初期，大群精神正常，产蛋率和蛋壳质量无明显变化。鸡群多从鸡舍靠门或窗的一边先发病，鸡只没有明显的临床症状突然死亡，然后向周边扩散。鸡只一出现精神不好很快死亡。发病后期出现"教堂效应"，整个鸡群鸦雀无声，7～10天死亡率可达90%～100%。

非典型症状：免疫过的鸡群，在保护期内，由于饲养环境严重污染或部分鸡免疫应答低下，引起发病。发病后大群采食量、精神、产蛋率及蛋壳颜色无明显变化。鸡群只表现每天都有一定数量的死亡，但死亡的鸡则表现出典型禽流感的临床症状和病理变化。在发病早期，紧急接种后一般7～10天即可恢复正常，鸡群停止死亡。

低致病力禽流感（H9N2）主要发生在产蛋鸡群，产蛋鸡群发病后临床表现严重、典型。育成鸡、雏鸡也可感染发病。

（1）典型症状：发病突然，有明显的呼吸道症状、咳嗽、喷嚏、啰音，病鸡表现伸颈喘。大群精神沉郁，羽毛逆立；鸡冠发紫；采食、饮水下降，一般下降30%～60%，拉黄绿粪便，鸡体脱水、消瘦；产蛋率下降50%～90%不等，蛋壳褪色发白，软皮蛋增多。死亡率0%～50%不等。

（2）非典型症状（H9N2）：鸡群多发生250日龄左右，主要发生于污染严重的地区或鸡场，鸡群都有一定的抗体水平，但抗体水平不整齐。发病后，大群精神正常，采食量略下降，少数病鸡拉稀；鸡有轻微喘叫声；死亡率较低，但比正常偏高；产蛋率下降10%左右，蛋壳变为白色。紧急接种后5～7天即可恢复。

（3）发生在育雏、育成鸡群的低致病性禽流感（H9N2），临床主要表现为呼吸道症状。鸡群长时间的呼噜、咳嗽，一般可持续1月或更长，药物治疗无效。鸡群精神、采食、粪便、生长发育、死淘等方面基本正常，康复后的鸡群后期产蛋基本无影响。

四、解剖学诊断

（1）管充、出血，有血痰（黏液和血液的混合物），气管黏膜增厚，有坏死点，当有并发感染时在气管内有黄色干酪物阻塞，有时堵在气管下端分叉处。

（2）腺胃肿胀，乳头基部出血，乳头化脓性出血；腺胃基层出血，有大量脓性分泌物；肌胃内膜易剥离，内膜下基层有出血斑。

（3）腹部和腺胃附着的脂肪有出血点；脾脏肿大，有坏死点；肝脏肿大，有时毛细血管破裂出现肝血肿或出血；肾脏肿大、瘀血。

（4）卵泡变形、出血，腹腔内有新鲜破裂的卵黄；输卵管内有白色分泌物或干酪物。

（5）高致病性禽流感除有上述病理变化外，死亡鸡肠道有出血坏死，有血和肠道分泌物混合形成的黏液性物质。鸡冠、肉髯肿胀、发紫，肿胀部位解剖呈"果冻"样。

五、鉴别诊断

传染性鼻炎：主要发生于育成鸡和产蛋鸡。该病传播迅速，流鼻汁、甩头，咳嗽，脸部大多数呈单侧性浮肿，但不发紫。磺胺类药物治疗有效。

肿头综合征：由肺病毒和其他细菌混合感染引起，主要发生于30～40日龄的肉鸡。该病传播迅速，皮下有胶冻样渗出物。

新城疫：各种日龄都可感染，雏鸡发病严重，死亡率高，后期出现扭颈等神经症状。产蛋鸡多发生非典型新城疫，死亡率较低，主要表现产蛋下降和蛋壳褪色。

大肠杆菌：严重的大肠杆菌引起鸡的败血症和卵黄性腹膜炎，腹腔内容物恶臭，病死鸡脱水、爪干瘪，鸡群零星死亡，药物治疗有效。

中毒：有用药史，死亡快，死亡分布在鸡舍不同部位，无传染性。

疫苗注射不当：注射靠近头部时，免疫后7天左右可引起肿头，眼眶周围肿胀，发硬，切开有干酪物或肉芽肿，无死亡，可自然康复。

六、防治措施

1. 建立良好的生物安全体系

同时注意以下两方面：

（1）鸡场实行"全进全出"，避免各种日龄的鸡群混养。尤其要注意鸡与水禽或其他鸟类不能在同一养殖场中饲养。

（2）进入鸡场的人员、车辆和物品等（尤其是来自疫区的）要严格控制，彻底消毒后，方可允许进入鸡场。

2. 处理办法

鸡群发生高致病性；禽流感，可参考"紧急动物疫情处理技术规范"的处理方法，要上报有关部门，按照A类疾病的处理措施进行，主要包括：早期诊断、划分疫区、严格封锁、捕杀HPAI感染的所有禽类，对疫区内可能受到HPAI感染的动物场所进行彻底的消毒，对疫区周边用疫苗建立免疫隔离带，以防疫情扩散，并对未发病鸡群紧急免疫接种。鸡群淘汰后，鸡舍要严格消毒，空舍1～2个月后方可进鸡。

3. 做好免疫接种，增强机体特异抵抗力

（1）疫苗种类：目前我国禽流感疫苗主要为油乳剂灭活苗和基因工程疫苗（AP－H5），制苗所用的毒株为H9和H5两个亚型。

（2）免疫方法：颈部后段皮下注射、胸部浅层肌肉注射。

4. 免疫注意事项

（1）品质优良的疫苗在免疫两周后对鸡只产生保护作用，一次免疫期保护期约为10周（免疫保护期是基于良好饲养管理条件下健康鸡群的免疫保护期。实际生产中，受环境污染、应激、饲养管理及免疫抑制因素的影响，会缩短免疫期。有母源抗体的鸡群，首次的免疫期会缩短）。应用灭活苗时需要免疫二次以上才能诱导更高抗体并维持较长保护期。LPAI的禽流感（H9N2）临界保护抗体为26，HPAI的禽流感HSN1临界保护抗体为25。

（2）禽流感病毒亚型众多，不同亚型之间的免疫交叉保护性差。要预防的亚型一定要与接种疫苗的亚型一致，否则无效。

（3）在秋冬高发季节，200日龄左右鸡群需补种禽流感疫苗。当周围的鸡场发生禽流感时，应对未发病的鸡场紧急免疫；当鸡场内发生禽流感时，应对未发病鸡舍紧急免疫禽流感疫苗。

（4）不健康鸡群或表面健康但处于禽流感潜伏期的鸡群不宜接种。

（5）建立一个疫情信息平台，及时掌握疫情流行状况，避免盲目地接种。

（6）定期进行免疫检测，按照检测的抗体水平，结合环境污染状况等因素及时调整免疫程序。

5. 治疗措施

（1）发生低致病力禽流感的鸡群：（以下方法供参考）只有在发病初期用药，才有一定疗效，可减轻发病程度，但对产蛋鸡群的产蛋恢复作用不大。

①金刚烷胺，万分之三饮水。

②先锋霉素饮水。

③阿司匹林万分之三拌料。

④发生非典型AI可用禽流感疫苗紧急接种。

（2）发生高致病力AI的鸡群：无有效的治疗方法。

①对发病鸡群采取封锁、扑杀、消毒。

②对未发病的鸡群进行隔离、消毒和紧急接种。

新城疫（Newcastle Disease；ND）

新城疫也称亚洲鸡瘟或伪鸡瘟，是由病毒引起的鸡和火鸡急性高度接触性传染病，常呈败血经过。主要特征是呼吸困难，下痢、神经紊乱，黏膜和浆膜出血。

本病1926年首次发现于印尼，同年发现于英国新城，根据发现地名而命名为新城疫。

本病分布于世界各地，1928年我国已有本病的记载，1935年在我国有些地区流行，死亡率很高，是严重危害养鸡业的重要疾病之一，造成较大经济损失。

一、病原学

新城疫病毒（Newcastle disease virus，NDV）属于副粘病毒科副粘病毒属（Paramyxovirus），完整病毒粒子近圆形，直径为120～300 nm，有不同长度的细丝。有囊膜，在囊膜的外层呈放射状排列的突起物或称纤突，具有能刺激宿主产生抑制红细胞凝集素和病毒中和抗体的抗原成分。病毒核酸类型为单股RNA。

禽副粘病毒有9个血清型，PMV－1至PMV－9。新城疫病毒是PMV－1，而从火鸡和其它鸟类分离的病毒PMV－3与PMV－1有交叉反应。本病毒存在于病鸡所有器官、体液、分泌物和排泄物，以脑、脾和肺含毒量最高，骨髓含毒时间最长。从不同地区和鸡群分离到的NDV，对鸡的致病性有明显差异。

根据不同毒力毒株感染鸡表现的不同，可将NDV分为几种类型：

（1）嗜内脏速发型，可致各种年龄的鸡急性致死性感染，消化道明显出血。

（2）嗜神经速发型，感染各种年龄鸡，以出现神经症状为特征。

（3）中发型，感染后仅引起幼禽死亡。

（4）缓发型，表现轻微或不明显的呼吸道感染，可作弱毒疫苗。

（5）无症状型，主要为肠道感染。新城疫病毒毒株间差异的区别标准，是依据鸡胚平均死亡时间（MDT），1 日龄雏鸡脑内接种致病指数（ICPI），6 周龄鸡静脉注射致病指数（IVPI）等进行区别。近年来，应用分子生物学技术来区分毒株间的差异，如结构多肽，寡核苷酸指纹，单克隆抗体等。单抗不仅能区分毒株间差异，还能查出亚群间的差异，并能将疫苗毒和强毒株区分，它广泛用于研究病毒的特性和分类。

NDV 能在鸡胚中生长繁殖，以尿囊腔接种于 9～10 日龄鸡胚，强毒株在 30～72 小时死亡，弱毒株 3～6 天死亡。死亡的鸡胚，以尿囊液含毒量最高，胚胎全身出血，以头部、足部、翅膀出血尤为明显。当鸡胚含有母源抗体时，弱毒株不能全部致死鸡胚，胚液的血凝滴度低，这可能是受抗体影响使病毒复制发生障碍，形成无囊膜的缺损病毒，所以分离 NDV 的鸡胚，应来自 SPF 鸡群或未接种 ND 疫苗的鸡群。

NDV 能在多种细胞培养上生长，可引起细胞病变。在单层细胞培养上能形成空斑，毒力越强空斑越大。弱毒株必须在培养液加镁离子和乙二胺四乙酸二钠（DEAE），才能显示出空斑。NDV 在细胞培养中，可通过中和试验、空斑减数，血吸附抑制试验来鉴定病毒。

NDV 一个很重要的生物学特性就是能吸附于鸡、火鸡、鸭、鹅及某些哺乳动物（人、豚鼠）的红细胞表面，并引起红细胞凝集（HA），这种特性与病毒囊膜上纤突所含血凝素和神经氨酸酶有关。这血凝现象能被抗 NDV 的抗体所抑制（HI），因此，可用 HA 和 HI 来鉴定病毒和进行流行病学调查。

NDV 对乙醚、氯仿敏感。病毒在 60℃30 分钟失去活力，真空冻干病毒在 30℃时可保存 30 天，在直射阳光下，病毒经 30 分钟死亡。病毒在冷冻的尸体可存活 6 个月以上。常用的消毒药如 2％氢氧化钠、5％漂白粉、70％酒精在 20 分钟即可将 NDV 杀死。它对 pH 稳定，pH3～pH10 时不被破坏。

二、流行病学

鸡、火鸡、珠鸡及野鸭对本病都有易感性，以鸡最易感。各种年龄的鸡，易感性也有差异，幼雏和中幼雏易感性最高，两年以上鸡较低。水禽（鸭、鹅）对本病有抵抗力，但可以从鸭、鹅中分离 NDV。从下列鸟类：燕八哥、麻雀、猫头鹰、孔雀、鹦鹉、乌鸦、燕雀等中也分离到病毒。近几年有报道，鹌鹑和鸽子自然感染而暴发新城疫，并可造成大批死亡。哺乳动物对本病毒有很强的抵抗力，但人亦可被感染，表现为结膜炎或类似流感症状。

本病的主要传染源是病鸡以及在流行间歇期的带毒鸡，但对鸟类的作用也不可忽视。受感染的鸡在出现症状前 24 小时，其口、鼻分泌物和粪便中已能排出病毒。而痊愈鸡带毒排毒的情况则不一样，多数在症状消失后 5～7 天就停止排毒。在流行停止后的带毒鸡，常呈慢性经过，精神不好，有咳嗽和轻度的神经症状。保留这种慢性病鸡，是造成本病继续流行的原因。

本病的传播途径主要是呼吸道和消化道，鸡蛋也可带毒传播。创伤及交配也可引起传染，非易感的野禽、外寄生虫、人畜均可机械地传播病原。

本病一年四季均可发生，但以春秋两季较多，这取决于不同季节中新鸡的数量、鸡只流动情况和适于病毒存活及传播的外界条件。购入貌似健康的带毒鸡，并将其合群饲养或宰杀，可使病毒散播。污染的环境和带毒的鸡群，是造成本病流行的常见原因。易感鸡群一旦被速发性嗜内脏型鸡新城疫病毒所传染，可迅速传播呈毁灭性流行，发病率和病死率可达 90% 以上。但近年来，由于免疫程序不当，或有其他疾病存在抑制 ND 抗体的产生，常引起免疫鸡群发生新城疫而呈现非典型的症状和病变，其发病率和病死率略低。

三、发病机理

本病的发生一般认为是病毒从呼吸道或消化道侵入后，先在呼吸道和肠道内繁殖，然后迅速侵入血流扩散至全身，最后引起败血症。病毒在血液中损伤血管壁，引起出血、浆液渗出和坏死变化，严重的消化扰乱即由此所致。同时由于循环障碍引起肺充血和呼吸中枢扰乱，导致常见的呼吸困难。

病毒在血液中维持最高浓度约 4 天，若不死亡，则血中病毒显著减少，并有可能从内脏中消失。在慢性病例后期，病毒主要存在于中枢神经系统和骨髓中，引起脑脊髓炎变化。本病对感受性低的禽类也主要侵害神经系统而引起特征性的神经症状。

四、症状

自然感染的潜伏期一般为 3～5 天，人工感染 2～5 天，根据临诊表现和病程的长短，可分为最急性、急性、亚急性或慢性三型。

最急性型：突然发病，常无特征症状而迅速死亡。多见于流行初期和雏鸡。

急性型：病初体温升高达 43℃～44℃，食欲减退或废绝，有渴感，精神萎靡，不愿走动，垂头缩颈或翅膀下垂，眼半开或全闭，状似昏睡，鸡冠及肉髯渐变暗红色或暗紫色。母鸡产蛋停止或产软壳蛋。随着病程的发展，出现比较典型的症状：病鸡咳嗽，呼吸困难，有黏液性鼻漏，常伸头，张口呼吸，并发出"咯咯"的喘鸣声或尖锐的叫声。嗉囊内充满液体内容物，倒提时常有大量酸臭液体从口内流出。粪便稀薄，呈黄绿色或黄白色，有时混有少量血液，后期排出蛋清样的排泄物。有的病鸡还出现神经症状，如翅、腿麻痹等，然后体温下降，不久在昏迷中死亡。病程约 2～5 天。

亚急性或慢性，初期症状与急性相似，不久后渐渐减轻，但同时出现神经症状，患鸡翅、腿麻痹，跛行或站立不稳，头颈向后或向一侧扭转，常伏地转动，动作失调，反复发作，最后瘫痪或半瘫痪，一般经 10～20 天死亡。此型多发生于流行后期的成年鸡，病死率较低。

个别患鸡可以康复，部分不死的病鸡遗留有特殊的神经症状，表现腿、翅麻痹或头颈歪斜。有的鸡看似健康，但若受到惊扰刺激或抢食时，突然后仰倒地，全身抽搐就地旋转，数分钟后又恢复正常。

免疫鸡群中发生新城疫，一般是由于雏鸡的母源抗体高，接种新城疫疫苗后，不能获得坚强免疫力，当有 NDV 侵入时，仍可发生新城疫，症状不是很典型，仅表现呼吸道和神经症状，其发病率和病死率较低。鸽感染 PMV－1 时，其临诊症状是腹泻和神经症状，还可诱发呼吸道症状。幼龄鹌鹑感染 NDV，表现神经症状，死亡率较高，成年鹌鹑多为隐性感染。火鸡和珠鸡感染 NDV 后，一般与鸡相同，但成年火鸡症状不明显或无症状。

五、病理变化

本病的主要病变是全身黏膜和浆膜出血，淋巴系统肿胀、出血和坏死，尤其以消化道和呼吸道。嗉囊充满酸臭味的稀薄液体和气体。腺胃黏膜水肿，其乳头或乳头间有鲜明的出血点，或有溃疡和坏死，这是比较特征的病变。肌胃角质层下也常见有出血点。由小肠到盲肠和直肠黏膜有大小不等的出血点，肠黏膜上有纤维素坏死性病变，有的形成假膜，假膜脱落后即成溃疡。盲肠扁桃体常见肿大、出血和坏死。气管出血或坏死，周围组织水肿。肺有时可见瘀血或水肿。心冠脂肪有细小如针尖大的出血点。产蛋母鸡的卵泡和输卵管显著充血，卵泡膜极易破裂导致卵黄流入腹腔引起卵黄性腹膜炎。脾、肝、肾无特殊病变。脑膜充血或出血，而脑实质无眼观变化，仅限于组织学检查时见明显的非化脓性脑炎病变。免疫鸡群发生新城疫时，其病变不是很典型，仅见黏膜卡他性炎症、喉头和气管黏膜充血，腺胃乳头出血少见，但多剖检数只，可见部分病鸡腺胃乳头有少数出血点，直肠黏膜和盲肠扁桃体多见出血。

六、诊断

根据本病的流行病学、症状和病变进行综合分析，可做出初步诊断。

实验室检查有助于对 ND 的确诊。病毒分离和鉴定是诊断 ND 最可靠的方法，常用的是鸡胚接种，HA 和 HI 试验，中和试验及荧光抗体。但应注意，从鸡分离出 NDV 不一定是强毒，还不能证明该鸡群流行 ND。因为有的鸡群存在弱毒和中等毒力的 NDV，所以分离出 NDV 还得结合流行病学、症状和病变进行综合分析，必要时对分离的毒株作毒力测定后，才能做出确诊。还可以应用免疫组化和 ELISA 来诊断本病。

本病应注意与禽霍乱、传染性支气管炎和禽流感区别。

禽霍乱可侵害各种家禽，鸭最易感，呈急性败血经过，病程短，病死率高，慢性的可见肉髯肿胀，关节炎，无神经症状，肝脏有灰白色坏死点，心血涂片和肝触片，染色镜检可见两极染色的巴氏杆菌，抗生素治疗有效。而新城疫有呼吸道和神经症状，腺胃乳头出血，消化道黏膜出血，盲肠扁桃体出血和坏死，肝脏没有坏死点。

传染性支气管炎，主要侵害雏鸡，成年鸡表现为产蛋下降。病毒接种鸡胚，胚胎发育受阻成为侏儒胚，无神经症状和消化道无明显病变。

禽流感，又称真性鸡瘟，潜伏期和病程 ND 短，人工感染的潜伏期为 18~24 小时，病程 10~24 小时，没有明显呼吸困难和神经症状，嗉囊没有大量积液。肉眼变化，见皮下水肿和黄色胶样浸润，黏膜、浆膜和脂肪出血比 ND 更为明显和广泛，但确切鉴别诊断必须依靠病毒分离鉴定和血清学试验。

七、防制

目前对本病尚无有效的方法治疗，加上发生后传播快、病死率高，往往给鸡群以毁灭性的打击，因此对养鸡业来说，预防本病乃是一切防疫工作的重点，对于集约化养鸡场来说，更是如此。其措施有：

1. 高度警惕病原侵入鸡群

这就需要有严格的卫生防疫制度，防止一切带毒动物（特别是鸟类）和污染物品进入鸡群；进出的人员和车辆必须消毒；饲料来源要安全；不从疫区引进种蛋和鸡苗；新购进的鸡须接种鸡新城疫疫苗，并隔离观察两周以上，证明健康方可合群。

2. 应做好预防接种，增强鸡群的特异免疫力

对此，要注意以下几个问题：

（1）弄清疫苗的性质、使用对象及方法：目前我国使用的鸡新城疫疫苗有四种，即 I 系苗（或称 Mukteswar 株）、Ⅱ系苗（或称 HB1 株）、Ⅲ系苗（或称 F 株）、Ⅳ系苗（或称 La Sota 株）。

I 系苗是一种中等毒力的活苗。用于经过两次弱毒力的疫苗免疫后的鸡或 2 月龄以上的鸡。多采用肌肉注射和刺种的方法接种。幼龄鸡使用后会引起较重的接种反应，甚至发病和排毒，所以最好不用。本疫苗的优点是，产生免疫力快（3～4 天），免疫期长（一年以上），在发病地区常用来做紧急预防接种。

Ⅱ系、Ⅲ系、Ⅳ系疫苗都属于弱毒力的活苗，大小鸡均可使用。多采用滴鼻、点眼、饮水及气雾等方法接种。大群雏鸡既可用Ⅲ系或Ⅳ系苗作饮水免疫，也可作气雾免疫，但最好在 2 月龄后采用，减少诱发呼吸道疾病。

V4 弱毒疫苗耐热性较好，适用于热带地区的农村养鸡。在新城疫病毒污染的鸡场，采用弱毒苗和灭活苗同时进行免疫接种，能获得高的 HI 抗体水平，使鸡群得到良好保护力。

（2）源抗体对免疫应答的影响：母鸡经过鸡新城疫疫苗接种后，可将其抗体通过卵黄传递给雏鸡，雏鸡在 3 日龄抗体滴度最高，以后逐渐下降，每日大约下降 13%。具有母源抗体的雏鸡既有一定的免疫力，又对疫苗接种有干扰作用，因此多数人主张最好在母源抗体刚刚消失之前的 7 日龄时作第一次疫苗接种，在 30～35 日龄时作第二次接种。但在有本病流行的地区是不安全的，因为母源抗体不足以抵抗强毒病毒的感染，所以有人主张对带有母源抗体的 1 日龄雏鸡采用灭活苗，据称灭活苗受循环抗体的影响较小。或者死苗和活苗同时接种，据称活苗能促进对死苗的免疫反应。

（3）局部免疫应答：有人注意到鸡新城疫的免疫，除了产生循环抗体外，还有局部应答。弱毒疫苗经滴鼻、滴眼和气雾免疫时，上呼吸道利肠道黏膜以及眼哈德氏腺出现分泌抗体 IgA 和 IgM，可获得有效局部免疫，能抵抗经眼的强毒攻击，但确切保护功能尚不清楚。

（4）建立免疫监测：在有条件的鸡场中，最好能建立免疫监测手段，根据 HI 抗体水平确定初免和再次免疫时间是最科学的方法。为此，要定期对免疫鸡群抽样采血作 HI 试验，如果 HI 效价高于 5 $\log 2$ 时，进行首免几乎不产生免疫应答，因此，可以以 HI 滴度 3～4 $\log 2$ 作为免疫接种的界线。总之，通过免疫监测既可以了解疫苗免疫接种的效果，也可以作为制定免疫程序的理论依据。

（5）免疫抑制：指疫苗免疫接种后，抑制抗体的产生，其保护能力受到严重影响。例如感染法氏囊病毒时，会导致 ND 疫苗接种后，发生免疫抑制。近期发现鸡群感染鸡传染性贫血病毒时，对 ND 免疫也会导致免疫抑制。因此，在进行 ND 疫苗免疫接种时，应特别注意做好防止其他病毒的感染和防疫工作。

3. 发生新城疫时防制办法

鸡群一旦发生本病，应采取紧急措施，防止疫情扩大。其措施有封锁鸡场，紧急消毒，分群隔离，将病鸡和接触过病鸡的可疑鸡分群，对全场鸡群用Ⅰ系或Ⅳ系疫苗进行紧急接种。在病初用 ND 高免血清进行紧急注射，能减少死亡，较快控制疫情。应做好病鸡和死亡鸡的无害处理。当疫区最后一个病例处理后 2 周，经严格的终末消毒后，方可解除封锁。

鸡传染性法氏囊病（Infectious Bursal Disease；IBD）

传染性法氏囊病是中雏和青年鸡的一种急性、接触性、免疫抑制性传染病，其病原为双股 RNA 病毒。本病病毒主要侵害鸡的体液免疫中枢器官——法氏囊，导致鸡体免疫机能障碍，降低疫苗的免疫效果。临床表现为鸡精神不振、厌食、腹泻和高度虚弱。剖检以机体脱水，肌肉出血，法氏囊肿大、出血为特征。

一、病原学

本病的病原是传染性法氏囊病毒，属于双股 RNA 病毒科，双股 RNA 病毒属，无囊膜，大小约 60 nm。本病毒有两个血清型，Ⅰ型和Ⅱ型。血清Ⅰ型对鸡致病，血清Ⅱ型对鸡不致病但对火鸡致病。Ⅰ型和Ⅱ型之间无交叉免疫。血清Ⅰ型又分 6 个亚型，亚型之间的交叉保护率为 10%～70%，这种抗原性的差异是导致免疫失败的原因之一。传染性法氏囊病毒根据毒力可分为弱毒（弱毒、中等、中等偏强）、强毒和超强毒。目前我国流行的毒株多为超强毒（VVIBD），这是导致免疫失败的主要原因。

IBD 病毒抵抗力强。耐酸、耐热，对胰蛋白酶、氯仿、乙醚脂溶剂均有抵抗力。一般的消毒剂对其效果较差，效果较好消毒剂有甲醛、碘制剂和氯制剂。

二、流行特点

（1）病以 3～8 周龄的雏鸡最易感，成鸡和 2 周龄以下雏鸡很少感染发病。一年四季均可发生，以 4～7 月份流行较为严重。近年来，发病日龄明显拓宽，产蛋鸡和 10 日龄内雏鸡也时有发生。小日龄鸡多呈隐性感染。

（2）病鸡是主要的传染源。病鸡的粪便中含有大量的病毒。可通过直接接触病鸡或病毒污染的饲料、水、垫料、尘埃、用具、车辆、人员、衣物等经消化道传播。

（3）由于各地流行毒株的毒力及抗原性上的差异，以及鸡的品种、日龄、母源抗体、饲养管理、营养状况、应激因素、是否继发感染、发病后的处理措施不同，发病后死亡率差异很大。有的仅为 1%～5%，严重的死亡率达 60% 以上。

（4）近几年，随着环境污染的加重和疫苗的免疫压力，我国普遍存在法氏囊超强毒株。目前常规法氏囊冻干苗对超强毒株的保护效果不理想。

三、临床诊断

（1）病潜伏期短，发病突然，感染后 2～3 天即可出现临床症状。病鸡主要表现精神不振，翅膀下垂，羽毛蓬乱，怕冷，在热源处扎堆，采食下降。急性发病的鸡群，发病后 3～4 天达到死亡高峰，呈峰式死亡。发病 1 周后，病死鸡数量明显减少，鸡群迅速康复。

（2）病鸡排米汤样、水样的白色粪便或黄绿色粪便，肛门周围有粪便污染。恢复期常排绿色粪便。病鸡严重脱水，趾爪干瘪。

（3）病初可见有病鸡啄自己的泄殖腔。发病后期易继发鸡新城疫、大肠杆菌等疾病，使死亡率增高。

四、解剖学诊断

（1）病死鸡脱水，胸肌和腿肌有条状或斑状出血。

（2）肌胃与腺胃交界处有溃疡和出血斑，肠黏膜出血。

（3）肾肿大、苍白。输尿管扩张，充满白色尿酸盐。

（4）法氏囊肿大，外被黄色透明的胶胨物。内褶肿胀、出血，内有炎性分泌物或黄色干酪样物。发病后期法氏囊萎缩或法氏囊囊壁变薄，呈袋状。

（5）小日龄雏鸡感染法氏囊病毒后，一般不表现临床症状，可见法氏囊萎缩，造成终身免疫抑制。

五、鉴别诊断

与肾型传染性支气管炎区别：

肾型传染性支气管炎	传染性法氏囊病
排白色稀粪、明显脱水	排白色或黄绿色稀粪，脱水
肾脏肿大苍白，输尿管充满尿酸盐	肾脏肿大、苍白，输尿管内有尿酸盐
大群精神较好	大群精神较差
有呼吸道症状	无呼吸道症状
肌肉无出血	腿、胸肌有条状出血
法氏囊无变化	法氏囊肿大、出血，内有脓性分泌物

雏鸡脱水：雏鸡一次性出雏或经长途运输时易引起雏鸡脱水，发病日龄多在一周内，趾爪干瘪，多为单侧肾脏肿大苍白，有尿酸盐。输尿管肿大，充满尿和尿酸盐，严重者造成腹水症。

磺胺类药物中毒：胸部、腿部肌肉出血，骨髓黄染，有用药史。停药后病情好转。

住白细胞原虫病：鸡冠苍白，精神沉郁，内脏器官如肾脏出血，胸肌、心肌等部位有小白色结节或血肿，脂肪上有小的血囊肿。

鸡贫血因子：多发生于 1～3 周内的雏鸡，病鸡精神沉郁，胸腺、法氏囊萎缩。骨髓黄染，翅尖或腹部皮肤出血，又称蓝翅病。

鸡包涵体肝炎：多发于 5～7 周龄的肉仔鸡，病鸡精神不振，贫血，骨髓黄染，肝有大小不等的出血斑，腿部肌肉有出血斑。

痛风：可发生于各个日龄鸡群，除肾脏表现有尿酸盐沉积外，心脏、肝脏等内脏器官也有尿酸盐沉积。

六、预防措施

1. 建立有效的"生物安全体系"

（1）建立严格的卫生消毒措施：IBDV 对自然环境有很强的抵抗力，一旦污染鸡场，将长期存在，很难消除，可引起多批次鸡群感染发病。所以，对环境和空舍的消毒是控制法氏囊病的重要措施。对污染的育雏舍要严格按照清理－清洗－消毒－熏蒸的程序进行，处理后鸡舍空舍 1 个月以上方可进鸡。

（2）在易感日龄，鸡舍温度要恒定，并且最好达到适宜温度的上限。

（3）尽量减少应激反应，特别是避免应激的叠加反应。

2. 做好免疫接种，增强机体特异性的抵抗力

免疫接种应根据本病的流行情况、饲养管理状况、疫苗毒株的特点和鸡群母源抗体水平等条件制订。

（1）疫苗分类：分为活毒苗和灭活苗两类。

①活毒苗：分为弱毒力、中等毒力、中等偏强毒力疫苗三种。

弱毒力苗：主要有 D78、PBG98 等疫苗。这类疫苗对法氏囊有可逆性轻微损伤，突破母源抗体的能力较弱，保护率较差，现在应用较少。

中等毒力苗：主要有 B87、BJ836 等疫苗。此类疫苗突破母源抗体能力较强，对法氏囊有轻度可逆性损伤。

中等偏强毒力苗：主要有 MB、HOT 株、初代次的 2512 毒株（法倍灵）等，此类疫苗突破母源抗体的能力更强一些，效果比较好，尤其是对超强毒具有好的免疫效果，但对法氏囊的损伤稍重。建议在污染严重或连续发病的鸡场 10 日龄以上鸡群使用。

②灭活苗：分为油乳剂灭活苗和组织灭活苗。灭活苗一般用于活苗免疫后的加强免疫，具有不受母源抗体干扰，无免疫抑制危险，能大幅度提高基础免疫等优点。主要用于开产的种鸡群。连续发病鸡场可采用组织灭活苗免疫，能有效控制法氏囊病的发生。

（2）接种方法：法氏囊活疫苗可采用饮水、滴口、滴鼻等途径免疫。HOT 株、法倍灵、B87 以滴口或饮水免疫为佳，MB 株以滴鼻为佳。油乳剂灭活苗和组织灭活苗应浅层胸肌或颈部皮下注射。

（3）免疫程序

①有实验条件的可做母源抗体测定，确定最佳首免日龄。应根据母源抗体水平的高低来制定免疫程序。

②无条件检测的鸡场可采用以下程序，12～14 日龄雏鸡用中等毒力弱毒苗（如 B87）首免；18～20 日龄可用中等偏强毒力疫苗二免，也可采用中等偏强毒力疫苗如 HOT 株、MB43 等免疫；12～14 日龄免疫一次即可。对污染特别严重的鸡场可使用法氏囊组织灭活苗，在 7～10 日龄免疫一次，鸡群就可获得保护。种鸡还应在 18～20 周龄和 40～42 周龄注射灭活苗免疫，以提高雏鸡的母源抗体。

（4）免疫注意事项

①母源抗体的干扰：由于活疫苗易受到母源抗体的干扰，在进行活毒疫苗免疫前应考虑雏鸡母源抗体的高低及整齐度，来制定合理的免疫程序。

②毒力偏强的疫苗用于 10 日龄以上并有一定母源抗体水平鸡群的免疫，过早使用可导致免疫抑制免疫法氏囊活毒疫苗后导致暂时性的免疫抑制，易诱发呼吸道疾病。应在防疫前后饲料或饮水中投喂抗生素和多种维生素。

④选择冻干苗时应选用 SPF 鸡胚制作的疫苗。用普通鸡胚制作的冻干苗可能导致蛋传疾病的传播。如：支原体、网状内皮增生症等。

⑤二免时间不能过晚，一般在首免后 5～7 天进行。

⑥关于接种活苗引起发病的问题：接种活疫苗后 2～3 天，抗体被中和，出现免疫空档。这时环境中存在的野毒就可导致发病。

在临床上往往表现"一接种疫苗就发病"的现象。

七、治疗措施

病鸡群应进行鸡新城疫抗体的检测，必要时对发病鸡群进行鸡新城疫的紧急接种，以防继发鸡新城疫。法氏囊病康复鸡群无须再免疫法氏囊疫苗。

治疗方案有以下两种：

一种是注射卵黄抗体：

（1）应在发病早中期进行注射，中后期不宜注射。

（2）注射方法：笼养的鸡群可遵循"只对出现病鸡的笼层及其附近笼层的鸡只进行注射，其他鸡只不注射"。散养的鸡群在一出现病鸡时就应对全群进行注射。

（3）卵黄抗体的琼扩效价必须在 1：32 以上。

（4）由于当前我国用于生产高免血清或卵黄抗体的鸡群不是 SPF 鸡群，有可能造成蛋源性疾病的传播，故种鸡群应慎用。

（5）卵黄抗体的保护期一般 5～7 天，注射卵黄抗体同时还必须结合保守疗法进行综合治疗。

另一种是保守疗法：

（1）提高鸡舍温度 2℃～3℃。

（2）避免各种应激反应。

（3）使用抗生素防止细菌病的继发感染。

（4）饲料中蛋白质水平降低到 14％～15％。

（5）新城疫Ⅳ系 2～3 倍量饮水免疫。

（6）供给充足的饮水，并在饮水中加入电解多维和通肾药物。

验方如下：

（1）生石膏 1％～2％拌料，用 5～6 天。

（2）板蓝根、紫草、茜草、甘草各 50 克，绿豆 500 克，水煎，取煎汁拌料喂服；或一煎拌饲料，二煎作饮服用。对重症鸡灌服，连用 3 天。

（3）穿心莲、甘草、吴茱萸、苦参、白芷、板蓝根、大黄碾成细末，混匀。按 0.75％混料，连喂 3～5 天。

网状内皮增生症（Reticuloendotheliosis；RE）

鸡网状内皮增生症是由网状内皮组织增生症病毒引起的一种肿瘤性传染病，病鸡表现为贫血、生长缓慢、消瘦。病理剖检特点是肝脏、肠道、心脏和其他内脏器官有淋巴瘤，胸腺和法氏囊萎缩，腺胃炎。本病能侵害机体的免疫系统，可导致机体免疫机能下降而继发其他疾病。

一、病原学

（1）本病的病原是网状内皮组织增生症病毒，属于反转录病毒科哺乳动物 C 型反转录病毒属禽网状内皮组织增生症病毒群成员。

（2）病毒粒子直径约 100 nm，有囊膜，属单股 RNA 病毒。

（3）目前已分离到 30 多株 REV，虽然不同株的致病力不同，但都具有相似的抗原性，属于同一血清型。

（4）REV 对各种消毒剂都敏感，对环境的抵抗力不强，不耐热，在 37℃ 20 分钟感染率降低 50％，1 小时降低 99％，在 4℃ 时病毒比较稳定。

二、流行特点

（1）病可发生于鸡、火鸡、鸭和其他鸟类，火鸡对本病易感性最高。

（2）患病家禽是本病的主要传染源。本病可通过种蛋垂直传播，但感染率较低。水平传播能力较弱。污染该病毒的疫苗是造成本病传播的主要原因。鸡群接种被本病毒污染的疫苗如 MD 液氮苗或鸡痘苗，可造成 REV 大面积的流行发病，引起高的发病率和死亡率。

（3）日龄小的鸡，特别是新孵出的雏鸡最易感，感染后引起严重的免疫抑制或免疫耐受。而大龄鸡免疫机能完善，感染后不出现或仅出现一过性病毒血症。发病日龄多在 80 日龄左右，发病率和死亡率不高，呈一过性死亡，死亡周期约为 10 天。

（4）高致病性的含痘野毒多含有完整的网状内皮增生症病毒基因。雏鸡发生鸡痘后，易引起 REV 流行发病。

三、临床诊断

（1）性病例很少表现明显的症状，死前只见嗜睡。

（2）病程较长的病鸡主要表现为衰弱、生长迟缓或停滞，鸡体消瘦。病鸡精神沉郁，羽毛稀少，鸡冠苍白。个别鸡表现运动失调、机体麻痹等。

（3）接种了被 REV 污染的马立克氏病液氮疫苗的鸡群，引起腺胃炎。出现生长迟缓、发育不良，均匀度差，病程长，死淘率高，免疫抑制，后期生产性能低下。

（4）小日龄的鸡群发生鸡痘，尤其是眼型鸡痘，极易造成 REV 的感染发病，引起腺胃炎。

四、解剖学诊断

（1）病鸡消瘦，肝脾肿大，表面有大小不等的纽扣状灰白色肿瘤结节或弥漫性病变。

（2）鸡胸腺、法氏囊萎缩，法氏囊呈袋状，囊壁薄，皱褶消失。腺胃肿胀、纤维化，乳头出血、消失，呈火山口状。

（3）肠道有结节状肿瘤，呈串珠状。

（4）肌肉有肿瘤结节，似肉芽肿。

五、防治措施

（1）本病目前尚无有效的防治方法，也无有效的疫苗。应重视鸡群的日常饲养管理和卫生消毒措施，特别值得注意的是：本病主要是因接种了被 REV 污染的马立克氏病液氮苗等生物制品而感染发病，建议使用 SPF 鸡胚生产的疫苗，杜绝 RE 病原的传入。

（2）重视鸡痘的防治，在鸡痘高发季节，对发病严重的地区要做好鸡痘的免疫。

禽白血病（Avian Leukosis/Sarcoma；LL）

禽白血病是由反转录病毒科禽白血病/肉瘤病毒群引起的禽类多种肿瘤性疾病的统称。其特征是在成鸡中缓慢发作，持续性低死亡率和法氏囊、内脏器官（特别是肝、脾、肾）发生肿瘤性病变。

一、病原学

禽白血病病原为反转录病毒科禽白血病/肉瘤病毒，单股 RNA。鸡群中引起肿瘤的禽白血病病毒可分为 A、B、C、D、E 和 J 亚群。因本病毒囊膜上有较多的脂类成分，故脂溶剂（乙醚）和洗涤剂能破坏其感染性。对温度敏感，对热抵抗力弱。J 亚型是近年从肉鸡分离出来的肿瘤性传染病，与其它亚群的白血病有很多不同，故单独命名 J 亚群。

二、流行特点

（1）本病潜伏期长，传播缓慢，发病持续时间长，一般无发病高峰。本病感染虽很广泛，但临床发病率低，一般多为散发。多发生在 16 周龄以上的鸡。病死率为 3%～5%。

（2）本病的传染源是病鸡和带毒鸡。后天感染的鸡带毒排毒现象与鸡的日龄有很大关系。日龄越大，排毒带毒现象越低。雏鸡在 2 周龄以内感染这种病毒，发病率和感染率很高，残存母鸡产的蛋带毒率也很高。4～8 周龄雏鸡感染后发病率和死亡率大大降低，其产的蛋也不带毒。10 周龄以上的鸡感染后不发病，产的蛋也不带毒。

（3）鸡白血病病毒有两种传播方式：经蛋垂直传播；通过直接或间接接触，发生水平传播。主要以垂直传播为主。

（4）鸡群继发其他疾病和某些应激因素，对白血病发病率有一定影响。饲料中维生素缺乏、内分泌失调等因素可促使本病的发生。

三、诊断

（一）临床诊断

（1）发病后表现为精神不振，鸡冠萎缩、苍白、有的发绀，食欲减退，消瘦，排黄绿色粪便。有的翅膀羽毛囊出血。

（2）腹部常膨大，羽毛有时被尿酸盐和胆色素沾污。

（二）解剖学诊断

（1）血病能引起各种不同组织的肿瘤，主要为 B 淋巴细胞瘤。

（2）肝肿大，为正常肝的数倍，俗称"大肝病"。灰白色细小的肿瘤布满整个肝脏，使肝脏肿大并褪色。

（3）脾肿大，紫红色的切面可见灰白色肿瘤结节，肿瘤组织有时向脾的表面隆起。

（4）法氏囊内皱褶肿大坚实，有凹凸不平的白色肿瘤。法氏囊肿瘤是本病的最典型特征，也是与马立克氏病最主要的区别。

五、防治措施

（1）减少种鸡群的感染率和建立无白血病的种鸡群是控制本病的最有效措施。定期检测，淘汰阳性鸡，特别是外来引进种鸡更要严格隔离检测，避免引进种鸡的同时带入本病。

（2）鸡场的种蛋、雏鸡应来自无白血病种鸡群，同时加强鸡舍孵化、育雏等环节的消毒工作，特别是育雏期（最少 1 个月）封闭隔离饲养，并实行全进全出制。

（3）病主要为垂直传播，病毒型间交叉免疫力很低，雏鸡多呈免疫耐受，对疫苗不产生免疫应答，目前没有疫苗和特效药。

（4）发病的鸡无有效的治疗方法，只有淘汰。

鸡传染性喉气管炎（Infectious Laryngotracheitis；ILT）

鸡传染性喉气管炎是由疱疹病毒引起的鸡的一种急性呼吸道传染病。春秋季节交替时多发，尤以成年鸡多见。其特征为呼吸极度困难，咳出血痰。剖检可见喉部及气管黏膜肿胀、充血、出血，有时附着黄色干酪物。

一、病原学

本病的病原体是鸡传染性喉气管炎病毒，属于疱疹病毒科，A 型疱疹病毒属。为双链 DNA 病毒。传染性喉气管炎病毒只有一个血清型，不同毒株的毒力差异大。对脂溶剂、热以及各种消毒剂均敏感。

二、流行特点

（1）各种日龄鸡均可感染，以成年鸡多发且症状典型。近年来发病日龄提前，最早可见 20～40 日龄的鸡群发病。

（2）病鸡和康复鸡是本病的主要传染源，康复的鸡可长期排毒。健康鸡可通过呼吸道和消化道感染发病。本病一旦传入鸡群，则迅速传开。

（3）鸡群拥挤、通风不良、饲养管理差、维生素缺乏，尤其是 VA、寄生虫感染等均可加重本病的发病程度，甚至造成免疫失败。

（4）传染性喉气管炎疫苗免疫后常出现肿眼、流泪等疫苗反应，严重时可导致本病的发生。

三、临床诊断

（1）病初期，鸡群中少数鸡突然死亡，部分病鸡眼睛流泪，鼻腔流出半透明渗出物，伴有结膜炎。随后出现伸颈张口呼吸等特征性症状，严重者有强咳动作，时常在鸡笼上、地上、料槽等部位见到血痰。病鸡多因气管内渗出物不能咳出而窒息死亡。死亡率5%～10%。病程7～10天。

（2）病鸡食欲不振，迅速消瘦；鸡冠发紫，排绿色稀粪。发病后期少数病鸡眼睑、眶下窦肿胀，失明。

（3）雏鸡发病，临床症状不典型。产蛋鸡发病，蛋壳褪色，软皮蛋增多，死亡率在20%以下。继发大肠杆菌，特别是传染性鼻炎时，发病严重，可导致较高的死亡率。

（4）温和性传染性喉气管炎仅出现结膜炎、窦炎和黏液性气管炎。

四、解剖学诊断

（1）病死鸡嘴角和羽毛有血痰沾污。

（2）喉头、气管黏膜增厚，有出血点；喉头、气管覆盖一层散在疏松血染渗出，有时喉头和气管被干酪样渗出物充满，干酪物易剥离。

（3）眼结膜充血、潮红，鼻窦炎。

（4）产蛋鸡卵泡充血、出血。

五、鉴别诊断

传染性鼻炎：特征为流鼻液，甩鼻，眼睑浮肿，抗生素治疗有效。

禽流感：气管充、出血严重，有血丝和黏液形成的内容物。下呼吸道炎症严重，支气管有栓塞。

六、防治措施

1. 建立有效的"生物安全体系"

（1）消除各种诱因，建立合理的饲养密度和良好的通风，做好鼻炎、慢呼等呼吸道疾病的防治工作。

（2）对发病鸡群和易感鸡群紧急免疫接种。

2. 做好免疫接种，增强鸡群特异性抵抗力

（1）疫苗的种类：目前主要为活毒冻干疫苗和基因工程疫苗。灭活苗效果不理想。

活毒苗：分强毒苗和弱毒苗。强毒疫苗是取病死鸡喉气管自制而成，在泄殖腔黏膜上涂刷接种，效果虽然不错，但是易造成强毒散播，现已少用。

弱毒活苗：国内使用的传染性喉气管炎疫苗多为中强毒力。疫苗接种后了3～4天即

有保护作用。除用于正常免疫接种外，在鸡群发生传染性喉气管炎早期，可紧急接种。

基因工程疫苗：是将传喉病毒保护性基因（gB）插入鸡痘疫苗载体中而制备的基因工程疫苗，接种此疫苗可同时预防鸡痘和传喉两种疾病，并且消除了常规传喉疫苗的免疫副反应。

（2）免疫方法：有点眼和涂肛免疫法。根据疫苗的特点、鸡群日龄选择合适的免疫方法。传染性喉气管炎的免疫以细胞免疫为主，滴眼或涂肛免疫效果最好，饮水效果最差（滴眼免疫要比饮水免疫敏感100～1000倍），首免最好点眼。采用涂肛免疫，可减轻疫苗反应。基因工程疫苗（AP－ILT）采用刺种。

（3）免疫程序

程序一：

35日龄　　传染性喉气管炎冻干苗　　　点眼

80～90日龄　　传染性喉气管炎冻干苗　　　点眼或涂肛。

程序二：

20～30日龄　　鸡痘－传染性喉气管炎基因工程疫苗　　　刺种

80～90日龄　　传染性喉气管炎冻干苗　　　点眼或涂肛

（4）免疫注意事项

①选择毒力弱，免疫原性好，副反应小的传染性喉气管炎疫苗。严格按照疫苗的说明进行免疫操作，准确掌握免疫剂量。

②免疫传喉活疫苗后，病毒在眼结膜内繁殖，降低了眼黏膜的屏障作用，常诱发呼吸道症状和肿眼流泪等反应，一般经2～3天可以恢复正常。如果环境不良、鸡群抵抗力差，容易出现肿眼、瞎眼，有时还会发生传染性喉气管炎。可在免疫前后3天加抗生素，防止继发感染。

③使用SPF胚源的冻干苗，避免蛋传疾病的发生。

④传染性喉气管炎疫苗毒多为中等毒力。疫苗免疫后，免疫鸡能长期排毒，污染周围环境。有时可致易感鸡群发病，故做好免疫鸡群与易感鸡群的隔离。

⑤传染性喉气管炎活疫苗与新城疫活疫苗不能同时接种，至少间隔7～10天，避免相互干扰。

3. 治疗措施

发病早期，紧急接种，同时添加药物进行治疗。

（1）使用强力霉素、泰乐菌素或磺胺类等敏感药物，防止慢性呼吸道病、传染性鼻炎、大肠杆菌等细菌性疾病的继发感染。

（2）每只鸡3万～5万单位青、链霉素饮水，盐酸麻黄碱每天每只10毫克饮水或拌料。

以上2种方案选择一种。

（3）对呼吸困难的鸡用氢化可的松和青霉素、链霉素混合喷喉，以缓解呼吸道症状，能降低死亡率。氢化可的松2毫升＋青霉素1支＋链霉素1支＋生理盐水加至10毫升，每只鸡0.5毫升，喷喉。

（4）饲料中多维素加倍，减少各种应激反应。

（5）验方：

①砂 20 克，雄黄 80 克，冰片 5 克，共研细末。用竹筒吹入喉内部少许，每天 2 次，连用 2～3 天。

②内服喉症丸或六神丸。每只鸡每次喂 4～5 粒，日服 1～2 次，连喂 2～3 天。

鸡痘（Fowl Pox；FP）

鸡痘是由痘病毒引起的一种急性、接触性传染病。该病的主要特征是在鸡无毛或少毛的皮肤上出现疱疹。有的在口腔、咽喉部黏膜形成纤维素性坏死性假膜，死亡率可高达 20% 以上，若并发其他传染病可导致更高的死亡率。

一、病原学

（1）分类及形态：本病病原为痘病毒科禽痘病毒属中的鸡痘病毒。该病毒为双链 DNA 病毒，有囊膜，病毒粒子呈砖形，其大小为 $250×354$ nm。

（2）存在部位：鸡痘病毒主要存在于病变部位的上皮细胞内和病鸡呼吸道的分泌物中。

（3）理化特征：鸡痘病毒对干燥具有强大的抵抗力，脱落痂皮中的病毒可以存活几个月。在 $-15℃$ 以下的环境里，保存多年仍有传染力。消毒药在常用消毒的浓度下大约在 10 分钟内，可使其灭活。

（4）中国、澳大利亚和美国的学者在对禽痘疫苗免疫失败鸡群的研究中发现，被收集的鸡痘疫苗和野毒均检测到禽网状内皮增生症病毒基因组，几乎所有的禽痘野毒株含有完整的网状内皮增生症病毒的基因并能导致机体的免疫抑制。这可能是导致鸡痘免疫失败原因之一。

二、流行特点

（1）本病主要发生于鸡和火鸡，鸽子有时也可发生。各种品种及日龄的鸡均可被感染，但以成鸡和育成鸡最易感。近年来小日龄鸡感染较严重。

（2）秋冬两季最易流行，秋季 8～11 月份多发生皮肤型鸡痘，冬季则以黏膜型鸡痘为主。

（3）病鸡脱离和碎散的痘痂是传播病毒的主要污染物。本病主要通过皮肤或黏膜的伤口感染，一般不能经健康皮肤和消化道感染。

（4）易感鸡经带毒的库蠓、伊蚊和按蚊叮咬后而感染，这是夏秋季易流行鸡痘的主要原因。

（5）鸡群过分拥挤、鸡舍阴暗潮湿、营养缺乏、并发或继发其他疾病时，均能加重病情和引起病鸡死亡。

（6）生眼型鸡痘的鸡群易继发大肠杆菌、葡萄球菌、细菌性眼炎和腺胃炎。据临床统计，在收集的 500 份鸡痘病例中（均为 10～80 日龄鸡群）后期继发腺胃炎的占 30% 左右。

三、临床与解剖学诊断

（1）皮肤型鸡痘：主要发生在鸡体无毛或毛稀少的部位，特别是鸡冠、肉髯、眼睑、喙角和趾部等处。常在或感染后5～6天出现灰白色的小丘疹，8～10天出现明显的痘斑，3周左右痂皮脱落。破溃的皮肤易感染葡萄球菌，使病情加重。眼睑发痘后易感染葡萄球菌或大肠杆从而引起严重的眼炎。

（2）黏膜型鸡痘：在喉头和气管黏膜处出现黄白色痘状结节或干酪样假膜，假膜不易剥离。随着病情的发展，假膜逐渐扩大和增厚，阻塞在口腔和咽喉部，使病鸡呼吸和吞咽困难，张口呼吸，发出"嘎嘎"的声音。此类症状的鸡群死亡率较高。

（3）患鸡增重缓慢、消瘦、生长不良，大群均匀度差，有腺胃炎的表现。产蛋鸡产蛋量下降。

四、防治措施

1. 建立有效的"生物安全体系"

（1）在立秋前，通过清除鸡舍周围杂草，清理鸡场周围的水沟等措施，以减少或消灭吸血昆虫。

（2）在鸡舍安装纱窗门帘，并用5%DDT或7%的马拉硫磷喷洒纱窗和门帘防止蚊虫进入鸡舍。

2. 做好免疫接种，增强机体抵抗力

（1）疫苗种类：目前主要使用弱毒疫苗。

①鸡痘鹌鹑化疫苗：毒力较强，适合于20日龄以上的鸡接种。

②鸡痘汕系弱毒苗：毒力弱适合于小日龄鸡免疫。

③喉痘灵（鸡痘－传染性喉气管炎二联基因工程苗）：适合于20日龄以上鸡群的首免。

（2）接种方法。

①刺种法：用一定量的生理盐水稀释疫苗后，用消过毒的钢笔尖或带凹槽的特制针蘸取疫苗，在鸡翅内侧"三角区"翼膜刺种，在刺种后4～6天，抽查鸡在接种部位是否有痘斑、水疱及结痂，如80%以上鸡有反应，表示接种成功，如果接种部位不发生反应或反应率低，应考虑重新接种。鸡痘－传染性喉气管炎二联基因工程苗免疫后，接种部位痘斑出现率比鸡痘疫苗低。

毛囊接种法：适合40日龄以内鸡群免疫。即用消毒过的毛笔或小毛刷蘸取稀释好的疫苗涂擦在颈背部或腿外侧拔去羽毛后的毛囊上。接种后4～6天，拔毛部位的皮肤红肿、增厚、结痂，表示接种成功。

（3）免疫程序。

程序一：20～30日龄鸡痘活疫苗首免，开产前二免。

程序二：1日龄（弱毒疫苗）首免，20～30日龄二免，开产前再免一次。

程序三：20日龄喉痘灵刺种，100日龄鸡痘疫苗刺种。

（4）免疫注意事项。

①接种方法：只能采用皮下刺种。采用饮水免疫或注射效果不确实。

②接种后要进行观察：接种后 4～6 天要观察接种反应，反应率低的，应及时补种，否则易造成免疫失败。

③疫苗一定要选用 SPF 鸡胚制备的疫苗，以减少垂直传播疾病的感染。

④鸡群开始暴发鸡痘时，如果只有少数鸡被感染，应立即对其他未受感染的鸡进行免疫接种。

4. 发病鸡群的治疗

（1）添加抗生素，防止继发感染，尤其要防止葡萄球菌的感染。可在饲料中添加万分之二的阿莫西林。在破溃的部位可用 1% 碘甘油（碘化钾 10 克，碘 5 克，甘油 20 毫升，摇匀，加蒸馏水至 100 毫升）或紫药水局部治疗。对眼型鸡痘早期可用庆大霉素眼药水点眼治疗。

（2）黏膜型鸡痘可用结晶紫千分之一饮水。

鸡减蛋综合征（Egg Drop Syndrome－1976；EDS－76）

减蛋综合征（EDS－76）是 20 世纪 70 年代后期发现的一种由腺病毒引起的传染病。主要表现为产蛋鸡产蛋率下降，蛋壳异常，软皮蛋、褪色蛋、无壳蛋增多。产蛋率下降 10%～30%，蛋的破损率达 10%～40%，无壳蛋、软壳蛋可达 15% 以上。

一、病原学

（1）分类及形态：属于腺病毒科，禽腺病毒亚群，该病毒只有一个血清型，但可分为三个基因型。该病毒无囊膜，双链 DNA 病毒，病毒粒子大小为 80 ± 5 nm。

（2）抵抗力：EDS－76 病毒对氯仿、pH 值 3～10 稳定，加热 60℃ 30 min 灭活，56℃ 3 h 可生存。病毒经 0.5% 甲醛或 0.5% 戊二醛处理后检测不出感染性。

（3）生物学特征：EDS－76 病毒能凝集鸡、鸭、火鸡、鹅、鸽和孔雀的红细胞并能被特异抗血清抑制。不凝集鼠、家兔、马、绵羊、牛、山羊或猪的红细胞。

二、流行特点

（1）各种年龄的鸡均可感染，但幼龄鸡不表现临床症状。该病主要发生在 24～30 周龄产蛋高峰期的鸡群。火鸡、珍珠鸡、鸭也可感染本病。鸭、鹅是本病的自然宿主。

（2）该病既可通过受精卵垂直传播，也可发生水平传播。被病毒污染的种蛋和精液是垂直传播的主要因素。

（3）不同品系的鸡对本病的易感性存在差异，产褐壳蛋的母鸡易感性高。

三、临床诊断

（1）发病鸡群一般无特殊临床症状，只表现产蛋量突然下降。3～8 周后逐渐恢复正常。

（2）产蛋量下降，同时伴有大量的无壳蛋、软皮蛋、薄壳蛋等解剖学诊断。

本病无特征性病变，一般不引起死亡，偶见输卵管黏膜肿胀、苍白，子宫部水肿，有时见卵巢萎缩，卵泡稀少。

四、鉴别诊断

禽脑脊髓炎：产蛋率下降，蛋重变小，但蛋壳颜色、强度无任何变化。

传染性支气管炎：有呼吸道症状，产白壳蛋、沙壳蛋和畸形蛋，蛋清稀薄如水。

新城疫：病鸡有呼吸道症状，食欲减退，褪色蛋、软皮蛋增多，拉稀绿类。

骨软症：破损蛋增多，病鸡瘫痪，通过调整饲料可逐渐恢复。

五、防治措施

（1）病无有效的治疗方案，应在开产前 2 周用减蛋综合征灭活苗或联苗进行免疫。

（2）发病鸡群饲料中多维素加倍，每千克饲料添加 3g 蛋氨酸，同时加抗生素（如土霉素）防止输卵管炎，有利于鸡群的恢复。

禽脑脊髓炎（Avian Encephalomyelitis；AE）

禽脑脊髓炎又称流行性震颤，是由小 RNA 病毒引起的主要侵害雏鸡的一种传染病。该病可垂直或水平传播。垂直感染的雏鸡，病雏鸡出现共济失调、头颈震颤及渐进性瘫痪。产蛋鸡发病时仅表现一过性产蛋下降。

一、病原学

（1）分类及形态：禽脑脊髓炎病毒属于细小核糖核酸病毒科，肠道病毒属，无囊膜，病毒粒子直径为 20～30 nm，呈球形。该病毒只有一个血清型。

（2）生物学特性：AEV 的不同分离株属于同一血清型，但可根据对组织的亲嗜性不同，分为嗜肠型和嗜神经型。嗜肠型以自然野毒株为代表，通过口腔感染鸡，并在粪便中传播。嗜神经型以胚适应株为代表，口腔一般不引起发病，通过脑内接种可引起严重的神经症状。

二、流行特点

（1）本病一年四季均可发生，多种日龄的鸡均可感染，但雏禽和产蛋鸡群才有明显的临床症状。此病多发于 1～4 周龄的雏鸡，育成鸡感染后一般不表现临床症状。近年来，我国含脑脊髓炎发病有增加的趋势。

（2）本病的主要传播方式是垂直传播和经消化道水平传播。感染鸡通过消化道排毒，其排毒时间为 5～14 天。感染日龄越小，排毒时间越长；产蛋鸡感染后 4 周内所产的蛋带有病毒。

（3）本病的发病率与鸡群的易感性、日龄的大小、病原毒力有关。

三、临床诊断

（1）病初精神不振，不愿走动，或走几步就蹲下来。随后出现共济失调，步态异常。病鸡行走动作不能控制，有时扑打翅膀，以跗关节和胫关节着地行走，但病鸡仍保持正常的饮食欲。

（2）病鸡头、颈震颤，头颈部羽毛逆立。

（3）病鸡耐过后，生长发育迟缓。有些病鸡在后期或康复后出现一侧或两侧眼球的晶状体浑浊或褪色，内有絮状物，瞳孔反射弱，眼球增大失明。

（4）产蛋鸡群感染后，采食、饮水、死淘率等与正常鸡群无明显差异，只表现为产蛋率下降，蛋重变小，产蛋曲线呈"V"字形。发病期蛋壳颜色、硬度、厚度等均无异常。

（5）产蛋鸡发病后产蛋下降 7～10 天开始回升，病程大约 3 周。

（6）种鸡在产蛋期感染禽脑脊髓炎病毒，用此期间的种蛋进行孵化，毛蛋率增高，孵化率降低，出壳雏鸡出现典型的脑炎症状。感染后不同时期的种蛋进行孵化，孵出的雏鸡出现临床症状的天数不同。

①在刚刚感染 AE，产蛋刚下降期间的蛋进行解化，雏鸡刚出壳便出现 AE 症状，毛蛋增多。

②在产蛋下降中期的蛋进行孵化，维雏鸡出壳 4～8 天出现 AE 症状。

③在产蛋下降后期的蛋进行孵化，雏鸡出壳 8～12 天出现 AE 症状。

④在产蛋回升前期的蛋进行孵化，雏鸡出壳后在 12～18 天出现 AE 症状。

⑤产蛋率回升到 85% 时，用此期间的蛋进行孵化，雏鸡不出现 AE 症状。

四、解剖学诊断

剖检没有明显的病理变化。

五、鉴别诊断

（1）腿病、瘫痪、头颤等症状的区别。

维生素 E 缺乏：多发生于 1～2 周的仔鸡，主要病变在小脑，脑部软化。病鸡瘫痪飞舞，不能站立，头颈震颤。

新城疫：病鸡有头颈扭曲、仰头、摆头等神经症状，时轻时重。解剖可见腺胃乳头出血，肠道出血、溃疡。

痢特灵中毒：病鸡飞舞，精神亢进，发病率高，死亡快，有用药史。

B 族维生素缺乏：发生于 1～7 日龄刚出壳的雏鸡，表现为瘫痪、卷爪或观星等症状。

（2）与产蛋下降、但无明显临床症状等疾病的区别。

EDS-76：产蛋下降严重，恢复后产蛋很难到达原来的水平，且蛋壳变化较大，无壳蛋、软皮蛋、畸形蛋增多。能量缺乏引起的产蛋下降：无其他明显的临床症状，一般产蛋下降 10% 左右，多在变更饲料 7～10 天后开始出现下降，越是产蛋高峰的鸡产蛋下降越严重，老龄鸡下降较小，改善饲料质量可逐渐恢复。

六、防治措施

（1）建立良好的"生物安全体系"，防止从疫区引进种蛋和鸡苗。种鸡发病期间产的种蛋不能用于孵化。

（2）做好免疫工作，增强特异性抵抗力。鸡体对本病的免疫力主要是体液免疫，免疫接种主要使用活毒苗，也可使用油乳剂灭活苗加强免疫。

①疫苗的种类及免疫方法：

活毒苗：分单苗和二联苗，疫苗一般用 1143 毒株制成，属嗜肠道型，单苗适于饮水或刺种免疫。禽脑脊髓炎—鸡痘二联活苗为翼膜刺种免疫。

灭活苗：主要为油乳剂灭活苗或联苗。

②免疫程序

蛋鸡父母代：75～90 日龄用活毒苗 1 羽份饮水或刺种。严重流行地区再于 100～130 日龄肌肉注射油乳剂灭活苗 0.5 ml/羽。

肉鸡父母代：90～110 日龄用活毒苗 1 羽份饮水或刺种，严重流行地区再于 140～160 日龄肌肉注射油乳剂灭活苗 0.7 ml/羽。

商品蛋鸡：70～90 日龄用禽脑脊髓炎活毒苗按每只鸡 1 羽份刺种或饮水免疫一次即可。

（3）免疫注意事项

①脑脊髓炎活苗病毒对雏鸡有一定的致病性，产蛋期接种又可经卵垂直传播。所以免疫接种应该在 12～14 周，不能过早（如 10 周内）也不能晚于开产前 3～4 周。

②脑脊髓炎活毒疫苗免疫后有 1 个多月的排毒期，污染饲养场所，疫苗毒对 3 周以下的雏鸡及成年鸡均有一定的致病性。所以免疫时要注意隔离，对接种用具及疫苗瓶等须认真消毒，没有发生脑脊髓炎的地方慎用活毒苗，可采用油剂苗。

③种鸡免疫脑脊髓炎活毒苗 4 周内所产的种蛋不能进行孵化。

④选用的脑脊髓炎疫苗必须选择 SPF 鸡胚生产。

⑤脑脊髓炎活毒苗与其他活毒苗不要同时接种，应间隔 7～10 天，以免相互干扰。

（4）发病鸡群的处理

①淘汰发病和发育不良的鸡雏。

②饲料中添加抗生素和病毒灵可缓解病情。

③产蛋鸡发病后 3 周左右可自然恢复，无需药物治

鸡马立克氏病（Marek's Disease；MD）

鸡马立克氏病是由 Ⅱ 群疱疹病毒引起鸡的一种肿瘤性疾病。主要特征是鸡的外周神经、性腺、内脏、眼的虹膜、肌肉和皮肤等部位发生淋巴细胞浸润和形成肿瘤病灶。本病多发于 2 月龄以上的鸡。

一、病原学

1. 分类与形态：鸡马立克氏病毒是一种细胞结合性疱疹病毒，属于疱珍病毒科中的 Ⅱ 群疱疹病毒。分三个血清型：血清 1 型为弱毒 MDV、中等致病力 MDV、高致病力（vMDV）、超强毒 MDV（vvMDV）；血清 2 型为从鸡和火鸡体内分离的天然非致瘤疱疹毒株；血清 3 型为火鸡疱疹病毒（HVT）。马立克氏病毒有两种存在形式，即无囊膜的裸体病毒粒子和有囊膜的完整病毒粒子。前者直径为 85～100 nm，有严格的细胞结合性，结合在鸡的肿瘤细胞及其它细胞中，与细胞共存亡，一旦离开活体组织和细胞，其致病性会显著下降或丧失；后者直径为 273～400 nm，羽囊上皮细胞中带有大量有囊膜的病毒

粒子，这些有囊膜的完整病毒粒子常被病鸡脱落的上皮组织保护，随皮屑灰尘散播，在鸡舍中存活时间较长，室温下能存活 16 周以上，对常用的消毒药有较强的抵抗力，需要较大的浓度和较长时间才能将其杀死，是马立克氏病最重要的传播途径

2. 病毒毒力的进化：马立克氏病毒随着环境污染的加重和疫苗的广泛使用，在免疫选择压力的作用下，马立克氏病毒向毒力增强方向演化。

二、流行特点

（1）主要感染鸡，野鸡、雉鸠、火鸡、鹌鹑、鹦鹉、鸽、鸭、鹅等也可感染。

（2）本病多发于 2 月龄以上的鸡，发病高峰在 100 日龄左右。

（3）本病主要通过吸入含有病毒的羽毛、病鸡脱离的皮屑等污染物经呼吸道感染，也可通过采食病鸡粪便及分泌物污染的饲料和饮水等经消化道感染，病鸡和带毒鸡（尤以 5～18 周龄鸡排毒率最高）是主要传染源。

（4）本病不经种蛋垂直传播，但若蛋壳表面被污染，则可能成为雏鸡早期感染的重要原因。

（5）本病的发病率和死亡率受许多因素影响，如感染病毒的毒力、剂量、感染途径、受感染鸡的日龄、性别、遗传特性及其他应激因素。

（6）本病对 1 周龄内的雏鸡最易感，随着日龄的增长，易感性逐渐降低。1 日龄的雏鸡比成鸡（14～26 周龄）的易感性大 1000～10000 倍，且母鸡比公鸡易感性高。

（7）我国对商品白羽肉食鸡一直未采取免疫预防措施，但近年来，马立克氏病对商品肉食鸡的危害逐渐加重。在一些污染严重地区的肉鸡群，鸡马立克氏病死亡率达 3%～20%，胴体废弃率达 10% 以上。

三、临床诊断

（1）脏型：病鸡表现为精神不振，呆立，对外界刺激反应迟钝，采食量减少，极度消瘦，面色苍白，下痢，有时不表现症状而突然死亡。

（2）神经型：病鸡瘫痪，腿麻痹，多呈劈叉状。单侧麻痹时，麻痹的腿温度低于另一侧。有的病鸡双腿麻痹，脚趾弯曲，似维生素 B2 缺乏症，此症状多出现在 120～140 日龄的鸡。病鸡出现临床症状后，一般经 10 天左右死亡。有的病鸡头颈歪斜、低垂，嗉囊麻痹或扩张，俗称"大嗉子"。翅膀麻痹下垂，俗称"穿大褂"。

（3）眼型：虹膜增生褪色，俗称"白眼病"、"灰眼病"，瞳孔收缩，边缘不整，似锯齿状，出现单侧或双侧视力丧失，常因采食困难而消瘦衰竭。

（4）皮肤型：病鸡毛囊增生，硬度增加，个别鸡皮肤上出现弥漫性结节或大小不等的肿瘤。

（5）混合型：为同时发生上述 2 种或多种病型。

（6）肉食鸡感染马立克氏强毒或超强毒时，特别是在一周龄内感染，主要引起鸡群生长缓慢（僵鸡）、消瘦瘫痪、造成免疫抑制，抗病力下降，从而导致大肠杆菌，新城疫，慢性呼吸道病以及其他一些传染病发生。抗生素和疫苗使用效果差，死亡率增高。有少数鸡在出栏前有马立克氏病的病理变化。

四、解剖学诊断

（1）坐骨神经、翼神经、颈神经等出现单侧性或双侧性肿胀变粗，肿胀神经是正常神经的2～3倍。神经纤维横纹消失，呈灰白色或黄白色，有的神经上有明显的结节。

（2）心、肝、脾、肾、胰脏、肠系膜表面可见大小不等、形状大小不一的单个或多个白色结节状肿瘤。肿瘤质地坚实，稍突出于脏器表面，切面平整，呈油脂状。

（3）腺胃壁增厚，乳头融合肿胀，有出血或溃疡。肠壁增厚，形成局部性肿瘤。卵巢肿大、肉变，呈菜花状。

（4）法氏囊和胸腺萎缩，一般不引起法氏囊肿瘤，偶见弥漫性肿大。

（5）皮肤病变多发于毛囊部，呈孤立的或融合的白色隆起结节，严重时呈疥癣样。

（6）肌肉上的病变多在胸肌，有灰白色大小不等的肿瘤结节。

五、防治措施

（1）加强孵化室的卫生消毒工作和育雏期的饲养管理（鸡马立克氏病有日龄抵抗力，日龄越小，易感性越高。控制鸡马立克氏病最重要的是控制早期感染）。

（2）育雏场要与产蛋鸡场、育成鸡场分开设立，或在鸡场有特定的、隔离较好的育雏区域（一般鸡马立克氏病疫苗产生坚强免疫力需1～2周，在产生免疫力之前要进行严格的隔离饲养，防止马立克氏病毒的早期感染）。

（3）马立克氏病的免疫是一种占位免疫。虽然免疫了疫苗，却不能阻止野毒的感染和排毒，但可防止发病。出壳雏鸡24小时内，每羽注射2000以上蚀斑单位的CV1988液氮苗或4000以上蚀斑单位HVT冻干苗。稀释后的疫苗应在0.5～1小时内用完。个别污染严重的鸡场，可在出壳1周内用马立克氏冻干苗进行二免。一般认为，二免效果不确切。对大型养殖场也可采用胚胎免疫，即在18～20日龄胚胎进行MD疫苗免疫注射。

（4）日前我国使用的疫苗主要有液氮苗和冻干苗两种，冻干苗为火鸡疱疹病毒HVT-FC126疫苗。用于制备液氮苗的毒株有荷兰CV1988、SB1株、301B/1株、Z4株等。我国使用的液氮苗主要为CV1988单苗或CVI988＋HVT二价苗。冻干苗使用方便，易保存，能防止肿瘤形成，但不能预防超强毒的感染，易受到母源抗体的干扰，造成免疫失败。液氮苗可以预防超强毒的感染，受母源抗体干扰小，一般5～6天产生免疫保护，但液氮苗的保存和使用技术要求较高。

（5）发生马立克氏病的鸡场或鸡群，必须拣出并淘汰病鸡。特别是种鸡场，应严格做好检疫工作，发现病鸡应立即淘汰，以切断传染源。

（6）免疫失败的原因及防治方法

①疫苗保存和使用不当：疫苗应保存在液氮面以下，疫苗取出后立即放入25℃～37℃水中10秒钟左右（或按说明书使用），使病毒复苏，随即加入稀释液中，从解冻到稀释不超过90秒。

疫苗注射时应经常摇动，使其均匀，1小时内用完。同时注意注射器皿的消毒，防止绿脓杆菌、大肠杆菌等感染。商品HVT疫苗每个剂量一般含1500～1700个蚀斑单位，但在保存、稀释、使用时造成部分损失，导致免疫剂量不足，实际使用时应按说明量的2～3倍使用。但液氮苗一般不须加倍使用。

②早期感染：鸡马立克氏病疫苗免疫最快需5～6天才能产生免疫力，同时雏鸡对马立克氏病毒的易感性较高，因此，要进行早期隔离饲养，避免早期感染。

③母源抗体的干扰：冻干苗受到母源抗体的干扰较大。因此，免疫时要增加免疫剂量或使用液氮苗。

④超强毒的存在：应使用CVI988单苗或CV1988＋HVT二价苗进行免疫接种，才能预防超强毒株的感染发病。

⑤免疫抑制和应激：鸡传染性法氏囊病、鸡传染性贫血、网状内皮增生症、球虫病、霉菌毒素以及各种应激因素均可使鸡对马立克氏病的免疫保护力下降，导致马立克氏病的免疫失败。在饲养过程中应注意对这些疾病的防治，同时尽量避免各种应激反应。

（7）提倡用MD疫苗免疫商品代肉食鸡，以减少损失和降低环境中MDV的污染。

鹅口疮（Thrush）

鹅口疮又名家禽念珠菌病或霉菌性口炎，主要由白色念珠菌所致家禽上消化道的一种霉菌病，特征是上消化道黏膜发生白色的假膜和溃疡。

一、病原学

白色念珠菌（Candida albicans）是半知菌纲中念珠菌属的一种。此菌在自然界广泛存在，在健康的畜禽及人的口腔、上呼吸道和肠道等处寄居。

本菌为类酵母菌，在病变组织及普通培养基中皆产生芽生孢子及假菌丝。出芽细胞呈卵圆形，似酵母细胞状，革兰氏染色阳性。假菌丝是由细胞出芽后发育延长而成。本菌为兼性庆氧菌，在沙堡弱氏培养基上经37℃培养1～2日，生成酵母样菌落，呈乳脂状半球形菌落，略带酒酿味。其表层多为卵圆形酵母样出芽细胞，深层可见假菌丝。在玉米琼脂培养基上，室温中经3～5日，可产生分枝的菌丝体、厚膜孢子及芽生孢子，而非致病性念珠菌均不产生厚膜孢子。该菌能发酵葡萄糖和麦芽糖，对蔗糖、半乳糖产酸，不分解乳糖、菊糖，这些特性有别于其他念珠菌。

二、流行病学

本病主要见于幼龄的鸡、鸽、火鸡、鹅，野鸡、松鸡，鹌鹑也有报道，仔猪、犊和驹较少见，人也可被感染。实验动物中兔和豚鼠人工感染都易成功。幼禽对本病易感性比成禽高，且发病率和病死率也高。鸡群中发病的大多数为两个月内的幼鸡。

病鸡的粪便含有多量病菌，污染垫料、饲料和环境。通过消化道传染，黏膜损伤有利病原体侵入。但内源性感染不可忽视，如营养缺乏、长期应用广谱抗生素或皮质类固醇，饲养管理卫生条件不好，以及其他疫病使机体抵抗力降低，都可以促使本病发生。本病还可能通过蛋壳传染。

三、症状和病变

病禽生长发育不良，精神委顿，嗉囊扩张下垂、松软，羽毛粗乱，逐渐瘦弱死亡，无特征性临诊症状。在口腔黏膜上，开始为乳白色或黄色斑点，后来融合成白膜，如干酪样的典型"鹅口疮"，用力撕脱后可见红色的溃疡出血面。这种干酪样坏死假膜最多见于嗉囊，表现黏膜增厚，形成白色、豆粒大结节和溃疡（其上覆盖一层白色或黄色的假膜）。在食道、腺胃等处也可能见到上述病变。

四、诊断

病禽上消化道黏膜的特征性增生和溃疡灶，常可作为本病的诊断依据。确实诊断必须采取病变组织或渗出物作抹片检查，观察酵母状的菌体和假菌丝，并作分离培养，特别是玉米培养基上能鉴别是否为病原性菌株。必要时取培养物，做成1‰菌悬液1 ml给家兔静脉注射，约4～5日即死亡，可在肾皮质层产生粟粒样脓肿；皮下注射可在局部产生脓肿，在受害组织中出现菌丝和孢子。

五、防制措施

本病与卫生条件有密切关系，因此，要改善饲养管理及卫生条件，室内应干燥通风，防止拥挤、潮湿。种蛋表面可能带菌，在孵化前要消毒。

发现病鸡应立即隔离，消毒。饲养人员应注意防护，因本病可引起人的鹅口疮（主要是婴儿）、阴道炎、肺念珠菌病和皮炎等。大群治疗，可在每千克饲料中添加制霉菌素50～100 mg，连喂1～3周。此外，曲古霉素、两性霉素B等控制霉菌药物也可应用。

个别治疗，可将鸡口腔假膜刮去，涂碘甘油。嗉囊中可以灌入数毫升2‰硼酸水。饮以0.5‰硫酸铜液，盛放在陶器上喂给。

本病最早（1932）发现于美国纽约州的长岛，其后在英国、加拿大、苏联、澳大利亚等国发生。我国于1982年首次报道本病的发现，目前各养鸭省区均有发生，发病率与死亡率均甚高，是危害养鸭业的主要传染病之一。病原为鸭疫巴氏杆菌（Pasteurella anatipestifer），是革兰氏阴性小杆菌，无芽孢，不能运动，有荚膜，涂片经瑞氏染色，呈两极浓染，初次分离，将病料（心血、肝、脑）接种于胰蛋白胨大豆琼脂（TSA）或巧克力琼脂平板，在含有CO_2的环境中培养，生成的菌落表面光滑、稍突起、圆形，直径约1～1.5 mn，若继续培养菌落稍大，可达2 mm。不能在普通琼脂与麦康培养基上生长。本菌不发酵碳水化合物，但少数菌株对葡萄糖、果糖、麦芽糖或肌醇发酵。不产生吲哚和硫化氢，不还原硝酸盐。在室温下，大多数鸭疫巴氏杆菌菌株在固体培养基上存活不超过3～4天。4℃条件下，肉汤培养物可存活2～3周。欲长期保存菌种需冻干。

本菌对氯霉素和二甲氧甲基苄氨嘧啶甚敏感。

到目前为止共发现有12个血清型。我国经初步调查，均属Ⅰ型。

流行病学1～8周龄的鸭对自然感染均易感，但以2～3周龄的小鸭最易感。1周龄以下或8周龄以上的鸭极少发病。除鸭外，火鸡、鹅、雏鸡、鹌鹑以及鸡亦可感染发病，但少见。

本病四季均可发生，由于育雏的季节性或常年育雏，则发病的季节也有差异。本病主要经呼吸道或通过皮肤伤口（特别是脚部皮肤）感染而发病。恶劣的饲养环境，如育雏鸡密度过大，空气不流通，潮湿，过冷过热以及饲料中缺乏维生素或微量元素和蛋白水平过低等均易造成发病或发生并发症。死亡率差异较大，5%～75%不等。

症状急性病例多见于2～4周龄小鸭，临诊表现为倦怠，缩颈，不食或少食，眼鼻有分泌物，淡绿色腹污，不愿走动或行动跟不上群，运动失调，濒死前出现神经症状；头颈震颤，角弓反张，尾部轻轻摇摆，不久抽搐而死，病程一般为 1～3 天，幸存者生长缓慢。

日龄较大的小鸭（4～7 周龄）多呈亚急性或慢性经过，病程达 1 周或 1 周以上。病鸭有时出现头颈歪斜，遇有惊扰时不断鸣叫，颈部弯转 90 度左右，转圈或倒退运动。这样的病例能长期存活，但发育不良。最明显的眼观病变是纤维素渗出物，它可波区全身浆膜面，以及心包膜、肝脏表面以及气囊。类似的病变亦见于火鸡和其他禽类。在渗出物中除纤维素外，尚有少量炎性细胞，主要是单核细胞和异嗜细胞。渗出物可部分地机化或干酪化，即构成纤维素性心包炎、肝周炎或气囊炎。中枢神经系统感染可出现纤维素性脑膜炎。少数病例见有输卵管炎，即输卵管膨大，内有干酪样物蓄积。慢性局灶性感染常见于皮肤，偶尔也出现在关节。皮肤病变多在背下部或肛门周围的坏死性皮炎，皮肤或脂肪呈黄色，切面呈海绵状，似蜂窝织炎变化、跗关节肿胀，触之有波动感，关节液增量，乳白黏稠状。

六、诊断

根据临诊症状和剖检变化可做出初步诊断，但确诊必须进行微生物学检查。

细菌的分离与鉴定，无菌操作采取心血、肝或脑等病变材料，接种于 TSA 培养基或巧克力培养基上，在含 CO_2 的环境中培养 24～48 小时后，观察菌落形态与做纯培养，对其若干特性进行鉴定。如果有标准定型血清，可采用玻片凝集或琼扩反应进行血清型的鉴定。

鸭病毒性肝炎（Duck Virus Hepatitis）

鸭病毒性肝炎是小鸭的一种高度致死性的病毒性传染病。病的特征是发病急，传播快，死亡率高，临诊表现角弓反张，病理变化为肝炎和出血。本病常给养鸭场造成重大的经济损失。

本病最先在美国发现，并首次用鸡胚分离到病毒。其后在英国、加拿大、德国等许多养鸭国家陆续发现本病，我国部分省市和地区亦有本病的发生并呈上升趋势。

一、病原学

病原为鸭肝炎病毒（Duck hepatitis virus，DHV），病毒大小约 20～40 nm。感染细胞在电镜下观察，病毒在胞浆中呈晶格排列。病毒对氯仿、乙醚、胰蛋白酶和 pH3.0 均有抵抗力。在 56℃加热 60 分钟仍可存活，但加热至 62℃30 分钟即被灭活。病毒在 1%福尔马林或 2%氢氧化钠中 2 小时（15℃～20℃），在 2%漂白粉溶液中 3 小时，0.2%福尔马林 37℃30 分钟均可使病毒灭活。

在自然环境中，病毒可在污染的孵化器内至少存活 10 周，在阴凉处的湿粪中可存活 37 天以上，在 4℃条件下可存活 2 年以上，在－20℃条件下则可长达 9 年。

本病毒有三个血清型，即Ⅰ、Ⅱ、Ⅲ型。我国流行的鸭肝炎病毒血清型为Ⅰ型，是否有其他型，目前尚无全面的调查和报道。据国外的研究报告，以上三型病毒在血清学上有着明显的差异，无交叉免疫性。此外，这一病毒不能与人和鸭的病毒性肝炎的康复血清发生中和反应，与鸭乙型肝炎病毒（DHBV）没有亲缘关系。

Ⅰ型鸭肝炎病毒能在 9 日龄鸡胚的尿囊腔中增殖，10％～60％的鸡胚在接种病毒后 5 天或 6 天死亡，鸡胚发育不良或水肿。病毒经在鸡胚连续传代 20～26 代后，即失去对新生雏鸭的致病力，此种鸡胚适应毒在鸭胚成纤维细胞上培养，可产生细胞病变。鸭胚肝或肾原代细胞均可用来培养Ⅰ型鸭肝炎病毒。

二、流行病学

本病主要感染鸭，在自然条件下不感染鸡、火鸡和鹅。本病的传播主要通过与病鸭接触，经呼吸道也可感染，据推测不发生经蛋的传递。在野外和舍饲条件下，本病可迅速传播给鸭群中的全部的易感小鸭，表明它具有极强的传染性。

传播途径多由发病场或有发病史的鸭场购入带病毒的雏鸭引起。通过人员的参观，饲养人员的串舍以及污染的用具、垫料和车辆等的传播亦属可能，鸭舍内的鼠类在传播病毒的可能性亦不能排除。野生水禽可能成为带毒者，成年鸭感染不发病，但可成为传染来源。

雏鸭的发病率与病死率均甚高，1 周龄内的雏鸭病死率可达 95％，1～3 周龄的雏鸭病死率为 50％或更低，4～5 周龄的小鸭发病率与病死率较低。

本病一年四季均可发生，但主要在孵化季节，我国南方多在 2～5 月和 9～10 月间，北方多在 4～8 月间，然而在一些养肉鸭的舍饲条件下，可常年发生，无明显季节性。饲养管理不当，鸭舍内湿度过高，密度过大，卫生条件差，缺乏维生素和矿物质等都能促使本病的发生。

三、临床症状

本病发病急，传播迅速，一般死亡多发生在 3～4 天内。雏鸭初发病时表现精神萎靡，缩颈，翅下垂，不爱活动，行动呆滞或跟不上群，常蹲下，眼半闭、厌食、发病半日到 1 日即发生全身性抽搐，病鸭多侧卧，头向后背，故称"背脖病"，两脚痉挛性地反复踢蹬，有时在地上旋转。出现抽搐后，约十几分钟即死亡。喙端和爪尖瘀血呈暗紫色，少数病鸭死前排黄白色和绿色稀粪。雏鸭疾病严重暴发时，死亡速度之快是惊人的。

四、病理剖检

主要病变在肝脏：肝肿大，质脆，色暗或发黄，肝表面有大小不等的出血斑点，胆囊肿胀呈长卵圆形，充满胆汁，胆汁呈褐色、淡茶色或淡绿色。脾有时见有肿大呈斑驳状。许多病例肾肿胀与充血。组织学变化的特征是肝组织的炎性变化；急性病例肝细胞的变性和坏死，部分肝细胞脂肪变性。幸存鸭只则有许多慢性病变，表现为肝脏的广泛性胆管增生，不同程度的炎性细胞反应和出血。脾组织呈退行性变性和坏死。

五、临床诊断

突然发病，迅速传播和急性经过为本病的特征，病变特点是肝肿胀和出血，据此可疑为本病。一个更敏感可靠的方法是接种 1～7 日龄的敏感雏鸭，复制出该病的典型症状和病变，而接种同一日龄的具有母源抗体的雏鸭（即经疫苗接种的母鸭仔代），则应有80％～100％受到保护，即可确诊。

国外报道用直接荧光抗体技术在自然病例或接种鸭胚的肝脏上进行快捷、准确的诊断。

鉴别诊断时应注意黄曲霉中毒症，该病亦可出现共济失调、抽搐和角弓反张以及胆管增生的显微病变，与病毒性肝炎相似，但不引起肝脏的出血。

六、防制

严格的防疫和消毒制度是预防本病的积极措施；坚持自繁自养和"全进全出"的饲养管理制度是防止疾病传入或扩散的重要措施。

疫苗接种是有效的预防措施，可用鸡胚化鸭肝炎弱毒疫苗给临产蛋种母鸭皮下免疫，共两次，每次 1 ml，间隔两周。这些母鸭的抗体至少可维持 4 个月，其后代雏鸭母源抗体可保持 2 周左右，如此即可渡过最易感的危险期。但在一些卫生条件差，常发肝炎的疫场，则雏鸭在 10～14 日龄时仍需进行一次加强免疫。未经免疫的种鸭群，其后代 1 日龄时经皮下腿肌注射 0.5～1 ml 弱毒疫苗，即可受到保护，发病或受威胁的雏鸭群，可经皮下注射康复鸭血清或高免血清或免疫母鸭蛋黄匀浆 0.5～1 ml，可起到降低死亡率，制止流行和预防发病的作用。

鸭瘟（Duck Plague）

鸭瘟是鸭和鹅的一种急性败血性传染病，其特征为体温升高，两腿麻痹、下痢、流泪和部分病鸭头颈肿大。食道黏膜有小出血点，并有灰黄色假膜覆盖或溃疡，泄殖腔黏膜充血，出血、水肿和假膜覆盖。肝有不规则大小不等的出血点和坏死灶。本病传播迅速，发病率和死亡率都很高，严重地威胁着养鸭业的发展。

早在 1923 年荷兰已有鸭瘟流行，之后发生于印度、比利时、意大利、英国、法国、德国和加拿大，1967 年在美国东海岸流行，称为鸭病毒性肠炎（Duck virus enteritis），我国 1957 年首次报道本病。

一、病原学

鸭瘟病毒（Duck plague virus）病毒粒子呈球形，直径为 120～180 nm，感染的细胞制备超薄切片在电镜下观察，细胞核内病毒粒子为 91 nm，其芯髓直径为 48 nm，胞浆内病毒粒子为 180 nm，芯髓为 75 nm。有囊膜，病毒核酸型为 DNA。胰脂酶可消除病毒上的脂类，使病毒失活。

鸭瘟病毒能在 9～12 日龄鸭胚中生长繁殖和继代，随着继代次数增加，鸭胚在 4～6 天死亡，比较规律。致死的胚体出血、水肿，绒毛尿囊膜上有灰白色坏死灶，肝有坏死灶。病毒也能适应于鹅胚，但不能直接适应于鸡胚，必须在鸭胚和鹅胚传几代后，才能适应于鸡胚。病毒也能适应于鸭胚、鹅胚、鸡胚成纤维细胞培养，在 48 小时滴度最高；接种后 6～8 小时，开始能测出细胞外病毒，60 小时后达到最高滴度。病毒在细胞培养上可引起细胞病变，细胞培养物用吖啶橙染色，可见核内包涵体。病毒连续通过鸭胚、鸡胚和细胞培养传代后，可使毒力减弱，利用上述方法进行弱毒株的培育，可研制疫苗。

本病毒对禽类和哺乳动物的红细胞没有凝集现象。病毒存在于鸭体各器官、血液、分泌物和排泄物中。肝、脑、食道、泄殖腔含毒量最高。病毒毒株间的毒力有差异，但各毒株的免疫原性相似。

病毒对外界的抵抗力不强，加热 80℃经 5 分钟即可死亡；夏季在直接阳光照射下，9小时毒力消失；在秋季（25℃～28℃）直射阳光下 9 小时毒力仍存活。病毒在 4℃～20℃污染禽舍内存活 5 天。但对低温抵抗力较强，在−5℃～7℃经 3 个月毒力不减弱；−10℃～20℃经一年对鸭仍有致病力。病毒对乙醚和氯仿敏感。病毒在 pH7～9 时，经 6 小时不减低毒力；在 pH3 值和 11 时，病毒迅速灭活。

二、流行病学

鸭瘟对不同年龄和品种的鸭均可感染，以番鸭、麻鸭、绵鸭易感性最高，北京鸭次之。在自然流行中，成年鸭和产蛋母鸭发病和死亡较为严重，一个月以下雏鸭发病较少。但人工感染时，雏鸭很易感，死亡率也很高。这是因为成年鸭在放牧时，受传染的机会较多。在自然情况下，鹅和病鸭密切接触也能被感染发病，在有些地区可引起流行。人工感染雏鹅，尤为敏感，死亡率也高。人工感染中野鸭和雁对本病有易感性；鸡对鸭瘟抵抗力强，但 2 周龄的雏鸡，可以人工感染发病。鸭瘟病毒适应于鸡胚后，对鸭失去致病力，但对 1 日龄至 1 月龄雏鸡的毒力大大提高，其死亡率甚高。鸽、麻雀、兔、小鼠对本病无易感性。

鸭瘟的传染源主要是病鸭和潜伏期的感染鸭，以及病愈不久的带毒鸭（至少带毒 3 个月）。健康鸭和病鸭在一起放牧，或是在水中相遇，或是放牧时通过发病的地区，都能发生感染。被病鸭和带毒鸭的排泄物污染的饲料、饮水、用具和运输工具等，都是造成鸭瘟传播的重要因素。本病均在低洼多水的地区流行，当新的易感鸭群到达污染水域往往造成鸭瘟流行。某些野生水禽感染病毒后，可成为传播本病的自然疫源和媒介。此外，在购销和大批调运鸭群时，也常会使本病自一个地区传至其他地区。鸭瘟的传播途径主要是消化道，他还可以通过交配、眼结膜和呼吸道传染，吸血昆虫也可能成为本病的传播媒介。人工感染时，经滴鼻、点眼、泄殖腔接种、皮肤刺种、肌肉和皮下注射均可使健康鸭致病。

鸭瘟在一年四季都可发生，但一般以春夏交替之际和秋季流行最为严重。因为此时是鸭群放牧和大量上市的时节，饲养量多，各地鸭群接触频繁，如检疫不严格，容易造成鸭瘟的发生和流行。当鸭瘟传入一个易感鸭群后，一般在 3～7 天开始出现零星病例，再经 3～5 天陆续出现大批病鸭，疾病进入流行发展期和流行盛期。整个流行过程一般为2～6 周。如果鸭群中有免疫鸭或耐过鸭时，流行过程较为缓慢，流行期可达 2～3 个月甚至更长。

三、临床症状

自然感染的潜伏期一般为 3～4 天，人工感染的潜伏期为 2～4 天。病初体温升高（43℃以上），呈稽留热。这时病鸭表现精神委顿，头颈缩起，食欲减少或停食，渴欲增加，羽毛松乱无光泽，两翅下垂，两脚麻痹无力，走动困难，严重的见病鸭静卧地上不愿走动。驱赶时，则见两翅扑地而走，走不了数步又蹲伏于地上。当病鸭两脚完全麻痹时，伏卧不起。病鸭不愿下水池，如强迫赶它下水，漂浮水面并挣扎回岸。

流泪和眼睑水肿是鸭瘟的一个明显症状，病初流出浆性分泌物，眼周围的羽毛沾湿，以后变黏性或脓性分泌物，往往将眼睑粘连而不能张开。严重者眼睑水肿或翻出于眼眶外，翻开眼睑见到眼结膜充血或小点出血，甚至形成小溃疡。自然病例和人工感染时，都见有部分病鸭的头颈部肿胀，俗称为"大头瘟"。此外，病鸭从鼻腔流出稀薄和黏稠的分泌物，呼吸困难，呼吸时发出鼻塞音，叫声嘶哑，个别病鸭有频频咳嗽。同时病鸭发生下痢，排出绿色或灰白色稀粪，肛门周围的羽毛被污染并结块。泄殖腔黏膜充血、出血、水肿，严重者黏膜外翻。用手翻开肛门时，可见到泄殖腔黏膜有黄绿色的假膜，不易剥离。

病程一般为2~5天，慢性可拖至一周以上，生长发育不良。病鸭的红细胞和白细胞均减少，感染发病后24~36小时，血清白蛋白显著降低。

自然条件下鹅感染鸭瘟，其临诊特征为体温升高42.5℃~43℃，两眼流泪，鼻孔有浆性和黏性分泌物。病鹅的肛门水肿，严重者两脚发软，卧地不愿走动。食道和泄殖腔黏膜有一层灰黄色假膜覆盖，黏膜充血或斑点状出血和坏死。

四、病理剖检

鸭瘟是一种急性败血性疾病，眼观变化见败血症的病变，体表皮肤有许多散在出血斑，眼睑常粘连一起，下眼睑结膜出血或有少许干酪样物覆盖。部分头颈肿胀的病例，皮下组织有黄色胶样浸润。食道黏膜有纵行排列的灰黄色假膜覆盖或小出血斑点，假膜易剥离，剥离后食道黏膜留有溃疡斑痕，这种病变具有特征性。有些病例腺胃与食道膨大部的交界处有一条灰黄色坏死带或出血带。肠黏膜充血、出血，以十二指肠和直肠最为严重。泄殖腔黏膜的病变与食道相同，也具有特征性，黏膜表面覆盖一层灰褐色或绿色的坏死结痂，黏着很牢固不易剥离，黏膜上有出血斑点和水肿，具有诊断意义。产蛋母鸭的卵巢滤泡增大，有出血点和出血斑，有时卵泡破裂，引起腹膜炎。肝脏不肿大，肝表面和切面有大小不等的灰黄色或灰白色的坏死点。少数坏死点中间有小出血点，这种病变具有诊断意义。雏鸭感染鸭瘟病毒时，法氏囊呈深红色，表面有针尖状的坏死灶，囊腔充满白色的凝固性渗出物。

鹅感染鸭瘟病毒后的病变与鸭相似，食道黏膜上有散在坏死灶，坏死痂脱落而留有溃疡，肝也有坏死点和出血点。组织学变化，以血管壁损伤为主，小静脉和微血管明显受损，管壁内皮破裂。具有特征性组织学变化，见坏死的肝细胞发生明显肿胀和脂肪变性，肝索结构破坏，中央静脉红细胞崩解，血管周围有凝固性坏死灶，肝细胞间有核内包涵体。脾窦充满红细胞，血管周围有凝固性坏死。食道和泄殖腔黏膜上皮细胞坏死脱落，黏膜下层疏松、水肿，有淋巴样细胞浸润。胃肠道黏膜上皮细胞见有核内包涵体。

五、临床诊断

根据流行病学特点，传播迅速，发病率和病死率高，自然流行除鸭、鹅有易感外，其他家禽不发病。特征性症状，体温升高、流泪、两腿麻痹和部分病鸭头颈肿胀。有诊断意义的病变，见食道和泄殖腔黏膜特征性病变和肝脏坏死灶及出血点。以上三方面进行综合分析，即可做出诊断。病毒分离鉴定和中和试验可作出确诊。

鸭瘟和鸭出败某些症状很相似，应注意鉴别诊断。鸭出败一般发病急、病程短，除鸭、鹅外，其他家禽也能被感染发病，头颈不肿胀。食道和泄殖腔黏膜无假膜。取病鸭或病死鸭的心血和肝作抹片，经瑞氏染色镜检，可见到两极着色的巴氏杆菌。磺胺类药和抗生素有很好疗效，但对鸭瘟没有效果。在鸭瘟流行中常并发巴氏杆菌病，因此查到巴氏杆菌时，如应用抗生素和磺胺类药治疗无效者，应考虑两种病并发感染。

六、防制

病愈和人工免疫的鸭均获得坚强免疫力，目前使用的疫苗有：鸭瘟鸭胚化弱毒苗和鸡胚化弱毒苗。雏鸭 20 日龄首免，4～5 月后加强免疫 1 次即可。3 月龄以上鸭免疫 1 次，免疫期可达一年。不从疫区引进鸭，如需引进时，要严格检疫。要禁止到鸭瘟流行区域和野水禽出没的水域放牧。一旦发生鸭瘟时，应立即采取隔离和消毒措施，对鸭群用疫苗进行紧急接种。要禁止病鸭外调和出售，停止放牧防止病毒扩散。在受威胁区内，所有鸭和鹅应注射鸭瘟弱毒疫苗，母鸭的接种最好安排在停产时或产蛋前一个月。

鸡传染性腺胃炎（Infectious Proventriculitis）

鸡传染性腺胃炎多发生于 30～80 日龄的鸡。主要特征为病鸡生长阻滞，消瘦死亡，腺胃肿大、出血，胸腺、法氏囊萎缩。本病的病因尚未确定，可能是一种免疫抑制性疾病。

一、病因

（1）鸡痘尤其是眼型鸡痘（以瞎眼为特征），是传染性腺胃炎发病很重要的病因。鸡痘发病严重季节，传染性腺胃炎发病也非常严重。近几年传染性腺胃炎主要发生在 8～11 月份。很多鸡群都是先发生鸡痘后继发传染性腺胃炎，造成很高的死亡率，并且药物治疗效果不理想。另外不明原因的眼炎：如传染性支气管炎（IBV）、传染性喉气管炎（ILTV）、各种细菌、维生素 A 缺乏或通风不良引起的眼炎，都会加重传染性腺胃炎的发病。

（2）一些垂直传播的病原或污染了特殊病原的马立克氏病疫苗，很可能是该病发生和流行的主要病因。如鸡网状内皮增生症（REV）、鸡贫血因子（CAV）等。

二、流行特点

（1）病日龄多集中在 30～80 日龄，个别鸡群在 80 日龄以上和 20 日龄以内发病，病程长，可达 20～60 天。

（2）不能发生水平传播或水平传播很弱（即不能同居感染）。很多鸡场同一日龄两批不同品种或不同来源鸡苗，一批发病，一批不发病。即使放在同一笼内也不能互相感染。

三、临床诊断

（1）群多在 30～80 日龄发病。鸡群发病之前，一般都生长良好。感染初期，临床上不易发现，鸡群食欲、精神无明显异常，仅表现为生长缓慢，病鸡打盹。感染后10～15天，出现食欲减退，体重无增长，甚至下降，逐渐消瘦。发病鸡的体重仅为同批正常鸡的1/3～1/2，发病鸡群的体重离散度大，很像不同日龄的鸡组成的鸡群。病程长，每天都有一定比例的死亡，死淘率为10%～50%，混合感染时死亡率更高。

（2）有些鸡群表现严重的贫血、咳嗽、甩鼻等呼吸道症状。部分病鸡肿眼流泪。

四、解剖学诊断

（1）腺胃显著肿大，外观呈球形，半透明状。腺胃乳头水肿、充血、出血或乳头四陷消失，周边出血、坏死或溃疡，乳头流出脓性分泌物。

（2）大多数死亡鸡肌肉苍白；法氏囊萎缩，皱褶消失，呈半透明袋状物。

（3）肠道，尤其是十二指肠肿胀，卡他性炎症，肠道内充满液体。

（4）大约有10%的病鸡肾脏肿大，有尿酸盐沉积。

五、防治措施

1. 建立良好的"生物安全体系"，同时重点做好以下几点

（1）严格控制和检测种鸡群垂直传播的疾病，尤其是从国外引进的种鸡。

（2）选择饲养管理良好的种鸡场引进雏鸡苗，加强育雏的饲养管理，降低饲养密度，保证良好通风换气。加强对鸡痘等疾病的防制，消除营养不良等发病诱因。

（3）建议使用SPF胚源的冻干苗，尤其要注意不能使用被REV污染的马立克氏病液氮苗和鸡痘疫苗。

2. 治疗措施

淘汰消瘦鸡，发病鸡群用2～3倍量鸡新城疫Ⅳ疫苗饮水，同时饮用免力高、速溶多维和青链霉素，以控制鸡新城疫和其他细菌性疾病的继发感染。

※代谢病

脂肪肝综合征（Fatty Liver Hemorrhagic Syndrome；FLHS）

鸡脂肪肝综合征是一种肝脏中沉积大量脂肪而引起的肝脏变脆、易碎的一种营养代谢性疾病。

一、病因

（1）摄入高能日粮，造成脂肪在肝脏中的大量沉积。

（2）日粮中缺之蛋氨酸、胆碱、维生素B12等嗜脂因子，导致脂肪代谢障碍。在正常情况下这些因子能够防止中性脂肪在肝脏内沉积，如果这类嗜脂因子含量低时，会造成肝脏的脂肪浸润。

（3）日粮中含有大量的杂粮，如菜籽柏、棉粕等或含有酸败物质和霉菌毒素造成肝脏的损害。

（4）高产蛋鸡与高雌激素活性有关，雌激素又可刺激肝脏中的脂肪合成。

(5) 鸡体缺乏运动也是诱发因素，因此笼养鸡比平养鸡多发。

二、临床与解剖学诊断

病鸡外观体况良好，鸡群中有许多鸡是过度肥胖的，体重比正常鸡高出 25％～30％，个别鸡突然死亡，产蛋量下降。

剖检病变：切开皮肤可见皮下脂肪沉积；腹腔和肠系膜均有过量的脂肪沉积；肝肿大，边缘钝圆，呈黄色油腻状，质脆，易碎如泥，肝脏周围有血凝块。

三、防治措施

(1) 合理搭配饲料，防止鸡过肥。

(2) 饲料中要有足够的嗜脂因子，如维生素 E、生物素、胆碱、维生素 B 族、蛋氨酸等，产蛋鸡需要维生素 E 为每千克饲料 5 国际单位，应激时为 20 国际单位。日粮中添加生物素制剂可预防本病，产蛋鸡为 0.1～0.5 mg/kg 胆碱需要量，日粮中不能少于 900 mg/kg。日粮中严禁使用大量的杂粕，严禁使用霉变和酸败的饲料。

啄　癖

啄癖也称异食癖、恶食癖、互啄癖，是因管理不善、营养缺乏及其代谢障碍所致的一种综合征。各日龄、各品种鸡均能发病，鸡群一旦发生互啄以后，即使激发因素消失，往往也将持续这种恶癖，致鸡伤、残、死，从而造成不小的经济损失。

一、病因

啄癖发生的原因很复杂，主要包括管理、营养、疾病和激素等因素。

(1) 管理因素：鸡舍潮湿，温度过高，通风不畅，有害气体浓度高，光线太强，密度过大，外寄生虫侵扰，限制饲喂，垫料不足，断喙不良等。

(2) 营养因素：日粮营养不全价，蛋白质含量偏少，氨基酸不平衡，粗纤维含量过低，维生素及矿物质缺乏，食盐不足等。全价日粮颗粒料比粉料更易引起，笼养、网养比地面平养更易引起。

(3) 疾病因素：法氏囊病、腹泻类疾病、输卵管炎、体外寄生虫侵扰等。

(4) 激素因素：鸡即将开产时血液中所含的雌激素和孕酮，公鸡雄激素的增长，都是促使啄癖倾向增强的因素。

二、临床诊断

(1) 啄肛：啄食肛门及其以下腹部是最严重的一类啄癖，见于高产笼养鸡群或初开产鸡群，诱因是过大的蛋排出时造成脱肛或撕裂，损失的多是高产母鸡或矮胖鸡。也常见于发生腹泻的雏鸡，诱因是肛门带有腥臭粪便。

(2) 啄羽癖：个别自食或相互啄食羽毛或脱落的羽毛，啄得皮肉暴露出血后，发展为啄肉癖，常见于产蛋高峰期和换羽期，多与含硫氨基酸、硫和 B 族维生素缺乏有关。

(3) 啄蛋癖：母鸡刚产下蛋，鸡群就一拥而去啄食，有时产蛋母鸡也啄食自己生的蛋，主要发生在产蛋鸡群，尤其是高产鸡群，发生的原因多由于饲料缺钙或蛋白质含量不足，常伴有薄壳蛋或软壳蛋。

此外，啄趾癖多见于小鸡，啄冠、啄髯多见于公鸡间争斗，啄鳞癖多见于脚部被外寄生虫侵袭而发生病变的鸡等

三、防治措施

防治本病时，首先应了解发病原因，采取相应的防治措施。

（1）及时移走互啄倾向较强的鸡只，单独饲养。隔离被啄鸡只，在被啄的部位涂擦龙胆紫、黄连素和氯霉素等苦味强烈的消炎药物，也可用废机油涂于易被啄部位。

（2）断喙虽然不能完全防止啄癖，但是能减少发生率及减轻损伤。7～10日龄断喙效果较好，70天左右再修喙一次。断喙务求精确，最好请专业人员来做，成功的断喙既可以防止啄癖，又可以减少饲料的浪费。

（3）光照不可过强，以3瓦/平方米的白炽灯照明为光照上限。光照时间严格按饲养管理规程，光照过强，鸡啄癖增多。

（4）降低密度，为鸡只提供足够的空间。加强通风换气，最大限度地降低舍内有害气体含量。严格控制温湿度，避免环境不适而引起的拥挤堆叠，烦躁不安。

（5）提供平衡全价日粮，注意氨基酸的平衡，补喂砂砾，提高消化率。在日粮中添加0.2%的蛋氨酸，能减少啄癖的发生。每只鸡每天补充0.5～3克生石膏粉。缺盐引起的啄癖，可在日粮中添加1.5%～2%食盐，连续3～4天，但不能长期饲喂，以免引起食盐中毒。已形成啄癖的鸡群，可将舍内光线调暗或采用红色光照，也可将瓜藤类、块茎类和青菜等放在舍内任其啄食，以分散其注意力。

热应激（Heat Stress）

家禽对高温非常敏感，发生热应激时，轻者引起生产性能下降，严重的可引起死亡。环境超过35℃时，可发生昏厥，温度超过40℃时可发生大批死亡。

一、病因

（1）外因：环境温度过高，湿度过大，通风不良。

（2）内因：鸡没有汗腺，舍温达到27℃以上时主要靠加速呼吸来完成散热。在高温高湿情况下，这种散热能力明显降低，导致体温升高，进而引起呼吸系统、循环系统和电解质紊乱，引发呼吸性碱中毒，低血钾症，严重时导致死亡。

二、临床诊断

（1）张口喘气，呼吸急促，两翅张开。雏鸡远离热源。

（2）采食下降，饮水增加，粪便呈水样，含未消化的饲料，增重缓慢。产蛋下降，蛋重减小，蛋壳变薄，褪色。种鸡孵化率和受精率下降。

（3）体温急剧上升，呼吸衰竭，死亡。死亡鸡多体重较大，鸡冠发紫，雏鸡的喙发紫。死亡多在下午和晚上，而且多在饱饲后（仔鸡多发）。

三、解剖学诊断

脑膜充血或出血，心外膜出血，卵泡充血，肺脏瘀血、水肿，喉头、气管充血。死亡鸡嗉囊有饲料。

四、防治措施

（1）热季节，采取纵向通风，湿帘降温。

（2）降低饲养密度，淘汰老、弱、病、残和低产鸡。

（3）安装隔热设施和遮阴物，防止盛夏阳光直射。

（4）肉仔鸡早期适应饲养：早期适应饲养能使畜禽增强抗应激能力。可将 5 日龄小鸡饲养于 36℃ 的环境条件下 24 小时，然后饲养于常温下。

（5）为缓解热应激，除有效的降温手段之外，还应作好以下几点：

①保证鸡群采食足够的营养：饲料中添加 2%～3% 的油脂。为刺激鸡群多采食，可在每天较凉爽的时刻饲喂，增加匀料次数。若人工控光，可考虑夜间饲喂。

②提高氨基酸的水平：蛋白质是热利用率较低的一种营养素，在代谢中会释放出更高的热量。配制饲料时可提高必需氨基酸的水平以满足机体蛋白质的需要。

③添加抗热应激药物 Vc150～200 毫克/千克饲料、阿散酸 60 毫克/千克饲料、黄霉素 5 毫克/千克饲料、维吉尼亚霉素 15～20 毫克/千克饲料。

④产蛋鸡保证钙的日进食量 3.5 克和可利用磷 400 毫克。高温应激时，可采用低钙日粮（保证高能日粮），另外单独设一个钙源，以提高钙的摄入量，总钙中至少 50% 由颗粒状钙源提供。

中毒性疾病（Poisoning Diseases）

鸡的中毒性疾病多由于接触或摄入过多的药物、有毒物质等，引起鸡体发生机能性或器质性病理变化，甚至造成鸡的死亡。鸡发生药物中毒有以下几个特点：

（1）发病急，死亡快，群发性强，有用药史。一般个体大的发病率高，病情严重。

（2）中毒病的临床症状多种多样。最常见的症状是病鸡过度兴奋，继之沉郁，最终死亡。

一、食盐中毒

食盐是机体不可缺少的物质之一，适量的食盐有增进食欲，增强消化功能，促进代谢。禽类对食盐十分敏感，尤其是雏鸡。鸡对食盐的需要量占饲料的 0.25%～0.5%，以占 0.37% 为适宜。过量时极易引起中毒，甚至导致死亡。

（一）临床与解剖学诊断

（1）病鸡表现为燥渴而大量饮水和惊慌不安地尖叫。鼻内有大量的黏液流出，嗉囊软肿，拉水样稀粪。运动失调，步态不稳，呼吸困难，抽搐，昏睡，最终死亡。

（2）剖检时可见皮下组织水肿，食道、嗉囊、胃肠黏膜充血出血，腺胃表面形成假膜；血液黏稠，凝固不良；腹腔和心包囊内有积液；心脏有针尖状出血点。

（二）防治措施

1. 发现中毒后应立即停用原有饲料，换无盐的或低盐的易消化饲料，直至康复。

2. 供给病鸡 5% 的葡萄糖或红糖水，病情严重者另加 0.3%～0.5% 的醋酸钾溶液饮水，可逐只灌服。

3. 严格控制饲料中食盐的含量，尤其是对雏鸡。一方面，严格检测饲料、原料、鱼粉或其副产品的盐分含量；另一方面，配饲料用的食盐要粉细，混合均匀。

二、磺胺类药物中毒

磺胺类药物是治疗家禽细菌性疾病和球虫病的常用药物，但是如果用药不当，会引起急性或慢性中毒。

（一）临床诊断

（1）急性中毒主要表现兴奋不安，厌食，共济失调，肌肉颤抖，呼吸加快，短时间内死亡。

（2）慢性中毒表现为厌食或拒食；鸡冠苍白，羽毛松乱，渴欲增加；产蛋鸡产蛋下降，有的产薄壳蛋、软壳蛋、蛋壳粗糙，色泽变淡，有死亡。

（二）解剖学诊断

（1）主要器官均有不同程度的出血。皮下、冠、眼睑有大小不等的斑状出血。胸肌呈弥漫性、斑点状或涂刷状出血，大腿肌肉散在出血斑，肌肉苍白或呈透明样淡黄色；腹部脂肪有出血点；血液稀薄，凝固不良，骨髓黄染。

（2）肝脏肿大，呈紫红色或黄褐色，表面可见少量出血斑点或针头大的坏死灶，坏死灶中央凹陷，呈深红色，周围灰白。

（3）肾脏肿大，土黄色，输尿管变粗，有白色尿酸盐。腺胃和肌胃交界处黏膜有陈旧性出血，腺胃黏膜和肌胃角质膜下有出血点，肌胃角质层易剥离。

（三）防治措施

（1）注意药物的适用症，严格掌握用药量及疗程。一般用药不超过 5 天，拌料要均匀，并配以适当的碳酸氢钠，同时供给充足的饮水。

（2）对 1 周龄以内的雏鸡和产蛋鸡应慎用大剂量的磺胺药。

（3）发现中毒，应立即停药并供给充足的饮水，口服 1% 碳酸氢钠溶液，可配合维生素 C 和维生素 K 进行治疗。

三、呋喃类药物中毒

呋喃类药物临床应用较广的是呋喃唑酮（痢特灵），是人工合成的广谱抗菌药，广泛用于鸡白痢、禽伤寒、副伤寒和球虫病等的治疗。使用药量过大、长期连续用药或饲料搅拌不匀时易引起中毒。

（一）临床诊断

发病快，兴奋不安，张口鸣叫，不食。共济失调，翅膀僵直，用喙尖触地，做旋转运动，无目的地向前奔跑，角弓反张，痉挛等，严重的在飞奔或转圈时突然倒地，抽搐而死。病程较快者在出现症状后 10 多分钟就死亡。慢性中毒者表现为病雏生长停滞。

（二）解剖学诊断

死亡较快的病鸡无肉眼可见的病理变化，只见嗉囊扩张、积食，慢性中毒者口腔黏膜黄染，肠黏膜瘀血、出血，肠管浆膜呈黄褐色。

（三）防治措施

（1）临床使用该类药物时，必须准确计算和控制用量，大群给药时搅拌要均匀，饲喂时间不宜超过 7 天，且在喂药期间，要注意鸡群的反应。预防疾病剂量为 0.01%～0.02%，治疗量不应超过 0.04%。该类药物难溶于水，故不宜饮水用药，否则易引起中毒。

（2）一旦发现中毒，应立即停药，可用 5% 的葡萄糖溶液饮水，同时每只病鸡添加 0.3～0.5 毫克维生素 C，可促其恢复。

（3）呋喃类药物是维生素 B2 的拮抗物，长时间使用呋喃类药物可造成维生素 B2 缺乏加重。

四、喹乙醇中毒

喹乙醇是一种具有抑菌促生长作用的药物，主要用于治疗肠道炎症、痢疾、巴氏杆菌病和促进生长，近年来在养禽业中被广泛使用。最常见的是喹乙醇预混剂（快育灵），即含有 5% 喹乙醇的碳酸钙或玉米粉预混剂。食入过量，易导致家禽血液凝固不良，消化道黏膜糜烂、出血等。

（一）临床诊断

（1）急性中毒：大群采食减少或废绝；精神萎靡，缩头，幼禽畏寒，扎堆；冠髯变为暗红色或黑紫色，喙和趾呈紫色；有的还出现神经兴奋、呼吸急促、乱窜急跑等症状，尖叫而死。大剂量中毒时，可在数小时内发病死亡。

（2）慢性中毒：大群采食饮水精神正常，每天都出现死亡鸡，死亡持续时间可长达 1～2 个月。

（二）解剖学诊断

（1）肌胃角质层易剥离，肌胃角质层下有出血点和出血斑；十二指肠黏膜有弥漫性出血。

（2）心冠脂肪和心肌表面有散在出血点；肝脏肿大，质脆，有出血点，血暗红，胆囊肿大，充满胆汁。法氏囊呈袋状肿大。

（三）防治措施

（1）严格按规定控制饲料中的添加量。作为饲料添加剂，喹乙醇的使用剂量为每千克饲料中添加 20～30 毫克。

（2）饲料添加喹乙醇时，适当添加氯化胆碱可保护肝脏、肾脏等组织，减轻组织损伤，缓解药物的副作用。

（3）一旦发现中毒，立即停止用药（或含药饲料），供给 5% 的硫酸钠水溶液，饮用 1～2 天后，喂用 5% 的葡萄糖水或 0.5% 的碳酸氢钠溶液及适量的维生素 C 饮水。

五、马杜拉霉素中毒

中毒的主要原因是用药剂量过大或拌料不均。对药物的有效成分不了解，如商品名为克球皇、抗球王、杜球、灭球净、杀球王、加福等的有效成分都是马杜拉霉素，如果重复应用这些药物也可引起中毒。

（一）临床与解剖学诊断

轻度中毒，表现为采食减少，互相啄羽，精神沉郁，但死亡较少；严重中毒，鸡表现突然死亡，精神沉郁，鸡脖后扭转圈或两腿僵直后伸，有的胸部伏地，少数鸡兴奋异常，乱扑狂舞，原地转圈，后期两腿瘫痪。剖检可见鸡胸肌、腹肌、腿肌均有不同程度的出血充血，肝肿大，有出血斑点，心表面有出血，肠黏膜弥漫性出血。

（二）防治措施

立即停用马杜拉霉素，改用 5％葡萄糖和维生素 C 饮水；重症鸡肌注维生素 C 注射液；饲料中添加复合维生素。为了防止中毒发生，必须严格控制马杜拉霉素的用药剂量，熟悉含马杜拉霉素药物的商品名，避免造成重复用药。

六、鱼粉中毒

鱼粉中含有引起肌胃糜烂的物质—组织胺。劣质腐败、变质的鱼粉含有较多的组织胺。饲喂变质的鱼粉或超量使用鱼粉时，会引起鱼粉中毒

（一）临床诊断

（1）病鸡精神不振，食欲废绝，羽毛蓬乱，冠和肉髯发绀或苍白贫血。

（2）病鸡腹泻，排黑褐色粪便。

（3）嗉囊膨大，倒提病鸡时，从口中流出黑色液体。

（二）解剖学诊断

（1）鸡体消瘦，口腔黏液增多，食管、嗉囊中有黑褐色液体。

（2）腺胃扩张，胃壁迟缓，黏膜出血，附有大量黑褐色炎性分泌物，肌胃角质层糜烂、溃疡，严重者胃穿孔。

（三）防治措施

（1）加强饲养管理，严禁超量使用鱼粉（一般不超过 6％）或使用劣质鱼粉。

（2）发现本病应采取以下措施：

①立即停喂鱼粉，更换饲料。

②添加维生素复合剂。

七、高氟磷酸氢钙引起的氟中毒

饲料中磷酸氢钙的氟含量超过 0.18％可引起中毒，应用劣质磷酸氢钙或未脱氟的磷酸氢钙，其中氟含量过高；在优质磷酸氢钙中加入高氟磷矿石或石粉等，造成氟含量升高，引起中毒。

（一）临床诊断

生长迟缓，羽毛松乱无光，病鸡站立不稳，行走时双脚向外叉开；跗关节肿大、僵直，严重的可出现跛行或瘫痪。

（二）防治措施

发现氟中毒，应立即停喂含氟高的饲料，在日粮中添加 0.08％的硫酸铝，可减轻氟中毒，同时在饮水中加入多维电解质。

矿物质缺乏征（Mineral Deficiency）

禽所需要的矿物质主要有 14 种，这些矿物质对维持机体生命活动和正常生长繁殖都具有重要作用。各种矿物质元素的吸收和利用有着复杂的内在联系。一种元素过量时，会对另

一种元素以及某些维生素的吸收和利用造成障碍。有的元素过量就会引起中毒和代谢性疾病。

一、钙磷缺乏症

钙磷缺乏症是一种以雏鸡佝偻病、成鸡骨软症为特征的营养代谢病。因为钙磷在骨骼组成、神经系统和肌肉正常功能的维持方面发挥着重要作用，所以钙磷缺乏症是一种重要的营养疾病。

（一）临床诊断

（1）雏鸡典型症状是佝偻病。发病较快，1～4 周龄出现症状。病鸡生长发育和羽毛生长不良，站立不稳，步态蹒跚，易骨折，胸骨变形。

（2）成鸡易发生骨质疏松，骨硬度变差，骨骼变形。腿软，卧地不起，龙骨弯曲，产蛋下降。最先发现症状为蛋的破损率增加。

（3）可见胸骨和肋骨自然骨折，肋骨局部有珠状突出，雏鸡颈骨、股骨头疏松。

（二）防治措施

（1）预防方面，饲料中钙磷含量要满足鸡的需要，而且比例适当，同时补充维生素 D3。

（2）钙磷缺乏症，应立即增加饲料中钙磷含量，调整好比例。补充钙磷可用磷酸氢钙、骨粉、贝壳粉。

二、锰缺乏症

锰缺乏症是因锰缺乏引起的以骨形成障碍、骨短粗、生长受阻为特征的营养缺乏性疾病。因为锰是机体必需的微量元素之一，在体内发挥着重要的作用，与家禽的生长、骨骼的发育和正常生殖能力的维持等方面关系较为密切。

（一）临床诊断

（1）常见症状为骨短粗症，表现为胫跗关节肿大，胫骨远端和跗骨近端向外翻转，腿外展。病鸡常一只腿强直，膝关节扁平，关节面光滑，导致腓肠肌腱从髁部滑脱，腿弯曲扭转，瘫痪，俗称"脱腱症"。病鸡因采食、饮水困难，导致死亡。

（2）成年母鸡产蛋率下降，蛋壳变薄。种蛋孵化率降低，孵出的雏鸡骨软，营养不良，表现为"鹦鹉嘴"。

（二）防治措施

（1）每千克饲料中应含有 40～80 毫克锰，常采用碳酸锰、氯化锰、高锰酸钾作为锰补充剂。

（2）发病鸡每千克日粮中加 0.1 克硫酸锰，也可将 1 克高锰酸钾溶于 20 千克水中，

饮用 7 天。

（3）调整钙、磷、锰的比例和含量，供给足量的 B 族维生素。

三、锌缺乏症

锌缺乏症是由于缺乏锌引起的以羽毛发育不良、生长发育停滞、骨骼异常、生殖机能下降为特征的缺乏症。锌作为动物体内必需的微量元素参与机体内蛋白质和核酸的代谢，在维持细胞膜结构完整性、促进创伤愈合方面起着重要作用。一般饲料如玉米、鱼粉、骨粉、麸皮、酵母、花生、大豆饼等均含有丰富的锌。

（一）临床诊断

（1）雏鸡缺锌时食欲下降，消化不良，羽毛发育异常，翼羽、尾羽缺损，严重时无羽毛，新羽不易生长。

（2）皮炎，角质化呈鳞状，腿和趾上有炎性渗出物或皮肤坏死，创伤不易愈合，生长发育迟缓或停滞。

（3）腿短粗，关节肿大，成鸡产蛋量下降，蛋壳薄，孵化率低，易发生啄蛋癖。胚胎和孵出的雏鸡畸形，骨骼发育不良，死亡率高。

（二）防治措施

（1）正常鸡每千克饲料中应含有 50~100 毫克锌，可通过增加鱼粉、骨粉、酵母、花生饼等的用量以及添加硫酸锌、碳酸锌或氯化锌补充。

（2）锌缺乏时每千克饲料中添加 60 毫克氧化锌治疗，直至康复。

四、硒缺乏症

硒缺乏症与维生素 E 缺乏有诸多共同之处，也是由于硒和维生素 E 缺乏引起的以白肌病和渗出性素质为特征的营养缺乏症。

（一）临床诊断

（1）鸡、雏鸭均可发生，主要在 3~6 周龄发病。

（2）病雏表现精神不振，闭眼缩颈，食欲下降，贫血。严重缺硒，特别是同时缺乏维生素 E 时，则出现明显的渗出性素质，病鸡翅下、胸腹及腿部皮下水肿。病鸭无渗出性素质这一特征。

（3）胸、腹、腿皮下有黄色胶冻样浸润；胰脏萎缩，肌肉发白，胸肌可见白色条纹，心包积液。

（二）防治措施

（1）正常鸡每千克饲料中应含有 0.1 毫克硒，通常以亚硒酸钠的形式添加。

（2）缺硒时可用含 0.01% 亚硒酸钠的生理盐水肌注，雏鸡为 1 毫升，同时口服维生素 E 5 单位。也可用每千克饲料中添加 0.1~0.15 毫克亚硒酸钠或 0.1% 的亚硒酸钠饮水，但应严格控制用量，防止中毒。

维生素缺乏症（Vitamin Deficiency）

维生素是动物维持生命和正常发育必不可少的一类微量物质，是天然饲料或食物中的一种成分，又有别于碳水化合物、脂肪、蛋白质和水，对保持家禽的健康，维持其生长发育及机体繁殖等生理功能都是必需的。

一般而言，家禽不能自身合成或不能合成足够量的维生素来满足其生理需求，必须由饲料中提供。如果饲料中缺乏或者吸收利用发生障碍，则可引起特异的缺乏症和综合征。许多维生素是不稳定的物质，接触空气、光线、微量元素或酸碱物质等容易失效。单纯的维生素缺乏症在临床上不宜被发现，多伴随其他疾病发生。维生素 A 的缺乏常导致干眼病、传染性鼻炎、慢性呼吸道病、传染性支气管炎的发生；维生素 E、K 的缺乏常导致脂肪肝出血综合征、肌胃糜烂症；长期使用抗生素易导致维生素 B1、K 的缺乏。球虫病常导致维生素 A、K、B 族的缺乏。维生素缺乏性疾病发生缓慢，通常在疾病严重到一定程度时才表现出典型的症状。其主要危害是鸡生长发育受阻，生产力下降，体质变弱，抗病力降低，易继发其他疾病，甚至造成鸡的死亡。处理营养代谢病的原则是：少则补，多则减，维持机体的供需平衡。维生素缺乏的原因如下：

（1）饲料中维生素含量不足。饲料调制不良、加工不当，长期选用某些维生素含量低的原料作为日粮主要成分，添加剂混合不匀，饲料存放时间过长，饲料酸败等。

（2）自身机体吸收不良。当鸡群感染球虫病、慢性消化道疾病、肝功能障碍等，会影响维生素的吸收，导致营养不良。

（3）对于生长发育快的家禽，由于其消耗维生素增加而未适当补充，也会造成缺乏。

（4）某些维生素（如 K 等）是由肠道微生物合成的，大量使用抗生素会破坏肠道的正常菌群，抑制了合成维生素的能力。

（5）当发生疾病、有应激因素存在时，机体会增加对多维素的需求量，而此时供给不足易导致缺乏症。

（6）饲料中某些拮抗维生素物质的存在，如甜苜蓿和某些杂草中含有与 K3 拮抗的双香豆素，B1 与硫胺酶拮抗。

一、维生素 A 缺乏症

鸡体内缺乏维生素 A 会引起以细胞角质化和角膜、结膜、气管、食道等黏膜角质化、夜盲症、干眼病、呼吸道感染等为特征的营养缺乏性疾病。

（一）临床与解剖学诊断

（1）鸡食欲不振，消瘦，瘫痪，冠和肉垂苍白，鼻孔和眼睛常有水样液体排出，眼睑常常粘连在一起。严重发病鸡在其眼角有乳白色干酪样物质，甚至失明。

（2）蛋鸡产蛋下降，公鸡繁殖力降低，受精率下降。

（3）可导致消化道、呼吸道和泌尿生殖道黏膜损伤，防御能力下降，亦可引起肾脏病变和痛风，肾脏呈灰白色，有尿酸盐沉积。

（4）剖检可见口腔、咽、食管黏膜上皮角质化脱落，黏膜上有小脓疱。

（二）防治措施

（1）价饲料中添加抗氧化剂，防止维生素 A 在贮存期间氧化损失。配合饲料存放时间不能过长。每千克饲料需加给维生素 A8000～10000 国际单位，实际使用时根据环境温度应多加 5%～10% 的保险系数。

（2）病鸡滴服鱼肝油，每只鸡 3～5 滴或每千克饲料 10～20 毫升拌料治疗，直至康复。

二、维生素 D3 缺乏症

维生素 D3 缺乏症是由于饲料中供给以及体内合成的维生素 D 不足而引起的，是以雏鸡佝偻病和钙磷缺乏症为特征的营养缺乏病。

（一）临床诊断

（1）维生素 D3 缺乏症主要表现为骨骼损害。表现为脚软，步态不稳，瘫痪，嘴角软而弯曲，俗称"橡皮嘴"，生长发育不良，肋骨畸形，羽毛无光泽，有时可见羽毛颜色变黑。肋与胸骨接合处可摸到串珠状畸形。靠近鸡舍南面的鸡受到更多的阳光照射而发病轻。部分病鸡取出后放在阳光下可逐渐恢复。

（2）产蛋鸡表现为产软皮蛋、薄壳蛋，蛋破损率高，产蛋减少，孵化率下降。

（3）慢性病例则见到明显的骨骼变形，胸廓下陷。

（二）防治措施

（1）保证饲料中含有足够的维生素 D3，每千克育雏、育成鸡料需 2000 国际单位，产蛋鸡和种鸡料需 2000～2500 国际单位。实际生产中还应增加 10%～20%。

（2）饲料中添加抗氧化剂，防止维生素 D3 被氧化，饮水中加入速溶多维素或每千克饲料加 20 毫升鱼肝油拌料治疗，直至康复。

三、维生素 E 缺乏症

维生素 E 缺乏症是由维生素 E 缺乏引起的以脑软化症、渗出性素质、白肌病和成年禽繁殖障碍为特征的营养缺乏性疾病。

（一）临床与解剖学诊断

（1）成鸡的主要症状为生殖能力的损害，公鸡精子形成不全，繁殖力下降，受精率低。种蛋孵化率降低，毛蛋多，孵出雏鸡表现瘫痪。

（2）维生素 E 缺乏引起脑软化症，多发生于 3～6 周龄的雏鸡，发病后表现为脚麻痹、曲颈、横卧、飞舞等特征性神经症状。剖检可见脑软化、水肿，有出血点和灰白色坏死灶。

（3）维生素 E 和硒同时缺乏时，雏鸡会表现渗出性素质，叉腿站立。病鸡翅膀、颈等部位水肿，皮下血肿，腹部皮肤呈蓝绿色。

（4）维生素 E 和含硫氨基酸同时缺乏时，则表现为白肌病，胸肌和腿肌色浅，苍白，有白色条纹，肌肉松弛无力，运动失调。

（二）防治措施

（1）饲料中添加足量的维生素 E，每千克饲料中应含维生素 E10～15 国际单位。

（2）维生素 E 是重要的抗氧化剂，当饲料中不饱和脂肪酸过多时，应增加维生素 E 的含量。

（3）脑软化症可用富含维生素 E 的植物油或维生素制剂治疗，每只鸡口服维生素 E3～5 国际单位。

（4）渗出性素质，除补足维生素 E 外，每只鸡肌注 0.01% 的亚硒酸钠 0.2 毫升，或每千克饲料中添加 0.1～0.15 毫克亚硒酸钠。

（5）白肌病鸡补给维生素 E、硒及蛋氨酸。

（6）饲料中添加抗氧化剂。

四、维生素 K 缺乏症

维生素 K 缺乏症是由于维生素 K 缺乏而引起的，以血凝时间延长、血液凝固不良、皮下出血为特征的营养缺乏性疾病。

（一）临床与解剖学诊断

（1）维生素 K 缺乏症主要见于雏鸡，以 2～3 周龄雏鸡为多见。

（2）主要症状表现为擦伤或创伤后血凝时间延长，血流不止。

（3）死亡鸡发育不良。鸡冠、肉髯苍白、贫血。两腿、翅下、颈部皮下、胸肌、胃肠黏膜等处均有大小不等的出血点。肝、肾严重贫血并有针尖大小的出血点，严重时腹腔、胸腔积有血液，且血凝不良。

（二）防治措施

（1）保证供给富含维生素 K 的全价饲料，尤其是对笼养家禽和幼雏。

（2）对已加入维生素 K 的饲料，不要长期堆放或阳光下暴晒，以防失效。应在阴暗处避光保存。

（3）在治疗球虫病及其他疾病而使用抗生素和磺胺药时，或家禽患有肝脏、消化道疾病造成吸收障碍时，家禽对维生素 K 的需要量增加，应加大添加量。

五、维生素 B1 缺乏症

维生素 B1（又称硫胺素）缺乏症，是由于维生素 B1 缺乏而引起的以神经组织和心肌代谢障碍为主要特征的营养代谢病。

（一）临床与解剖学诊断

（1）雏鸡缺乏维生素 B1，多在 2 周内突然发病。表现生长缓慢，羽毛蓬乱无光，走路常以关节着地，两翅展开以维持平衡，有的两肢麻痹或瘫痪。典型症状是病雏把身体坐在自己屈曲的腿上，由于颈肌痉挛，头颈后仰呈"观星状"姿势。

（2）成鸡维生素 B1 缺乏，多在 3 周后发病，病程较缓慢，可出现多发性神经炎或外周性神经炎症状，开始脚趾的屈肌出现麻痹，进而蔓延到腿、翅、颈部，致使禽的行动困难，重者卧地不起。

（二）防治措施

对已发病的家禽可以用硫胺素治疗。每千克饲料内加硫胺素 10～20 毫克，连用 1～2 周。也可用复合维生素 B 溶液灌服和注射，每只每次 0.2～0.5 毫升，每日 2 次。重症鸡可肌注维生素 B1，雏鸡每日 2 次，每次 1 毫克。成年鸡每次 5 毫克，连用数目。

六、维生素 B2 缺乏症

维生素 B2（又称核黄素）缺乏症，是由于维生素 B2 缺乏而导致雏鸡产生"卷爪"麻痹症，胚胎结节状绒毛为特征的营养缺乏病。

（一）临床与解剖学诊断

（1）本病主要发生于幼禽，成禽较少发生。

（2）雏鸡一般发生在 2 周至 1 月龄，主要表现生长缓慢，消瘦，羽毛粗乱，其特征性症状为产生"卷爪"麻痹症，趾爪向内蜷曲，两腿不能站立，常以关节着地，两翅下垂以保持平衡，严重时两腿叉开卧地。

（3）成年禽缺乏维生素 B2 时，主要表现产蛋量减少，孵化率低，胚胎在孵化后 12～14 天大量死亡，胚胎后期或刚出壳的雏鸡特征性病变是皮肤表面有结节状绒毛。

（二）防治措施

（1）应保证日粮中维生素 B2 的含量充足，尽量减少饲料加工、贮存过程中碱性物质及阳光对维生素 B 的破坏作用。

（2）对发病鸡群可用核黄素治疗，大群在每千克饲料中添加 20 毫克，连用 2 周。对于个别病重鸡可直接口服核黄素，雏鸡每只 0.1～0.2 毫克，育成鸡每只 5～6 毫克，产蛋鸡每只 10 毫克，连用 1 周。

（3）如发现种鸡缺乏维生素 B2，造成种蛋孵化率低，死胚增多，也可用核黄素治疗，一般 1 周后孵化率可恢复正常。

七、泛酸缺乏症（B3）

泛酸缺乏症是由于缺乏泛酸而引起机体的皮肤炎为特征的疾病。

（一）临床与解剖学诊断

（1）雏鸡缺乏泛酸主要表现皮肤炎症状，生长缓慢，羽毛粗乱，换羽延迟。羽毛易脱落，有时头部羽毛完全脱落，皮肤角化，严重时，病雏趾间及脚底外层皮肤脱落裂开。

（2）种鸡缺乏泛酸，主要表现种蛋化率明显下降，鸡胚大多在落盘以后死亡，即使能解出，雏鸡也弱小。

（二）防治措施

（1）应保证日粮中泛酸的含量，建议在每千克饲料中添加 10～15 毫克泛酸。

（2）鸡群出现泛酸缺乏症时，可在每千克饲料中添加泛酸钙 20～30 毫克，连用 2 周左右，个别病鸡可口服或注射泛酸，每只鸡 10～20 毫克，每日 1～2 次，连用 2～3 天。

八、维生素 B5 缺乏症

维生素 B5，又名烟酸、尼可酸、维生素 PP。维生素 B5 的缺乏症是由于缺乏维生素 B5 而造成的雏鸡口腔、食道发炎及腿爪部皮肤有鳞片皮炎为特征的疾病。

（一）临床与解剖学诊断

（1）雏鸡烟酸缺乏表现为生长停滞，舌、口腔和食道上端常有发炎，舌呈暗黑色，称为"黑舌病"骨短粗，关节肿大，腿骨弯曲。

（2）产蛋鸡可引起脱毛，产蛋率降低，种蛋孵化率低。

（二）防治措施

（1）日粮中应保证供给充足的烟酸及色氨酸。

（2）已发病鸡群，每千克饲料中添加烟酸 30～40 毫克进行饲喂，病重鸡可口服烟酸治疗，每日口服 1 次，每次 40～50 毫克，连用数日。

九、维生素 B6 缺乏症

维生素 B6 缺乏症是由于维生素 B6 供给不足而导致鸡的神经功能异常为特征的疾病。

（一）临床与解剖学诊断

（1）雏禽缺之维生素 B6 表现生长停滞、贫血，突出症状为异常兴奋，盲目奔跑，运动失调，头和腿急剧抽动，痉挛以至死亡。

（2）骨短粗，表现为一条腿严重跛行，一侧或两侧爪的中趾的第一关节内弯曲。

（3）成年鸡食欲降低，产蛋鸡及种蛋孵化率下降。

（二）防治措施

（1）由于常用的玉米、麸皮、豆粕等饲料所含维生素 B6 比鸡的需要量高出 1 倍或更多，所以一般无须添加。

（2）一旦出现缺乏症，可在每千克饲料中加入 10～20 毫克维生素 B6 或每只成年鸡注射 5～10 毫克维生素 B6 进行治疗。

十、维生素 H 缺乏症

维生素 H 又名生物素，或称辅酶 R。维生素 H 缺乏症以皮肤炎及骨短粗症为特征的疾病。

（一）临床与解剖学诊断

（1）病雏主要表现为皮肤炎症状，生长迟缓。皮肤干燥呈鳞片状，足底粗糙，龟裂出血。眼睑肿胀，上下眼睑粘合。

（2）种鸡缺乏对产蛋无不良影响，但种蛋孵化率降低，严重时为零，胚胎骨骼发育畸形，表现为孵化的第 7～19 天死亡率较高，死亡的胚胎表现短肢性营养不良，严重时表现鹦鹉嘴。

（二）防治措施

（1）保证日粮中生物素的含量，应在日粮中补充生物素制剂或含生物素丰富的饲料（豆粕、动物性蛋白饲料等）。

（2）出现生物素缺乏时，可用生物素治疗。每千克饲料添加 0.15 毫克，可收到良好效果。

十一、胆碱缺乏症

胆碱缺乏症是由于饲料供给不足或体内合成障碍而导致机体表现以骨短粗、脱腱症等运动障碍为特征的疾病。

（一）临床与解剖学诊断

（1）雏鸡表现为生长缓慢，四肢骨短粗并常发生脱腱症，腿关节肿大。

（2）产蛋母鸡表现产蛋率下降，脂肪肝。

（二）防治措施

（1）在饲料配合时满足鸡对胆碱的需要。同时保证日粮中维生素 B12、蛋氨酸、叶酸、维生素 B2、维生素 B5 等的含量，以保证机体胆碱的合成和胆碱的正常利用。

（2）营养标准要求每千克日粮胆碱的含量为：0～4 周肉仔鸡和 0～6 周蛋用鸡 1300 毫克，5 周龄肉仔鸡 850 毫克，7～20 周龄后备鸡、产蛋鸡和种母鸡 500 毫克。现市售氯化胆碱一般为 50% 的预混剂，使用时应折合成纯品添加。

（3）出现胆碱缺乏症后可在每吨饲料中添加 50% 氯化胆碱 3 千克，维生素 E 1 万国际单位，维生素 B12 12 毫克，肌醇 1 千克，连续治疗 2 周。

十二、维生素 B11 缺乏症

维生素 B11 也称叶酸。维生素 B11 缺乏症是以贫血，颈部麻痹，有时胫骨短粗，滑腱症为特征的疾病。

（一）临床与解剖学诊断

（1）雏鸡和青年鸡发病表现生长停滞，贫血；羽毛发育不良，有色羽种出现白羽（叶酸、赖氨酸和铁是防止羽毛色素缺乏的必要物质）；胫骨短粗，滑腱症，喙呈交错形；头颈部麻痹（头颈向前伸直下垂，喙触地）。

（2）产蛋鸡发病后产蛋率下降，种蛋孵化后期破壳困难而死。

（二）防治措施

（1）保证日粮中叶酸的含量。建议补充量为蛋雏鸡和肉仔鸡 1~2 毫克，蛋鸡和种鸡后备鸡 0.8~1.2 毫克，商品代母鸡产蛋期 0.5~1.0 毫克，种母鸡产蛋期 1.5~2.5 毫克。

（2）发病后，可每千克日粮添加 5 毫克叶酸进行治疗，连用 1 周。也可每只鸡肌注 50~100 微克叶酸制剂，每日 1 次，连用 5~7 天。

十三、维生素 B12 缺乏症

维生素 B12 是唯一含有金属元素钴的维生素，又称钴胺素。

（一）临床与解剖学诊断

（1）雏鸡发病后生长停滞，饲料转化率下降，贫血，脂肪肝，鸡冠苍白，死亡率增加。

（2）产蛋鸡产蛋率下降，种蛋孵化率降低，胚胎往往于孵化的 16~18 天死亡，死胚的腿萎缩，器官脂肪化，有出血、水肿现象。

（二）防治措施

（1）保证日粮的供给。建议每千克饲料添加肉用鸡为 0.01~0.02 毫克，种鸡产蛋期为 0.02~0.04 毫克。

（2）对发病的鸡群，可在每千克饲料中添加 0.01 毫克维生素 B12。对个别病重鸡，每只肌注维生素 B12 2~4 微克，每日 1 次，连用数日。

※寄生虫病

鸡球虫病（COCCidioSiS）

鸡球虫病是由多种艾美耳球虫寄生于鸡的肠上皮细胞引起的一种常见的原虫病，也是危害最严重的寄生虫传染病。本病分布广泛，感染普遍，是鸡群中最常见的，也是危害严重的寄生虫传染病。

一、病原学

（一）各种鸡艾美耳球虫特征表

分类	堆形艾美耳球虫	布氏艾美耳球虫	巨型艾美耳球虫	和缓艾美耳球虫	变位艾美耳球虫	毒害艾美耳球虫	早熟艾美耳球虫	柔嫩艾美耳球虫
特征寄生区	二指肠和空肠	小肠后端和直肠	小肠中段	小肠后段	小肠前段和中段	小肠中段	小肠前1/3部分	盲肠
肉眼病变	轻度感染，在梯形条纹中有时存在白色圆形病变；严重感染，肠壁增厚，斑块融合	凝固性坏死，小肠下段黏液性出血渗出物，肠炎	肠壁增厚，黏液性出血渗出物，瘀斑	无病变，黏液性出血渗出物	轻度感染：卵囊有圆形斑块；重度感染：肠壁增厚斑块融合	胀气，瘀斑，充满血液的黏液性分泌物	无病变，黏液性渗出物	开始发病时，肠腔内有出血，后期，肠壁增厚，黏膜苍白，有血液凝固的肠芯
致病性	＋	＋＋	＋＋	－/＋	－/＋	＋＋＋	－/＋	＋＋＋＋
卵囊的形状	卵圆形	卵圆形	卵圆形	亚球形	椭圆形到宽卵圆形	长卵圆形	卵圆形	卵圆形
最短潜伏期（小时）	97	120	121	93	93	138	84	115

（二）生活史

艾美耳球虫的生活史属直接发育型，不需要中间宿主，通常可分为孢子生殖、裂殖生殖、配子生殖三个阶段。整个生活史一般需4～7天。

（1）球虫卵刚随鸡粪便排出时不具感染性，在温暖潮湿的环境里，卵囊经1～3天，即可发育成具感染性的成熟卵囊。温度低于7℃或高于35℃及低氧条件下，孢子化过程将会停止。因为鸡肠道中的温度高于35℃且氧气又不充足，所以不能发生鸡的自身循环感染。

（2）当鸡通过饲料和饮水摄食了这种具有感染性的孢子卵囊后，由于消化道的机械和酶的作用，卵囊壁和孢子囊破裂，释放出子孢子，子孢子迅速侵入肠壁上皮细胞内继续发育，此时虫体称滋养体。滋养体的细胞核进行无性的复分裂，此时虫体称作裂殖体。

（3）滋养体发育到一定程度，裂殖体破裂，裂殖子被释放出后又寻找新的上皮细胞，并再发育成裂殖体，如此反复几次，造成肠黏膜的损害。

（4）第二代无性生殖进行到若干世代后，一部分裂殖子转化成许多小配子（雄性），一部分裂殖子转化形成大配子（雌性），二者结合后形成合子，合子很快形成一层被膜而成为卵囊。卵囊随粪便排出体外，并在适宜条件下，经数日发育形成孢子囊和子孢子而成为感染性卵囊，被鸡食入后又重新开始体内裂殖生殖和配子生殖。

（三）致病力

球虫致病力除取决于虫种外，也取决于感染卵囊数量。感染卵囊数量过少也不能导致发病。

（四）抵抗力

球虫抵抗力非常强，卵囊在外界发育的适宜温度 20℃～30℃。高于 37℃ 或低于 7℃ 发育停止；干燥能使其发育停止或死亡；一般消毒剂无效；氨气对卵囊有强大的杀灭作用。

二、流行特点

（1）各种品种的鸡均有易感性，多发生于 3～5 周龄的鸡，成年鸡对球虫也敏感。有时 5～6 日龄雏鸡也可感染发病。刚孵出小鸡由于小肠内没有足够的胰蛋白酶和胆汁使球虫脱下卵囊，多对球虫无易感性。本病在温暖潮湿的环境易发生流行，地面散养鸡多发。

（2）病鸡粪便是主要的传染源，污染的饲料、饮水、垫料、土壤或用具等均为传染源。苍蝇、甲虫、鼠类、鸟类、人、运输工具等都可成为机械传播媒介。鸡感染球虫的主要途径是吃了感染性卵囊。

（3）雏鸡拥挤、垫料潮湿、饲料中维生素 A、维生素 K 缺乏以及日粮营养不平衡等，都是本病发生的诱因。

（4）球虫病也是一种免疫抑制病。发生球虫病后能加重大肠杆菌、沙门氏菌、新城疫等疾病发病率；球虫病常与坏死性肠炎并发，死亡率增加。另外法氏囊病和网状内皮增生症与球虫病之间有致病增强作用。呼肠孤病毒与球虫同时存在时，对增重的抑制比其中一种单独存在时更大，最明显的相互作用是跗关节肿大的鸡显著增多。霉菌毒素与球虫同时存在时，能产生叠加效应，对增重和血色素的不利影响比其中一种单独存在时更加明显。

（5）球虫感染鸡群有三种表现：

①不影响鸡只的生产性能，不表现临床症状，此种现象称球虫寄生，如接种了球虫活苗后的情况。

②影响鸡只的生产性能（如增重下降，产蛋率下降，饲料转化率降低等），临床症状不明显，此种现象称亚临床型球虫病，又称慢性球虫病，如堆型艾美耳球虫和巨型艾美耳球虫感染的多为此种现象。

③影响鸡只的生产性能，也表现临床症状，此种现象称临床型球虫病，如柔嫩艾美耳球虫和毒害艾美耳球虫感染的多数情况。

三、临床诊断

（1）1 月龄左右的鸡多患柔嫩艾美耳球虫引起的盲肠球虫病，2 月龄左右的鸡多患毒害艾美耳球虫引起的小肠球虫病。

（2）盲肠球虫主要侵害盲肠，引起出血性肠炎，病鸡表现精神萎靡，羽毛松乱，不爱活动，食欲废绝，鸡冠及可视黏膜苍白，逐渐消瘦，排鲜红色血便，3～5 天死亡。

（3）小肠球虫主要侵害小肠中段，引起出血性肠炎，病鸡表现为精神萎靡，排出大量的黏液样棕褐色粪便，3～5 天死亡。耐过鸡营养吸收不良，生长缓慢。

（4）慢性球虫病常见于 1～3 月龄的雏鸡或成鸡，病原体主要是堆型艾美耳球虫和巨型艾美耳球虫。病鸡逐渐消瘦，贫血，间歇性下痢，排水样、乳白色或砖红色的粪便，夹杂未消化饲料，鸡有强烈饮水欲。病程长，生长缓慢，饲料报酬低。羽毛蓬乱逆立，尾部羽毛沾有粪便。体重比正常的低 25％以上。

四、解剖学诊断

（1）盲肠球虫病鸡主要表现为盲肠肿大，充满血液或血样凝块。盲肠黏膜增厚，有许多出血斑和坏死灶。产蛋鸡吃了被污染的饲料，也可引起盲肠出血、肿大，有小球虫结节。

（2）小肠球虫病鸡主要表现为肠管呈暗红色肿胀，切开肠管可见充满血液或血样凝块，黏膜表面有大量出血点，与球虫增殖的白色小点相间在一起。小肠增厚、苍白，失去正常弹性。

（3）慢性球虫病鸡主要表现为肠道苍白，失去弹性，肠壁增厚。

五、防治措施

（1）加强饲养管理，注意通风换气，保持垫料的干燥和清洁卫生。降低饲养密度，对产蛋鸡群要防止机械性传播。发生疾病时要及时更换垫料。

（2）发病后要及时用药，但药量不宜过大，应至少保持一个疗程。治疗时除了采用药物治疗（如百球清、三字球虫粉等药物）以外，饲料中多维素要增至 3～5 倍，每公斤饲料或饮水中加维生素 K33 5 毫克，饲料中的粗蛋白降 5％～10％。球虫很易产生耐药性，最好是几种药物交替使用。

（3）药物预防：抗球虫药很多，常用的有 20 多种。

①作用峰期在感染后第 1～2 天的药物：克球粉、盐霉素、莫能霉素、马杜拉霉素、拉沙霉素（又称球安）、地克珠利等，此类药物只适用于肉仔鸡，具有高效、广谱、增重等作用。主要是用于预防。

②作用峰期在感染后第 3～4 天的药物：

a.尼卡巴嗪（球净）对毒害、柔嫩、堆型、布氏和巨型艾美耳球虫均有高效，作用峰期在第 4 天，安全性良好。

b.球痢灵对毒害艾美耳球虫最强效，对巨型、堆型艾美耳球虫较差，对其他型有高效，作用峰期在第 3 天，安全性良好。

③作用峰期在感染后第 4～5 天的药物：

a.强效氨丙啉（强效安宝乐）对盲肠球虫效力最强，对堆型也较强，对其他较弱。

b.磺胺类药物主要作用第二代裂殖体，对第一代裂殖体亦有作用。

④百球清作用于球虫发育的各个阶段：对柔嫩、巨型、堆型、布氏及毒害艾美尔球虫均有高效。特别适合预防和治疗。

（4）疫苗预防。

①球虫苗种类：球虫苗有弱毒苗和强毒苗。强毒苗已少用。

a.弱毒苗分：肉鸡三价、四价苗（柔嫩、巨型、堆型、和缓艾美耳球虫）。

b.种鸡四价、七价苗（柔嫩、巨型、堆型、毒害、和缓、早熟、布型艾美耳球虫）。

②免疫机理

a. 免疫应答：只有裂殖子能刺激免疫应答。第一代裂殖子数量较少，第二代裂殖子是主力。也就是说，卵囊被鸡吃进后，第1～2天无免疫作用，第3天开始有免疫作用，第4～5天是免疫作用的高峰。

b. 免疫力的积累和增强：鸡初次感染某种球虫，无论感染强度如何，都只能产生短暂的免疫力，要多次感染才能形成强而持久的免疫力。

c. 虫种之间的竞争：肠内如有2种以上的球虫寄生，当一种先占领时，后到的虫种即受排斥，其致病和免疫作用均减弱。

③免疫方法和程序

a. 蛋鸡、肉鸡：1～10日龄，经口滴服、喷雾拌料1头份/只，一次即可。

b. 种鸡需加免一次：16～18周龄，1/5的首免剂量。

④注意事项

a. 鸡群处于健康状态下方可免疫，滴口免疫时要不断摇匀。

b. 垫料湿度以25％～30％为适中，免疫后2周内垫料不准更换。

c. 免疫两周内饲料中必须有充足的维生素A和维生素K3。免疫后12天左右个别鸡出现不适反应，拉少量血便，属正常现象，一般不用治疗便可自然恢复。

d. 免疫3周内，饲料和饮水中不能添加任何抗球虫药，包括磺胺类、痢特灵以及土霉素等，以免影响效果。

e. 网养或笼养鸡群的免疫效果不理想。但如果免疫后4天内转到地面饲养，仍可获得良好的免疫效果。如为连续网上平养或笼养，需两次免疫，间隔时间为2周。

f. 球虫疫苗与其他疫苗无免疫干扰。

g. 发生坏死性肠炎的鸡群请勿使用球虫苗。免疫抑制性疾病的影响：马立克氏病、法氏囊病等免疫抑制病都能使鸡对球虫的免疫应答减弱。

（5）治疗。

①治疗药物：

a. 百球清：2.5％的百球清饮水连用2～3天。

b. 青霉素：3000～5000单位/只，每天2次，连用4天。

c. 球痢灵：0.03％拌料，连用3～5天。

d. 强效氨丙啉（强效安宝乐）：500 ppm，连用4～5天。

e. 鸡特灵（磺胺喹恶啉＋敌菌净）：500 ppm，连用4～5

f. 尼卡巴嗪（球净）：100～200 ppm，连用4～5天。

g. 三字球虫粉：治疗量500～600 ppm，预防量150～200 ppm。

②球虫药使用的注意事项：根据药物作用峰期，合理选择预防和治疗药物。治疗药物的作用峰期一般为感染后3～5天，预防药物的作用峰期一般为感染后1～2天。

a. 防止球虫耐药性的产生：若长时间、低浓度使用一种抗球虫药物，很容易产生耐药虫株。可采用轮换或穿梭用药以消除球虫的耐药性（见下表）。

秋冬季节的 6 个月	春夏季节的 6 个月
1. 莫能霉素/杀球灵（扑球）	盐霉素/氯苯氯苯哌
2. 尼卡巴嗪/杀球灵	尼卡巴嗪/盐霉素
3. 马杜拉霉素/杀球灵	莫能霉素/球痢灵

b. 提高鸡抗球虫的免疫力：一个良好的抗球虫药物不应影响机体对球虫的免疫力，否则可能会造成球虫的反复发病。

c. 注意对产蛋的影响和药物残留。球虫药物一般用药较长，有些药物如莫能霉素、盐霉素、尼卡巴嗪、氯苯胍、磺胺类药物等可引起鸡的产蛋下降和蛋壳质量变差或褪色，不能用于产蛋鸡。使用球虫药物时要严格按照国家有关部门的规定。

d. 严格按照药厂提供的使用说明用药，不要随意加大或降低用量，且疗程要足。同时了解饲料中添加的抗球虫药物，避免过量而导致中毒。

e. 注意配伍禁忌：有些抗球虫药与其他药物配伍禁忌，如莫能霉素、盐霉素要禁与泰乐菌素、竹桃霉素并用，否则可造成鸡只的生长发育受阻，甚至中毒死亡。

鸡蛔虫病（Avian Ascaridias1s）

鸡蛔虫病是由鸡蛔虫寄生在鸡、火鸡等小肠内而引起的一种线虫病，鸡蛔虫病是鸡的常见病，成年鸡表现为带虫，受危害最严重的主要是 8～10 周龄的鸡。蛔虫大量寄生时，可致肠壁破裂而造成死亡。

生活史：鸡蛔虫 1 天可产 7 万多个虫卵，虫卵为椭圆形，随粪便排出体外，在适宜条件下发育为感染性虫卵，鸡吞食了被感染性虫卵污染的饲料、饮水或携带感染性虫卵的蚯蚓而遭受感染。在鸡的腺胃和肌胃中幼虫破壳而出，进入十二指肠黏膜发育，最后又返回肠腔，发育为成虫，这一过程需 35～50 天。成虫主要寄生在小肠内。

一、临床诊断

一般鸡体内都有少量蛔虫，仅在大量感染时表现病状。幼鸡感染率高，且病情严重，影响生长。表现为精神不振，食欲减退，羽毛蓬乱，消瘦，贫血，下痢和便秘交替出现，粪便中常见蛔虫。成年鸡多不表现症状，严重感染时表现腹泻和产蛋减少。

二、解剖学诊断

（1）病死鸡明显贫血、消瘦，肠黏膜充血、肿胀、发炎和出血；局部组织增生。

（2）肠道突出部位，可用手摸到明显坚固的内容物堵塞肠管，剪开肠壁可见大量蛔虫拧集在一起呈绳状。

（3）根据以上症状并做粪便显微镜检查，发现大量蛔虫卵可做出诊断。

三、防治措施及治疗方法

（1）鸡舍内外保持清洁，及时清除粪便，进行集中发酵处理，以杀死虫卵。定期更换垫草，换下来的旧垫草最好烧掉。饲槽、用具要经常清洁、消毒。

（2）雏鸡（4周龄以内）与成年鸡分场饲养，并于每年10～11月对成年鸡驱虫1次，来年春天产蛋前1个月再作1次驱虫。可选用左旋咪唑，每千克体重25毫克；丙硫苯咪唑，每千克体重10毫克，混入饲料给药；氟苯哒唑，每千克饲料30毫克拌入，连喂7天。

（3）治疗：驱虫灵，按每公斤体重内服0.1～0.25克，混入饮水或少量精料中饲喂1～4日，也可拌入精料中1次投服；硫化二苯胺，成年鸡按每公斤体重0.5克、幼鸡0.3克/只，均匀地拌入饲料中；伊维菌素，每公斤体重100微克口服或每公斤体重注射0.1毫克/次。

鸡羽虱（Avian LIce）

鸡虱病是禽类常见的体外寄生虫病。各种羽虱有严格的宿主特异性，并有一定的寄生部位，同一鸡体也可被数种羽虱寄生。本病常给养鸡业带来巨大损失。

一、病原学

鸡羽虱是一种永久性寄生虫，发育过程包括卵、若虫和成虫三个阶段，全部都在鸡身上进行。雌虱产的卵常集合成块，粘在羽毛的基部，经5～8天孵化出若虫，外形与成虫相似，在2～3周内经3次蜕化变为成虫。其根据寄生部位主要分为4类：

（1）鸡羽虱：寄生于鸡体各部位。以取食羽毛和皮肤鱼鳞屑生活。

（2）鸡头虱：主要寄生在鸡的颈、头部。对幼鸡的侵害最为严重。

（3）鸡羽干虱：主要寄生在羽毛的羽干上，咬食羽毛的羽枝和小枝为生，一般不直接在皮肤上寄生，该虱在鸡群中较普遍。

（4）鸡体虱：多寄生在鸡的肛门下面，严重感染时，可在肛门下面羽毛上发现大虱卵块；有时在翅膀下部，背、胸部也有发现。它直接寄生在鸡皮肤上，取食羽毛小枝皮肤表皮。由于其刺激皮肤，引起发痒，故常见病鸡啄肛门或发痒部位，甚至将羽毛啄下。

二、临床诊断

羽虱以羽毛和皮屑为食，使鸡奇痒难安，因啄痒而伤及皮肉，羽毛脱落，并引起消瘦和产蛋量降低。虱对成年家禽无严重致病性，但对雏鸡的危害较大，如鸡头虱和鸡体虱对雏鸡的危害最大，严重时可引起死亡。

三、防治措施

（1）鸡舍清空后，一定要彻底清扫消毒。

（2）防治虱病主要是灭虱。常用药物为敌百虫、2.5％溴氰菊酯、20％速灭丁乳油、双甲脒等。通过药物喷雾、涂擦、药浴等方法进行治疗。

①药物喷雾：取0.1％的敌百虫溶液或双甲脒50～80 ppm于晚上向鸡背部和腹背部用喷雾器喷雾，隔7～10天再喷1次。

②药粉涂擦法：用0.5％敌百虫、2％～3％除虫菊粉或5％硫磺粉装入喷粉器中向鸡翼下，两腿内侧，胸腹部等患部喷洒。

③药液涂擦法：将鸡浸在 0.1％敌百虫、20％速杀丁乳油 10000 倍稀释溶液或 50～80 ppm 双甲脒溶液中（鸡头露出液面）药浴，待羽毛、皮肤接触到药液时即可取出，此法可在天气温暖时进行，要预防感冒。

④伊维菌素：每公斤体重 100 微克口服或每公斤体重注射 0.1 毫克/次。

（3）注意事项

①选择高效低毒的杀虫剂。

②现有化学杀虫剂只能防治成虫和幼虫，不能杀死虫卵。为了杀死新孵化出的幼虫，必须在第一次用药后 7～10 天重复用药。

③鸡对有机磷杀虫剂敏感，为安全起见，可用于环境消毒，避免使用敌敌畏等有机磷杀虫剂喷洒鸡身。头虱和鸡体虱对雏鸡的危害最大，严重时可引起死亡。

第八节　免疫与流行病学检测

一、免疫

（一）免疫程序

包括各种疫苗的种类、剂量、免疫途径、接种时间（日龄）、免疫间隔等具体安排。免疫程序必须根据疫病流行情况及规律、畜禽种类及代次（种用、商品代）、年龄、母源抗体水平和饲养条件、疫苗毒株的强弱和质量、免疫方法等诸多因素，从各场实际出发，因地制宜，在免疫监测的指导下实施。

在制定免疫程序时，应例行考虑常见的疾病：马立克氏病（MD）、新城疫（ND）、禽传染性脑脊髓炎（AE）、鸡传染性贫血（CAV）、传染性支气管炎（IB）、传染性法氏囊炎（IBD）。然而，不同国家、不同地区免疫需求各不相同。合理的免疫程序应由当地的兽医专家根据疾病的流行病学及当地疾病的毒力状态来制定。

通过疫苗效价和消除疾病的临床症状来评估疫苗和疫苗接种的效果。免疫接种过于频繁会导致抗体滴度较差或抗体滴度离散度较大。过分严厉的免疫程序和频繁抓鸡对育成鸡群造成的应激很大，特别是 5～15 周龄的鸡群。免疫接种设备的卫生和维护也很重要。要特别注意抗体滴度与保护力并非总是呈正相关关系。在评估免疫程序有效性时应考虑当地的实际情况。免疫接种有助于预防疾病，但并不能直接代替良好的生物安全体系。对每一项具体疾病的防范应制定该疾病的控制计划。良好的生物安全体系完全可以防御某些疾病，减少不必要的免疫。免疫程序中的疫苗应仅限于必须要使用的疫苗。这样的免疫程序成本低、对鸡群造成的应激小，整体的免疫应答效果最好。应选用信誉好的生产厂家的疫苗。家禽疫苗基本上有活苗或灭活苗两种类型，免疫程序中活苗和灭活苗结合使用可适度地提高免疫应答。每种疫苗都有特定和优点。

灭活苗：灭活苗由灭活的病原微生物制成，通常与油佐剂或氢氧化铝剂结合佐剂有利于增加机体免疫系统，对抗原有免疫应答时间。灭活苗可含有多种对应病的灭活抗原。灭活苗一般通过皮下注射对个体鸡只进行免疫。灭活菌苗（如菌、禽鼻炎，禽霍乱）对鸡只强烈接种疫苗时一定要倍加小心。

　　活苗：活苗由发病鸡群的病原微生物制成，这些病原微生物已被大幅度地致弱，它们只会在鸡只体内繁殖却不会致病。

日龄	疫苗	剂量	免疫方法	备注
1	马立克＋法氏囊 新支二联（H120）	1羽份 1羽份	注射 喷雾	孵化场做 孵化场做
15	新支（120）二联 新支流	1羽 0.4 mL	点眼 颈皮下	
24	H5，H7 鸡痘	0.4 mL 1羽份	左侧翅根注射 右侧翅种	
39	新支（120）二联	2羽	饮水	前一天必须用清水 冲洗一遍水线系统
40	新支流 H5，H7	0.4 mL 0.4 mL	右侧翅根注射 左侧胸肌注射	

　　（二）免疫操作规程

　　1. 滴鼻、点眼

　　（1）用一瓶疫苗与一瓶稀释液成比例调配疫苗。

　　（2）将封口和塞子从疫苗和稀释液的瓶子上去掉。避免碰到塞和瓶子周围的疫苗。

　　（3）去掉稀释液瓶上的铝封盖和塞子，将一个接合器的一端插入瓶中。

　　（4）平稳垂直地握住稀释液的瓶子，将疫苗瓶子插在长接合器的另一端上。

　　（5）颠倒两瓶的位置，使疫苗瓶在下，稀释液可以注入疫苗瓶。

　　（6）拿住上述液瓶的两端，用力震荡，使疫苗完全溶解。

　　（7）去掉与稀释液瓶对接的疫苗瓶，并配上滴液器。

　　（8）所用疫苗要现用现配，配好的疫苗放在有冰块的保温箱中。

　　（9）进行滴鼻接种时，用一只手将鸡只拿起，拇指、食指擒住鸡头，顺势用食指盖住鸡的一个鼻孔，一滴药滴入另一个鼻孔，在确保其完全吸入前不要放开手。

　　（10）点眼时，在滴完鼻后，滴一滴药水在鸡的一侧眼内。

　　（11）疫苗稀释后，应在1小时内用完。

　　2. 饮水免疫

　　（1）免疫前24小时水中禁用药物及清洁剂，不要在免疫后24小时内恢复用药。

　　（2）用于活毒疫苗免疫的水必须是无氯的。

　　（3）提供足够的饮水器，使三分之二的鸡只能够同时饮水，擦洗饮水器的水，必须新鲜、清洁、无氯、不可使用清洁剂，保持排水管干燥。

　　（4）关掉自动饮水器，确保饮水用的水为免疫药水。

　　（5）免疫前视现场情况停水，一般为两小时，若很高则需减少停水时间。

　　（6）4日龄前用真空饮水器，每个饮水器内放1～2斤水，全部灌完后再统一放入鸡舍内，使鸡只同时均匀喝上疫苗。

　　（7）30日龄后用乳头饮水器，放水时先将水线提起，待水流到终端时，再将水线放下，让鸡同时喝上疫苗水。

（8）饮水当日应是喂料日。

（9）饮水免疫若安排在喂料后进行，则应保证有 2 小时的饮水时间。

（10）去掉瓶上封章和塞子，并注入净、凉、无氯水至半满，摇至疫苗完全溶解。

（11）一干净容器（脸盆或水桶），倒入 3～5 公斤干净无氯凉水，加入奶粉（每包 200～400 克）量视所用免疫水箱大小（奶粉浓度为 1/1000）而定。以下为给水量（应视季节和天气加以调整）：14 日，30 日，60 日，75 日，100 日以上给水量 15 mL/只，30 mL/只，50 mL/只，55 mL/只，65～70 mL/只。

（12）加入调配好的疫苗，再搅拌整个溶液。

（13）疫苗应在两小时内用完。

3. 气雾免疫

（1）免疫前准备、鸡舍准备。喷雾免疫前 24 小时开始停止使用消毒药，喷雾免疫后 48 小时也不能使用任何消毒药。在喷雾免疫前鸡舍内应用清水进行加湿以降低鸡舍内的灰尘，增加环境湿度以达到最佳喷雾免疫效果。喷雾免疫前、中、后鸡群可投用一些抗应激的药物。

（2）设备准备。调整好空气压缩机，如机油、接线、开关等。调整好送气管，如长度、接口、不要打结等。调整好喷雾颗粒大小，喷枪进气、水管畅通。粗雾滴：80～120 μ，应激反应小，但免疫效果不如细雾滴（8 周龄以内的小鸡最好选用粗雾滴，雏鸡气囊功能还不完全成熟，雾滴过小容易进肺脏、气囊引起较重的免疫反应）；细雾滴：60 μ 以下，应激反应重，一般少用。准备好其它用具，如稀释疫苗用容器（带刻度），喷雾时用的储存疫苗容器。

（3）喷雾过程。每栋鸡舍称出一包卡那霉素 50 克。将卡那霉素溶解在稀释液疫苗的容器中，在喷雾时与疫苗液混合。去掉免疫瓶上的封口。注入凉的清水至半满，塞上塞子，摇匀至疫苗溶解。将以上溶解液倒入稀释疫苗的容器中。将稀释好的疫苗倒入喷雾容器中，并按 500 mL/1000 羽计算加足清水。气雾前关掉鸡舍内通风设备和灯，使鸡只安静。操作人员手持喷枪，在鸡舍内缓慢匀速前进，使喷出的雾滴在鸡头上部 30 cm 悬浮，直至喷完所有疫苗。气雾完毕立即开灯，15 分钟后开启通风设备。

4. 注射免疫

（1）连续注射器的免疫与消毒：在免疫前兽医人员应准备好足够数量的连续注射器及配件，按生产厂家规定的方法进行消毒，安好针头、调好计量。

（2）注射用疫苗准备：

冻干苗的稀释：去掉免疫瓶封口；将专用稀释液注入疫苗瓶至半满，将疫苗摇匀至完全溶解；吸出疫苗至稀释液瓶中，并用稀释液再清洗一次疫苗瓶。

灭活苗（油乳苗或氢氧化乳苗）均应 24 h 置于室温下，使用前充分摇匀。

（3）颈部皮下注射：适用于小日龄鸡只免疫。

具体方法：先将鸡只固定好，用大拇指和食指捏住颈中线处毛皮并向上提起使皮下出现一个空囊，然后将针头从两指间插入空囊将疫苗注入。特别注意针头不要插得太深或在其中搅动，以避免损伤皮下血管和神经。

（4）胸部皮下注射：适用于 10～30 日龄的鸡只。

具体方法：将鸡只固定仰放，用食指与中指将一侧胸部皮皱挤出一个空囊，或用针头挑出一个空囊，注入疫苗。

（5）肌注射：适用于胸肌比较发达的鸡只，即以进入育成阶段的鸡只。

具体方法：抓住鸡的两翅，使鸡安静后，从胸肌最肥厚处，鸡胸大肌上 1/3 处，与胸大肌注射点切面成 30～45 度角斜向进针注射疫苗。

（6）注射免疫时应注意如下几点：

皮下注射使用 7# 短针头；胸肌注射使用 9# 短针头；至少每千只鸡更换一次针头，已污染的针头和一切能与疫苗接触的东西在重新消毒之前不能使用。每打 50 只鸡摇动一次疫苗瓶；在注射过程中发现未注入疫苗或量不足时，应及时查明原因，进行补免；注射过程中有漏免鸡只应及时抓回，避免漏免和免死现象；当天未用完的灭活苗可以加入一定量的双抗（青＋链），针孔处覆盖消毒棉球或用胶布封严，储存于冰箱内，近日仍可使用。

5. 翼膜刺种免疫

（1）目前用于鸡痘和禽脑脊髓炎免疫，使用的均是活毒冻干苗，稀释方法同前。

（2）接种方法如下：用接种针蘸取疫苗一秒钟，在翅内侧无血管处穿刺，使接种针槽内疫苗在穿刺的过程中接种在翼膜上，每只鸡刺一下，刺下每只鸡前接种针再蘸一下，注意瓶内疫苗高度不应低于接种针槽的上缘高度。

（3）免疫时注意以下几点：

在每次免疫后，废弃的用品不要乱丢，要集中起来送指定地点销毁，避免病毒在场内引起危害；免疫疫苗的调配由专门兽医人员进行，免疫人员避免接触该项工作，只有获得专门兽医人员同意时，免疫人员才允许自行更换疫苗或注射针头，避免出现疫苗调配错误和工具损坏；免疫过程中，免疫人员要始终注意操作的准确性，在保证质量的前提下可以提高速度，决不允许为了提早结束免疫而出现免疫质量不合格现象。

6. 口服

（1）主要适用于法氏囊和球虫免疫，根据疫苗的剂量和使用量用蒸馏水进行稀释。

（2）使用连续注射器，选择没有针尖的 9 号针头，适用前调节好注射器的刻度，一般都为 0.3 mL/支。

（3）该操作主要适用于小日龄的鸡，具体操作：先将鸡只固定好，用大拇指和食指捏住头部略偏下处毛皮并向后提起使鸡只嘴角略微地张开，然后将针头从嘴角压着舌头插入，将疫苗注射入口腔，待鸡只出现吞咽反应后再将鸡放开。

（4）免疫时注意以下几点：

剂量应该准确，每次注射器应推到底；免疫过程中注意不要刺伤鸡只的口腔；疫苗注射入口腔后，应该有一个吞咽的动作表明鸡已将疫苗服下后才能将其放开。

（三）疫苗的运输、保存和记录

冻干苗和灭活苗应在 2℃～4℃下保存和运输，避免阳光直射和火烤。冻干苗用灭菌蒸馏水或注射用水稀释，不提倡使用生理盐水。灭活苗不可在 0℃ 以下保存，以免破乳失效。

必须建立疫苗保存及使用的登记制度，详细记录疫苗品种、数量、性状（包括稀释液）、进场日期、生产厂家、批号、有效期，每次使用对象和数量、冰箱温度及液氮重量等。如果出现问题，便于追查。

（四）免疫接种的不良反应、原因及预防

1.常见不良反应及原因

（1）局部反应。

①严重的呼吸道反应

ND、IB、ILT等活疫苗接种后会出现一定的呼吸道反应，这是正常的，一般在3天后消失。但免疫时或免疫后鸡舍温度过低，门窗紧闭，空气污浊，湿度过大，氨气过高，就会发生过重的免疫反应，如出现呼吸锣音，摇头，流泪，咳嗽等症状。

②头颈部扭曲

颈背部皮下注射ND疫苗时，若操作不当，针头插入肌肉，伤及神经或颈椎，会引起颈部活动受阻，扭曲。要与神经型ND区别，一般不会发生转圈或阵发性神经症状。

③眼部反应

在通过点眼途径接种ND、IB或ILT时，疫苗瓶滴头伤及角膜会产生眼部不适，表现为流泪。这种情况是个别的、少数的。但是，有的ILT苗对眼的刺激过大，接种后发生肿眼、肿脸，甚至瞎眼（2%左右），应考虑改为滴鼻接种，就会大大改善。

（2）全身反应。

①细菌感染（绿脓杆菌、葡萄球菌）

多由注射器具消毒不彻底引起；少数情况下，由疫苗本身污染造成（如E. coli；Salm.；MG），要求弱毒疫苗必须用SPF鸡胚制作。

②病毒感染

当某些病毒活疫苗免疫后，鸡群随即发生与疫苗病毒相同的疾病，如ND、IBD、IB、ILT、FP等。鸡群在接种疫苗前，已感染了野外病毒，或正值潜伏期。活苗中和了低水平的体液抗体或母源抗体，形成抗体"空白期"，此时若饲养环境存在强毒，随即发病。

疫苗株的毒力选择不当，毒力过强或接种剂量过高，容易发病（如：IBD-2512；IB-H52；ILT等）。

疫苗中有野毒混入，或灭活苗灭活不全。

2.预防措施

保持良好的环境卫生；作好鸡舍及孵化场环境消毒；制定科学的免疫程序；疫苗选择要合理，注意毒力与年龄的关系，避免毒力过强或免疫抑制；坚持使用SPF胚制作的弱毒苗；严格给注射器具消毒；减少接种时交叉感染，勤换针头；免疫操作要正确；免疫途径要考究；疫苗剂量不可过大；尽量减少应激，免疫时要适当提高温度，通风，添加多维素，选择夜间免疫；加强鸡群观察（免疫前、后）。

二、监测

禽养殖场进行动物疫病监测是为了掌握动物群体免疫状况，防止流行疫病的发生和发展，监测的疫病对象主要是高致病性禽流感、新城疫等优先防治病种和重点外来动物疫病。动物疫病监测工作的原则是主动监测与被动监测相结合、病原监测与抗体监测相结合、常规监测与紧急监测相结合及疫病监测与净化评估相结合四个方面。集团化、规模化畜禽养殖场一般拥有较强的兽医技术力量和功能较好的兽医室，可以根据生物安全需要组织临床巡查以及病原监测与抗体监测，而一般的养殖场（户）不具备这样的条件，平时可以进行临床巡查，及时发现患病动物并给予科学防治。按照当地动物疫病预防控制机构的监测安排，配合做好病原监测与抗体监测，并根据监测结果做好动物群体免疫与综合防控。

（一）动物临床巡查

健康禽头耳灵活、两眼有神、行动灵活协调、对外界刺激反应迅速敏捷、羽平顺且富有光泽。患病动物常表现为精神沉郁、低头闭眼、反应迟钝、离群独处等，患禽还会出现羽毛蓬松、垂头缩颈、两羽下垂。也有的患病动物表现为精神亢奋、骚动不安，甚至狂奔乱跑等。

健康禽食欲旺盛，饲喂时表现为争抢采食，采食过程中不断饮水。患病动物食欲减少或废绝，对饲料反应淡漠，有发热或拉稀表现的病禽可能饮水量增加或喜饮脏水。病情严重者可能饮食废绝。

（二）病原学监测

动物疫病病原学监测主要包括细菌学检测技术、病毒学检测技术和寄生虫学检测技术。

1. 细菌检测技术

（1）显微镜检查。先将病料涂成薄而均匀的涂片，室温下自然干燥。细菌培养物涂片用火焰固定，血液和组织涂片用甲醇固定。然后根据检查目的选择染色液和染色方法。常用的染色方法有革兰氏染色法、美蓝染色法、瑞氏染色法和姬姆萨染色法等。经染色水洗后的涂片标本，用吸水纸吸干（切勿摩擦）。也可在酒精灯火焰的远端烘干，滴加香柏油，用油镜观察细菌的形态结构和染色特性。

（2）培养性状检查。细菌在固体培养基上培养，长出肉眼可见的细菌菌落。其菌落大小、形状、边缘特征、色泽、表面性状和透明度等因不同菌种而异。因此，菌落特征是鉴别细菌的重要依据。细菌在液体培养基中生长可使液体出现浑浊沉淀、液面形成菌膜以及液体变色、产气等现象。

（3）生化检查。不同的细菌，新陈代谢产物各异，表现出不同的生化性状，这些性状对细菌种属鉴别有重要价值。生化试验的项目很多，可根据监测目的适当选择。常用的生化反应有糖发酵试验、靛基质试验、V－P试验、甲基红试验、硫化氢试验等。

（4）药敏试验。药敏试验可以相对快速有效地检测病原菌对各种抗菌药的敏感性。临床常用的药敏试验方法主要有扩散法和稀释法。其中扩散法是通过测试药物纸片在固体培养基上的抑菌圈的大小，判断细菌对该种药物是否敏感。稀释法包括试管稀释法和微量稀释法，通过测试细菌在含不同浓度药物培养基内的生长情况，判断其最低抑菌浓度。

2. 病毒检测技术

禽病毒性疫病是危害最严重的一类疫病，给畜牧业带来的经济损失最大。大多数病毒性传染病的监测，必须在临床诊断的基础上进行实验室诊断，以确定病毒的存在或检出特异性的抗体。

（1）目前常用的快速检测方式为病毒核酸检测。主要是针对不同病原微生物具有的特异性核酸序列进行检测。其特点是反应的灵敏度高、特异性强、检出率高。目前利用核酸杂交技术、核酸扩增技术和基因芯片技术等已经研制出多种商品化试剂盒，如禽流感病毒 RT－PCR 检测试剂盒、新城疫 RT－PCR 检测试剂盒等，用于病毒感染的快速检测。

（2）将采集的病料接种动物、禽胚或组织细胞，可进行病毒的分离培养。病毒必须在活细胞内才能增殖。应根据病毒的不同，选用动物接种、鸡胚接种、细胞培养等方法来进行培养。动物接种在病毒毒力测定上应用广泛。病毒的鸡胚培养法主要有 4 种接种途径，即尿囊腔、绒毛尿囊膜、羊膜腔和卵黄囊，不同的病毒应选择各自适宜的接种途径，并根据接种途径确定鸡胚的孵育日龄。病毒细胞培养的类型有原代细胞培养、二倍体细胞培养和传代细胞培养，细胞培养的方法有静置培养、旋转培养、悬浮培养和为微载体培养等。

（3）血清学试验是诊断病毒感染和鉴定病毒的重要手段。血清学试验最常用的有中和试验、血凝及血凝抑制试验、免疫扩散试验等。中和试验是病毒型特异性反应，具有高度的特异性和敏感性，常用于鸡传染性喉气管炎、鸭瘟、鸭病毒性肝炎等疫病的检测。血凝和血凝抑制试验为型特异性反应，临床上常用于新城疫和禽流感等疫病的监测。免疫扩散试验操作简便，特异性与敏感性均较高，常用于马立克氏病、传染性法氏囊病等的诊断。

3. 寄生虫检测技术

（1）虫卵检查。

①直接涂片镜检用以检查蠕虫卵、原虫的包囊和滋养体。滴 1 滴生理热水于洁净的载玻片，用棉签棍或牙签挑取绿豆大小的粪便块，在生理盐水中涂抹均匀；涂片的厚度以透过涂片约可辨认书上的字迹为宜。一般在低倍镜下检查，如用高倍镜观察，需加盖片。但在粪便中虫卵较少时，检出率不高。

②集卵法检查是利用不同比重的液体对粪便进行处理，使粪便中的虫卵下沉或上浮而被集中起来，再进行镜检，提高检出率。其方法有水洗沉淀法和饱和盐水漂浮法。水洗沉淀法：取 5～10 g 被检粪便放入烧杯或其他容器，捣碎，加水 150 mL 搅拌，过滤，滤液静置沉淀 30 min，弃去上清液，保留沉渣。再加水，再沉淀，如此反复直到上清液透明，弃去上清液，取沉渣涂片镜检。此方法活合比重较大的吸虫卵和棘头虫卵的检查。饱和盐水漂浮法：取 5～10 g 被检粪便捣碎，加饱和食盐水（1000 mL 沸水中加入 400 g 食盐，充分搅拌溶解，待冷却，过滤备用）100 mL 混合过滤，滤液静置 45 min 后，取滤液表面的液膜镜检。此法适用于线虫卵和绦虫卵的检查。

（2）虫体检查。

①绝大多数蠕虫的成虫较大，肉眼可见，用肉眼观察其形态特征可做诊断。幼虫检查法主要用于非消化道寄生虫和通过虫卵不易鉴定的寄生虫的检查。肺线虫的幼虫用贝尔曼氏幼虫分离法（漏斗幼虫分离法）和平血法。平皿法特别适合检查球形畜粪，取 3～5 个粪球放入小平皿，加少量 40℃温水，静置 15 min，取出粪球，低倍镜下观察液体中活动的幼虫。

②节肢动物虫体检查通常采用煤油浸泡法，将病料置于载玻片上，滴加数滴煤油，上覆另一载玻片，用手搓动两玻片使皮屑粉碎，镜检。对蜱等其他节肢动物，常采用肉眼检查法。

③原虫大多为单细胞寄生虫，肉眼不可见，须借助于显微镜检查。

（三）免疫抗体监测

免疫抗体监测就是通过监测动物血清抗体水平，了解疫苗的免疫效果，掌握动物免疫后在禽群体内的抗体消长规律，科学指导养殖场（户）制订动物疫病免疫程序，正确把握动物免疫时间，合理有效地开展动物免疫工作。监测病种既包括国家规定强制免疫的病种如高致病性禽流感、新城疫等疫病外，还包括各地特殊要求进行抗体监测的病种。

免疫抗体监测分为集中监测和日常监测。集中监测指春防和秋防结束后，集中采集免疫 21 d 以后的禽血清进行高致病性禽流感、新城疫等国家强制性免疫的动物疫病的免疫抗体监测。日常监测指除集中监测外，每个月进行的强制性免疫的动物疫病和非强制性免疫的动物疫病的监测。

免疫抗体监测的程序：

1. 采血

（1）采血器材。防护服、无粉乳胶手套、防护口罩、灭菌剪刀、镊子、手术刀、注射器、针头、记号笔、签字笔、空白标签纸、胶布、抗凝剂、75％酒精棉球、碘酊棉球、15 mL 的离心管、1.5 mL EP 管、冰袋、冷藏容器、消毒药品、血清采样单和调查表等。

（2）免疫注射后 21 d 的动物方可采血。对采血部位的皮肤先剃（拔）毛，碘酊消毒，75％的酒精消毒，待干燥后采血。禽类翅静脉采血，采血过程严格无菌操作。每只采集 2～3 mL 全血

（3）采集好的全血转入盛血试管，斜面存放，室温凝固后直接放在盛有冰块的保温箱，送实验室。从全血采到到血清分离出的时间不超过 10 h。血清样品装于小瓶时应用铝盒盛放，盒内加填塞物避免小瓶晃动，若装于小塑料离心管中，则应置于塑料盒内。

2. 血清分离与保存

（1）血清的分离、保存及运送。用作血清样品的血液中不加抗凝剂，血液在室温下静置 2～4 h（防止暴晒），待血液凝固，有血清析出时，用无菌剥离针剥离血凝块，然后置 4℃冰箱过夜，待大部分血清析出后取出血清，必要时经低速离心分离出血清。若需长时间保存，则将血清置−20℃以下保存，但要尽量防止或减少反复冻融。样品容器上贴详细标签。

（2）血清编号及采样单填写。采血时应按《采样单》的内容详细填写采样单，动物血清采样单一式三份由被采样单位保存，一份由送检单位保存，一份由检测单位保存。

动物血清采样单的内容一般包括样品编号、动物种类、用途（种、蛋用）、日龄（月龄）、耳标号、免疫情况（如疫苗种类、生产厂家、产品批号、免疫剂量、免疫时间等）、动物健康状况、采集地点（乡镇、村、养殖场、屠宰场、市场、畜主等）、抽样比例、市场样品来源地、备注等。

（3）常见禽病免疫抗体检测标准及方法，参照相关标准执行。高致病性禽流感 GB/T 18936−2003 血凝−血凝抑制试验（HA−HI）和琼脂免疫扩散试验（AGP）、新城疫 GB 16550−2008 血凝−血凝抑制试验（HA−HI）。

第四章　规模牛场生物安全体系建立

第一节　选　址

牛场选址是牛场疫病防控的关键环节之一，在场址选择方面应有利于对牛场传染病的预防和控制。首先，选址需要符合《中华人民共和国畜牧法》《中华人民共和国动物防疫法》和《畜禽养殖污染物防治技术规范》等相关政策法规的要求，还应符合当地土地利用发展规划、城镇建设发展规划、农牧业发展规划以及农田基本建设规划等地方性政策条例的相关要求。

其次，应充分考虑地势、水源、土质、气象、电力、交通及周边环境，总体以不造成环境污染和不影响居民生活为原则，同时要求远离交通要道、居民点、医院、屠宰场、化工厂、水泥厂、城镇排污场等有可能影响动物防疫因素的地方，从选址上做好生物安全隔离。牛场环境条件应符合 GB3095 的规定。

地形地势：选择在地势高燥、地形开阔整齐、排水性良好、场地向阳、南向或南略偏东方向的斜坡开阔地建场，最好选择有天然防疫屏障的山区或丘陵地区。同时，应确保有足够的生产经营土地面积，面积不足会给饲养管理、防疫防火及牛舍环境造成不便。

水源水质：水源要求水量充足，要满足牛场生活用水、牛只饮用及饲养管理用水。同时，要求水质好无污染且便于取用和进行卫生防护，并易于清洁和消毒。

土壤特性：土壤化学成分也会影响牛的代谢和健康，土壤虽有净化作用，但是许多微生物可存活多年，应避免在旧牛场场址或其他畜牧场场地建造。牛场对土壤的总体要求是透气性好，易渗水，热容量大，这样可抑制微生物、寄生虫和蚊蝇的滋生，也可减少场区昼夜温差。

周围环境：牛场饲料产品粪污废弃物等运输量很大，交通方便才能降低生产成本并防止污染周围环境。但是交通干线往往会造成疫病传播，因此，场址既要交通方便又要与交通干线保持距离。周围要有便于生产污水进行处理以后（达到排放标准）排放的水系。同时，牛场周围应有电力和能源的供应，确保电力和燃料供应充足，通信基础设施良好。

第二节　生物安全区域划分

牛场的布局要因地制宜、合理安排，总体布局就是各类牛舍、挤奶厅、饲料区（饲料的收购、加工、贮存、供应）、粪尿处理区和其他附属建筑物以及设施相互之间既有连接又有隔离，要便于日后牛只生产以最有效、最经济的方式运转，并力求做到减少牛只行走距离、缩短工人操作和饲料等运输距离，关键避免粪道与净道的重叠和交叉，以利卫生防疫，并减少饲料与环境的污染等。

按照生产管理属性不同，牛场总体可以划分为四个区域，即生产区、生活管理区、辅助生产区和病畜隔离与粪污处理区等功能区。具体布局应遵循以下原则：

生产区：包括牛舍、挤奶厅、采精室和人工授精室等生产性建筑，该区域应设在场区的下风位置，入口处设人员消毒室、更衣室和车辆消毒池。生产区牛舍应合理布局，能够满足分阶段、分群饲养的要求，泌乳牛舍应靠近挤奶厅，种公牛舍应靠近采精大厅等。同时，各牛舍之间要保持适当距离，布局整齐，以便防疫和防火。

生活管理区：包括与牛场经营管理有关的建筑物，应在牛场上风处和地势较高地段，并与生产区严格分开，保证适当距离。

辅助生产区：包括供水、供电、供热、维修、草料库等设施，要紧靠生产区布置。干草库、饲料库、饲料加工调制车间、青贮窖应设在生产区边沿下风地势较高处。

病畜隔离与粪污处理区：包括兽医室、隔离畜舍、病死畜处理及粪污贮存与处理设施，应设在生产区外围下风、地势低处，与生产区保持 300m 以上的距离。粪尿污水处理、病畜隔离区应有单独通道，便于病畜隔离、消毒和污物处理。

第三节　养殖区管理

这一区域是整个牛场最核心和最重要的区域，应当根据生产规模、饲养方法和清粪方式等多方面的因素综合考虑，生产区应当包括各生理阶段的牛舍、人工采精和授精室等，另外出入口还应当有人员和车辆的消毒设备。如果是奶牛场，还应当在生产区中设挤奶室。

牛舍应当包括母牛舍、犊牛舍、育成牛舍、育肥牛舍以及产房等阶段圈舍。因人员进入生产区极易造成牛场病原的传播，因而原则上应禁止一切外来人员进入生产区参观，特别是场外兽医、经纪人（贩运户）等高风险人群。饲养人员在进入生产区之前，必须在消毒间用紫外线灯消毒 15 分钟，或更换工作衣、帽；有条件的地方先淋浴、换衣后再进入生产区，并按消毒程序严格进行消毒；进入圈舍时，必须戴口罩或过滤面罩。牛场工作人员也禁止随意离开场区，必须离场时要经过人行消毒通道严格消毒，生产区工作人员进入生产区时，应穿工作服和胶靴，工作服应保持清洁并定期消毒。

当周边地区有某种动物疫病发生，应严格控制工作人员外出，若必须外出应待疫情全部扑灭后方可进场。牛场要针对动物疫病防疫工作的实际，建立完善的人员管理制度、门卫制度、消毒隔离等规章制度并认真实施切断一切病原传入的途径，建立最佳的生产环境条件，抵御疫病风险。

第四节　生活区管理

　　该区域是牛场的饲养管理人员办公和食宿的区域，包括办公室、职工宿舍、食堂等，是牛场与外界接触的门户，应建在高处、上风处、生产区进出口的外面，并与生产区保持一定的距离，这样能够预防人畜共患病的发生。另外，牛场员工必须每年检查一次身体，如患传染病应及时在场外治疗，治愈后方可上岗。牛场新招员工必须经健康检查，确认无结核病与其它传染病。牛场不得饲养其他畜禽，禁止将畜禽及其产品带入场区。

第五节　缓冲区管理

　　这一区域应当距离生产区较近，且方便外来车辆装卸饲料。在建设这一区域时，需要考虑运送饲料的装置，如饲料搅拌车是否能顺畅通过。饲料生产加工区的面积要随着饲养规模的加大而增大，主要包括青贮窖、精料库以及干草棚等。如果需要自行调制饲料，还应当有饲料加工间。

第六节　进出牛管理

　　牛只引进是牛病传染的重要途径之一。各种传染性生物因子都可能在引种时被带入牛场。购进隐性感染或无任何临床症状的带毒牛，将给牛场造成巨大的经济损失。在引进前应严格遵守各项报检制度，尤其种用、乳用动物审批制度，详细了解拟引进牛所在地的疫病流行情况，并严格执行检疫管理制度，决不到疫区引进牛。引入后应在所在地动物卫生监督机构的监督下，隔离观察45天。隔离观察合格后方可混群饲养。

第七节　疫病管理

　　牛病是养牛生产中非常重要的限制因素，免疫是预防、控制疫病最基本的生物安全措施。因此，实施良好的饲养管理和免疫程序可大大改善牛场健康状况，降低传染病的发病率。但要达到最佳预防和防控传染病以及最大限度降低病原量达到最佳经济效益，就必须采取合理有效的综合安全措施。

　　良好的免疫程序是预防疫病暴发的保证。牛场应根据当地传染病的流行趋势，因病设防，精心设计常规的免疫程序；严格按照"五字"免疫操作规程进行免疫接种，即"低、严、匀、准、足"。"低"指低温保存疫苗；"严"指严格消毒；"匀"指注射前摇匀疫苗；"准"指注射部位要准；"足"指足量注射疫苗。规范填写免疫档案管理，实行动物免疫标识管理制度。凡按国家规定实行强制免疫的动物疫病，对免疫过的牛加挂免疫耳标，并建立免疫档案。建立健全奶牛场防疫、检疫档案，内容包括：奶牛来源、检疫情况、免疫接种情况、发病死亡情况及原因、无害化处理情况、实验室检查及其用药情况、免疫标识等内容。

一、细菌类疫病

（一）布鲁氏菌病

【定义】由布鲁氏菌（布氏杆菌）引起的人畜共患的一种接触性传染病。

【流行情况】牛对本病的易感性随着性器官的成熟而增加。病牛是主要的传染源。病菌随病母牛的阴道分泌物和病公牛的精液排出，流产的胎儿、胎盘和羊水内含有大量的病菌。可通过消化道传染，主要是易感牛采食了污染的饲料、饮水所致。另外，也可通过直接接触传染，如接触了污染的用具，与病牛交配，皮肤或黏膜的直接接触而感染。本病常呈地方性流行。新发病牛群，流产可发生于不同的胎次；在常发牛群，流产多发生于初次妊娠牛。

【临床症状】母牛除流产外，其他症状常不明显。流产多发生在妊娠后第5～8个月，产出死胎或弱胎。流产后可能胎衣不下或子宫内膜炎，流产后阴道内继续排褐色恶臭液体。公牛发生睾丸炎并失去配种能力。有的病牛发生关节炎、滑液囊炎、淋巴结炎或脓肿。

【诊断】根据流行特点、临床症状和剖检病变不易确诊，必须通过实验室诊断才能确诊。

【检测】发现疑似病例应立即报告当地兽医部门，实验室一般利用虎红平板凝集实验与试管凝集试验等检测方法进行快速检测。

【防控】应坚持自繁自养，加强饲养卫生管理，搞好杀虫、杀鼠，定期检疫（每年至少1～2次）；严禁到疫区买牛。必须买牛时，一定要隔离观察30日以上，并用凝集反应等方法做2次检疫，确认健康后方可合群。

免疫预防方面，按时接种国家布鲁氏菌病疫苗，新引进牛只及时补针，使用方法按说明书规定。牛免疫18个月后可开展检测。普通牛免疫地区，免疫前要以每个场、群、自然村为单位按5%（至少30头只，不足30头只全检）比例抽样检测，扑杀阳性畜、抽检无阳性的，全部实施免疫；抽检有阳性牛，应普检净化。每间隔1个月实施跟踪监测，直至连续2次检测无阳性畜检出后，全部实施免疫。非免疫地区，每年至少抽样检测1次，以每个场、群、自然村为单位按至少10%比例抽样检测，检测有阳性，扑杀阳性畜，并开展普检净化。每间隔1个月实施跟踪监测，直至连续2次检测无阳性畜检出为止。对所有种畜、奶畜每年至少开展1次检测。对检出的阳性畜要及时进行扑杀。

同时，要确实做好个人的防护，如戴好手套、口罩，工作服经常消毒等。

（二）结核病

【定义】牛结核病是由牛型结核分枝杆菌引起的一种人畜共患的慢性传染病，我国将其列为二类动物疫病。

【流行情况】牛对牛型菌易感。其中奶牛最易感，水牛易感性也很高，黄牛和牦牛次之。结核病畜是主要传染源，结核杆菌分布于机体中各个器官的病灶内，病畜能由粪便、乳汁、尿及气管分泌物排出病菌，污染周围环境而散布传染。主要经呼吸道和消化道传染，也可经胎盘传播或交配感染。本病一年四季都可发生。一般说来，舍饲的牛发生较多。畜舍拥挤、阴暗、潮湿、污秽不洁，过度使役和挤乳，饲养不良等，均可促进本病的发生和传播。

【临床症状】以组织器官的结核结节性肉芽肿和干酪样、钙化的坏死病灶为特征，病程呈慢性经过，表现为进行性消瘦、咳嗽、呼吸困难，体温一般正常。

【诊断】根据临床症状和病理变化可做出初步诊断，确诊需进一步做实验室诊断。

【检测】发现疑似病例应立即报告当地兽医部门，采用迟发性过敏试验，皮内注射牛结核菌素，三天后测量注射部位的肿胀程度从而确诊。

【防控】结核病主要采取综合性防治措施，防止疫病传入，净化污染牛群。严格执行兽医防疫制度，每季度进行一次全场消毒。牧场、牛舍入口处应设置消毒池，牛舍、运动场每月消毒1次，饲养用具每10天消毒1次。如检出阳性牛，必须临时增加消毒，粪便堆积发酵处理。进出车辆与人员要严格消毒。

二、病毒类疫病

（一）口蹄疫

【定义】口蹄疫（属一类传染病）俗名"口疮""辟癀"，是由口蹄疫病毒所引起的偶蹄动物的一种急性、热性、高度接触性传染病。

【流行情况】已被感染的牛能长期带毒和排毒。病毒主要存在于食道、咽部及软腭部。带毒动物成为传播者，可通过其唾液、乳汁、粪、尿、毛、皮、肉及内脏将病毒散播。被污染的圈舍、场地、草地、水源等为重要的疫源地。

病毒可通过接触、饮水和空气传播，鸟类、鼠类、猫、犬和昆虫均可传播此病。各种被污染物品如工作服、鞋、饲喂工具、运输车、饲草、饲料、泔水等都可以传播病毒引起发病。

冬、春季节发病率较高。随着商品经济的发展、畜及畜产品流通领域的扩大、人类活动频繁，牛口蹄疫的发生次数和疫点数增加，流行无明显的季节性。

【临床症状】临诊特征为口腔黏膜、蹄部和乳房皮肤发生水疱。

【诊断】口蹄疫病变典型易辨认，故结合临床病学调查不难作出初步诊断。其诊断要点为：发病急、流行快、传播广、发病率高，但死亡率低，且多呈良性经过；牛只大量流涎，呈引缕状；口蹄疮定位明确，多数发生在口腔黏膜、蹄部和乳头皮肤，有水泡、糜烂样特异病变。

【防控】牛只每年要按时接种口蹄疫疫苗，新引进牛只及时补针。病畜疑似口蹄疫时，应立即报告当地兽医机关，病畜就地封锁，所用器具及污染地面用2%苛性钠消毒。确诊后，立即进行严格封锁、隔离、消毒及防治等一系列工作。发病畜群扑杀后要无害化处理，工作人员外出要全面消毒，病畜吃剩的草料或饮水，要烧毁或深埋。畜舍及附近用2%苛性钠、二氯异氰脲酸钠（含有效氯≥20%）、1%～2%福尔马林喷洒消毒，以免散毒。

紧急接种：对疫区周围牛只，选用与当地流行的口蹄疫毒型相同的疫苗进行紧急接种，用量、注射方法及注意事项须严格按苗说明书执行。

（二）牛结节性皮肤病

【定义】牛结节性皮肤病是由牛结节性皮肤病病毒引起牛的一种急性、亚急性或慢性传染病。

【流行情况】该病毒的自然宿主主要是牛，各种品种的牛均易感。患病牛是该病的主要传染源，病毒存在于病牛的皮肤结节、肌肉、血液、内脏、唾液、鼻腔分泌物及精液中，病牛恢复后常带毒3周以上。该病主要通过节肢动物进行机械性传播，也可能通过饮水、饲料或直接接触传播，因而发病有一定的季节性。在流行地区，本病的发病率差异很大，即使在同一疫区的不同农场中发病率也不一样，通常为2%～20%，个别地区达80%以上；死亡率通常为10%～20%，有时达40%～75%。

【临床症状】全身皮肤出现结节性病变，尤其在头部、颈部、乳房和肛周等部位。病牛食欲不振、逐渐消瘦，产奶量降低，皮质损毁较重。

【诊断】通过临床症状不难对本病作出初诊，但确诊还需实验室诊断。

【检测】发现疑似病例应立即报告当地兽医部门，实验室采用血清学和病原学检测试剂盒进行确诊。

【防控】应坚持自繁自养，加强饲养卫生管理，做好防范蚊子、咬蝇、雄虻等节肢动物工作，加强场区环境、车辆的消毒。

三、代谢病

（一）乳酸中毒

【定义】又称乳酸性消化不良、中毒性消化不良，是由突然采食大量富含碳水化合物的谷物饲料或长期过量饲喂甜菜等块根类饲料及酸度过高的青贮饲料所引起。

【临床症状】病畜食欲消失，产奶量急剧下降，脱水，心率可达90～120次/min，呼吸50～80次/min。瘤胃积液，蠕动停止，皮肤冰凉，体温下降。

通常腹泻或排出稀软的粪便，虚弱或卧地不起，由于脱水、碳酸氢盐丢失、低血压和血液及瘤胃中高水平的入酸，严重的病例可进一步发展为代谢性酸中毒，发病较急者，无明显症状，常于采食后3～5小时突然死亡。发病缓慢者，精神沉郁，食欲停止，瘤胃弛缓，步态不稳，肌肉震颤，瘫痪卧地。发病后期体温低于正常，脉搏、呼吸变快，眼结膜紫色，眼窝下陷，呻吟，磨牙，昏迷，尿呈酸性。

【诊断】需结合临床症状及牛群详细的有关饲养管理方面的病史作出诊断。

【治疗】原则：排出瘤胃内容物，补充体液，缓解酸中毒。

（1）5%葡萄糖生理盐水2000～3000毫升，5%碳酸氢钠500～1000毫升，一次缓慢静注。

（2）硫酸镁400～800克或人工盐500～1000克，加适量止酵药及水一次内服。

（3）液体石蜡或植物油1000～1500毫升一次内服，配合反复多次洗胃效果较好。

（二）瘤胃鼓气

【定义】瘤胃显著臌胀造成患畜左上腹和左下腹臌胀，称为瘤胃鼓气。

【临床症状】反刍动物支配前胃神经的反应性降低，收缩力减弱。大量容易发酵的饲料在瘤胃内迅速发酵，产生大量的气体，引起瘤胃和网胃急剧膨胀。严重病例瘤胃腹囊增大至右下腹，并将其他腹腔脏器挤压至右上方，导致两侧腹部膨大。

【诊断】气体性膨气患畜插入胃管后膨气缓解即可确诊。泡沫性膨气患畜的诊断依据为典型的左侧腹部膨大，叩诊的同时听诊可听到不甚明显的砰声，插入胃管不能解除膨胀。

【治疗】治疗措施包括缓解膨胀和消除病因。针对低血钙引起的气体性膨气病例，在进行胃管放气的同时注射钙制剂。伴有膨气的消化不良需胃管放气并给予钙剂、轻泻剂、制酸剂和促反刍剂。除极严重的病例急需缓解膨胀外，一般应避免给患急性膨气的奶牛行瘤胃穿刺术。套管针穿刺会导致腹膜炎，可能是致命的。只要避免动物摄食致病性的饲草即可防止本病的发生。

第八节　记录

牛场应在非疫区采购饲料，饲料进场后应进行严格消毒，并尽可能使用来自同一生物安全管理体系的饲料厂提供的饲料。饲料和饲料添加剂符合国家规定。饲料储藏室应保持清洁、干燥，并采取防鸟、防鼠等措施。要杜绝使用经销商送上门的来源不清的原料。杜绝运输牛及相关产品的交通工具进入场区。生产区内使用的工具、车辆等用具禁止离开生产区使用。

牛场应建立并保存牛的免疫程序记录及患病牛的治疗记录和用药记录等养殖档案。治疗记录应包括：患病牛的畜号或其他标志、发病时间及症状。用药记录应包括：药物通用名称、商品名称、生产厂家、产品批号、有效成分、含量规格、使用剂量、疗程、治疗时间、用药人员签名等。预防、治疗的用药要有兽医处方，并保留备查。

第九节　常见病

一、牛传染性鼻气管炎

【定义】牛传染性鼻气管炎（IBR），二类传染病、寄生虫病，又称"坏死性鼻炎""红鼻病"，是Ⅰ型牛疱疹病毒（BHV—1）引起的一种牛呼吸道接触性传染病。临床表现形式多样，以呼吸道为主，伴有结膜炎、流产、乳腺炎等，有时诱发小牛脑炎。

【流行情况】本病呈世界性分布。我国也有发生，其病原体是疱疹病毒，比较耐碱，不耐酸，抗冻不抗热，常用消毒药能很快将其杀灭。一般肥牛多发本病。病牛和带毒牛是传染源，主要在秋冬寒冷季节流行。舍饲和大群密集饲养易造成迅速传播。牛群发病率达10%～90%，病死率在1%～5%，但犊牛死亡率较高。

【临床症状】自然感染潜伏期一般为4～6天。人工感染（气管内、鼻内、阴道滴注接种）时，潜伏期可缩短至18—72小时，可表现以下临诊类型：

1. 鼻气管炎

最常见的症状，有轻有重。病初高热（40℃～42℃），精神委顿，厌食，流泪，流涎，流黏脓性鼻液。母牛乳产量突然下降，鼻黏膜高度充血，呈火红色，并出现浅的、黏膜坏死。呼吸高度困难，呼出气体恶臭，咳嗽不常见。一般经10—14天左右症状消失。

2. 传染性脓疱性阴道炎

病初轻度发热，食欲无影响，产奶量无明显改变。动物表现不安，频尿，排尿时因疼痛而尾部高举。外阴和阴道黏膜充血潮红，有时黏膜上面散在有灰黄色、粟粒大的脓疱，阴道内见有多量的黏脓性分泌物。重症病例阴道黏膜被覆伪膜，并见有溃疡。孕牛一般不发生流产。病程约2周左右。

3. 传染性龟头包皮炎

龟头、包皮、阴茎等充血，有时可见阴茎弯曲或形成溃疡等。多数病例见有精囊腺变性、坏死。通常在出现病变后一周开始痊愈，彻底痊愈需两周左右。若为种公牛，患病后3—4月间失去配种能力，但可成为传染源，应及时淘汰。

4. 角膜结膜炎

多与上呼吸道炎症合并发生，病初眼睑水肿，眼结膜高度充血，流泪，角膜轻度混浊，一般无溃疡，无明显的全身反应。重症病例可见眼结膜形成灰黄色针头大颗粒，致使眼睑粘着和眼结膜外翻。眼、鼻流浆性或脓性分泌物。

5. 流产

一般见于初胎青年母牛怀孕期的任何阶段，有时也见于经产牛。常于怀孕的第5—8个月发生流产，多无前驱症状。约有50%流产牛见有胎衣滞留，流产胎儿不见有特征性肉眼病变。

6. 肠炎

生后2—3周的犊牛感染不妊娠的原因。上述症状往往不同程度地同时存在，很少单独发生。

【诊断】本病的典型病例（上呼吸道炎）具有鼻黏膜充血、脓疱、呼吸困难、鼻腔流脓等特征性症状，结合流行病学可做出初步诊断，但确诊必须依靠实验室诊断，包括病毒分离鉴定和血清学试验。通常检测血清样品中BHV1抗体的方法有病毒中和试验（VN）和各种酶联免疫吸附试验（ELISA）。

【防控】预防本病的关键是实行严格的检疫，防止引入传染源。发生本病时，采取隔离、封锁、消毒等综合性措施，对健康的牛群进行免疫接种。但怀孕母牛、4月龄以下犊牛、已经感染的牛不能再注射疫苗。发生继发感染时，可用抗生素进行治疗。对于脓疱性阴道炎及包皮炎，可用消毒液进行冲洗。

由于本病无特效药治疗，最好将患病牛以及抗体阳性牛全部淘汰或扑杀。

二、产肠毒素性大肠杆菌病

【定义】由产肠毒素性大肠杆菌引起的牛肠道及全身性症状的疾病。

【病因】因管理不良引起的疾病。

（1）犊牛产肠毒素大肠杆菌能产生低分子量的STa，引起新生犊牛分泌性腹泻（主要是体液、碳酸盐和其它离子成分的损失）。具有其它菌毛抗原或多类型菌毛抗原以及一些未定型抗原的产肠毒素大肠杆菌也能引起犊牛腹泻。

（2）饲养环境恶劣，产房不洁或使用过久，饲养密度过大，断脐不消毒。

【临床症状】临床症状变化很大，症状轻的犊牛表现为轻度腹泻，不久自行康复。严重者表现出最急性症状，特点是腹泻，脱水，在 4—12h 内发生休克。粪便的颜色、性状变化很大，但常为大量水样腹泻，腹泻物呈黄色、白色或者绿色。全身性症状比粪便特征重要得多。犊牛常在 1—7 日龄发病，若出现其他肠道病原混合感染，则发病日龄可推迟到 21 日龄。

最急性病例导致犊牛分泌性腹泻，出现典型的代谢性酸中毒。血浆中重碳酸盐浓度降低，pH 值下降，低氯血和低钠血。其中高钾血和低血糖是特征性的血液指标。低血糖常见是因为离最后一次喂食间隔时间长，但最急性病例少见。犊牛在发病后数小时脱水，肌肉软弱无力，甚至昏迷。这些犊牛发病以前吮乳正常，外表健康。大多数急性病例出现水样腹泻，突出的症状为脱水和肌肉无力。可视黏膜干、凉而黏，吮吸反应降低或消失，粪便污染尾巴、会阴部和后肢。有休克样症状但不表现腹泻的患牛出现严重腹部膨胀的症状，同时听诊和冲击触诊表明，患犊右下腹部有大量液体。

急性病例有明显的水样腹泻，进行性脱水，12～48 小时内出现肌肉无力，低度发热或体温正常，全身状态下降，吮吸反应消失。持续性分泌性腹泻导致脱水和电解质缺乏，体重明显降低，特别是因吮乳减少而致摄水减少时。

轻型病例较为常见，很少引起兽医的注意。患牛排松软粪便或者水样粪便，但继续吮乳，可自行康复或在给药（通常是口服抗生素）后好转。

【诊断】根据犊牛发病日龄、临床症状和实验室检验指标可做出初步诊断，分离出具有致病性 F 抗原的大肠杆菌即可确诊。

【鉴别诊断】由于产肠毒素性大肠杆菌与轮状病毒、冠状病毒以及微细隐孢球虫经常发生混合感染，因此，必须对粪便进行病毒和原虫检查。

沙门氏菌感染也可导致类似的严重腹泻、脱水休克和酸碱平衡紊乱，但是沙门氏菌患牛发热、中性白细胞减少以及核左移。

另外，在腹部高度膨胀而没有明显腹泻的最急性病例中，应考虑产气荚膜梭菌所引起的肠毒血症。有肠毒血症患牛表现肌肉无力、脱水、休克，但很少出现像 ETEC 感染那样严重的代谢性酸中毒。

【治疗与防控】对于感染犊牛，主要的治疗措施是输液疗法，主要目的在于纠正代谢性酸中毒和低血糖，改变脱水状态。出现最急性症状或者卧地的犊牛应静脉补液；能站立但明显脱水、可视黏膜干凉、吮吸反应降低或消失的犊牛病初也应静脉输液；吮吸反应正常的犊牛，可采取口服补液方法进行治疗。

（1）补液治疗。补液时应补充一定量的电解质，这对于疾病治疗十分重要。慢性脱水的犊牛，由于不断少量丢失重碳酸盐，数日内可导致严重酸中毒。对于感染犊牛，根据代谢性酸中毒的严重程度，补液时应选择在 1L 5％葡萄糖中加入 150 mmol 碳酸氢钠，初次静脉补液应以 1—3 L 为宜。补充的葡萄糖可纠正低血糖，重碳酸盐和葡萄糖一起能促进 K＋返回细胞内，从而减轻了高钾血对心脏的毒性作用。初次补液补给 1—3L 5％葡萄糖中加入 150 mmol/L 碳酸氢钠以后，HCO3－和 K＋水平一旦得到改进，即可安全地使用含钾溶液。但除慢性病例外，一般没有必要补钾。实际生产中，使用平衡电解质溶液，如林格氏液即能保持液体平衡。但需另外加入碳酸氢钠和葡萄糖，以补充分泌性腹泻和厌食造成的损失。

口服电解质溶液的碱化作用十分重要，特别是当最急性病例静脉输液后继续治疗或者当它们用作感染不严重的犊牛唯一药物时。商品电解质溶液不能提供足够的能量以维持机体需要，对于冬季圈养的犊牛更是如此。若仅饲喂电解质溶液，1～2 天患犊体重就会下降，同时感到饥饿。而且在牛奶或牛奶制品中加入电解质可使溶液碱化，往往干扰皱胃凝乳块的形成。因此，口服电解质溶液应分别饲喂。每 24 h 应补给 4－6 L 电解质溶液。同时停喂全奶或奶制品 24－36h，随后再饲喂牛奶或高质量奶制品。饲喂应少量多次。

（2）抗生素治疗。由于患有 ETEC 感染的犊牛常常继发感染，发生肺炎和静脉炎等，应使用广谱抗生素来治疗最急性 ETEC 感染，以消灭具有抵抗力的大肠杆菌。使用庆大霉素（2.2 mg/kg，每日 2 次或 3 次）、丁胺卡那霉素（4.4－6.6 mg/kg，每日 2 次）、磺胺三甲氧苄胺嘧啶（22 mg/kg，每日 2 次配合应用）、恩诺沙星（2.2 mg/kg，每日 2 次）。根据患牛临床表现、体温及粪便特征，抗生素一般使用 3～5 天。

导致患犊大量死亡的大多数产肠毒素性大肠杆菌对抗生素具有抗药性。因此，在所有患犊的治疗过程中，特别是高发病率和高死亡率的牛群，必须进行药敏试验或测定最小抑菌浓度。

【饲养管理要点】必须加强饲养管理。要评估乳期奶牛、产犊房、新生犊牛饲养用具清洁及拥挤程度，要连续测定几头犊牛证明被动转移免疫球蛋白是否成功以消除大肠杆菌败血症和饲喂低质量初乳这一大肠杆菌感染的主要原因。

三、沙门氏菌病

【定义】沙门氏菌是革兰氏阴性兼性需氧和兼性厌氧菌，临床上它能引起从最急性败血症到隐性感染等不同程度的疾病。目前，沙门氏菌已成为仅次于大肠杆菌的犊牛肠道细菌感染疾病，并且是成年奶牛腹泻最重要的细菌性病因。

【病因】急性、慢性或肠道隐性感染牛在粪中排出不同数量的病原体，造成易感牛通过粪－口感染。最急性或急性病犊牛通常表现为败血症，并且还可通过其他分泌物如唾液、乳汁排菌。B 型、C 型和 E 型沙门氏菌常通过粪－口传播，都柏林沙门氏菌（D 型）特殊之处在于肠道败血症或呼吸道症状可能都很明显，并且除粪以外还可通过多种分泌物传播，如唾液、乳腺。

【临床症状】发热和腹泻是 B 型、C 型和 E 型沙门氏菌所引起的幼年奶牛沙门氏菌病的特征症状。发热实际上可能先于腹泻，但很少在犊牛开始出现腹泻和病状之前发现。沙门氏菌性肠炎的粪便中常有新鲜血液和黏液，因感染程度和沙门氏菌的类型不同而有可能出现带血的黏液或全血凝块，可能出现散发或地方性流行。

【诊断】不论沙门氏菌的类型或菌株如何，通过病原菌的培养、病史调查和临床症状都可以进行诊断。粪便培养是诊断 B 型、C 型和 E 型必需的常规试验，而诊断都柏林沙门氏菌则需粪便、血液或气管冲洗物等病料。

【治疗与防控】对患沙门氏菌犊牛的治疗主要包括补液和抗生素治疗。

（1）补液治疗。补液的途径可以依据物理症状、腹泻的严重程度和经济因素来决定。像感染大肠杆菌一样，处于休克状态、不能站立、严重脱水以及那些无哺乳反射的犊牛，应给予静脉内补液；能走动、哺乳和仅有中度脱水的犊牛通常可经口和皮下补液。B 型、C 型或 E 型沙门氏菌最急性和急性感染可能引起与 ETEC 感染相似的代谢性酸中毒。然而，沙门氏菌病患牛的 Na＋和 Cl－丢失程度常比 ETEC 感染牛严重。最急性沙门氏菌感染可使用富含碳酸氢盐的溶液治疗，另外，最急性腹泻伴发高度沉郁或休克样症状时也应考虑使用。

沙门氏菌病的腹泻持续时间比 ETEC 长，并可能因肠道永久性损伤而变为慢性。因血液经粪便丢失偶尔需输全血，如果因肠炎白蛋白丢失而出现低蛋白血症则输全血更有必要。

（2）抗生素治疗。对有预示严重感染的急性症状的犊牛，最好采用抗生素治疗。敏感抗生素主要有磺胺甲氧苄氨嘧啶或恩诺沙星。

四、牛病毒性腹泻/黏膜病

【定义】牛病毒性腹泻，属法定二类动物传染病，是由牛病毒性腹泻病毒（BVDV）引起的传染病。

【病理生理】剖检变化：患病牛皮下干硬，眼窝深陷，肌体消瘦，脱水症状较为明显。心包少量积液，肺脏充血，皱胃黏膜出血，肠道黏膜脱落，黏膜下呈现条索状出血。肠系膜淋巴结出血肿大，直肠及肛门出血。

【临床症状】临床症状多见于幼犊。患病犊牛初期出现急性腹泻、脱水、精神沉郁、厌食等症状，后期粪便中带有胶冻样分泌物或粪便中带有血丝，出现高热，大量流涎、流泪，口腔黏膜（唇内、齿龈和硬腭）和鼻黏膜糜烂或溃疡症状，严重者整个口腔覆有灰白色的坏死上皮，像被煮熟样。孕牛流产，犊牛先天性缺陷（如小脑发育不全、失明等）。

【诊断】一是观察临床症状，发病时多数牛不表现临床症状，牛群中只见少数轻型病例。有时也引起全牛群突然发病。急性病牛以腹泻为特征性症状，可持续 1～3 周。粪便水样、恶臭，有大量黏液和气泡，体温升高。二是本病确诊需进行实验室检测，常用血清学（牛病毒性腹泻病毒抗体检测）及病原学（牛病毒性腹泻病毒实时荧光 RT－PCR 检测）检测方法进行检测。

【治疗与防控】目前无特效的治疗方法，对症治疗和加强饲养管理可以减轻症状，增强机体抵抗力，促使病牛康复。首先，要预防因腹泻导致的脱水，及时补液，纠正电解质平衡和酸碱平衡。患该病的犊牛往往因为严重脱水、电解质丢失和酸中毒引起的休克和心力衰竭死亡。补液采用口服或静脉补液，补液量根据犊牛脱水程度而定。其次，要预防细菌性继发感染，合理选择抗菌药物，及时使用抗生素。

怀孕母牛分娩前 2—4 周接种疫苗可增加初乳中特异性抗体的含量，有利于预防犊牛腹泻。为同群未发病犊牛接种疫苗，选择减毒活疫苗存在散毒或毒力返强的风险，还会引起犊牛免疫力下降，因此推荐选择灭活疫苗。

第五章　规模羊场生物安全体系建立

第一节　选　址

在选择场址的过程中，要考虑饲养模式、生产特点等诸多因素，结合地势、土质等自然因素进行选择。同时要符合国家相关的法律法规，不能违反《中华人民共和国畜牧法》的相关规定，不影响周边居民生活。

地势和地形：不在低洼处建场，应选取地势较高，排水良好的地方，这样有利于保持羊场的干燥，抑制细菌滋生。地形应整齐，不能是狭长地带。土质应选择沙土地，黏度过高的土壤容易因排水不畅而发生积水。北方的羊场虽然干燥但非常寒冷，而且冬季的风向多为西北风，所以在选址时要注意风向，应当选择坐北朝南的方向，这样夏天的时候能够有充足的光照而且通风良好，冬天的时候寒冷的西北风又无法吹入羊舍，对羊形成了很好的保护，既做到了抗寒又做到了通风。

水源和饲料：选址时应当注意该地区的水质是否良好，不能在水源污染严重、寄生虫大量繁殖的地方建场。如果场址旁边有大型的化工厂、药厂等，容易影响水质，要提前做好防范。另外水源一定要充足，要在选场前就注意水源供应量是否能够满足羊场的需求量。选址的时候还要考虑周围是否能为羊只提供充足的饲草料，并考察饲料的品质。

交通与能源：要选择交通便利的地点进行建场，否则生产过程中会增加很多的运输成本。另外交通不便利的地点大多都不能正常的供电或供网，在现代化技术迅速发展的今天，也有许多饲养管理手段需要网络的支持，这些因素都应当在选址的时候考虑。但场址不能在公路旁，要距离铁路、公路、居民区等公共场一定距离，这样能阻断疾病的传播途径。

场地与面积：羊场面积要依照饲养羊只数目、管理方式等因素进行规划，商品羊占用面积一般在 $10\sim20m^2$ 之间，种羊的占用面积比商品羊稍大一些。

第二节　生物安全区域划分

在规模化羊场场区规划之前，首先必须确定养殖的规模。在确定了养殖规模后，才能进一步确定生活管理区、生产区、生产辅助区、隔离及粪污处理区的面积，然后结合拟建区域的地形、地势和风向等条件。一般按主风向上下和坡度高低依次确定管生活管理区、生产区、生产辅助区、隔离及粪污处理区的位置，对四个区域进行布局，最后考虑拟采取的养殖工艺流程，在每个区域内再进行合理的设计和布局，从而有的放矢地完成场区的规划与设计工作。

一、布局及要求

羊场建筑设施按生活管理区、生产区、生产辅助区、隔离及粪污处理区布置，要求各区功能明确，联系方便。功能区间距不少于 15 m，并有防疫隔离带（墙）。

生产辅助区和生活管理区应位于主导风向的上风处或平行风向处和地势较高处，一般设在入口的附近或设在场外，主要包括生活设施、办公设施、与外界接触密切的生产辅助设施及进场大门等。生产区与生活管理区、生产辅助区中间应设置围墙或树篱严格分开。

兽医室、隔离羊舍、贮粪场（池）、装卸台、污水池设在场区下风向或侧风向地势较低处。兽医室、病羊隔离室设在距最近羊舍 50 m 以外。

二、生产区

生产区主要包括各类羊舍、运动场、采精授精室等。在生产区中，每一阶段的羊都应当单独饲养，不能混群。另外每一圈舍都应当配有运动场，净道和污道不得混用。羊舍应按照装羊台、育肥羊、生长育成舍、保育舍、分娩舍、配种怀孕舍从下风向至上风向排列。

三、生产辅助区

主要包括草料房（库）、加工间、青贮池（窖、塔）等，宜设在生产区、生活区之间地势较高处，要紧靠生产区布置。与加工间应靠近入口，取料口开在生产区内。卸料口开在辅助生产区内，运料车不能交叉使用，外来车辆杜绝进入生产区，有专用通道。羊舍一侧设饲料调制间和更衣室。

四、粪污处理与隔离区

应位于场区常年主导风向的下风区和地势较低处，与生产区间应设置适当的卫生间距和绿化隔离带，并有专用道路相连，与场区外有专用出入口和道路相通。羊场外围开挖环形防疫沟，其内堤建设绿化带并修建场区外环形路，分为净道和污道。在场区中间开辟饲料专用道，必要时还可以设供羊转群和装车外运的专用通道。

第三节　养殖区管理

人是羊病传播中最大的潜在危险因素，是最难防范和极易忽略的传播媒介。人员流动的管理是最困难的，所以要高度重视人在羊病传播中的影响和作用，防止因人员流动带来的危害。全部生产安排、全体人员的活动都应服从生物安全要求，减少病原体及其媒介同羊群接触的可能性。严格管理，非生产人员不得进入生产区，维修人员需经严格消毒后方可进入。严把入口关，在羊场入口、生产区入口、羊舍入口、配料间入口，都应设有消毒更衣设施，制定详细的规章制度并严格贯彻实施。所有进入羊场的人员要严格遵守卫生安全，经淋浴消毒、更衣后方可入内。如无法进行淋浴，必须更换洁净并经消毒的工作服和工作靴、帽。羊舍门口设脚踏消毒池或消毒盆，消毒剂更换 1 次/d。工作人员进入羊舍必须洗手，脚踏消毒剂，穿工作服、工作靴。工作服不能穿出羊舍，饲养期间每周至少清洗消毒一次。不同羊舍的饲养员之间不应串舍，不同功能区人员尽量避免流动。兽医等主管人员进入各类羊舍时，一定要按场区内走访羊群的次序、按饲养日龄由小到大、由健康群到发病群走访。饲养人员远离外界羊群，禁止携带与饲养家羊有关的物品进入场区。搞好个人环境卫生，定期进行健康检查，经常进行生物安全培训，提高防范疾病的卫生意识。

第四节　生活区管理

该区域是羊场的饲养管理人员办公和食宿的区域，包括办公室、职工宿舍、食堂等，是羊场与外界接触的门户，应建在高处、上风处、生产区进出口的外面，并与生产区保持一定的距离，这样能够预防人畜共患病的发生。另外，羊场员工必须每年检查一次身体，如患传染病应及时在场外治疗，治愈后方可上岗。羊场新招员工必须经健康检查，并确认无结核病与其它传染病。羊场不得饲养其他畜禽，禁止将畜禽及其产品带入场区。

第五节　缓冲区管理

这一区域应当距离生产区较近，且方便外来车辆装卸饲料。在建设这一区域时需要考虑运送饲料的装置，如饲料搅拌车是否能顺畅通过。饲料生产加工区的面积要随着饲养规模的加大而增大，主要包括青贮窖、精料库以及干草棚等。如果需要自行调制饲料，还应当有饲料加工间。

第六节　进出羊管理

引进羊群要从管理水平高、质量信誉好、具有种羊经营许可证、没有垂直传播疾病的种羊场引种，最好不要同时从 2 个以上种羊场引种，防止交叉感染。新进羊群经隔离检疫、健康检查，兽医确认健康后方可入场继续饲养。有条件地进行严格的血清学检查，以免将病原带入场内。进场后严格隔离观察，一旦发现疫情立即进行处理。只有通过检疫和消毒，隔离饲养 20～30 d 确认无病后的羊才准进入羊舍。

同一舍内最好饲养同品种、同日龄的羊群，实行"全进全出"饲养制度，最好以场为单位"全进全出"，最低也要以栋为单位。当羊群淘汰后，至少有 15～20 d 的清洗、消毒、空舍时间以切断病原体的循环感染和交叉感染，给新进羊群创造一个安静、稳定、舒适、卫生的生活环境条件。做好羊群的日常观察和健康检查及病情分析，建立免疫和检查档案。

第七节　疫病管理

羊场疫病管理需建立合理的基础免疫程序，每批羊入舍前，根据季节、环境、来源、健康、抗体、疫情、疫苗等实际情况，对基础免疫程序合理调整，确立本批羊的应用程序；重视常见病的药物预防；加强日常管理、营养和饮水管理，合理使用抗应激药物，减少应激，尤其要减少接种疫苗时的应激。加强疫苗管理，选用优质疫苗，安全运输保管、把握有效期、实施规范接种。

应做好羊肠毒血症、传染性胸膜肺炎、羊痘、羊口蹄疫、小反刍兽疫等疫病的免疫接种工作。建议春、秋2季注射口蹄疫苗1次、羊梭菌病三联四防苗1次，不同疫苗免疫间隔时间为1周。每年春季或秋季注射羊痘苗和小反刍兽疫1次。产羔前6～8周和2～4周给母羊进行2次破伤风类毒素、羊梭菌病三联四防灭活苗及大肠杆菌灭活苗注射。

一、细菌类疫病

（一）布病

【定义】羊布病是由布氏杆菌引起的人畜共患慢性传染病，其特征是生殖器官和胎膜发炎，引起流产、不育和各种组织的局部病灶。

【临床症状】

（1）症状：妊娠母羊流产是本病的主要症状，流产常发生在妊娠后的3～4个月，流产前阴道流出黄色液体。其他症状有早产、产死胎、乳腺炎、关节炎、跛行、公羊睾丸炎和附睾炎。

（2）病变：病变主要发生在生殖器官。胎盘绒毛膜下组织胶样浸润、充血、出血、水肿、糜烂和坏死。胎儿真胃中有淡黄色或口色黏液絮状物，脾和淋巴结肿大，肝出现坏死灶，肠胃和膀胱的浆膜与黏膜下可见有点状或线状出血。

【诊断】根据流行特点、临床症状和剖检病变不易确诊，必须通过实验室诊断才能确诊。疑似病例应立即报告当地兽医部门，实验室一般利用虎红平板凝集实验与试管凝集试验等检测方法进行快速检测。

【防控】应坚持自繁自养，加强饲养卫生管理，搞好杀虫、杀鼠，定期检疫（每年至少1～2次）；严禁到疫区买羊。必须买羊时，一定要隔离观察30日以上，并用凝集反应等方法做2次检疫，确认健康后方可合群。

（二）羊炭疽病

【定义】炭疽病是由炭疽杆菌引起的一种急性、热性、败血性人畜共患传染病，常呈散发性或地方性流行，绵羊最易感染。

【临床症状】

（1）症状：羊发生该病多为最急性或急性经过，表现为突然倒地，全身抽搐、颤抖、磨牙，呼吸困难，体温升高到40℃～42℃，黏膜蓝紫色。从眼、鼻、口腔及肛门等天然孔流出带气泡地暗红色或黑色血液，血凝不全，尸僵不全。

（2）病变：病理观察可发现，皮下和浆膜下组织出血和胶样浸润，淋巴结肿大出血，脾脏肿胀。由于对炭疽病尸体严禁剖检，因此需特别注意外观症状综合判断，以免误剖。

【诊断】根据临床症状表现，通过实验室诊断才能确诊。

【防控】

（1）预防接种。经常发生炭疽及受威胁地区的易感羊，每年均应用羊 2 号炭疽芽胞苗皮下注射 1 ml。

（2）有炭疽病例发生时应及时隔离病羊。对污染的羊舍，用具及地面要彻底消毒，可用 10％烧碱水或 2％漂白粉连续消毒 3 次，间隔 1 小时。羊群除去病羊后，全群用抗菌药 3 天。

（三）羊肠毒血症

【定义】羊肠毒血症是魏氏梭菌（产气荚膜梭菌 D 型）在羊肠道内大量繁殖并产生毒素所引起的绵羊急性传染病。该病发病急、死亡快，死后肾脏多见软化为特征，又称软肾病、类快疫。

【临床症状】

（1）症状：羊肠毒血症潜伏期短，多呈急性经过，突然发病，几分钟后死亡。病程缓慢的病羊表现离群呆立或卧地，体温不高，口吐白沫，有时磨牙，角弓反张，眼结膜苍白，全身肌肉抽搐，腹泻，粪便呈暗黑色，混有黏液或血液。有的病羊有食毛癖，死前可见转圈或步态不稳，呼吸困难，倒地后呈四肢划水状，颈向后弯曲，继而昏迷或呻吟，最后衰竭死亡。死后腹部膨大，急性病例从发病到死亡仅 1～3 h，病情缓慢的延至 3～10 h 或 1～3 d 后死亡。

（2）病变：急性病例没有特征性病变，通常都是营养良好的羊，死后尸体迅速腐烂。剖检可见真胃含有未消化的饲料，左心室的心内外膜下有出血点；肺脏出血和水肿，肾脏充血、肿胀，比较柔软；胸腺常发生出血，大小肠出血。病程较长病例胃内充满未消化的饲草，胃壁有黏膜脱落和溃疡，腹膜及肠浆膜下有出血斑点；肠管内充满大量气体和少量带血的液体，肠黏膜脱落和溃疡；心脏肿大，心包内有混浊积液，心内外膜有小点出血；肾脏表面充血，实质松软如泥，略加触压即烂；胆囊肿大 1—3 倍，胆汁较黏稠；小肠壁呈血红色，有的病例有溃疡。

【诊断】由于羊肠毒血症发病多为急性死亡，病程短且临床症状明显，根据剖检肾脏呈软泥状、胆囊肿大、心包和腹腔积液等症状可做出初步诊断，确诊需要进行实验室诊断。另外，羊肠毒血症与出血性肠炎、炭疽、羊快疫、巴氏杆菌病等症状较为相似，因此要注意鉴别诊断。

【防控】

（1）加强饲养管理。及时清扫羊舍内外的环境卫生，认真执行消毒制度，及时将运动场的积水滩填平，避免羊饮用受病原菌芽胞污染的积水。同时，控制好饲养密度，保持栏舍通风。给羊群提供优势的饲草，放牧尽量选在高燥地区，春季和夏季避免过量食用青绿多汁、富含高蛋白的饲草，秋冬季节注意不宜食用过量的结籽饲草。

（2）免疫接种。由于羊肠毒血症病程短，发病突然，因此，每年春季 3—4 月和秋季 9—10 月注射三联苗或五联苗。

二、病毒类疫病

（一）口蹄疫

【定义】口蹄疫是由口蹄疫病毒引起的偶蹄类动物共患的急性、热性、高度接触性传染病。

【流行特点】该病主要侵害偶蹄兽，如牛、羊、猪、鹿、骆驼等。其中以猪、牛最为易感，其次是绵羊、山羊和骆驼等，人也可感染此病。病畜和带毒动物是该病的主要传染源，痊愈家畜可带毒4～12个月。病毒在带毒畜体内可产生抗原变异，产生新的亚型。本病主要靠直接和间接接触性传播，消化道和呼吸道传染是主要传播途径，也可通过眼结膜、鼻黏膜、乳头及伤口感染。空气传播对本病的快速大面积流行起着十分重要的作用，常可随风散播到50～100公里外发病，有顺风传播之说。

【临床症状】羊感染口蹄疫病毒后一般在1天～7天的潜伏期出现症状。病羊体温升高，初期体温可达40℃～41℃，精神沉郁，食欲减退或拒食，脉搏和呼吸加快。口腔、蹄、乳房等部位出现水疱、溃疡和糜烂。严重病例可在咽喉、气管、前胃等黏膜上发生圆形烂斑和溃疡，上盖黑棕色痂块。绵羊蹄部症状明显，口黏膜变化较轻。山羊症状多见于口腔，呈弥漫性口黏膜炎，水疱见于硬腭和舌面，蹄部病变较轻。病羊水疱破溃后，体温即明显下降，症状逐渐好转。

【诊断】本病根据流行病学及临床症状不难作出诊断，可采取病羊水疱皮或水疱液、血清等送实验室进行确诊。

【防控】本病发病急、传播快、危害大，必须严格搞好综合防治措施。

要严格畜产品的进出口，加强检疫，不从疫区引进偶蹄动物及产品；按照国家规定实施强制免疫，特别是种羊场、规模饲养场（户）必须严格按照免疫程序实施免疫。

一旦发生疫情，要遵照"早、快、严、小"的原则，严格执行封锁、隔离、消毒、紧急预防接种、检疫等综合扑灭措施。"早"即早发现、早扑灭，防止疫情的扩散与蔓延；"快"即快诊断、快通报、快隔离、快封锁；"严"即严要求、严对待、严处置，疫区的所有病羊和同群羊都要全部扑杀并作无害化处理；"小"即适当划小疫区，便于做到严格封锁，在小范围内消灭口蹄疫，降低损失。疫区内最后1头病羊扑杀后，要经一个潜伏期的观察，在未发现新病羊后，经彻底消毒，报有关单位批准后，才能解除封锁。

（二）小反刍兽疫

【定义】是由小反刍兽疫病毒引起的一种急性病毒性传染病。

【流行特点】本病主要感染山羊、绵羊、美国白尾鹿等小反刍动物，流行于非洲西部、中部和亚洲的部分地区。在疫区，本病零星发生；当易感动物增加时，即可发生流行。本病主要通过直接接触传染，病畜的分泌物和排泄物是传染源，处于亚临诊型的病羊尤为危险。

【临床症状】小反刍兽疫潜伏期为4～5 d，最长21 d，自然发病仅见于山羊和绵羊。山羊发病严重，绵羊也偶有严重病例发生。一些康复山羊的唇部形成口疮样病变。感染动物临诊症状与牛瘟病牛相似，急性型体温可上升至41℃，并持续3～5 d。感染动物烦躁不安，背毛无光，口鼻干燥，食欲减退。流黏液脓性鼻漏，呼出恶臭气体。在发热的前4d，口腔黏膜充血，颊黏膜进行性广泛性损害、导致多涎，随后出现坏死性病灶，开始口腔黏膜出现小的粗糙的红色浅表坏死病灶。以后变成粉红色，感染部位包括下唇、下齿龈等处。严重病例可见坏死病灶波及齿垫、腭、颊部及其乳头、舌头等处。后期出现带血水样腹泻，严重脱水，消瘦，随之体温下降，咳嗽，呼吸异常。该病发病率高达100％，在严重暴发时，死亡率为100％；在轻度发生时，死亡率不超过50％。幼年动物发病严重发病率和死亡率都很高，为我国划定的一类疾病。

【防控】对本病尚无有效的治疗方法，在本病的洁净国家和地区发现病例，应严密封锁，扑杀患羊，隔离消毒。对本病的防控主要靠疫苗免疫。

三、代谢病

（一）羊瘤胃酸中毒

【定义】瘤胃酸中毒系瘤胃积食的一种特殊类型，又称急性碳水化合物过食、谷物过食、乳酸酸中毒、消化性酸中毒、酸性消化不良以及过食豆谷综合征等。是因过食了富含碳水化合物的谷物饲料，于瘤胃内发酵产生大量乳酸后引起的急性乳酸中毒病。在临床上以精神沉郁，瘤胃膨胀、脱水等为特征。奶山羊发生较多。

【临床症状】一般在大量摄食谷物饲料后4～8小时发病，病的发展很快。病羊精神沉郁，食欲和反刍废绝，触诊瘤胃胀软，体温正常或升高，心跳加快，眼球下陷，血液黏稠，尿量减少，腹泻或排便很少，有的出现蹄叶炎而跛行。随着病情的发展，病羊极度痛苦、呻吟、卧地昏迷而死亡。急性病例常于4～6小时内死亡，轻型病例可耐过，如病期延长也多死亡。

【诊断】依据过食谷物的病史以及临床表现即可确诊。必要时可抽取瘤胃液，测定PH，PH通常为4左右。

【治疗与防控】

（1）预防：避免羊过食谷物饲料，肥育场的羊或泌乳的奶羊增加精料要缓慢进行，一般应给予7～10天的适应期。已过食谷物后，可在食后4～6小时内灌服土霉素0.3～0.4克或青霉素50万IU，可抑制产酸菌，有一定的预防效果。

富含淀粉的谷物饲料，每日每头羊的喂量以不超过1千克为宜，并应分两次喂给。控制喂量就可防止本病的发生。早期补加精料时要逐渐增加，使之有一个适应过程。阴雨天，农忙季节，粗饲料不足时要注意严格控制精料的喂量。

（2）治疗：本病治疗的原则是，排出胃内容物，中和酸度，补充液体并结合其他对症疗法。若治疗及时，措施得力，常可收到显著疗效。

瘤胃冲洗疗法：用张口器开张口腔，再用胃管（内直径1cm）经口腔插入胃内，排出瘤胃内容物，并用稀释后的石灰水1000～2000毫升反复冲洗，直至胃液呈近中性为止。然后再灌入稀释后的石灰水500～1000毫升，同时全身补液并输注5％碳酸氢钠溶液。

（二）瘤胃积食

【定义】瘤胃积食即急性瘤胃扩张，亦称瘤胃阻塞，为羊最易发生的疾病，尤以舍饲情况下最为多见。山羊比绵羊多发，年老母羊较易发病。

【病因】

（1）吃了大量喜食的饲草、枯老硬草、稿秆，或吃了不习惯的草料。

（2）长期舍饲、饮水不足、缺乏运动及忽然变换饲料。

（3）过食谷物饲料，导致机体酸中毒，亦可视为瘤胃积食的病理过程。

【临床症状】瘤胃积食的特征一般都是瘤胃充满而坚实，但症状表现的程度根据病因与胃内容物分解毒物被吸收的轻重而有不同。病羊精神委顿，食欲不振，严重时食欲废绝，四肢紧靠腹部、背拱起、眼无神。间有腹痛症状，如用后蹄踢腹部，头向左后弯，卧下又起立等等。病羊大部卧于右边，动作时发出呻吟声。左腹胁膨胀，瘤胃的收缩力降低，频率减少。触诊时或软或硬，有时如面团，用指一压，即呈一凹陷，因有痛感病羊常躲闪。常有便秘，排泄物稍干而硬。体温正常，脉搏及呼吸数目因胀气的程度而异。大多数羊的反刍停止，步态蹒跚，可能发生轻度下痢或顽固性便秘。

【诊断】依据过食的病史，瘤胃内容物充满而黏硬等症状，可以确诊。

【预防】因本病主要是由于饲养管理不当引起，所以在预防上主要应从饲养管理上着手。

（1）避免大量给予纤维干硬而不易消化的饲料，对可口喜吃的精料要限制给量。

（2）冬季由放牧转为舍饲时，应给予充足的饮水，并应创造条件供给温水。尤其是饱食以后不要给大量冷水。

【治疗】

（1）绝食 1~2 d，不限制饮水，进行运动，同时按摩瘤胃部，以刺激其收缩。

（2）药物治疗。主要在于兴奋瘤胃，使其恢复活动。应内服苦味健胃药，也可用酒石酸锑钾 0.5~0.8 g 溶于大量水中灌服，每天一次。或者用 10％浓盐水 60 ml 静注，也可用促反刍注射液 200 ml 静注。禁止用峻泻药，这样会引起腹痛，妨碍粪便排除。如果要用泻药，以石蜡油为最好，每日服 1~2 次，每次 300~500 ml。

第八节　记录

羊场应建立并保存羊的免疫程序记录及患病羊的治疗记录和用药记录等养殖档案。治疗记录应包括：患病羊的畜号或其他标志、发病时间及症状。用药记录应包括：药物通用名称、商品名称、生产厂家、产品批号、有效成分、含量规格、使用剂量、疗程、治疗时间、用药人员签名等。预防、治疗的用药要有兽医处方，并保留备查。

第九节　常见病

一、捻转血茅线虫

【定义】捻转血矛线虫是毛圆科、血矛属的一种动物，半圆形，各国基本都有分布。从头端侧面观，则此不正半圆形成为明显的半球形隆起，隆起之间稍凹陷而成小沟。口缘周围有 6 个乳突，两侧面各 1 个，亚背侧和亚腹侧各 2 个。

【病因】由于异地迁徙、环境差别等因素的刺激，对当地疾病表现出易感性。捻转血矛线虫病既是反刍牲畜毛圆线虫病的主要病原，又是一种对绵羊危害比较严重的传染性寄生虫病。另外，荷虫量的高低与很多因素有关，如宿主免疫力、畜种、温度、驱虫时间、饲养管理措施等。

【流行情况】羊的捻转血矛线虫在我国草地牧区普遍流行，可引起羊贫血、消瘦、慢性消耗性症状，并可引起死亡，给养羊业带来严重损失。

本病以丘陵山地牧场的羊易感，特别在曾被该病原污染过的草场放牧更易感。本病流行季节性强，高发季节开始于4月青草萌发时，5—6月达高峰，随后呈下降趋势，但在多雨、气温闷热的8—10月也易暴发。据笔者对几个牧场的调查，发现该病都在8月底9月初闷热多雨气候易暴发流行，每年都给养殖户带来不同程度的经济损失。

【临床症状】急性型以肥壮羔羊突然死亡为特征，死亡羊眼结膜苍白，高度贫血。亚急性羊的特征是显著贫血，结膜苍白，下颌间和前胸腹下水肿，身体逐渐衰弱，被毛粗乱无光。放牧时落群，甚至卧地不起，下痢与便秘交替发生。若治疗不及时，多转为慢性。慢性型病羊症状不明显，主要表现消瘦，被毛粗乱，体温一般正常。发病羊中，发现早期大都是以肥壮羔羊突然死亡为特征，以后病羊便出现亚急性症状。

【治疗与防控】根据不同流行病的特点，一般春、秋两季各进行一次驱虫。

不在低温潮湿的地方放牧，不在清晨、傍晚或雨后放牧，不让羊饮死水、积水，而饮干净的井水或泉水。有条件的地方实行有计划地轮放。

二、肝片吸虫

【定义】该病多发生在夏秋两季，6—9月份为高发季节。羊吃了附着有囊蚴（虫卵→毛蚴→钻入椎实螺体内→胞蚴→雷蚴→尾蚴→从螺体逸出～囊蚴）的水草而感染，各种年龄、性别、品种的羊均能感染，羔羊和绵羊的病死率高。常呈地方性流行，在低洼和沼泽地带放牧的羊群发病较严重。

【临床症状】精神沉郁，食欲不佳，可视黏膜极度苍白，黄疸，贫血。病羊逐渐消瘦，被毛粗乱，毛干易断，肋骨突出，眼睑、下颌、胸腹下部水肿。放牧时有的吃土，便秘与腹泻交替发生，拉出黑褐色稀粪，有的带血。病情严重的，一般经1～2个月后，因病恶化而死亡；病情较轻的，拖延到次年天气回暖，饲料改善后逐渐恢复。

【诊断】采取新鲜粪便5～10克，用尼龙筛淘洗法或反复沉淀法检出肝片吸虫卵。虫卵呈长卵圆形，金黄色，大小为116～132微米×66～82微米。

肝片吸虫病的诊断可根据临床症状、流行病学、剖检及粪便检查等几方面综合判断。

【治疗与防控】

(1) 药物驱虫。肝片吸虫病的传播主要通过病羊和带虫者，因此驱虫不仅是治疗病羊，也是积极的预防措施。关键在于驱虫的时间与次数。急性病例一般在9月下旬幼虫期驱虫，慢性病例一般在10月成虫期驱虫。所有羊只每年在2—3月份和10—11月份应有两次定期驱虫。10—11月份驱虫能保护羊只过冬，并预防羊冬季发病；2—3月份驱虫减少羊在夏秋放牧时散播病源。最理想的驱虫药物是硝氯酚，每千克体重3～5毫克，空腹1次灌服，每天1次，连用3天。另外，还有联氨酚噻、肝蛭净、蛭得净、丙硫咪唑、硫双二氯酚等药物，可选择服用。

(2) 粪便处理。圈舍内的粪便，每天清除后进行堆肥，利用粪便发酵产热而杀死虫卵。对驱虫后排出的粪便，要严格管理，不能乱丢，集中起来堆积发酵处理，防止污染羊舍和草场，再感染发病。

（3）牧场预防。①选择高燥地区放牧，不到沼泽、低洼潮湿地带放牧。②轮牧。轮牧是防止肝片吸虫病传播的重要方法。把草场用网围栏、河流、小溪、灌木、沟壕等标把分成几个小区，每个小区放牧 30～40 天，按一定的顺序一区一区地放牧，周而复始地轮回放牧，以减少肝片吸虫病的感染机会。③放牧与舍饲相结合。在冬季和初春，气候寒冷，牧草干枯，大多数羊消瘦、体弱，抵抗力低，是肝片吸虫病患羊死亡数量最多的时期。因此，在这一时期，应由放牧转为舍饲，加强饲养管理，来增强抵抗力，降低死亡率。

（4）饮水卫生。在发病地区，尽量饮自来水、井水或流动的河水等清洁的水，不要到低湿、沼泽地带去饮水。

（5）消灭中间宿主。消灭中间宿主椎实螺是预防肝片吸虫病的重要措施。在放牧地区，通过兴修水利、填平改造低洼沼泽地来改变椎实螺的生活条件，达到灭螺的目的。据资料报道，在放牧地区大群养鸭，既能消灭椎实螺，又能促进养鸭业的发展，是一举两得的好事。

（6）患病脏器的处理。不能将有虫体的肝脏乱弃或在河水中清洗，或把洗肝的水到处乱泼，而使病原人为扩散。对有严重病变的肝脏立即作深埋或焚烧等销毁处理。

三、蜱病

【定义】本病的病原为蜱，又称草鳖、草爬子，可分为硬蜱科和软蜱科两种。硬蜱背侧体壁成厚实的盾片状角质板，可传播病毒病、细菌病和原虫病等；软蜱没有盾片，为弹性的草状外皮组成，饱食后迅速膨胀，饥饿时迅速缩瘪，故称软蜱。蜱的外形像个袋子，头、胸和腹部融合为一个整体。因此，虫体上通常不分节。雌虫在地下或石缝中产卵，孵化成幼虫，找到宿主后，靠吸血生活。

【临床症状】蜱多趴在羊体毛短的部位叮咬，如嘴巴、眼皮、耳朵、前后肢内侧，阴户等。蜱的口腔刺入羊的皮肤进行吸血，由于刺伤皮肤造成发炎，使羊不安。蜱吸血量大，可造成羊贫血甚至麻痹，使羊日趋消瘦，生产力下降。

【诊断】羊只体外皮肤处发现蜱虫即可做出诊断。

【治疗与防控】

（1）羊舍内灭蜱可用"223"乳剂或悬浮液，按每平方米用药量 1－3 克的有效成分喷洒，有良好的灭蜱作用。

（2）敌百虫治疗用 1.5％的敌百虫水溶液药浴，可使蜱全部死亡，效果较好。

四、羊螨病

【定义】羊螨病又叫疥癣，是疥螨和痒螨寄生于羊体表面而引起的慢性寄生虫病，其特征是皮炎、剧痒、脱毛、结痂，传染性强，对羊的毛皮危害严重，也可造成死亡。

【临床症状】羊患螨虫病后，被毛粗乱、逆立、无光泽，患部被毛大片脱落，表现烦躁不安，不断摩擦、啃咬身体。摩擦部位出现丘疹、结节、水疱甚至脓疱，皮肤增厚，逐渐形成白色的痂皮和龟裂，影响正常的采食和休息。病羊日渐消瘦，最终极度衰竭而死亡。

【诊断】羊只体外皮肤处发现螨虫即可做出诊断。

【治疗与防控】

1. 预防方法

（1）平时要注意羊舍和羊体的清洁卫生。圈舍保持清洁、干燥、通风、透光，特别是夏季，应注意防潮，防止湿度过大。

（2）平时要加强科学的饲养管理，增强羊群体质，抗感染力强自然就不易感染此病。

（3）注意日常消毒，圈舍应及时喷雾消毒。同时做好外界动物侵入的预防，特别是鼠。

（4）经常观察畜群中有无发痒和掉毛现象，发现可疑病畜，要及时进行隔离饲养和治疗，以免互相传染。

（5）定期对羊群进行药浴。

2. 治疗手段

（1）局部涂药：先除去患部的痂皮，用温肥皂水或高锰酸钾溶液清洗，然后用0.2%～0.3%杀螨灵溶液或1%～2%的敌百虫溶液涂擦患部。

（2）药浴治疗：用0.025%～0.03%林丹乳油水乳剂或0.05%辛硫磷乳油水剂或0.05%蝇毒磷水乳剂，对患病羊只进行药浴，隔7～10天进行1次药浴，两次为1个疗程。

（3）注射治疗：用伊维菌素或阿维菌素按0.2毫克/公斤体重一次进行皮下注射，7－8天后再重复注射一次，治愈率可达95%以上。

五、羊鼻蝇蛆病

【定义】羊鼻蝇蛆病是羊鼻蝇幼虫寄生在羊的鼻腔或额突里，并引起慢性鼻炎的一种寄生虫病。

【临床症状】患羊表现为精神萎靡不振，可视黏膜淡红，鼻孔有分泌物，摇头、打喷嚏，运动失调，头弯向一侧旋转或发生痉挛、麻痹，听、视力降低，后肢举步困难，有时站立不稳，跌倒而死亡。

【流行情况】羊鼻蝇成虫多在春、夏、秋出现，尤以夏季为多。成虫在6、7月份开始接触羊群，雌虫在牧地、圈舍等处飞翔，钻入羊鼻孔内产幼虫。经3期幼虫阶段发育成熟后，从深部逐渐爬向鼻腔。当患羊打喷嚏时，幼虫被喷出，落于地面，钻入土中或羊粪堆内化为蛹，经1～2个月后成蝇。雌雄交配后，雌虫又侵袭羊群再产幼虫。

【治疗与防控】防治该病应以消灭第一期幼虫为主要措施。各地可根据不同气候条件和羊鼻蝇的发育情况确定防治的时间，一般在每年11月份进行为宜。可选用如下药物：

1. 4－溴－2－氯苯基

（1）口服：剂量按每千克体重0.12克，配成2%溶液，灌服。

（2）肌内注射：取精制敌百虫60克，加95%酒精31毫升，在瓷器内加热溶解后加入31毫升蒸馏水，再加热到60℃～65℃，待药完全溶解后，加水至总量100毫升，经药棉过滤后即可注射。剂量按羊体重10～20千克用0.5毫升；体重20～30千克用1毫升；体重30～40千克1.5毫升；体重40～50千克用2毫升；体重50千克以上用2.5毫升。

2.2,2—二氯乙烯基

（1）口服：剂量按每千克体重 5 毫克，每日 1 次，连用两天。

（2）烟雾法：常用于羊群的大面积防治，药量按熏蒸场所的空间体积计算，每立方米空间使用 80％敌敌畏 0.5～1.0 毫升。吸雾时间应根据小群羊的安全试验和驱虫效果而定，一般不超过 1 小时为宜。

（3）气雾法：适合于大群羊的防治，可用超低量电动喷雾器或气雾枪使药液雾化。药液的用量及吸雾时间与烟雾法相同。

（4）涂药法：对个别良种羊，可在成蝇飞翔季节将 1％敌敌畏软膏涂擦在羊的鼻孔周围，每 5 天 1 次，可杀死雌虫产下的幼虫。

第六章　流行病学调查

通过对动物疫情流行病学调查与分析，以及临诊观察等动物疫情巡查技术的应用，查明病因线索及危害因素，确定疫情可能扩散范围，预测疫情暴发或流行趋势，提出疫情控制措施和建议，并评价其控制措施效果，以达到控制动物疫病的目的，为畜禽安全、健康、生态饲养提供可靠的防控保障。

一、流行病学调查分类

根据流行病学调查对象和目的的不同，一般分为个例调查、流行（或暴发）调查、专题调查。

（一）个例调查

个例调查是指疫病发生以后，对每个疫源地所进行的调查。目的是查出传染源、传播途径和传播因素，以便及时采取措施，防止疫病蔓延。个例调查是流行病学调查与分析的基础。

（二）流行（或暴发）调查

流行调查是指对某一单位或一定地区在短期内突然发生某种疫病很多病例所进行的调查。流行时，由于病畜禽数量较多、疫情紧急，当地动物防疫监督机构接到疫情报告后，应尽快派人赶赴现场，及时进行调查。

（三）专题调查

在流行病学调查中，有时为了阐明某一个流行病学专题，需要进行深入调查，以作出明确的结论。例如，常见病、多发病和自然疫源性疾病的调查，某病带菌率的调查，血清学调查等，均属于专题调查。流行病学调查的方法近来被广泛应用于一些病因未明的非传染病的病因研究，这类调查具有更为明显的科学研究的性质，因此事先要有严密的科研设计。

二、流行病学调查方法及步骤

调查前，工作人员必须熟悉所要调查的疫病的临床症状和流行病学特征以及预防措施，明确调查的目的，根据调查目的决定调查方法、拟订调查计划，根据计划要求设计合理的调查表。调查的方法与步骤如下。

（一）确定调查范围

1. 普查

即某地区或某单位发生疫病流行时，对其畜禽群（包括病畜禽及健康动物）普遍进行调查。如果流行范围不大，普查是较为理想的方法，获得资料比较全面。

2. 抽样调查

即从畜禽群中抽取部分畜禽进行调查。通过对部分畜禽的调查了解某病在全群中的发病情况，以部分估计总体。此法节省人力和时间，运用合适，可以得出较准确的结果。抽样调查的原则是：一要保证样本足够大；二要保证样本的代表性，使每个对象都具有同等被抽到的机会，不带任何主观选择性，这样才能使样本具有充分的代表性。其方法是用随机抽样法。最简单的随机抽样法是抽签或将全体畜禽群按顺序编号，或抽双数或抽单数，或每隔一定数字抽取一个。若为了了解疫病在各种畜禽群中的发病特点，可用分层抽样，即将全群畜禽按不同的标志，如年龄、性别、使役或放牧等分成不同的组别，再在各组畜禽中进行随机抽样。分层抽样调查所获得的结果比较正确，可以相互比较研究各组发病率差异的原因。

（二）拟定流行病学调查表

流行病学调查表是进行流行病学分析的原始资料，必须有统一的格式及内容。表格的项目应根据调查的目的和疫病种类而定，要有重点，不宜烦琐，但必要的内容不可遗漏。项目的内容要明确具体，不致因调查者理解不同造成记录混乱而无法归类整理。流行病学调查表通常包括以下内容：①一般项目：单位、年龄、性别、使役或放牧、引入时间等；②发病日期、症状、剖检变化、化验、诊断等；③既往病史和预防接种史；④传染源及传播途径；⑤接触者及其他可能受感染者（包括人在内）；⑥疫源地卫生状况；⑦已采取的防疫措施。

（三）询问座谈

询问是流行病学调查的一种简单而又基本的方法，必要时可组织座谈。调查对象主要是畜主。调查结果按照统一的规定和要求记录在调查表上。询问时要耐心细致，态度亲切，边提问边分析，但不要按主观意图作暗示性提问，力求使调查的结果客观真实。询问时要着重问清：疫病从何处传来，怎样传来，病畜是否有可能传染给了其他健畜。

1. 登记病畜禽基本情况

病畜禽登记的内容包括：畜主的姓名、住址，动物的种类、品种、用途、性别、年龄、毛色等。通过登记，一方面可了解病畜禽的个体特征，另一方面对疫病的诊断也可提供帮助。因为动物的种类、品种、用途、性别、年龄、毛色不同，对疾病的抵抗力、易感性、耐受性等都有较大差异。

2. 问诊及发病情况调查

（1）询问发病时间。据此可推断是急性或慢性病，是否继发其他病。

（2）了解发病的主要表现。例如，采食、饮水、排粪情况，有无腹痛、腹泻、咳嗽等，现在有何变化，借以弄清楚疾病的发展情况。

（3）调查本病是否已经治疗。如果已经治疗，询问用的是什么药，剂量如何，处置方法怎么样，效果如何。借此可弄清是否因用药不当使病情复杂化，同时可对再用药提供参考。

3. 流行病学调查

（1）调查是否属于传染病。调查病畜禽过去是否患过同样的病，附近畜禽有无同样的病，有无新引进畜禽，发病率和死亡率如何，据此可了解是否属于传染病。

（2）调查卫生防疫情况。确认是否由卫生较差、防疫不当或失败造成的疾病流行。

（3）调查其他情况。了解饲养管理、使役情况，以及繁育方式和配种制度等。

（四）现场及临床调查

现场调查就是对病畜禽周围环境进行实地调查，了解病畜禽发病当时周围环境的卫生状况，以便分析发病原因和传播方式。查看的内容应根据不同疫病的传播途径特点来确定。例如，当调查肠道疫病时，应着重查看畜禽舍、水源、饲料等场所的卫生状况，以及防蝇灭蝇措施等；调查呼吸道疫病时，应着重查看畜禽舍的卫生条件及接触的密切程度（是否拥挤）；调查虫媒疫病时，应着重查看媒介昆虫的种类、密度、滋生场所以及防虫灭虫措施等，并分析这些因素对发病的影响。

（1）一般检查，包括全身状况观察（包括精神状态、营养状况、体格发育、姿势和运步等）、三项指标测定（包括体温测定、呼吸数测定、脉搏数测定等）、被毛和皮肤检查（包括被毛、羽毛、皮肤等性状的检查）、可视黏膜检查（主要检查可视黏膜色泽等）、体表淋巴结检查（主要检查体表淋巴结有无肿大）。

（2）系统检查，包括消化系统、呼吸系统、心血管系统、泌尿生殖系统以及神经系统等检查。

（3）一般辅助或特殊检查，主要包括实验室检查（血液、粪便、尿液的常规化验，肝功能化验等）、心电图检查、超声探查、同位素检查、直肠检查、组织器官穿刺液检查等。

（五）实验室检查

调查中为了查明可疑的传染源和传播途径，确定病畜禽周围环境的污染情况及接触畜禽的感染情况等，有条件时可对有关标本做细菌培养、病毒分离及血清学检查等。

（六）收集有关流行病学资料

包括以下几方面的资料：①本地区、本单位历年或近几年本病的逐年、逐月发病率；②疫情报告表、门诊登记以及过去防治经验总结等；③本单位周围的畜禽发病情况、卫生习惯、环境卫生状况等；④当地的地理、气候及野生动物、昆虫等。

三、流行病学调查资料整理

首先将调查所获得的资料做全面检查，看是否完整、准确。若有遗漏项目尽可能予以补查。对一些没有价值的或错误的材料予以剔除，以保证分析结果不致出现偏差。然后根据分析的目的，将资料按不同的性质进行分组，如畜禽群可按年龄、性别、使役或放牧、免疫情况等进行分组，时间可按日、周、旬、月、年进行分组；地区可按农区、牧区、多林山区、半农半牧区或单位分组。分组后，计算各组发病率，并制成统计表或统计图进行对比，综合分析。流行病学分析中常用的统计指标有如下几种。

（一）发病率

发病率指在一定时间内新发生的某种动物疫病病例数与同期该种动物总头数之比，常以百分率表示。"动物总头数"是对该种疫病具有易感性的动物种类的头数，特指者例外。"平均"是指特定期内（如1月或1周）存养均数。

（二）感染率

感染率指在特定时间内，某疫病感染动物的总数在被调查动物群体样本中所占的比例。感染率能够比较深入地反映出流行过程，特别是慢性传染病。

（三）患病率

患病率又称患率，表示特定时间内，某地动物群体中存在某病病例的频率。

（四）死亡率

死亡率指某动物群体在一定时间死亡总数与该群同期动物平均数的比值，以百分比表示。

（五）病死率

病死率指一定时间内因某病死亡的动物头数与同期确诊为该病的动物总数之比值，以百分比表示。

（六）流行率

调查时，流行率指特定地区某病感染头数占调查头数的百分比。

四、流行病学调查数据分析

（一）流行特征分析

1. 发病率的分析

发病率是流行强度的指标。通过对发病率的分析，可以了解流行水平、流行趋势，评价防疫措施的效果和明确防疫工作的重点。例如，对某畜牧场近几年几种主要传染病的年度发病率的升降曲线进行分析，可以看出在当前几种传染病中，对畜禽群威胁最大的是哪一种，防疫工作的重点应放在哪里。又如，分析某传染病历年发病率变动情况，可以看出该传染病发病趋势，是继续上升，还是趋于下降或稳定状态，以此判断历年所采取的防疫措施的效果，有助于总结经验。

2. 发病时间的分析

通常是将发病时间以小时或日、周、旬或月、季（年度分析时）为单位进行分组，排列在横坐标上，将发病数、发病率或百分比排列在纵坐标上，制成流行曲线图，以一目了然地看出流行的起始时间、升降趋势及流行强度，从而推测流行的原因。一般从以下几个方面进行分析：若短时间内突然有大批病畜禽发生，时间都集中在该病的潜伏期范围以内，说明所有病畜禽可能是在同一个时间内，由共同因素所感染。对围绕感染日期进行调查，可以查明流行或暴发的原因。即使共同的传播因素已被消除，但相互接触传播仍可能存在。所以，通常有流行的"拖尾"现象，而食物中毒则无，因病例之间不会相互传播。若一个共同因素（如饲料或水）隔一定时间发生两次污染，则发病曲线可出现两个高峰（双峰型）。例如，钩端螺旋体病的流行，即出现两个高峰，这两个高峰与两次降雨时间是一致的，因大雨将含有钩端螺旋体的鼠（或猪）尿冲刷到雨水中，耕畜到稻田耕地而受到感染。若病畜禽陆续出现，发病时间不集中，流行持续时间较久，超过一个潜伏期，病畜禽之间有较为明显的相互传播关系，则通常不是由共同原因引起的，可能畜禽群在日常接触中传播，其发病曲线多呈不规则形。

3. 发病地区分布的分析

将病畜禽按地区、单位、畜禽舍等分别进行统计，比较发病率的差别，并绘制点状分布图（图上可标出病畜发病日期）。根据分布的特点（集中或分散），分析发病与周围环境的关系。若病畜禽在图上呈散在性分布，找不到相互之间的关联，说明可能有多种传播因素同时存在；如果病畜禽呈集中分布，局限在一定范围内，说明该地区可能存在一个共同传播因素。

4. 发病畜禽群分布的分析

按病畜禽的年龄、性别、役别、匹（头）数等，分析某病发病率，可以阐明该病的易感动物和主要患病对象，从而可以确定该病的主要防疫对象。同时，结合病畜禽发病前的使役情况及饲养管理条件可以判断传播途径和流行因素。例如，某单位在一次钩端螺旋体病的流行中，发病的畜群均在 3 周前有下稻田使役的经历，而未下稻田的畜群中，无一动物发病，说明接触稻田疫水可能是传播途径。

（二）流行因素的分析

将可疑的流行因素，如畜禽群的饲养管理、卫生条件、使役情况、气象因素（温度、湿度、雨量）、媒介昆虫的消长等，与病畜禽的发病曲线拟合制成曲线图，进行综合分析，可提示两者之间的因果关系，找出流行的因素。

（三）防疫效果的分析

防疫措施的效果，主要表现在发病率和流行规律的变化上。一般来说，若措施有效，发病率应在采取措施后，经过一个潜伏期的时间就开始下降，或表现为流行季节性的消失，流行高峰的削平。如果发病率在采取措施前已开始下降，或措施一开始发病立即下降，则不能说明这是措施的效果。在评价防疫效果时，还要分析以下几点：①对传染源的措施，包括诊断的正确性与及时性、病畜禽隔离的早晚、继发病例的多少等；②对传播途径的措施，包括对疫源地消毒、杀虫的时间、方法和效果的评价；③对预防接种效果的分析，可对比接种组与未接种组的发病率，或测定接种前后体内抗体的水平（免疫监测）。通过对防疫措施效果的分析，总结经验，可以找出薄弱环节，不断改进。

第七章　消毒与无害化处理

第一节　病死病害动物无害化处理

按照《中华人民共和国动物防疫法》关于病死或死因不明的动物尸体不得随意处置的规定，凡是病死动物或死因不明动物均应严格按照国家《病死及病害动物无害化处理技术规范》的规定将病死及病害动物尸体通过一系列技术方法进行无害化处理。无害化处理是指用物理、化学等方法处理病死及病害动物和相关动物产品，消灭其所携带的病原体，消除危害的过程。无害化处理方法主要包括焚烧法、化制法、高温法、深埋法及化学处理法五种。

一、焚烧法

焚烧法是指在焚烧容器内，使病死及病害动物高氧或无氧条件下进行氧化反应或热解反应的方法。适用对象为国家规定的染疫动物及其产品、病死或者死因不明的动物尸体，屠宰前确认的病害动物。

（一）直接焚烧法

（1）可视情况对病死及病害动物和相关动物产品进行破碎等预处理。

（2）将病死及病害动物和相关动物产品或破碎物，投至焚烧炉燃烧室，经充分氧化、热解，产生的高温烟气进入二次燃烧室继续燃烧，产生的炉渣经出渣机排出。

（3）燃烧室温度应≥850℃。燃烧所产生的烟气从最后的助燃空气喷射口或燃烧器出口到换热面或烟道冷风引射口之间的停留时间应≥2 s。焚烧炉出口烟气中氧含量应为6%～10%（以干气计）。

（4）二次燃烧室出口烟气经余热利用系统、烟气净化系统处理，达到要求后排放。

（5）焚烧炉渣与除尘设备收集的焚烧飞灰应分别收集、贮存和运输。焚烧炉渣按一般固体废物处理或作资源化利用；焚烧飞灰和其他尾气净化装置收集的固体废物需按有关要求作危险废物鉴定，如属于危险废物，则按有关要求处理。

（6）严格控制焚烧进料频率和重量，使病死及病害动物和相关动物产品能够充分与空气接触，保证完全燃烧。燃烧室内应保持负压状态，避免焚烧过程中发生烟气泄漏。二次燃烧室顶部设紧急排放烟囱，应急时开启。烟气净化系统，包括急冷塔、引风机等设施。

（二）炭化焚烧法

（1）病死及病害动物和相关动物产品投至热解炭化室，在无氧情况下经充分热解，产生的热解烟气进入二次燃烧室继续燃烧，产生的固体碳化物残渣经热解炭化室排出。

（2）热解温度应≥600℃，二次燃烧室温度≥850℃，焚烧后烟气在850℃以上停留时间≥2 s。

（3）烟气经过热解炭化室热能回收后，降至600℃左右，经烟气净化系统处理，达到《大气污染物综合排放标准》要求后排放。

（4）操作注意事项。应检查热解炭化系统的炉门密封性，以保证热解炭化室的隔氧状态。应定期检查和清理热解气输出管道，以免发生阻塞。热解炭化室顶部需设置与大气相连的防爆口，热解炭化室内压力过大时可自动开启泄压。应根据处理物种类、体积等严格控制热解的温度、升温速度及物料在热解炭化室里的停留时间。

二、化制法

化制法是指在密闭的高压容器内，通过向容器夹层或容器内通入高温饱和蒸汽，在干热、压力或蒸汽、压力的作用下，处理病死及病害动物和相关动物产品的方法。本法除不得用于患有炭疽等芽孢杆菌类疫病，以及牛海绵状脑病、痒病的染疫动物及产品、组织的处理外，其他适用对象同焚烧法。

（一）干化法

（1）可视情况对病死及病害动物和相关动物产品进行破碎等预处理。

（2）病死及病害动物和相关动物产品或破碎产物输送入高温高压灭菌容器。

（3）处理物中心温度≥140℃，压力≥0.5 M（绝对压力），时间≥4 h（具体处理时间随处理物种类和体积大小而设定）。

（4）加热烘干产生的热蒸汽经废气处理系统后排出。

（5）加热烘干产生的动物尸体残渣传输至压榨系统处理。

（6）搅拌系统的工作时间应以烘干剩余物基本不含水分为宜，根据处理物量的多少，适当延长或缩短搅拌时间。应使用合理的污水处理系统，有效去除有机物、氨氮，达到排放要求。应使用合理的废气处理系统，有效吸收处理过程中动物尸体腐败产生的恶臭气体，达到要求后排放。高温高压灭菌容器操作人员应符合相关专业要求，持证上岗。处理结束后，需对墙面、地面及其相关工具进行彻底清洗消毒。

（二）湿化法

（1）可视情况对病死及病害动物和相关动物产品进行破碎预处理。

（2）将病死及病害动物和相关动物产品或破碎产物送入高温高压容器，总质量不得超过容器总承受力的4/5。

（3）处理物中心温度≥135℃，压力≥0.3 MPa（绝对压力），处理时间＞30 min（具体处理时间随处理物种类和体积大小而设定）。

（4）高温高压结束后，对处理产物进行初次固液分离。

（5）固体物经破碎处理后，送入烘干系统；液体部分送入油水分离系统处理。

（6）高温高压容器操作人员应符合相关专业要求，持证上岗。处理结束后，需对墙面、地面及其相关工具进行彻底清洗消毒。冷凝排放水应冷却后排放，产生的废水应经污水处理系统处理，达到规定要求。处理车间废气应通过安装自动喷淋消毒系统、排风系统和高效微粒空气过滤器（HEPA过滤器）等进行处理，达到规定要求后排放。

三、高温法

高温法是指常压状态下，在封闭系统内利用高温处理病死及病害动物和相关动物产品的方法。适用对象同化制法。

（1）可视情况对病死及病害动物和相关动物产品进行破碎等预处理。

（2）向容器内输入油脂，容器夹层经导热油或其他介质加热。

（3）将病死及病害动物和相关动物产品或破碎产物输送入容器内，与油脂混合。常压状态下，维持容器内部温度≥180℃，持续时间≥2.5 h（具体处理时间随处理动物种类和体积大小而设定）。

（4）加热产生的热蒸汽经废气处理系统后排出。

（5）加热产生的动物尸体残渣传输至压榨系统处理。

（6）搅拌系统的工作时间应以烘干剩余物基本不含水分为宜，根据处理物量的多少，适当延长或缩短搅拌时间。应使用合理的污水处理系统，有效去除有机物、氨氮，达到排放要求。应使用合理的废气处理系统，有效吸收处理过程中动物尸体腐败产生的恶臭气体，达到要求后排放。高温高压灭菌容器操作人员应符合相关专业要求，持证上岗。处理结束后，需对墙面、地面及其相关工具进行彻底清洗消毒。

四、深埋法

深埋法是指按照相关规定，将病死及病害动物和相关动物产品投入深埋坑中并覆盖、消毒，处理病死及病害动物和相关动物产品的方法。此法适用于发生动物疫情或自然灾害等突发事件时病死及病害动物的应急处理，以及边远和交通不便地区零星病死畜禽的处理；不得用于患有炭疽等芽孢杆菌类疫病，以及牛海绵状脑病、痒病的染疫动物及产品、组织的处理。

（一）选址要求

应选择地势高燥，处于下风向的地点。应远离饮用水源地、学校、公共场所、居民住宅区、村庄、动物饲养和屠宰场所、河流等地区。

（二）技术工艺

深埋坑的容积根据实际处理动物尸体及相关动物产品数量确定。深埋坑底应高出地下水位1.5 m以上，要防渗、防漏。坑底撒一层厚度为2~5 cm的生石灰或漂白粉等消毒药。将动物尸体及相关动物产品投入坑内，最上层距离地表1.5 m以上。然后用生石灰或漂白粉等消毒药消毒，消毒后填土覆盖，覆土应高出地表20~30 cm。

（三）操作注意事项

深埋覆土不要太实，以免腐败产气造成气泡冒出和液体渗漏。深埋后，在深埋处设置警示标识。深埋后第一周内应每日巡查1次，第二周起应每周巡查1次，连续巡查3个月，深埋坑塌陷处应及时加盖覆土。深埋后立即用氯制剂、漂白粉或生石灰等消毒药对深埋场所进行1次彻底消毒。第一周内应每日消毒1次，第二周起应每周消毒1次，连续消毒3周以上。

五、化学处理法

（一）硫酸分解法

硫酸分解法是指在密闭的容器内，将病死及病害动物和相关动物产品用硫酸在一定条件下进行分解的方法。适用对象同化制法。

（1）可视情况对病死及病害动物和相关动物产品进行破碎等预处理。

（2）将病死及病害动物和相关动物产品或破碎产物，投至耐酸的水解罐中，按1000 kg处理物加入水150～300 kg，然后加入98％的浓硫酸300～400 kg（具体加入水和浓硫酸量随处理物的含水量而设定）。

（3）密闭水解罐，加热使水解罐内升至100～108 ℃，维持压力≥0.15 MPa，反应时间≥4 h，至罐体内的病死及病害动物和相关动物产品完全分解为液态。

（4）操作注意事项。处理中使用的强酸应按国家危险化学品安全管理、易制毒化学品管理有关规定执行，操作人员应做好个人防护。水解过程中要先将水加到耐酸的水解罐中，然后加入浓硫酸。控制处理物总体积不得超过容器容量的70％。酸解反应的容器及储存酸解液的容器均要求耐强酸。

（二）化学消毒法

化学消毒法适用于被病原微生物污染或可疑被污染的动物皮毛消毒。

（1）盐酸食盐溶液消毒法。先用2.5％盐酸溶液和15％食盐水溶液等量混合，将皮张浸泡在此溶液中，并使溶液温度保持在30℃左右，浸泡40 h，1 m²的皮张用10 L消毒液（或按100 mL 25％食盐水溶液中加入盐酸1 mL配制消毒液，在室温15℃条件下浸泡48 h，皮张与消毒液之比为1：4）。浸泡后捞出沥干，放入2％（或1％）氢氧化钠溶液中，以中和皮张上的酸，再用水冲洗后晾干。

（2）过氧乙酸消毒法。将皮毛放入新鲜配制的2％过氧乙酸溶液中浸泡30 min。然后将皮毛捞出，用水冲洗后晾干。

（3）碱盐液浸泡消毒法。先将皮毛浸入5％碱盐液（饱和盐水内加5％氢氧化钠）中，室温（18℃～25℃）浸泡24 h，并不停搅拌。然后取出皮毛挂起，待碱盐液流净，放入5％盐酸液内浸泡，使皮上的酸碱中和。最后将皮毛捞出，用水冲洗后晾干。

第二节　清洗消毒

一、洗消试剂

（一）清洁剂

清洁须重视清洁剂的使用，可选择肥皂水、洗涤净以及其他具有去污能力的清洁剂。

（二）消毒剂

充分了解消毒剂的特性和适用范围，应考虑：能否迅速高效杀灭常见病原；能否与清洁剂共同使用，或自身是否具有清洁能力；最适温度范围，有效作用时间；不同用途的稀释比例；能否适应较硬的水质；是否刺激性小，无毒性、染色性及腐蚀性等。猪场定期更换消毒剂。常见消毒剂见表2—1。

表2—1　　　　　　　　　　　　**常用消毒剂的特性和适用范围**

消毒剂种类	优点	缺点	适用范围
过氧化物	作用速度快 适用于病毒和细菌	具有刺激性	预防病毒性疫病 水线消毒 栏舍熏蒸
氯化物	起效速度快 对病毒、细菌均有效 价格低廉	具有腐蚀性 遇有机物和硬水失活 持续效果短 具有刺激性	栏舍熏蒸 环境消毒
苯酚	活性维持时间长 对金属无腐蚀性 对细菌消毒效果好 价格低廉	具有毒性 腐蚀橡胶塑料 可能污染环境	水泥地面
碘制剂	安全性高，无毒无味 起效速度快 适用于病毒和细菌	价格较贵 某些碘制剂具有毒性	适合足浴盆 预防病毒性疫病
季铵盐类	适用于水线消毒 细菌消毒效果好 安全性高	有机物存在失效 对真菌和芽孢效果不佳 不能和清洁剂混用	洗手 水线消毒
醛类	对病毒和细菌均有效	可能具有毒性	水泥地面 车轮浸泡
碱类	起效速度快 对病毒、细菌均有效 价格低廉	可能具有毒性	水泥地面 车轮浸泡

二、生产区消毒

（一）人员消毒

所有进入生产区的人员均要淋浴、完全更衣，生活区和生产区的工作服、工作鞋都要有明显的颜色区分。更衣后要经过生产区消毒通道，通道使用1∶200的卫可直通喷雾，保证通过时间不少于30 s，通道内采取 S 形弯道，通道内脚踏池使用1∶400的卫可浩普。以上步骤完成后方可进入生产区。生产区所有栋舍门口放置洗手盆、脚踏盆，进出栋舍时使用1∶200的卫可洗手，并在盛有1∶400的卫可浩普溶液的脚踏盆中消毒1 min。每个脚踏盆旁需配备硬毛刷，用于清理胶鞋鞋底。洗手盆和脚踏盆消毒液在夏天阳光直射和下雨后须增加更换频次，以保证消毒药的效果。

（二）舍外环境、道路消毒

正常情况下，每周对舍外环境、道路彻底消毒2～3次，使用1∶400的卫可浩普进行喷雾消毒，喷雾雾滴直径在 $100\sim150\ \mu\mathrm{m}$ 之间。

（三）空舍洗消

1. 分类整理

将无使用价值的劳保手套、泡沫箱、饲料口袋等移至舍外，进行无害化处理或焚烧；将舍内整包装药品、注射断尾类器械、粪铲、料铲、麻袋、工作服、水桶等进行浸泡消毒，然后用干净的胎衣袋封装，整体移至单元主过道或单元门口，禁止拿到其他单元或生活区。将保温灯全部取下，并用浸泡过消毒药水的毛巾擦拭干净后用干净的胎衣袋封装，转移至单元主过道或单元门口；将插板、灯头用浸泡过消毒药水的毛巾擦拭后用塑料袋或防水袋包裹倒挂。对水线进行循环泡洗消毒24 h（加药器、饮水器）：放干水管、加药器里面的清水→加药器加消毒药（按照使用说明）→循环到水管、饮水器→浸泡消毒24 h→放干水管、加药器里面的消毒水→清水透洗。

2. 清理清扫

清扫圈栏、天花板、窗户等的蜘蛛网及污物；清除槽内、地板上的剩余的饲料并丢弃；对圈舍及漏缝板的粪污、栏杆和墙壁表面的大块污垢进行清理，如果已经硬化建议水泡后再清理掉。

3. 初洗

用水管冲洗浸泡圈栏、地面、墙壁，必须充分打湿，清水浸泡时间至少2 h；下午洗栏，建议上午清水冲一遍开始浸泡；上午洗栏，建议前一天下午下班前清水冲洗一遍；用高压清洗机进行第一遍的初洗，直到无大块粪便和污物（顺序为：天花板、墙壁、玻璃、下料管、圈栏、地板、粪沟等）。

4. 泡沫清洗前准备

准备清洗机，推荐压力80 kg（80 par或8 MPa）以上，压力越大泡沫越好，冲洗效率越高；准备泡沫枪，将泡沫枪连接到清洗机的出水管上，按照说明书稀释泡沫清洗剂。

5. 喷洒泡沫

调节泡沫枪上方黑色小旋钮，往减号方向拧到底但不要拧死为泡沫丰富；旋转泡沫枪枪头来控制喷出泡沫的扇形面积，扇形面积以泡沫均匀覆盖扇形、中间没有空心泡沫为标准；污物厚重的地方适当多喷，不要留清洗死角，要求清洗区域泡沫全覆盖；待泡沫作用于污物表面30 min 左右（夏季20 min），开始冲洗；需要注意夏天天热可能干得相对较快，因此需要在早晚温度相对低的时候喷洒泡沫。

6. 冲洗

将舍内水线及饮水器和加药器中水线的消毒液排出；高压冲洗时，枪头和冲洗区域距离不低于 $30\sim40$ cm，从上至下，从里到外，彻底冲掉泡沫和污物；对舍内工具进行冲洗；分娩舍漏缝板每季度拆洗一次；最后掀开粪沟盖板，清理粪沟积粪后，再对粪沟进行清洗（可以每半年 1 次）。

7. 检查验收

启动消毒自查，可以设计表格进行填写；自查合格后向场内生物安全负责人申请验收检查；验收不合格将继续清洗整改，直到验收合格为止。进行有机物检测：随机采点检测，有机物含量不能高于试剂盒规定的标准（有条件的场区可以增加特定病原的检测），合格后进入消毒干燥环节（不合格继续清洗）；洗栏工人将所有洗栏的专用工具浸泡消毒。

8.消毒干燥

将暂存区域物资从胎衣袋取出，放回舍内并摆放在相应位置；圈舍整体干燥（舍内食槽、栏门、地面等无积水）后，对圈舍、出猪台、粪沟进行喷雾消毒2次，过硫酸氢钾和戊二醛1天1次交替使用（确保已干燥后再进行第二次喷雾）；独立通风单元用三氯异氰尿酸进行第三次熏蒸消毒（1：500）；所有消毒工序完成后，打开猪舍门窗进行干燥，待干燥后才能再次关猪。

9.圈舍周围整治

对圈舍周围的杂草、排水沟进行清理；对圈舍周围的垃圾进行清理，统一进行焚烧。

（四）带猪消毒

1.舍内带猪消毒

带猪喷雾消毒：采用卫可1：200，每周2次，消毒中、大猪时，雾滴直径控制在40～60μm之间，消毒哺乳仔猪时，雾滴直径控制在60～80μm之间；冬季使用温水稀释消毒剂效果更佳，减少应激。周围环境或场内感染压力较大时，根据目标病原确定卫可稀释比例，加大消毒频率至每天1～2次。

2.产房母猪消毒

产前将母猪的后躯及乳房用温水清洗干净，并将母猪的外阴翻开彻底清洗干净。然后再用1：200的卫可溶液喷雾消毒；产后等到母猪的胎衣完全排出，迅速将胎衣转移到舍外，并对刚才放置胎衣的地方使用卫可1：200喷雾消毒躯体及分娩区域环境；产后3天每天用1：200的卫可溶液清洗母猪后躯3～4次，预防产道炎症的发生，每天用1：200卫可溶液清洗母猪乳房3～4次以防仔猪间的交叉感染。

（五）解剖室消毒

（1）原则上生产区不能解剖死猪，解剖猪须在远离猪舍的下风向独立区域进行。

（2）解剖结束后，将尸体深埋或进行化尸处理，并将解剖时残留的血液、皮毛等污物清理干净，每次使用全清1：50泡沫清洗一次，使用卫可1：200进行一次喷洒消毒。

（3）各种医用器具用完后立即进行清洁，使用1：100的全清溶液浸泡15～30 min后清水冲洗干净，而后进行消毒，使用卫可1：200浸泡30 min以上，取出晾干待用。尤其是针头、注射器、缝合针等手术器械，每次使用后均须清洁、消毒，或者用热水蒸煮。明确标识未消毒物品、用具和已消毒物品、用具，并按规定贮存于相对隔离的区域，可以使用红绿黄颜色标签表示消毒与否。

三、生活区消毒

（一）厨房及食材消毒

除厨师外，养殖场员工和访问者不允许进入厨房和食物储藏间。当厨师休完假返回养殖场时，临时指定的厨房代班人员需要在生活区隔离两个晚上才可返回生产区。厨师进入厨房后需要穿着专门的衣服、鞋子和帽子；离开厨房时应使用1：200的卫可溶液洗手消毒，清洗双手和指甲，换上生活区的衣、鞋。员工和访问者使用过的餐具需要在厨房外由员工自己清洗和干燥。厨房实际上被定义为脏区。厨房垃圾需要装在塑料袋中，由厨师移至门卫消毒间脏区，然后由门卫立即转移至场外。猪场员工不得与厨师住在同一个房间内，如果必须住在同一个房间内，则另外一人不得在生产区工作。所有肉食品都需要加热到至少70℃，如果肉类没有经过加热处理过，需要在用餐前加热到70℃，未加热食物不允许带到生产区。食品和蔬菜需要与其他物资分开单独熏蒸。不允许散装零食进入养殖场；禁止牛、猪、鹿、羊等偶蹄动物的制品进入农场。水果、蔬菜也可以用泰洁净（二氧化氯泡腾片）、2%柠檬酸浸泡后再清水洗净后使用。

（二）生活区设施的消毒

生活区路面，可使用耐有机物的卫可或氢氧化钠溶液按200 mL/m²喷洒。食堂、宿舍、办公区域，按照100 mL/m²喷洒，如果场区具备设备条件可以选择卫可雾化消毒。场区浴室安排专人每日打扫，保持整洁，每日安排在中午气温最高时消毒一次，按照1：200配制卫可溶液，100 mL/m²喷雾消毒。

四、隔离缓冲区消毒管理

（一）门卫消毒

门卫应定期巡查猪场周围的防疫沟，或者河流、塘口等，看看是否有病死猪并及时处理。在到场人员下车之前及时提供鞋套；提醒并要求入场人员登记进场记录，否则不得入场；询问入场人员是否有感冒发热或者其他不适，有这些症状人员不能入场；检查并消毒入场人员所携带的物品，对于不符合生物安全规定的物品坚决不允许进入养殖场；尤其是禁止入场者携带肉制品，如水饺、火腿肠、腊肉、咸肉等。观察入场者并提示洗澡之前先洗手和剪指甲。对料车、物资车、中转拉猪车等靠近甚至进入养殖场的车辆进行彻底消毒，包括轮胎、车厢、底盘、车头、驾驶室等。消毒时需要站在高梯上，车顶部也要消毒到位。车辆使用卫可1：200消毒后原地等待30 min晾干，才允许进行下一步操作。对中途需下车的司机，养殖场提供干净的防护服和鞋套。原则上禁止司机下车。车辆消毒池使用卫可浩普1：400，5～7 d更换一次，勤检查车辆消毒池的pH，保证车辆消毒池消毒药有效。员工车辆消毒后统一停在场外停车场。按照检查列表，检查驾驶人姓名、车牌号、来场原因、消毒记录、入场通行证等。对入场拉猪车的清洗干燥情况进行二次检查。对检查结果不合格的车辆及时上报猪场管理者并拒绝车辆入场。严格按照卖猪生物安全流程转猪，提前清洗消毒好卖猪所需的工具，准备好防护服、手套、口罩等。为驾驶员准备好1：200的卫可溶液洗手，全程监督拉猪车司机装猪过程中的生物安全操作，一旦出现有不符合规定的操作立即进行制止和纠正。转猪结束后，及时使用卫可1：200清洗和消毒出猪台、吊桥、转猪工具、衣服等。物资消毒前，需去掉最外层包装，之后采取烘干、熏蒸消毒方案。详见物资消毒。从场外隔离屋回场人员的衣物，及时消毒、清洗干净后用塑料袋密封好，每天使用卫可消毒最外层包装；每天使用卫可1：200对门卫室地面进行消毒，每周至少对浴室脏区一侧使用卫可1：200清洁消毒一次。

（二）场外隔离点消毒

员工返场前必须在场外隔离点隔离至少1个晚上，并且将入场申请提交主管领导审批。员工返场前需告知猪场管理者回场日期，是否接触过活猪或者死猪，是否接触过猪场区域，是否接触过牲畜拍卖市场、屠宰场、畜禽装卸码头，是否接触过有猪的动物园，是否接触过生猪交易场所，是否进入过兽医实验室，是否接触过任何可能被猪污染的物质（包括在家中准备食用或新鲜猪肉食品），是否与其他从事猪的运输、屠宰、加工等工作的相关工作人员合租或者共享房间，是否与其他畜牧企业雇员有频繁接触。主管领导应予批复是否准许申请人员进入隔离点进行隔离。隔离人员禁止携带任何猪肉制品进入隔离点（除非是本猪场提供的）。隔离人员从进入隔离点到第二天回场期间，禁止食用猪肉制品（除非是本猪场提供的），一经发现，立即开除。每次进入隔离点之前，需要使用1：200的卫可溶液清洗消毒鞋底或者更换在隔离屋内使用的拖鞋。隔离人员在隔离当晚，对隔离房间地面进行清扫和采用1：200的卫可溶液消毒。进入隔离场时，只准携带个人电脑、手机、钱包，并使用1：200的卫可溶液进行擦拭或喷洒，并使用薄膜包裹好后再次喷洒擦拭，其他个人物品全部留在场外隔离区的储存间内并贴上便签，每次有新的物品进入储藏间均需要使用1：200的卫可溶液擦拭或者浸泡。隔离人员在隔离第二天上午测量体温，并进行记录，体温超过37.3℃者不允许返场。隔离人员在回场出发前，彻底沐浴后（详见沐浴管理）立即换上猪场提供的干净衣服和鞋子，并直接上公司车辆。沐浴完后，门卫进行监督，若发现未按要求沐浴者，立即汇报场长并责令其重新沐浴。隔离点应有专门的生物安全专员管理，配套完善的热水器、洗衣机、烘干机、取暖器、空调、隔离服装。对于隔离人员留下来的私人物品贴好标签放置保存好，隔离人员换下来的衣服、鞋子，洗净后使用1：200的卫可溶液再次浸泡5～10 min，然后清水过滤晾晒。

（三）人员入场消毒

人员经检测点检测非洲猪瘟病毒阴性，方可到达养殖场。下车时换上养殖场提供的干净鞋子。入场记录表登记后，将入场的物品交给门卫，由门卫放入熏蒸室消毒。人员进入生活区需沐浴，从生活区进入生产区需再沐浴。沐浴之前，先用1：200的卫可溶液清洗双手，之后用刷子刷洗指甲盖下容易藏污的地方，并剪去过长的部分，只能保留0.5～1 mm的长度。沐浴间划分为脏区、灰区、净区，以隔断或者板凳作为标识。在脏区坐在板凳上，脱去衣服鞋子后转动身子进入淋浴灰区，期间双脚不得接触脏区地面。沐浴至少5 min，头发使用洗发液，全身使用沐浴露进行彻底沐浴，淋浴期间用力喷鼻，清理鼻腔，脏区的衣服、鞋子由门卫使用1：200的卫可溶液清洗晾晒然后整理好。冲洗结束后，进入浴室净区，用净区毛巾擦干身体，换上净区的衣服。避免再次返回脏区。净区的用品包括毛巾等留在净区。一旦带出净区，只能停留在脏区，不能送回净区。期间一旦返回浴室脏区，则需要按照洗澡流程再次彻底清洗后才能进入净区。生活区、生产区都有专门配套的服装。入场淋浴间、生活区转生产区淋浴间，都要求配套浴巾、毛巾、吹风机、专门的服装、保暖设施和空调。配套1：200的卫可溶液洗手盆。由专人每周使用1：200卫可的对洗澡房的淋浴室、储物柜、收纳箱、鞋架进行喷雾消毒。沐浴完后需要经过指定人员的检查。非场内人员进场：设备维修人员、职能部门人员、政府人员、技术专家培训人员、管理干部，当天没有办法隔离检测的，必须通报猪场第一责任人，得到其允许后通过门卫淋浴室沐浴更衣后才能进入。其所有携带物品，必须经过1：200的卫可溶液擦拭消毒后带入。

（四）物资入场消毒

熏蒸室通常设立在门卫处，以及生活区和生产区的交接处。可以根据不同的物质状态采取臭氧熏蒸、甲醛熏蒸、高温烘干、卫可消毒等方式进行消毒。例如，手机、电脑、充电器等电子产品：用1：200的卫可溶液仔细擦拭后，放入熏蒸室静置1 h可带入生活区。疫苗：去掉所有外包装，用1：200的卫可消毒剂擦拭彻底后，放入带冰袋的泡沫盒中在臭氧熏蒸室静置1 h可带入。冰袋由生活区提供。动保产品：平时由场长、兽医提前申请计划，采购部门统一采购，要求供货商在一周内把采购的动保产品送到仓库中转站，有专人接待验收，待验收合格后，拆掉外包装，密闭中转站臭氧熏蒸48 h后，待所有物品齐全后，找专车送往猪场门卫处进行二次消毒。饲料：母猪场、大型家庭农场、自繁自养场原则上不建议使用自配料和袋装饲料，尽可能使用全价颗粒料，使用料塔料线传输，减少外来车辆带来的污染风险。条件不成熟的家庭农场，每次有大型原料进入时，要对原料进行检查，车辆经过清洁消毒后方可进入厂区卸货。卸料员工要穿干净的隔离服、胶鞋，当天不得返回生产区。卸好的饲料、原料在仓库密闭熏蒸24 h。蔬菜、水果等在进入门卫熏蒸室之前需要在洗菜机中使用2%柠檬酸清洗5～10 min，并确保食品与柠檬酸接触至少30 min后，再冲洗一次，去除柠檬酸。因体积过大无法进入熏蒸室消毒的物品，先用1∶200的卫可消毒剂进行彻底清洗，再放到靠近净脏区分界线的脏侧静置30 min。之后用1∶200的卫可消毒剂喷洒消毒，门卫站在脏侧将物品推入净区，物品隔离干燥一晚后才能在生活区使用。如果无法保证一晚上的隔离，则用1∶100的卫可消毒剂消毒后至少放置1 h才可使用。猪场所需办公物品、劳保产品和生活必需品，由猪场安排专人定期统一申报采购，必须经过严格的烘干、熏蒸，或者用1∶200卫可消毒剂喷洒擦拭消毒后方可进入场区。猪场原则上不接收私人快递。

（五）熏蒸室消毒管理

门卫处熏蒸室由门卫人员负责，生活区熏蒸室由办公室后勤人员或各部门主管负责。物资在放入熏蒸室之前，要检查表面是否存在有机物污染，如果表面附着有机物，则使用1∶200的卫可消毒剂擦洗干净。进入生活区的物品只需去掉最外层包装，其他生产物资则需打开全部包装；进入生产区的物资需要去除所有外包装。只有固定人员可以进入熏蒸室。在放物品进入熏蒸室之前检查是否有农场禁止带入的物品，如果发现有违禁品，则不允许放入熏蒸。进入熏蒸脏区需换上专用鞋。待熏蒸的物品单层放在镂空的货架上或者镂空的框子中，禁止堆放多层。烘干，采用温度记录仪监控烘干温度和时间，打开加热器，温度达到65℃后开始计时，加热1 h以上。烘干完成后，从净区一侧取出物品，烘干也要保证全进全出。甲醛熏蒸要格外注意，甲醛遇高热会引起爆炸，根据熏蒸物品数量，设置1～2个熏蒸点，从脏区一侧将物品放置镂空熏蒸架上，甲醛熏蒸开始后，人员立即撤离，密闭24 h。严禁使用不锈钢盆在电磁炉上加热甲醛，防止起火爆炸。熏蒸完以后，先排风后从净区一侧取出物品。打开臭氧熏蒸机时，需要开启熏蒸室的吊扇或者放置一台电扇，开启摇头功能，由净区向脏区持续送风观察熏蒸机是否能正常工作、出气口是否对着货架，观察熏蒸室是否有良好的密闭性。如果一切正常，在熏蒸记录本上记录熏蒸开始的时间、熏蒸物品的名称、操作人等信息，并且通知取货人熏蒸结束的时间。从场外进入生活区的物资至少熏蒸2 h；从生活区进入生产区的物资需要用1%卫可喷洒后静置1 h，再臭氧熏蒸2 h。熏蒸期间一旦有人员闯入，则重新熏蒸2 h。每周至少使用一次臭氧检测仪，检测臭氧熏蒸室臭氧浓度，确保熏蒸室最边缘区域在开机30 min内达到42.86 mg/m³。熏蒸室在工作期间一定要设立工作标识，防止熏蒸被干扰、打断。熏蒸室要配备排气扇，每次熏蒸完以后，及时通风排气，避免熏蒸室空气对员工呼吸道的刺激。熏蒸室的地面需要保持干净，一旦有污物需及时清理走。平时定期使用1∶200的卫可溶液喷洒地面，保持通风干燥。每个季度由实验室部门评估熏蒸室的消毒效果。

（六）装猪台的清洁与消毒

每次装猪前30 min使用1∶200的卫可溶液按100 mL/m²将装猪台及通道进行喷雾消毒。每次装猪完毕后，首先将装猪通道与外界接触的地方用清水冲洗干净，如果污垢过多，用1∶100的全清溶液进行浸泡冲洗，然后使用卫可1∶200进行消毒后将门关闭；将装猪台以及通道的粪便清理干净，然后用清水将环境表面浸湿，采用全清1∶100泡沫喷涂，待10～15 min后用清水彻底冲洗干净，然后用1∶200的卫可溶液彻底消毒。凡是参与装猪的人员必须经过彻底消毒后才可返回生活区，当天禁止进入生产区。

五、工作服靴和工具消毒

猪场可采用"颜色管理"，不同区域使用不同颜色/标识的工作服，场区内移动遵循单向流动的原则。

（一）工作服消毒

人员离开生产区，将工作服放置指定收纳桶，及时消毒、清洗及烘干。流程：先浸泡消毒作用有效时间，后清洗、烘干。生产区工作服每日消毒、清洗。发病栏舍人员，使用该栏舍专用工作服和工作靴，本栏舍内消毒、清洗。

（二）工作靴消毒

进出生产单元均须清洗、消毒工作靴。流程：先刷洗鞋底鞋面粪污，后在脚踏消毒盆浸泡消毒。消毒剂每日更换。

（三）设备和工具消毒

栏舍内非一次性设备和工具经消毒后使用。设备和工具专舍专用，如需跨舍共用，须经充分消毒后使用。根据物品材质选择高压蒸汽、煮沸、消毒剂浸润、臭氧或熏蒸等方式消毒。

六、车辆洗消

有条件的猪场应建立洗消中心，洗消中心具备对车辆（运猪车、运料车等）清洗、消毒及烘干等功能，以及对随车人员、物品的清洗、消毒功能。

（一）选址与功能单元

洗消中心选址在猪场3 km范围内，距离其他动物养殖场/户大于500 m。洗消中心功能单元包括值班室、洗车房、干燥房、物品消毒通道、人员消毒通道、动力站、硬化路面、废水处理区、衣物清洗干燥间、污区停车场及净区停车场等。洗消中心设置净区、污区，洗消流程单向流动。

（二）洗消流程

原则：所有无关车辆严禁靠近场区，更严禁进入场区外部大门。如确需进入，必须进行彻底清洗和消毒，并向兽医部进行报备。

1.转猪车辆洗消流程

（1）司机打电话给洗消员提前进行车辆洗消预约；

（2）洗消员检查工具是否齐全；

（3）司机驾驶车辆驶近大门口，停车，按喇叭2～3下，提醒洗消员开启洗消中心大门；

（4）洗消员打开大门；

（5）司机驾驶车辆驶入等候区；

（6）司机下车，进入门卫室，进行登记；

（7）洗消员询问司机车辆来源和近期使用情况；

（8）洗消员给司机讲解《生物安全承诺书》内容，司机对每个项目作出回应；

（9）洗消员确认司机和车辆符合进场要求后，进行登记，司机确认并签字；

（10）洗消员打开 A 门，司机驾车驶入洗消作业区；

（11）司机下车，洗消员引领司机沿规定路线去洗澡间进行洗澡；

（12）洗消员返回洗车房；

（13）换洗消工作服；

（14）打开车门检查驾驶室杂物，取下脚垫进行清洗；

（15）清理驾驶室内灰尘顺序为车顶－车前－车座－底部，前车窗，两侧车窗，仪表台，方向盘，座椅，靠背，脚踏板，两侧车门内侧，两个往复；

（16）用浸泡过 75％酒精或 1∶200 的过硫酸氢钾溶液（配制时必须使用量具，必须现用现配）的专用汽车擦车巾擦拭驾驶室内部（前车窗，两侧车窗，仪表台，方向盘，座椅，靠背，脚踏板，两侧车门内侧）；

（17）换上已清洗和消过毒的脚垫；

（18）驾驶室喷洒浓度为 75％的酒精或 1∶200 的过硫酸氢钾溶液（配制时必须使用量具，必须现用现配），关闭车门，如果烟雾发生器到位，利用烟雾发生器用 1∶200 的过硫酸氢钾溶液（配制时必须使用量具，现用现配）熏蒸 30 分钟；

（19）对转猪车车厢进行物理除杂（猪粪、锯末等）（从上到下，从前到后）；

（20）打开冷水/热水管，水温调至 40℃左右，开通清洗设备，低压打湿（3～5 MPa）车厢及外表面，浸泡 10～15 min；

（21）调节压力至 10～15 Mpa，高压冲洗车辆（顺序：先内后外，先上后下，从前到后），手刷刷洗死角（车顶角，栏杆，温度感应器，上下死角）；

（22）接通底盘清洗设备，对车辆底盘进行清洗（顺序：从前到后）；

（23）接通泡沫清洗喷壶，对全车喷洒泡沫，全面泡沫浸泡，不留死角，浸泡 10～15 分钟；

（24）再次用高压水枪进行冲洗（顺序：从内到外，从上到下，从前到后，包括底盘）；

（25）沥水 10～20 min，冬季采用暖风机吹干；

（26）洗消员自查：眼观检查标准为无泥沙，无猪粪，无猪毛（不合格须返回重洗）；

（27）眼观检测无问题后，拍照发微信群，拍照部位为车体、车厢内、驾驶室内、轮胎、车尾、车头，拍摄要求全覆盖无死角；

（28）生物安全监督检查员或兽医现场对车辆进行检查，眼观检查不合格返回重洗，眼观检查合格后，进入下一环节；

（29）配制消毒液，使用 1∶200 的过硫酸氢钾溶液（配制时必须使用量具，必须现用现配），按 300～500 mL/m² 全覆盖无死角喷淋，然后静置 30 min；

（30）生物安全监督检查员或兽医用 3 M 快速检测仪进行复检（要求 12 个采样点），

检测不合格返回重新清洗和消毒；

（31）检测合格的，关闭 A 门，打开 B 门，司机洗澡、换衣服、换鞋后按规定路线进入洗车房提取车辆，驾车驶入烘干房进行烘干；

（32）烘干房 A 门开启，司机驾驶车辆进入烘干房烘干位，A 门关闭；

（33）将车辆尾板打开，尾板与车辆垂直水平面呈 10～20 度角，将尾板提升至猪车一层顶部，与其水平（猪车内二层、三层踏板已全部打开，一层最内侧栏位门关闭），关闭所有窗口；

（34）洗消员在标准位置安装热风机，两台热风机并排放于猪车尾部，并对热风机高度和角度进行调整，热风机出风口离猪车尾部 5～10 cm，用升降机调整热风机高度，高于一层底部 20～25 cm，并调整热风机角度，使热风机出风口对准第二栏位（由最内侧向外数第二个栏位）两边内壁；

（35）安装温度探头传感器，将最靠近驾驶室的窗口打开，将探头从一层窗口最高位置最内侧边缘位置放入车厢内 25～35 cm，将窗口升起，并留有一格缝隙，作为热空气流通出口，另一侧探头安放方法与其相同；

（36）开始启动热风机并记录时间，探测车厢温度达到 70℃，观察时间并维持 10 分钟；

（37）时间达到后，关闭热风机开关，停留 20～30 min 后，再关闭主电源；

（38）烘干房 B 门开启，司机驾驶车辆进入车库按规定进行隔离，关闭 B 门。

至此，一个完整的转猪车辆洗消作业就完成了。洗消中心应严格按照此程序对车辆进行洗消。

2. 饲料车辆洗消流程

（1）司机打电话给洗消员提前进行车辆洗消预约；

（2）洗消员检查工具是否齐全；

（3）司机驾驶车辆驶近大门口，停车，按喇叭 2～3 下，提醒洗消员开启洗消中心大门；

（4）洗消员打开大门；

（5）司机驾驶车辆驶入等候区；

（6）司机下车，进入门卫室，进行登记；

（7）洗消员询问司机车辆来源和近期使用情况；

（8）洗消员给司机讲解《生物安全承诺书》内容，司机对每个项目做出回应；

（9）洗消员确认司机和车辆符合进场要求后，进行登记，司机确认并签字；

（10）洗消员打开 A 门，司机驾车驶入洗消作业区；

（11）司机下车，洗消员引领司机沿规定路线去洗澡间进行洗澡；

（12）洗消员返回洗车房；

（13）换洗消工作服；

（14）打开车门检查驾驶室杂物，取下脚垫进行清洗；

（15）清理驾驶室内灰尘，顺序为车顶－车前－车座－底部，前车窗，两侧车窗，仪表台，方向盘，座椅，靠背，脚踏板，两侧车门内侧，两个往复；

（16）用浸泡过 75％酒精或 1∶200 的过硫酸氢钾溶液（配制时必须使用量具，必须现用现配）的专用汽车擦车巾擦拭驾驶室内部（前车窗，两侧车窗，仪表台，方向盘，座椅，靠背，脚踏板，两侧车门内侧）；

（17）换上已清洗和消过毒的脚垫；

（18）驾驶室喷洒浓度为 75% 的酒精或 1∶200 的过硫酸氢钾溶液（配制时必须使用量具，必须现用现配）关闭车门，如果烟雾发生器到位，利用烟雾发生器用 1∶200 的过硫酸氢钾溶液（配制时必须使用量具，必须现用现配）熏蒸 30 min；

（19）打开冷水/热水管，水温调至 40℃ 左右，开通清洗设备，低压打湿（3～5 MPa）车体及外表面，浸泡 10～15 min；

（20）调节压力至 10～15 Mpa，高压冲洗车辆（顺序：先上后下，从前到后），手刷刷洗死角；

（21）接通底盘清洗设备，对车辆底盘进行清洗（顺序：从前到后）；

（22）接通泡沫清洗喷壶，对全车喷洒泡沫，全面泡沫浸泡，不留死角，浸泡10～15 min；

（23）再次用高压水枪进行冲洗（顺序：从上到下，从前到后，包括底盘）；

（24）沥水 10～20 min；

（25）洗消员自查：眼观检查标准为无泥沙，无油污，无污渍（不合格须返回重洗）；

（26）眼观检测无问题后拍照，拍照部位为车体、车厢内、驾驶室内、轮胎、车尾、车头，拍摄要求全覆盖无死角；

（27）生物安全监督检查员或兽医现场对车辆进行检查，眼观检查不合格返回重洗，眼观检查合格后，进入下一环节；

（28）配制消毒液，使用 1∶200 的过硫酸氢钾溶液（配制时必须使用量具，必须现用现配）按 300～500mL/m² 全覆盖无死角喷淋，然后静置30 min；

（29）生物安全监督检查员或兽医用 3 M 快速检测仪进行复核检测（要求 12 个采样点），检测不合格返回重新清洗和消毒；

（30）检测合格后，关闭 A 门，打开 B 门，司机洗澡、换衣服、换鞋后按规定路线进入洗车房提取车辆。

3. 小轿车、皮卡车洗消流程

（1）司机打电话给洗消员提前进行车辆洗消预约；

（2）洗消员检查工具是否齐全；

（3）司机驾驶车辆驶近大门口，停车，按喇叭 2～3 下，提醒洗消员开启洗消中心大门；

（4）洗消员打开大门；

（5）司机驾驶车辆驶入等候区；

（6）司机下车，进入门卫室，进行登记；

（7）洗消员询问司机车辆来源和近期使用情况；

（8）洗消员给司机讲解《生物安全承诺书》内容，司机对每个项目做出回应；

（9）洗消员确认司机和车辆符合进场要求后，进行登记，司机确认并签字；

（10）洗消员打开 A 门，司机驾车驶入洗消作业区；

（11）司机下车，洗消员引领司机沿规定路线去洗澡间进行洗澡；

（12）洗消员返回洗车房；

（13）换洗消工作服；

（14）打开车门检查驾驶室杂物，取下脚垫进行清洗；

（15）清理驾驶室内灰尘，顺序为车顶一车前一车座一底部，前车窗，两侧车窗，仪表台，方向盘，座椅，靠背，脚踏板，两侧车门内侧，两个往复；

（16）用浸泡过75%酒精或1：200的过硫酸氢钾溶液（配制时必须使用量具，必须现用现配）的专用汽车擦车巾擦拭驾驶室内部（前车窗，两侧车窗，仪表台，方向盘，座椅，靠背，脚踏板，两侧车门内侧）；

（17）换上已清洗和消过毒的脚垫；

（18）驾驶室喷洒浓度为75%的酒精或1：200的过硫酸氢钾溶液（配制时必须使用量具，必须现用现配），关闭车门，如果烟雾发生器到位，利用烟雾发生器用1：200的过硫酸氢钾溶液（使用量具，现用现配）熏蒸30分钟；

（19）打开冷水/热水管，水温调至40℃左右，开通清洗设备，低压打湿（3～5 MPa）车体及外表面，浸泡10～15 min；

（20）调节压力至10～15 Mpa，高压冲洗车辆（顺序：先上后下，从前到后），手刷刷洗死角；

（21）接通底盘清洗设备，对车辆底盘进行清洗（顺序：从前到后）；

（22）接通泡沫清洗喷壶，对全车喷洒泡沫，全面泡沫浸泡，不留死角，浸泡10～15分钟；

（23）再次用高压水进行冲洗（顺序：从上到下，从前到后，包括底盘）；

（24）沥水10～20 min；

（25）洗消员自查：眼观检查标准为无泥沙，无油污，无污渍（不合格须返回重洗）；

（26）眼观检测无问题后拍照，拍照部位：车体、车厢内、驾驶室内、轮胎、车尾、车头，拍摄要求全覆盖无死角；

（27）生物安全监督检查员或兽医现场对车辆进行检查，眼观检查不合格返回重洗；眼观检查合格后，进入下一环节；

（28）配制消毒液，使用1：200的过硫酸氢钾溶液（配制时必须使用量具，必须现用现配），按300～500 mL/m²，全覆盖无死角喷淋，然后静置30 min；

（29）生物安全监督检查员或兽医用3 M快速检测仪进行复核检测（要求12个采样点），检测不合格返回重清洗和消毒；

（30）检测合格后，关闭A门，打开B门，司机洗澡、换衣服、换鞋后按规定路线进入洗车房提取车辆。